21世纪高等学校规划教材 | 电子信息

电子技术基础
——电路与模拟电子（第2版）

赵辉 李燕荣 蔡伟超 编著

清华大学出版社
北京

内 容 简 介

本教材将传统的"电路基础"和"模拟电子技术基础"两门课程合并编写。全书共 11 章,包括:电路的基本概念和定律、电阻电路的分析、动态电路分析、正弦稳态电路分析、耦合电感电路、半导体器件、放大电路分析、负反馈放大电路、集成运算放大器及其应用、波形产生电路、直流稳压电源。为适应本科应用型人才培养的需要,书中穿插典型例题及习题,并提供多媒体教学课件。

本书可作为高等学校计算机、通信、电气电子等相关专业的本科生教材,也可作为成人教育及自学考试用教材,或作为电子工程技术人员的参考用书。

图书在版编目(CIP)数据

电子技术基础:电路与模拟电子/赵辉,李燕荣,蔡伟超编著. —2 版. —北京:清华大学出版社,2017 (2024.1 重印)
(21 世纪高等学校规划教材·电子信息)
ISBN 978-7-302-45117-4

Ⅰ. ①电… Ⅱ. ①赵… ②李… ③蔡… Ⅲ. ①电路理论—高等学校—教材 ②模拟电路—电子技术—高等学校—教材 Ⅳ. ①TM13 ②TN710.4

中国版本图书馆 CIP 数据核字(2016)第 227221 号

责任编辑:刘向威　梅栾芳
封面设计:博瑞学
责任校对:焦丽丽
责任印制:曹婉颖

出版发行:清华大学出版社
　　　网　　　址:https://www.tup.com.cn,https://www.wqxuetang.com
　　　地　　　址:北京清华大学学研大厦 A 座　　　　　　　邮　　编:100084
　　　社 总 机:010-83470000　　　　　　　　　　　　　邮　　购:010-62786544
　　　投稿与读者服务:010-62776969,c-service@tup.tsinghua.edu.cn
　　　质量反馈:010-62772015,zhiliang@tup.tsinghua.edu.cn
　　　课件下载:https://www.tup.com.cn,010-83470236
印 刷 者:三河市人民印务有限公司
经　　销:全国新华书店
开　　本:185mm×260mm　　印　张:21.5　　　　　字　　数:518 千字
版　　次:2009 年 9 月第 1 版　2017 年 1 月第 2 版　　印　　次:2024 年 1 月第 11 次印刷
印　　数:15501~17000
定　　价:59.00 元

产品编号:069943-02

出 版 说 明

随着我国改革开放的进一步深化,高等教育也得到了快速发展,各地高校紧密结合地方经济建设发展需要,科学运用市场调节机制,加大了使用信息科学等现代科学技术提升、改造传统学科专业的投入力度,通过教育改革合理调整和配置了教育资源,优化了传统学科专业,积极为地方经济建设输送人才,为我国经济社会的快速、健康和可持续发展以及高等教育自身的改革发展做出了巨大贡献。但是,高等教育质量还需要进一步提高以适应经济社会发展的需要,不少高校的专业设置和结构不尽合理,教师队伍整体素质亟待提高,人才培养模式、教学内容和方法需要进一步转变,学生的实践能力和创新精神亟待加强。

教育部一直十分重视高等教育质量工作。2007 年 1 月,教育部下发了《关于实施高等学校本科教学质量与教学改革工程的意见》,计划实施“高等学校本科教学质量与教学改革工程”(简称“质量工程”),通过专业结构调整、课程教材建设、实践教学改革、教学团队建设等多项内容,进一步深化高等学校教学改革,提高人才培养的能力和水平,更好地满足经济社会发展对高素质人才的需要。在贯彻和落实教育部“质量工程”的过程中,各地高校发挥师资力量强、办学经验丰富、教学资源充裕等优势,对其特色专业及特色课程(群)加以规划、整理和总结,更新教学内容、改革课程体系,建设了一大批内容新、体系新、方法新、手段新的特色课程。在此基础上,经教育部相关教学指导委员会专家的指导和建议,清华大学出版社在多个领域精选各高校的特色课程,分别规划出版系列教材,以配合“质量工程”的实施,满足各高校教学质量和教学改革的需要。

为了深入贯彻落实教育部《关于加强高等学校本科教学工作,提高教学质量的若干意见》精神,紧密配合教育部已经启动的“高等学校教学质量与教学改革工程精品课程建设工作”,在有关专家、教授的倡议和有关部门的大力支持下,我们组织并成立了“清华大学出版社教材编审委员会”(以下简称“编委会”),旨在配合教育部制定精品课程教材的出版规划,讨论并实施精品课程教材的编写与出版工作。“编委会”成员皆来自全国各类高等学校教学与科研第一线的骨干教师,其中许多教师为各校相关院、系主管教学的院长或系主任。

按照教育部的要求,“编委会”一致认为,精品课程的建设工作从开始就要坚持高标准、严要求,处于一个比较高的起点上。精品课程教材应该能够反映各高校教学改革与课程建设的需要,要有特色风格、有创新性(新体系、新内容、新手段、新思路,教材的内容体系有较高的科学创新、技术创新和理念创新的含量)、先进性(对原有的学科体系有实质性的改革和发展,顺应并符合 21 世纪教学发展的规律,代表并引领课程发展的趋势和方向)、示范性(教材所体现的课程体系具有较广泛的辐射性和示范性)和一定的前瞻性。教材由个人申报或各校推荐(通过所在高校的“编委会”成员推荐),经“编委会”认真评审,最后由清华大学出版社审定出版。

目前,针对计算机类和电子信息类相关专业成立了两个"编委会",即"清华大学出版社计算机教材编审委员会"和"清华大学出版社电子信息教材编审委员会"。推出的特色精品教材包括:

(1) 21世纪高等学校规划教材·计算机应用——高等学校各类专业,特别是非计算机专业的计算机应用类教材。

(2) 21世纪高等学校规划教材·计算机科学与技术——高等学校计算机相关专业的教材。

(3) 21世纪高等学校规划教材·电子信息——高等学校电子信息相关专业的教材。

(4) 21世纪高等学校规划教材·软件工程——高等学校软件工程相关专业的教材。

(5) 21世纪高等学校规划教材·信息管理与信息系统。

(6) 21世纪高等学校规划教材·财经管理与应用。

(7) 21世纪高等学校规划教材·电子商务。

(8) 21世纪高等学校规划教材·物联网。

清华大学出版社经过三十多年的努力,在教材尤其是计算机和电子信息类专业教材出版方面树立了权威品牌,为我国的高等教育事业做出了重要贡献。清华版教材形成了技术准确、内容严谨的独特风格,这种风格将延续并反映在特色精品教材的建设中。

清华大学出版社教材编审委员会
联系人:魏江江
E-mail:weijj@tup.tsinghua.edu.cn

前　言

　　本书是在第 1 版教材使用了 6 年的基础上重新修订而成的。修订过程中根据高校培养应用型人才的需要,对教材内容进行了重新优化,本着循序渐进、理论联系实际的原则,教材内容以适量、实用为度,注重理论知识的运用,着重培养学生应用理论知识分析和解决电路实际问题的能力。教材力求叙述简练,概念清晰,通俗易懂,便于自学。对于电路的分析求解,做到步骤清楚,结果正确,在例题的选择上更接近实际应用并具有典型性,是一本体系创新、深浅适度、重在应用,着重能力培养的应用型本科教材。

　　全书共 11 章,主要内容有:电路的基本概念和定律、电阻电路的分析、动态电路分析、正弦稳态电路分析、耦合电感电路、半导体器件、放大电路分析、负反馈放大电路、集成运算放大器及其应用、波形产生电路、直流稳压电源。

　　本书可作为高等学校计算机、通信、电气电子等相关专业的本科生教材,也可作为成人教育及自学考试用教材,或作为电子工程技术人员的参考用书。

　　本书第 1 章、第 10 章由天津理工大学中环信息学院蔡伟超编写,第 2～4 章由天津师范大学李燕荣编写,第 5～9 章及第 11 章由天津理工大学中环信息学院赵辉编写。全书由赵辉担任主编,完成全书的修改及统稿。本书在编写过程中得到天津理工大学中环信息学院的大力支持,在此表示衷心的感谢。

　　由于编者水平有限,再版内容虽有所改进,但书中不当之处在所难免,欢迎广大同行和读者批评指正。

编　者

本书常用符号说明

一、基本原则

1. 电压、电流

I_B、U_{BE}	大写字母、大写下标表示直流量
I_b、U_{be}	大写字母、小写下标表示交流量有效值
i_B、u_{BE}	小写字母、大写下标表示交、直流总量
i_b、u_{be}	小写字母、小写下标表示交流量瞬时值
$\dot{I}_b$、$\dot{U}_{be}$	表示交流量的相量

2. 电阻

R	电路中的电阻或等效电阻
r	器件内部的等效电阻

二、基本符号

1. 电压、电流

I、i	电流的通用符号
U、u	电压的通用符号
U_Q、I_Q	静态电压、静态电流
u_i、i_i	交流输入电压、输入电流
u_o、i_o	交流输出电压、输出电流
u_f、i_f	交流反馈电压、反馈电流
u_i'、i_i'	交流净输入电压、净输入电流
U_+、I_+	运放同相输入端电压、电流
U_-、I_-	运放反相输入端电压、电流
U_{OH}、U_{OL}	电压比较器的输出高电平和输出低电平
u_{id}	差模输入电压
u_{ic}	共模输入电压
u_s	交流信号源电压
U_{CC}	双极型晶体管集电极直流电源电压
U_{BB}	双极型晶体管基极直流电源电压
U_{EE}	双极型晶体管发射极直流电源电压
U_{GG}	场效应管栅极直流电源电压
U_{DD}	场效应管漏极直流电源电压

2. 电阻、电容、电感、阻抗

R	电阻的通用符号

G	电导的通用符号
C	电容的通用符号
L	电感的通用符号
Z	阻抗的通用符号
Y	导纳的通用符号
X	电抗的通用符号
R_i、R_o	电路的输入电阻、输出电阻
R_{if}、R_{of}	有反馈电路的输入电阻、输出电阻
R_L	负载电阻
R_+	运放同相输入端外接等效电阻
R_-	运放反相输入端外接等效电阻
R_s	信号源内阻
X_L	电感元件的感抗
X_C	电容元件的容抗

3. 放大倍数、增益、反馈系数

A	放大倍数或增益的通用符号
F	反馈系数的通用符号
A_u	电压放大倍数
A_i	电流放大倍数
A_{uf}	闭环电压放大倍数
A_{us}	考虑信号源内阻时的电压放大倍数
A_{ud}	差模电压放大倍数
A_{uc}	共模电压放大倍数

4. 功率和效率

P	功率的通用符号
η	效率的通用符号
p	瞬时功率
P_o	输出交流功率
P_{om}	最大输出交流功率
P_T	晶体管耗散功率
P_V	直流电源供给的功率
Q	无功功率
S	视在功率

5. 频率

f	频率的通用符号
ω	角频率的通用符号

f_{BW}	通频带
f_o	电路的振荡频率
ω_o	电路的振荡角频率
f_H	放大电路的上限截止频率
f_L	放大电路的下限截止频率

三、器件符号及参数

1. 二极管

D	二极管
I_F	二极管的最大整流电流
I_R	二极管的反向电流
U_T	二极管的死区电压(或称导通电压)
U_R	二极管的最高反向工作电压
U_{BR}	二极管的反向击穿电压
f_M	二极管的最高工作频率

2. 稳压二极管

D_Z	稳压二极管
I_Z	稳压二极管的稳定电流
I_{Zmin}、I_{Zmax}	稳压二极管的最小稳定电流、最大稳定电流
U_Z	稳压二极管的稳定电压
r_Z	稳压二极管的动态电阻
α	稳压二极管的电压温度系数

3. 双极型晶体管

T	晶体管
c、b、e	集电极、基极、发射极
I_{CBO}	发射极开路时,集电极-基极反向饱和电流
I_{CEO}	基极开路时,集电极-发射极之间的穿透电流
U_{CES}	晶体管的饱和管压降
I_{CM}	集电极最大允许电流
P_{CM}	集电极最大允许耗散功率
$U_{(BR)CEO}$	基极开路时,集电极与发射极之间的反向击穿电压
$U_{(BR)CBO}$	发射极开路时,集电极与基极之间的反向击穿电压
$U_{(BR)EBO}$	集电极开路时,发射极与基极之间的反向击穿电压
α、$\bar{\alpha}$	共基极交、直流电流放大系数
β、$\bar{\beta}$	共发射极交、直流电流放大系数
r'_{bb}	基区体电阻

| r_{be} | 基极与发射极之间的微变等效电阻 |

4. 场效应管(FET)

JFET	结型场效应管
MOSFET	绝缘栅型场效应管
D、G、S	漏极、栅极、源极
U_P	耗尽型场效应管的夹断电压
U_T	增强型场效应管的开启电压
I_{DSS}	耗尽型场效应管的饱和漏极电流
R_{GS}	场效应管栅-源极之间的直流输入电阻
g_m	低频跨导
I_{DM}	漏极最大允许电流
P_{DM}	漏极最大允许耗散功率
$U_{(BR)DS}$	漏-源击穿电压

5. 集成运放

A_{ud}	开环差模电压放大倍数
K_{CMR}	共模抑制比
R_{id}	差模输入电阻
U_{IO}	输入失调电压
I_{IO}	输入失调电流
I_{IB}	输入偏置电流
U_{Idmax}	最大差模输入电压
U_{Icmax}	最大共模输入电压
f_{BW}	开环带宽
f_{BWG}	单位增益带宽
S_R	转换速率

6. 其他符号

Q	静态工作点、品质因数
T	周期、温度
θ	相位角
φ	相位差
τ	时间常数
S_r	稳压系数

目　录

第1章

电路的基本概念和定律

本章学习目标

- 正确理解电路及电路模型的概念；
- 掌握电路的基本物理量：电流、电压和电功率；
- 掌握无源电阻网络的等效化简；
- 掌握独立电压源和独立电流源的特性及其等效变换；
- 掌握基尔霍夫定律的内容及应用。

本章介绍电路及电路模型，电路的基本物理量：电流、电压、电功率；介绍电压源、电流源的定义及其等效变换；利用电阻的串、并联，Y-△等效变换进行无源电阻网络的等效化简；介绍基尔霍夫定律的内容及应用。

1.1 电路及电路模型

1.1.1 实际电路

电路的种类多种多样，在日常生活以及生产、科研中都有着广泛的应用。如各种家用电器、传输电能的高压输电线路、自动控制线路、卫星接收设备、邮电通信设备等。这些电器及设备都是实际电路。

实际电路是由一些电气器件按一定的方式连接而成的。这里的电气器件泛指实际的电路部件，如电阻器、电容器、电感器、晶体管、变压器等。实际电路的作用有以下几个方面：①进行能量的传输、分配与转换，例如电力系统中的输电线路；②传送和处理信号，例如电话线路，放大器电路；③测量电路，例如万用表电路（用来测量电压、电流和电阻等）；④存储信息，例如计算机的存储电路。

实际电路组成的方式多种多样，但通常由电源、负载和中间环节三部分组成。电源是提供电能的装置，它将其他形式的能量转换成电能，例如干电池是将化学能转换成电能，发电机是将机械能转换成电能；负载是消耗电能的装置，例如电炉、灯泡、电动机等，它们分别将电能转换成其他形式的能量，如热能、光能、机械能等；中间环节是传、分配、控制电能的部分，例如变压器、输电线、开关等。如图1.1(a)所示是手电筒实际电路的示意图，其电路元件有干电池、灯泡、开关和导线。

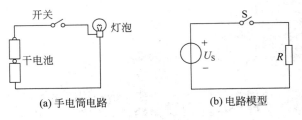

（a) 手电筒电路   （b) 电路模型

图 1.1   实际电路和电路模型

1.1.2   电路模型

为了便于对实际电路进行分析,往往将电路中的实际元件进行简化,在一定条件下忽略其次要性质,用足以表征其主要特性的模型来表示,即把它们近似地看作理想电路元件,并用规定的图形符号表示。例如照明用电灯、加热用电炉、电动机等电路器件,其消耗电能这一电磁特性在电路模型中均可用理想电阻元件 R 表示。电容元件是一种只储存电场能量的理想元件;电感元件是一种只储存磁场能量的理想元件。

理想电路元件是组成电路模型的最小单元,基本的理想电路元件有电阻元件、电感元件、电容元件、理想电压源和理想电流源等。用理想电路元件来近似模拟实际电路中的每个电气器件和设备,再根据这些器件的连接方式,用理想导线将这些电路元件连接起来,这就是实际电路的电路模型。如图 1.1(b)所示是手电筒电路的电路模型图,当干电池内阻忽略时,可用理想电压源 U_S 表示,灯泡用电阻 R 表示,导线电阻忽略不计。

本书所讨论的电路都是由理想电路元件构成的电路模型,而不是实际的电路。通常将电路模型简称为电路,将理想电路元件简称为电路元件,并在电路图中用规定的图形符号表示。通常又把电路称为网络,本书将不加区分地进行引用。

1.2   电路的基本物理量

电路中的物理量很多,本节主要讨论电路的基本物理量:电流、电压和电功率。

1.2.1   电流

电荷在电场力作用下的定向移动形成电流。为了表示电流的强弱,引入电流强度这一物理量。电流强度定义为在电场力作用下,单位时间内通过导体横截面的电量,即

$$i = \frac{\mathrm{d}q}{\mathrm{d}t} \tag{1-1}$$

电流强度简称为电流,所以"电流"一词不仅表示一种物理现象,而且也代表一个物理量。式(1-1)中 i 即电流强度(简称电流),它是时间的函数。在通常情况下,i 是随着时间变化的。若电流强度不随时间变化,即 $\mathrm{d}q/\mathrm{d}t=$ 常数,则这种电流叫做恒定电流,简称为直流。直流电流用大写字母 I 来表示。

在国际单位制(SI)中,时间 t 的单位是秒(s),电荷量 q 的单位是库仑(C),则电流的单位是安培(A)。根据实际需要,电流的单位还有千安(kA)、毫安(mA)、微安(μA)等,它们与

SI 单位 A 的关系是

$$1\mathrm{kA} = 10^3\,\mathrm{A}, \quad 1\mathrm{mA} = 10^{-3}\,\mathrm{A}, \quad 1\mu\mathrm{A} = 10^{-6}\,\mathrm{A}$$

　　电流不但有大小,而且有方向,习惯上规定正电荷运动的方向为电流的实际方向。当负电荷或电子运动时,电流的实际方向与负电荷运动的方向相反。

　　在分析复杂电路时,某段电路中电流的实际方向有时难以直接判断,因此引入了参考方向的概念。在电路分析中,可以任意选定一个方向作为某支路电流的参考方向,用箭头表示在电路图上。以此参考方向作为电路分析和计算的依据,若算出 $i>0$,表明电流的实际方向与设定的参考方向一致;若算出 $i<0$,表明电流的实际方向与设定的参考方向相反。在电路分析中,电流的参考方向一旦设定,就不能改变。图 1.2 示出了电流的实际方向与参考方向之间的关系。

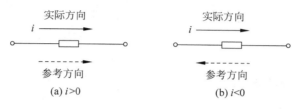

图 1.2　电流的实际方向与参考方向

1.2.2　电压

　　在电路中,如果电场力把单位正电荷 $\mathrm{d}q$ 从电场中某一点 a 移动到 b 点所做的功是 $\mathrm{d}W$,则 a、b 两点间的电压为

$$u_{ab} = \frac{\mathrm{d}W}{\mathrm{d}q} \tag{1-2}$$

即电路中 a、b 两点间的电压等于电场力把单位正电荷从 a 点移动到 b 点所做的功。

　　如果 $u_{ab}>0$,则当 $\mathrm{d}q>0$ 时,$\mathrm{d}W>0$,表明电场力做正功,电压的实际方向是从 a 到 b;如果 $u_{ab}<0$,则当 $\mathrm{d}q>0$ 时,$\mathrm{d}W<0$,表明电场力做负功,电压的实际方向是从 b 到 a。因此电压的实际方向就是正电荷在电场中受电场力作用移动的方向。

　　在电路中任选一点为参考点,则从电路中某点 a 到参考点之间的电压称为 a 点的电位,用 U_a 表示。电位参考点可以任意选取,工程上常选大地、设备外壳或接地点作为参考点。参考点的电位为零。

　　电压与电位的关系是:电路中 a、b 两点之间的电压等于这两点之间的电位之差,即

$$u_{ab} = U_a - U_b \tag{1-3}$$

引入电位的概念之后,可以说,电压的实际方向是从高电位点指向低电位点,所以常将电压称为电压降。

　　电路参考点选得不同,各点电位会有所不同,但两点间的电位差不会改变。在电路分析中,参考点一旦选定,就不再改变。

　　在 SI 中,电压的单位是伏特(V),根据实际需要,有时使用千伏(kV)、毫伏(mV)等。

　　如同对电流规定参考方向一样,对电压也需规定参考方向。在电路中任意选定电压的参考方向,一般用实线箭头表示,箭头方向即为电压的参考方向。有时电压用参考极性表

示,在一段电路中,任意选定一点的极性为"+",另一点的极性为"—",这样选定的极性称为电压的参考极性,从任意选定的"+"极指向"—"极的方向称为电压的参考方向。通常将电压的参考方向和参考极性统称为电压的参考方向。如图 1.3 所示为电压的参考方向与参考极性的表示方法。电压的参考方向还可用双下标来表示,如电压 u_{ab} 表示电压的参考方向是由 a 点指向 b 点。以选定的参考方向来计算电路,若 $u>0$,表示电压的实际方向与参考方向一致;若 $u<0$,表示电压的实际方向与参考方向相反。

在电路分析中,既要对电流规定参考方向,又要对电压规定参考方向,二者各自选定,不必强求一致。但为了分析方便,常令同一元件的电流参考方向和电压参考方向一致,即关联参考方向,就是电流的流向是由电压的"+"极性端流向"—"极性端,如图 1.4(a) 所示;反之为非关联参考方向,即电流是从电压的"—"极性端流向"+"极性端,如图 1.4(b) 所示。

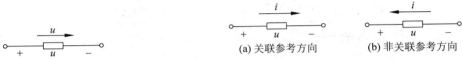

图 1.3　电压的参考方向和参考极性　　　　图 1.4　电压、电流的参考方向

1.2.3　电功率

在电路分析中常用到另一个物理量——电功率。当电场力推动正电荷在电路中运动时,电场力做功,电路吸收能量,电路在单位时间内吸收的能量称为电路吸收的电功率,简称功率。

设在 dt 时间内,电场力将正电荷 dq 由 a 点移到 b 点,且由 a 到 b 的电压降为 u,则在移动过程中电路吸收的能量为

$$dW = u dq = ui \, dt \tag{1-4}$$

因此,单位时间内吸收的电能,即吸收的功率为

$$p = \frac{dW}{dt} = ui \tag{1-5}$$

式(1-5)表示在电压和电流关联参考方向下,电路吸收的功率。若计算出 $p>0$,表示电路实际为吸收功率;若计算出 $p<0$,表示电路实际为发出功率。

通常,在电压和电流非关联参考方向下,电路吸收的功率取

$$p = -ui \tag{1-6}$$

这样规定后,$p>0$ 仍表示电路吸收功率;$p<0$ 表示电路发出功率。

在 SI 制中,功率的单位是瓦特,简称瓦(W),工程上常用的功率单位还有兆瓦(MW)、千瓦(kW)和毫瓦(mW)等,它们与瓦的关系分别是

$$1MW = 10^6 W, \quad 1kW = 10^3 W, \quad 1mW = 10^{-3} W$$

当功率 p 的单位是瓦时,能量的单位是焦耳(J),它等于功率是 1W 的用电设备在 1s 的时间内消耗的电能。工程上或生活中还常用千瓦小时(kWh)作为电能的单位,1kWh 又称为 1 度电,它与国际单位焦耳的关系是

$$1kWh = 10^3 W \times 3600s = 3.6 \times 10^6 J$$

例 1-1 如图 1.5 所示电路中,已知元件 A 的 $U=-5V$,$I=2A$;元件 B 的 $U=3V$,$I=-5A$,求元件 A、B 吸收的功率各为多少?

解:元件 A,电压、电流为关联参考方向,故吸收的功率为

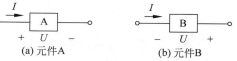

图 1.5 例 1-1 电路

$$P_A = UI = (-5) \times 2 = -10W$$

元件 A 吸收的功率为 $-10W$,$P_A < 0$,表明元件 A 发出功率 $10W$。

元件 B,电压、电流为非关联参考方向,故吸收的功率为

$$P_B = -UI = -3 \times (-5) = 15W$$

$P_B > 0$,表明元件 B 为吸收功率 $15W$。

总之,根据电压、电流参考方向是否关联,可选用相应的公式计算功率,但不论用哪一种公式,都是按吸收功率计算的,若算得功率为正值,均表示实际为吸收功率;若算得功率为负值,均表示实际为发出功率。

1.3 电阻元件

电阻元件是最常见的电路元件之一,它是从实际电阻器抽象出来的理想化电路元件。实际电阻器由电阻材料制成,如线绕电阻、碳膜电阻、金属膜电阻等。电阻元件简称为电阻,它是一种对电流呈现阻碍作用的耗能元件。

1.3.1 线性电阻

由欧姆定律可知:对于线性电阻元件,施加于电阻上的电压与流过它的电流成正比,在电压与电流关联的参考方向下可写成

$$u = Ri \tag{1-7}$$

如果取电流为横坐标,电压为纵坐标,则可绘出 u-i 平面上的一条曲线,称为电阻的伏安特性曲线。若伏安特性是通过坐标原点的直线,则称为线性电阻;若伏安特性是通过坐标原点的曲线,则称为非线性电阻。

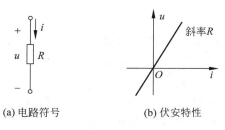

(a)电路符号　　(b)伏安特性

图 1.6 线性电阻元件

线性电阻元件的电路符号和伏安特性如图 1.6 所示。其伏安特性为通过坐标原点的直线,直线的斜率即为电阻的阻值。

式(1-7)是在电压、电流取关联参考方向时的欧姆定律形式,如果电压和电流为非关联参考方向,则应改写为

$$u = -Ri \tag{1-8}$$

电阻的倒数叫电导,用符号 G 表示,即

$$G = \frac{1}{R} \tag{1-9}$$

当电压 u 的单位为伏特,电流 i 的单位为安培时,电阻的单位是欧姆(Ω),电导的单位是

西门子,简称西(S)。用电导来表示电压和电流之间的关系时,欧姆定律形式写为

$$i = Gu \quad (u、i \text{ 关联参考方向})$$

$$i = -Gu \quad (u、i \text{ 非关联参考方向})$$

由欧姆定律公式可见,任一时刻电阻的电压(或电流)由同一时刻的电流(或电压)所决定,而与该时刻以前的电流(或电压)无关。即线性电阻元件的电压(或电流)不能"记忆"以前的电流(或电压)在其上所起的作用。所以说,电阻元件是无记忆元件。

1.3.2 电阻元件吸收的功率

对于线性电阻元件,在电压与电流关联参考方向下,任何时刻元件吸收的功率为

$$p = ui = Ri^2 = \frac{u^2}{R} = Gu^2 \tag{1-10}$$

由于线性电阻元件上电压、电流的实际方向总是一致的,并且 R 和 G 是正实常数,所以功率 p 恒为正值。说明在任何时刻电阻元件都不可能发出功率,而只能从电路中吸收功率,所以电阻元件是耗能元件。

能量是功率对时间的积分,由 t_0 到 t 时间内电阻元件上吸收的电能 W 表示为

$$W = \int_{t_0}^{t} p\,\mathrm{d}t = \int_{t_0}^{t} Ri^2\,\mathrm{d}t = \int_{t_0}^{t} Gu^2\,\mathrm{d}t \tag{1-11}$$

当电阻元件上的电流为直流时,$i = I$,不随时间变化,上式表示为

$$W = p(t - t_0) = UIT = RI^2 T = GU^2 T \tag{1-12}$$

式中 $T = (t - t_0)$,I、U 分别表示直流电流和直流电压。

例 1-2 额定功率是 40W,额定电压为 220V 的灯泡,其额定电流和电阻值是多少?

解:由 $P = UI = \dfrac{U^2}{R}$,得

$$I = \frac{P}{U} = \frac{40}{220} = 0.18\mathrm{A}$$

$$R = \frac{U^2}{P} = \frac{220^2}{40} = 1210\Omega$$

1.4 电阻电路的等效化简

一个电路只有两个端钮与外部相连时,叫做二端网络,或称单口网络。每一个二端元件(如电阻元件、电感元件等)就是一个最简单的二端网络。图 1.7 所示为二端网络的一般符号,图中 U、I 分别叫做端口电压、端口电流。

一个二端网络的端口电压、电流关系和另一个二端网络的端口电压、电流关系相同时,称这两个网络对外部为等效网络。等效网络的内部结构虽然不同,但它们对外电路而言,影响是相同的。

对于一个内部不含有电源的电阻性二端网络,总可以用一个电阻元件与之等效。这个电阻元件的阻值叫做该网络的等效电阻或输入电阻。它等于该网络在关联参考方向下端口电压与端口电流的比值。

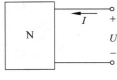

图 1.7 二端网络

1.4.1 电阻的串联

如图 1.8(a)所示为 n 个电阻串联形成的二端网络。该网络的端口电压为 U,各电阻元件上流过的电流为 I,电压与电流参考方向如图 1.8(a)所示。根据串联电路的特点,可列出

$$U = U_1 + U_2 + \cdots + U_n$$
$$= R_1 I + R_2 I + \cdots + R_n I$$
$$= (R_1 + R_2 + \cdots + R_n) I$$
$$= RI$$

式中 R 称为串联等效电阻,即

$$R = \frac{U}{I} = R_1 + R_2 + \cdots + R_n \tag{1-13}$$

如图 1.8(b)所示电路与图 1.8(a)所示电路,就端口电压电流关系而言是等效的,表明 n 个电阻串联,可以对外等效为一个由式(1-13)确定的电阻。

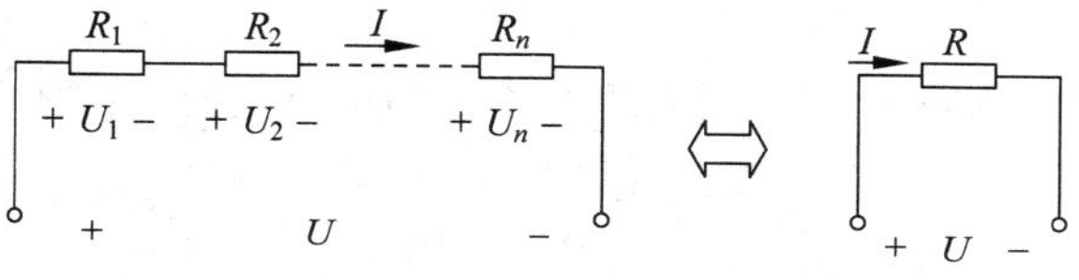

(a) 电阻的串联　　　　(b) 等效电阻

图 1.8 电阻的串联及等效电阻

在串联电路中,各电阻电压与端口电压之间满足

$$U_k = R_k I = \frac{R_k}{R} U \tag{1-14}$$

可见,在电阻串联的电路中,各电阻电压与该电阻阻值成正比,式(1-14)称为串联电阻的分压公式。

1.4.2 电阻的并联

如图 1.9(a)所示为 n 个电阻并联构成的二端网络。并联电路的基本特点是各并联电阻上电压相同,端口电流等于各电阻上的电流之和,电压与电流参考方向如图 1.9(a)所示。则有

$$I = I_1 + I_2 + \cdots + I_n$$
$$= \frac{U}{R_1} + \frac{U}{R_2} + \cdots + \frac{U}{R_n}$$
$$= \left(\frac{1}{R_1} + \frac{1}{R_2} + \cdots + \frac{1}{R_n} \right) U$$
$$= \frac{1}{R} U$$

式中

$$\frac{1}{R} = \frac{1}{R_1} + \frac{1}{R_2} + \cdots + \frac{1}{R_n} \tag{1-15}$$

或写成

$$G = G_1 + G_2 + \cdots + G_n \tag{1-16}$$

式(1-16)中 G 称为 n 个电阻元件并联的等效电导。电导是电阻的倒数,单位是西门子,简称西(S)。可见,n 个电阻并联时,其等效电导等于各电导之和。

由式(1-15)所确定的 n 个电阻并联的等效电阻电路如图 1.9(b)所示。当只有两个电阻 R_1、R_2 并联时,其等效电阻 R 为

$$R = \frac{R_1 R_2}{R_1 + R_2} \tag{1-17}$$

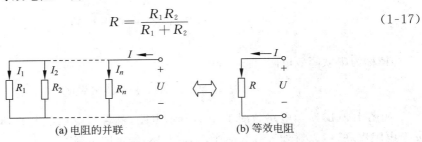

(a) 电阻的并联 (b) 等效电阻

图 1.9 电阻的并联及等效电阻

在并联电路中,流过各电阻(电导)上的电流与端口总电流之间满足

$$I_k = \frac{U}{R_k} = \frac{R}{R_k} I \tag{1-18}$$

或写成

$$I_k = G_k U = \frac{G_k}{G} I \tag{1-19}$$

式(1-18)、式(1-19)称为并联电阻的分流公式。当只有两个电阻 R_1、R_2 并联时,分流公式可写为

$$\begin{cases} I_1 = \dfrac{R_2}{R_1 + R_2} I \\[3mm] I_2 = \dfrac{R_1}{R_1 + R_2} I \end{cases} \tag{1-20}$$

例 1-3 如图 1.10 所示电路中,求 ab 端口的等效电阻。

解:为便于判断串并联关系,在图中标出一节点 c,先求出 cb 两点间的等效电阻

$$R_{cb} = 3 // (2+4) = \frac{3 \times 6}{3+6} = 2\Omega$$

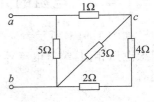

图 1.10 例 1-3 电路

因此 a、b 之间的等效电阻为

$$R_{ab} = 5 // (1 + R_{cb}) = 5 // (1+2) = \frac{5 \times 3}{5+3} = 1.875\Omega$$

1.4.3 电阻星形联结和三角形联结的等效变换

如果三个电阻的一端接在同一点上,另一端分别接到三个不同的端钮上,如图 1.11(a)所示,这种联结称为电阻的星形(Y形)联结。如果将三个电阻分别接在三个端钮的每两个之间,如图 1.11(b)所示,则称为电阻的三角形(△形)联结。

电阻的 Y 形联结与△形联结都是通过三个端钮与外部联系,构成一个最简单的三端电

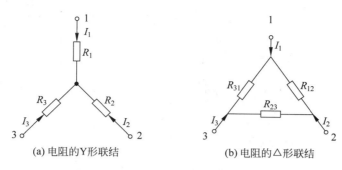

(a) 电阻的Y形联结　　(b) 电阻的△形联结

图 1.11　电阻的 Y 形联结与△形联结

阻网络。所谓等效仍然指对外部等效,即当它们对应端钮间的电压相同,流过对应端钮的电流分别相同时,两种联结的电阻网络等效。可以证明 Y 形联结与△形联结电路的等效变换公式如下。

将 Y 形联结变换为△形联结时

$$\begin{cases} R_{12} = \dfrac{R_1 R_2 + R_2 R_3 + R_3 R_1}{R_3} \\[2ex] R_{23} = \dfrac{R_1 R_2 + R_2 R_3 + R_3 R_1}{R_1} \\[2ex] R_{31} = \dfrac{R_1 R_2 + R_2 R_3 + R_3 R_1}{R_2} \end{cases} \qquad (1-21)$$

由式(1-21)可知,当 $R_1 = R_2 = R_3 = R_Y$ 时,有 $R_{12} = R_{23} = R_{31} = R_\triangle$。并且

$$R_\triangle = 3R_Y \qquad (1-22)$$

将△形联结变换为 Y 形联结时

$$\begin{cases} R_1 = \dfrac{R_{12} R_{31}}{R_{12} + R_{23} + R_{31}} \\[2ex] R_2 = \dfrac{R_{12} R_{23}}{R_{12} + R_{23} + R_{31}} \\[2ex] R_3 = \dfrac{R_{23} R_{31}}{R_{12} + R_{23} + R_{31}} \end{cases} \qquad (1-23)$$

同样,当 $R_{12} = R_{23} = R_{31} = R_\triangle$ 时,有 $R_1 = R_2 = R_3 = R_Y$。并有

$$R_Y = \frac{1}{3} R_\triangle \qquad (1-24)$$

例 1-4　求如图 1.12(a)所示电路 ab 端口的等效电阻 R_{ab}。

解: 运用 Y-△ 等效变换,把图 1.12(a)图化简为电阻的串并联电路。变换的方法有好几种,例如可以将图 1.12(a)中 6Ω、6Ω、10Ω 三个 Y 形联结的电阻变换为等效的△形联结,也可将 6Ω、6Ω、6Ω 三个△形联结的电阻变换为等效的 Y 形联结等。这里选择第二种变换方式,将 1.12(a)图电路等效变换为图 1.12(b)图所示电路,并且得到 $R_Y = \frac{1}{3} R_\triangle = 2\Omega$。由图 1.12(b)图所示电路可求得

$$R_{ab} = 2 + (10+2)//(10+2)$$
$$= 2 + 12//12 = 2 + 6 = 8\Omega$$

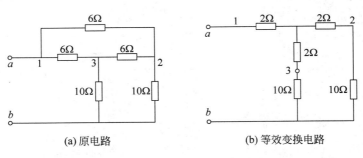

(a) 原电路　　　　　　　　　　　　(b) 等效变换电路

图 1.12　例 1-4 电路

1.5　独立电源元件

电源是一种将其他形式的能量转换成电能的装置或设备。独立电源是指其外特性由电源本身的参数决定,而不受电源之外的其他参数控制,这里的独立二字是相对于后面要介绍的受控电源的受控二字而言的。

常见的直流电源有干电池、蓄电池、直流发电机、直流稳压电源和直流稳流电源等。常见的交流电源有交流发电机、交流稳压电源和各种信号发生器等。实际电源工作时,在一定条件下,有的端电压基本不随外电路而变化,如新的干电池、大型电网等;有的电源提供的电流基本不随外部电路而变化,如光电池、晶体管稳流电源等。因而得到两种电源模型:电压源和电流源。

1.5.1　理想电压源和理想电流源

1. 理想电压源

理想电压源是从实际电源抽象出来的理想化二端电路元件。端电压为恒定值或按照某种给定的规律变化而与其电流无关的电源,称为理想电压源,简称电压源。图 1.13(a)、(b) 分别示出了直流电压源和一般电压源的电路符号。

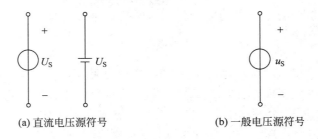

(a) 直流电压源符号　　　　　　　　　(b) 一般电压源符号

图 1.13　电压源符号

电压源具有如下两个特点:(1)它的端电压是恒定的值 U_S 或是一个固定的时间函数 $u_S(t)$,与流过它的电流无关;(2)流过它的电流取决于它所连接的外电路,电流的大小和方向都由外电路决定,视电流方向的不同,电压源可以对外电路提供能量,也可以从外电路吸收能量。

直流电压源的伏安特性如图 1.14 所示，它是一条平行于 i 轴的直线，表明其端电压的大小与电流大小、方向无关，直流电压源也称为恒压源。

由理想电压源的特点可知，其两端电压 U_S 为定值，不随端口电流 I 改变，所以，电压源与任何二端元件并联，都可以等效为电压源，如图 1.15 所示。

注意，等效是对虚线框以外的电路而言，虚线框内部电路是不等效的。

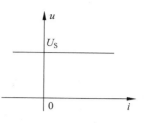

图 1.14 直流电压源伏安特性曲线

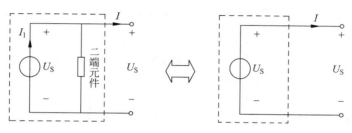

图 1.15 电压源与二端元件并联的等效电路

2．理想电流源

理想电流源也是一个理想的二端电路元件，简称为电流源。有些电子器件或设备在一定范围内工作时能产生恒定电流，例如光电池在一定光线照射下，能被激发产生一定值的电流，该电流与光的照度成正比，它的特性比较接近电流源。

理想电流源的特点是：（1）它输出的电流是一个定值 I_S 或一定的时间函数 $i_S(t)$，与它两端的电压无关；（2）电流源两端的电压取决于它所连接的外电路，外电路可以使它两端的电压有不同的极性，因而电流源既可以向外电路提供能量，也可以从外电路获得能量。图 1.16(a)、(b) 分别为电流源的电路符号和直流电流源的伏安特性。图中箭头表示输出电流的参考方向，i_S 表示一般电流源，I_S 表示直流电流源。

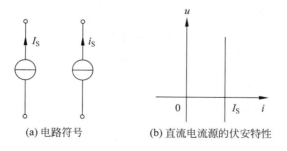

(a) 电路符号   (b) 直流电流源的伏安特性

图 1.16 电流源的电路符号和伏安特性

由图可见，直流电流源提供的电流是一恒定的值 I_S，其伏安特性是一条平行于 u 轴的直线，表明电流的大小与其两端电压的大小和极性无关，直流电流源也称为恒流源。

由理想电流源的特点可知，其输出电流 I_S 为定值，不随端电压 U 而改变，所以，电流源与任何二端元件串联,都可以等效为电流源,如图 1.17 所示。

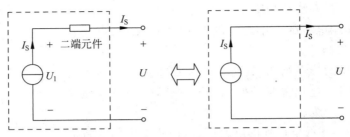

图 1.17   电流源与二端元件串联的等效电路

注意,等效是对虚线框以外的电路而言,虚线框内部电路是不等效的。

例 1-5   如图 1.18 所示电路中,求各元件吸收或发出的电功率。

解:由电流源的特点可知,电流源提供的电流为
2A,与外电路无关。因此流过 3Ω 电阻和 10V 电压源的
电流均为 2A。

电阻元件上吸收的功率为

$$P_1 = I^2 R = 2A^2 \times 3\Omega = 12W$$

电压源吸收的功率(关联参考方向)

$$P_2 = 10V \times 2A = 20W$$

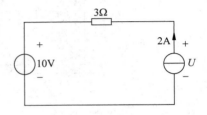

图 1.18   例 1-5 电路

设电流源上电压极性如图 1.18 中所示,其端电压为

$$U = 2A \times 3\Omega + 10V = 16V$$

电流源吸收的功率(非关联参考方向)

$$P_3 = -16V \times 2A = -32W (由于 P_3 < 0,因此电流源实际为发出功率 32W)$$

1.5.2   实际电源模型及其等效变换

1. 实际电压源模型

理想电压源实际上是不存在的,实际电压源在对外电路提供功率的同时,在其电源内部
也会有功率损耗,即实际电源是存在内阻的,因此对于一个实际电压源,可用一个电压源 U_S
和内阻 R_S 串联的模型来等效,此模型称为实际电源的电压源模型,如图 1.19(a)所示。其
中,U_S 就是电源的开路电压,内阻 R_S 有时也称为输出电阻。因此实际电压源的参数可用开
路电压 U_S 和内阻 R_S 来表征。

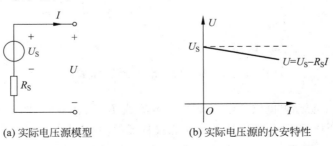

(a) 实际电压源模型   (b) 实际电压源的伏安特性

图 1.19   实际电压源模型及伏安特性

实际电压源的端电压为

$$U = U_s - R_s I \tag{1-25}$$

实际电压源的伏安特性如图 1.19(b) 所示。可见，电源的内阻 R_s 越小，其端电压 U 越接近于 U_s，实际电压源就越接近于理想电压源。

2. 实际电流源模型

同理想电压源一样，理想电流源也是不存在的，实际电流源的输出电流是随着端电压的变化而变化的。例如光电池，被光激发而产生的电流，并不是全部流出，而是有一部分在光电池内部流动。因此对于一个实际电流源，可用一个电流源 I_s 和内阻 R_s 并联的模型来表征，此模型称为实际电源的电流源模型，如图 1.20(a) 所示。其中，I_s 是电源的短路电流，内阻 R_s 表明了电源内部的分流效应。因此，实际电流源可用它的短路电流 I_s 和内阻 R_s 这两个参数来表征。

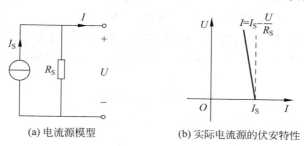

(a) 电流源模型　　　　　(b) 实际电流源的伏安特性

图 1.20　实际电流源模型及伏安特性

实际电流源的输出电流为

$$I = I_s - \frac{U}{R_s} \tag{1-26}$$

实际电流源的伏安特性如图 1.20(b) 所示。可见，电源的内阻 R_s 越大，其输出电流 I 越接近于 I_s，实际电流源就越接近于理想电流源。

3. 两种电源模型的等效变换

以上两种电源模型之间是可以等效互换的。对外电路来说，任何一个含有内阻的电源都可以等效成一个电压源和电阻的串联，或者等效为一个电流源和电阻的并联电路。

这里所说的等效变换是指对外电路的等效，就是变换前后，端口处伏安关系 (VAR) 不变，如图 1.21 所示，即变换前后 a、b 端口电压 U、电流 I 相同。

对于图 1.21(a) 所示的电压源模型有 $U = U_s - R_s I$，可改写为

$$I = \frac{U_s}{R_s} - \frac{U}{R_s}$$

对于图 1.21(b) 所示的电流源模型，其输出电流为

$$I = I_s - \frac{U}{R'_s}$$

由以上两式，得两种电源模型等效的条件是

$$\begin{cases} I_s = \dfrac{U_s}{R_s} \\ R_s = R'_s \end{cases} \tag{1-27}$$

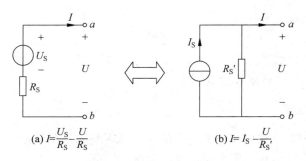

图 1.21　两种电源模型的等效变换

　　由式(1-27)可知,如果已知图 1.21(a)所示电压源模型,则其等效电流源模型如图 1.21(b)所示,并且电流源的 $I_S = U_S/R_S$,$R'_S = R_S$;如果已知图 1.21(b)所示的电流源模型,则其等效的电压源模型如图 1.21(a)所示,并且 $U_S = R'_S I_S$,$R_S = R'_S$。

　　需注意变换前后电压源电压的参考极性与电流源电流的参考方向之间的关系(电流源 I_S 的方向应保持从电压源的"+"极性端流出);另外等效是指对外电路的等效,对电源内部是不等效的。

　　例 1-6　求如图 1.22(a)所示电路的等效电流源模型。

　　解:因为理想电压源与任何二端元件并联都等效为理想电压源,因此图 1.22(a)电路可等效为图 1.22(b)所示的电路。

　　图 1.22(b)电路中的 $U_S = 4\text{V}$,$R_S = 2\Omega$,故其等效电流源模型中的电流为

$$I_S = \frac{U_S}{R_S} = \frac{4}{2} = 2\text{A}$$

　　根据电压源中 U_S 的极性,可知电流源中 I_S 的方向应向上,电流源模型中的电阻仍为 2Ω,等效电流源模型如图 1.22(c)所示。

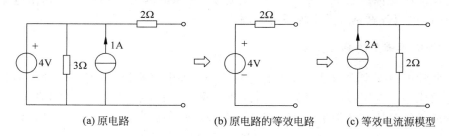

(a) 原电路　　　　　(b) 原电路的等效电路　　　　　(c) 等效电流源模型

图 1.22　例 1-6 电路

　　例 1-7　用等效化简法求图 1.23(a)所示电路中的电压 U 和电流 I。

　　解:首先将图 1.23(a)中左侧的串联支路化简,等效为图 1.23(b)所示电路;再将虚框内两个电压源与电阻的串联支路等效变换为两个电流源与电阻的并联电路,如图 1.23(c)所示;图 1.23(c)中,两个并联的电流源可以用一个电流源代替,3Ω 与 6Ω 电阻并联可以等效为一个 2Ω 的电阻,如图 1.23(d)所示。

　　由 1.23(d)电路可以求出

$$I = \frac{2}{2+4} \times 1\text{A} = \frac{1}{3}\text{A}$$

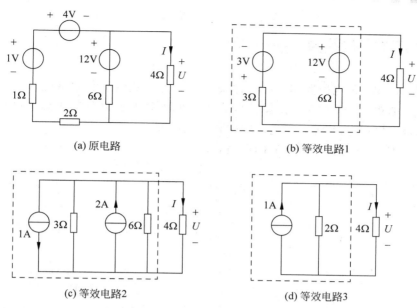

(a) 原电路　　　　　　　　　(b) 等效电路1

(c) 等效电路2　　　　　　　　(d) 等效电路3

图 1.23　例 1-7 电路

$$U = 4I = 4 \times \frac{1}{3} = \frac{4}{3} \text{V}$$

由上例可知,几个电流源并联时可合并为用一个电流源代替,几个电压源串联时可合并为用一个电压源代替。

例 1-8　将如图 1.24(a)所示电路化为最简形式。

解:图 1.24(a)中,4V 电压源与 3Ω 电阻并联仍等效为 4V 电压源,4A 电流源与 1Ω 电阻串联仍等效为 4A 电流源,其等效电路如图 1.24(b)所示;图 1.24(b)虚框中,电压源与电阻串联电路可以等效变换为电流源与电阻并联的电路,如图 1.24(c)所示,再将图 1.24(c)中的并联电流源和并联电阻分别合并,得图 1.24(d)所示电路。

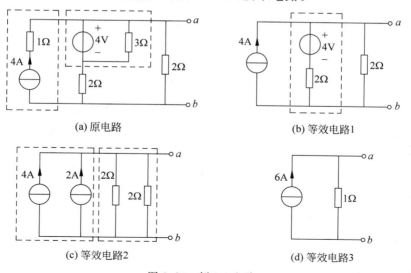

(a) 原电路　　　　　　　　　(b) 等效电路1

(c) 等效电路2　　　　　　　　(d) 等效电路3

图 1.24　例 1-8 电路

1.6　基尔霍夫定律

由不同元件构成的电路整体中,各元件之间的互连使得各元件电流之间及各元件电压之间遵循一定的规律。基尔霍夫定律就是反映这方面规律的、在任何集总参数电路中都适用的基本定律,基尔霍夫定律包括电流定律和电压定律。

为了叙述方便,先介绍几个有关的电路名词。

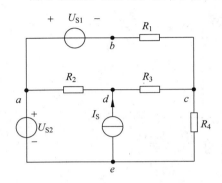

图 1.25　电路名词说明用图

（1）支路:支路是由若干个元件串联而成的,且流过同一电流的一个分支。如图 1.25 所示电路中,共有 6 条支路,它们是: abc、ad、dc、ae、de、ce。

（2）节点:三条或三条以上支路的联节点叫做节点。图 1.25 中共有 a、c、d、e 四个节点,b 点不是节点。

（3）回路:电路中任一闭合路径叫做回路。图 1.25 中 $abcda$、$adea$、$abcea$ 等都是回路。

（4）网孔:除了构成回路本身的支路以外,在回路内部不再含有任何支路,这样的回路叫做网孔。图 1.25 中共有三个网孔,它们是 $abcda$、$adea$、$dced$。

1.6.1　基尔霍夫电流定律

基尔霍夫电流定律(Kirchhoff's Current Law,KCL)表述如下:在任一瞬间,流入任一节点的电流之和恒等于流出该节点的电流之和。基尔霍夫电流定律说明了电流的连续性,遵循电荷守恒定律。

在图 1.26 中,各支路电流的参考方向已标出,根据基尔霍夫电流定律可写出

$$I_1 + I_4 = I_2 + I_3$$

也可写成

$$I_1 + I_4 - I_2 - I_3 = 0$$

由此可得基尔霍夫电流定律的另一种表述方法:任一瞬间,流入任一节点的电流代数和恒为零,即

$$\sum I = 0 \quad 或 \quad \sum i = 0 \tag{1-28}$$

这里规定流入节点的电流为正,流出节点的电流为负(也可作相反的规定)。注意,在列写 KCL 方程时,应首先确定各支路电流的参考方向,然后才能根据其流入或流出节点来确定它在式(1-28)中取正或是取负。

KCL 不仅适用于节点,也可推广运用于电路中的任一闭合封闭面,将该封闭面视为一个广义的节点,则流入任一封闭面的电流之和恒等于流出该封闭面的电流之和,对于图 1.27 电路中用虚线表示的封闭面,可列写 KCL

$$I_1 + I_2 + I_3 = 0$$

应用基尔霍夫电流定律还可判断两部分电路之间的电流关系。如图 1.28 所示,两部分电路之间只有一条导线相连,根据 KCL 可知,此导线中的电流为零。

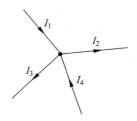

图 1.26　基尔霍夫电流定律的说明

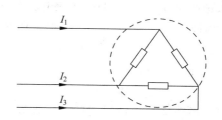

图 1.27　广义节点

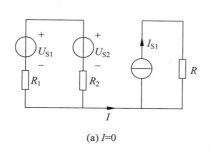

(a) $I=0$

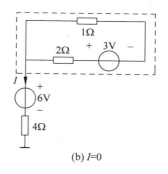

(b) $I=0$

图 1.28　KCL 的应用

例 1-9　如图 1.29 所示电路中,列出各节点的 KCL 方程。

解:对于图 1.29 电路的各个节点分别列 KCL 方程。

节点 1 为　　　　　　$I_1 - I_3 - I_4 = 0$

节点 2 为　　　　　　$I_4 - I_5 - I_6 = 0$

节点 3 为　　　　　　$I_2 - I_3 - I_6 = 0$

节点 4 为　　　　　　$I_1 - I_2 - I_5 = 0$

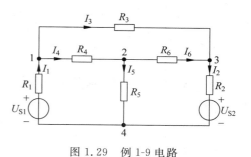

图 1.29　例 1-9 电路

1.6.2　基尔霍夫电压定律

基尔霍夫电压定律(Kirchhoff's Voltage Law,KVL),表述如下:在任一瞬间,沿任一闭合回路绕行一周,所有电压降代数和恒为零。即

$$\sum U = 0 \quad 或 \quad \sum u = 0 \qquad (1-29)$$

在列写 KVL 方程时,首先任意选定一个回路的绕行方向,当电压参考方向与绕行方向一致时,该电压前面取"+"号;当电压参考方向与绕行方向相反时,该电压前面取"-"号。

如图 1.30 所示为某电路的一个回路,回路绕行方向如图 1.30 所示,由 KVL,可列出

$$U_{ab} + U_{bc} + U_{cd} + U_{de} + U_{ef} + U_{fa} = 0$$

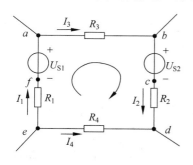

图 1.30　基尔霍夫电压定律的说明

根据图 1.30 所标出的电压或电流的参考方向,可知:$U_{ab}=I_3R_3$,$U_{bc}=U_{S2}$,$U_{cd}=I_2R_2$,$U_{de}=-I_4R_4$,$U_{ef}=I_1R_1$,$U_{fa}=-U_{S1}$。因此可得如图 1.30 所示回路的 KVL 方程为

$$I_3R_3+U_{S2}+I_2R_2-I_4R_4+I_1R_1-U_{S1}=0$$

上式还可写成

$$U_{ab}=I_3R_3=U_{S1}-I_1R_1+I_4R_4-I_2R_2-U_{S2}$$

这是基尔霍夫电压定律的又一种表现形式,其含义是:电路中任意两点 a、b 之间的电压,等于从 a 点沿着任一路径到 b 点途中所有元件电压降代数和。

基尔霍夫电压定律不仅用于闭合回路,还可以推广应用于任一开口电路,但要将开口处的电压列入方程。如图 1.31 所示为某电路的一部分,沿顺时针方向绕行,其 KVL 方程为

$$U+IR_S-U_S=0$$

或改写为

$$U=U_S-IR_S$$

例 1-10 如图 1.32 所示电路中,求电流 I。

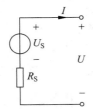

图 1.31 基尔霍夫电压定律的推广

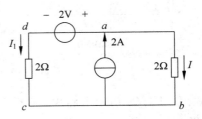

图 1.32 例 1-10 电路

解:设左侧支路的电流为 I_1,参考方向如图 1.32 所示,对节点 a 列 KCL 方程,得 $I_1+I=2$,即

$$I_1=2-I \tag{1-30}$$

对回路 $abcda$ 列 KVL 方程,得

$$2I-2I_1-2=0 \tag{1-31}$$

将(1-30)式代入(1-31)式,得

$$2I-2(2-I)-2=0$$
$$I=1.5A$$

例 1-11 电路如图 1.33 所示,求电流 I。

解:回路 $abca$ 的 KVL 方程如下:

$$(2+4+6)I+12-60=0$$

解得

$$I=4A$$

例 1-12 如图 1.34 所示电路中,已知 $R_1=2\Omega$,$R_2=3\Omega$,$U_{S1}=4V$,$U_{S2}=6V$,$U_{S3}=5V$,求 U_{ac} 及 a 点的电位 U_a。

解:设电流 I_1、I_2 的参考方向及回路 A 的绕行方向如图 1.34 所示。由 KCL 可知 $I_2=0$,所以回路 A 中各元件上的电流相同,都为 I_1。根据 KVL 列回路 A 的方程

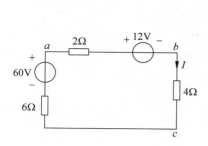

图 1.33　例 1-11 电路

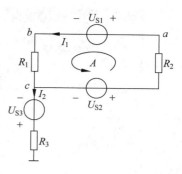

图 1.34　例 1-12 电路

$$U_{S1} + I_1R_1 - U_{S2} + I_1R_2 = 0$$

代入各已知数据得

$$4 + 2I_1 - 6 + 3I_1 = 0$$
$$I_1 = 0.4\ A$$

由此可求得

$$U_{ac} = U_{S1} + I_1R_1 = 4 + 0.4 \times 2 = 4.8 \mathrm{V}$$

求 a 点的电位 U_a，U_a 是从 a 点沿任一条路径到零电位参考点的电压，即

$$U_a = U_{S1} + I_1R_1 - U_{S3} = 4 + 0.4 \times 2 - 5 = -0.2 \mathrm{V}$$

1.7　Protel 仿真分析

Protel DXP 提供的仿真分析方式有直流工作点分析、瞬态/傅里叶分析、直流扫描分析、交流小信号分析、噪声分析、极点-零点分析、传递函数分析、温度扫描分析、参数扫描分析和蒙特卡罗分析。

例 1-13　运用直流工作分析计算如图 1.35 所示电路中流过 R_1 和 R_2 的电流，以及电路中电位 U_a 和 U_b。

解：在 Protel DXP 的原理图编辑器中按图 1.35 完成原理图的设计，运行仿真，在仿真分析设置对话框中选择直流工作点分析，并在常规设置页（General Setup）中选择 R_1 和 R_2 的电流以及 U_a 和 U_b 作为仿真参数，如图 1.36 所示。设置完成后单击 OK 按钮，得到直流工作点分析仿真结果，如图 1.37 所示。

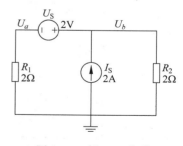

图 1.35　例 1-13 电路

例 1-14　运用直流工作分析计算如图 1.38 所示电路中流过各电阻的电流，以及电路中电位 U_a、U_b 和 U_c。

解：按图 1.38 完成原理图的设计，运行仿真，在仿真分析设置对话框中选择直流工作点分析，常规设置页（General Setup）的设置如图 1.39 所示。直流工作点分析结果如图 1.40 所示。

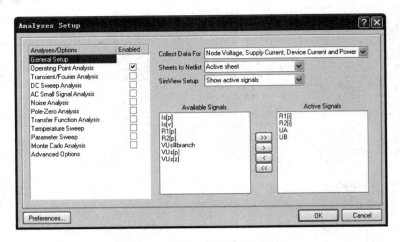

图 1.36   直流工作点分析的设置

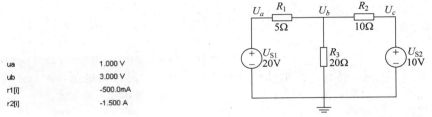

ua	1.000 V
ub	3.000 V
r1[i]	-500.0mA
r2[i]	-1.500 A

图 1.37   例 1-13 电路直流工作点分析结果

图 1.38   例 1-14 电路

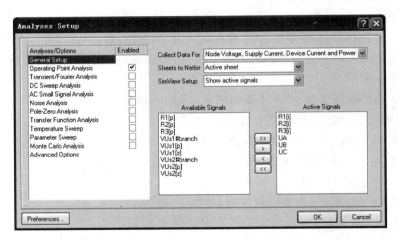

图 1.39   直流工作点分析的设置

ua	20.00 V
ub	14.29 V
uc	10.00 V
r1[i]	-1.143 A
r2[i]	-428.6mA
r3[i]	714.3mA

图 1.40   例 1-14 电路直流工作点分析结果

1.8　本章小结

1. 电路及电路模型

理想电路元件是从实际电路元件中抽象出来的理想化模型。由理想电路元件构成的电路称为电路模型。在电路分析中,都是用电路模型代替实际电路进行分析和研究。

2. 电路的基本物理量

电流:电荷在电场力作用下的定向移动形成电流,电流的大小用电流强度来表示,即 $i = \mathrm{d}q/\mathrm{d}t$。电流的实际方向规定为正电荷运动的方向,在电路分析中可任意假定电流的参考方向。

电压:电路中 a、b 两点间的电压等于电场力把单位正电荷从 a 点移动到 b 点所做的功,即 $u_{ab} = \mathrm{d}W/\mathrm{d}q$。电路中 a、b 两点之间的电压又等于 a、b 两点的电位之差。规定电压的实际方向是从高电位点指向低电位点,在电路分析中可任意假定电压的参考方向。通常取同一元件上电压与电流的参考方向一致,即相关联的参考方向。

电功率:电功率是电路在单位时间内吸收或产生的能量,即 $p = \mathrm{d}W/\mathrm{d}t$。当电压与电流取关联参考方向时,电路吸收的功率为 $p = ui$;当电压与电流为非关联参考方向时,电路吸收的功率为 $p = -ui$。$p > 0$ 表示吸收功率,$p < 0$ 表示发出功率。

3. 电阻及无源电阻网络的等效化简

线性电阻元件的欧姆定律形式为

$$u = Ri \quad (u、i \text{ 为关联参考方向})$$
$$u = -Ri \quad (u、i \text{ 为非关联参考方向})$$

运用电阻的串并联知识和电阻的 Y-△ 等效变换可对无源电阻网络进行等效化简,即任何一个无源电阻网络都可等效为一个电阻。

4. 独立电源

理想电压源输出的电压是一恒定值或为一固定的时间函数,与流过它的电流大小、方向无关,在复杂电路的分析中,电压源可对外提供能量,也可从外电路吸收能量;理想电流源输出的电流是一恒定值或为一固定的时间函数,与加在它两端的电压大小、极性无关,与电压源一样,电流源既可对外提供能量,也可从外电路吸收能量。

实际电压源模型可等效为一个电压源 U_s 与内阻 R_s 的串联,其端口伏安关系式为 $U = U_s - R_s I$;实际电流源模型可等效为一个电流源 I_s 与内阻 R_s 的并联,其端口伏安关系式为 $I = I_s - U/R_s$。在端口伏安关系保持不变的前提下,两种电源模型之间可以进行等效变换。

5. 基尔霍夫定律

基尔霍夫电流定律:任一瞬间,流入任一节点的电流代数和恒为零,即 $\sum i = 0$。基尔霍夫电流定律可推广应用于任一闭合封闭面。

基尔霍夫电压定律:任一瞬间,沿任一闭合回路绕行一周,所有电压降代数和恒为零,即 $\sum u = 0$。基尔霍夫电压定律可推广应用于任一开口电路。

习题

1-1   求如图 1.41 所示各元件吸收的电功率。

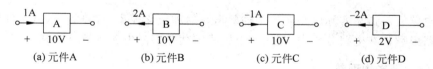

(a) 元件A   (b) 元件B   (c) 元件C   (d) 元件D

图 1.41   习题 1-1 电路

1-2   求图 1.42 中各电路的电压 u。

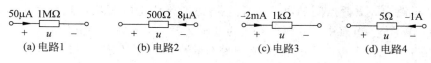

(a) 电路1   (b) 电路2   (c) 电路3   (d) 电路4

图 1.42   习题 1-2 电路

1-3   在如图 1.43 所示各段电路中,求电路两端的电压 U_{ab}。

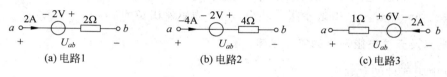

(a) 电路1   (b) 电路2   (c) 电路3

图 1.43   习题 1-3 电路

1-4   求如图 1.44 所示各二端电路的等效电阻 R_{ab}。

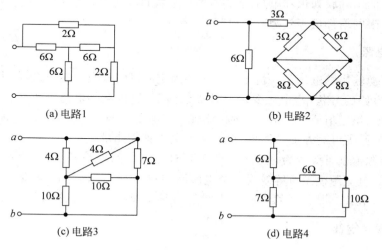

(a) 电路1   (b) 电路2

(c) 电路3   (d) 电路4

图 1.44   习题 1-4 电路

1-5   求图 1.45 电路中 ab 和 cd 端口的等效电阻 R_{ab}、R_{cd}。

1-6   求如图 1.46 所示各电路的最简等效电路。

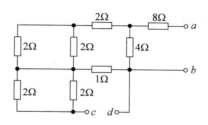

图 1.45 习题 1-5 电路

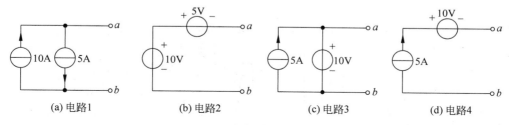

(a) 电路1　　　　　(b) 电路2　　　　　(c) 电路3　　　　　(d) 电路4

图 1.46 习题 1-6 电路

1-7 求如图 1.47 所示各电路的最简等效电路。

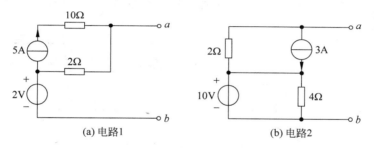

(a) 电路1　　　　　　　　　　　(b) 电路2

图 1.47 习题 1-7 电路

1-8 求如图 1.48 所示各电路的最简电路模型。

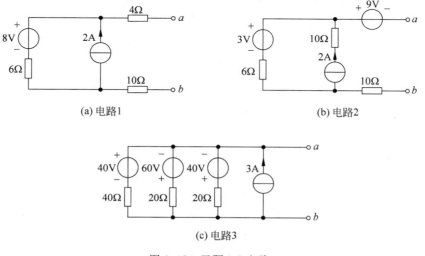

(a) 电路1　　　　　　　　　　　(b) 电路2

(c) 电路3

图 1.48 习题 1-8 电路

1-9   在图 1.49 的电路中,用等效化简法计算电流 I。

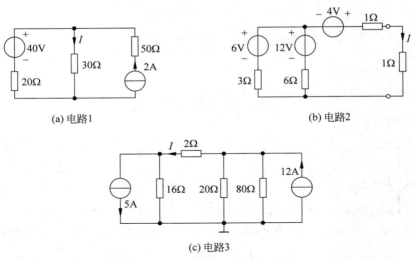

(a) 电路1   (b) 电路2

(c) 电路3

图 1.49   习题 1-9 电路

1-10   在图 1.50 的电路中,用等效化简法计算电压 U。

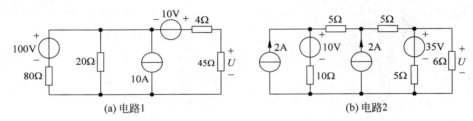

(a) 电路1   (b) 电路2

图 1.50   习题 1-10 电路

1-11   求图 1.51 的电路中的电流 I。

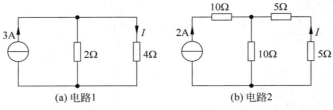

(a) 电路1   (b) 电路2

图 1.51   习题 1-11 电路

1-12   求图 1.52 的电路中的电流 I。

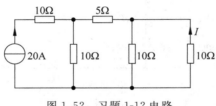

图 1.52   习题 1-12 电路

1-13 求图 1.53 的电路中 A 点的电位。

1-14 求图 1.54 的电路中开关 S 断开与闭合时 A 点的电位。

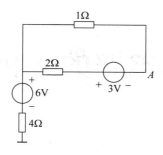

图 1.53 习题 1-13 电路

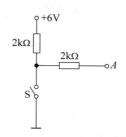

图 1.54 习题 1-14 电路

1-15 如图 1.55 所示电路中,求电压 U_{ab}、U_{bc}、U_{ca}。

1-16 在如图 1.56 所示电路中,求各元件的功率。

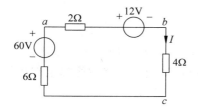

图 1.55 习题 1-15 电路

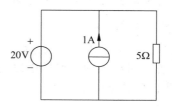

图 1.56 习题 1-16 电路

1-17 如图 1.57 所示电路中,试分别列出一个 KCL 方程和两个 KVL 方程求解各支路电流。

1-18 求如图 1.58 所示电路中的电流 I_1 和电压 U_1、U_2。

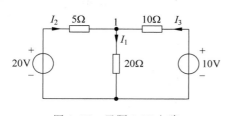

图 1.57 习题 1-17 电路

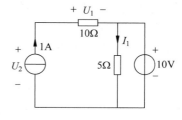

图 1.58 习题 1-18 电路

第2章
电阻电路的分析

本章学习目标

- 掌握电阻电路的一般分析方法:支路电流法、节点电压法、网孔电流法;
- 掌握叠加定理、戴维南定理的内容,并会运用其求解线性电路;
- 理解受控源的概念,掌握含有受控源电路的分析方法;
- 了解非线性电阻概念,了解简单非线性电阻电路的计算。

前面介绍了应用欧姆定律和基尔霍夫定律对简单电路的分析。本章介绍复杂电路的分析,首先以电阻电路为例介绍电路的一般分析方法,包括支路电流法、节点电压法、网孔电流法,这些方法对线性和非线性电路均适用;然后介绍针对线性电路的叠加定理和等效电源定理;最后介绍含有受控源电路及非线性电阻电路的分析方法。

2.1 支路电流法

凡不能用电阻串并联及 Y-△等效变换化简的电路,称为复杂电路。在计算复杂电路的各种方法中,支路电流法是最基本的。支路电流法是以支路电流作为未知量,应用基尔霍夫电流定律、电压定律,列出所需要的方程组,联立解出各支路电流,再由求得的支路电流求出其他变量的分析方法。

下面以图 2.1 所示电路为例,说明支路电流法的解题步骤。

在图 2.1 电路中,共有 3 条支路、2 个节点和 3 个回路,为求出 3 个未知支路电流,需要列出三个独立方程。列方程时,首先任意选定各支路电流的参考方向,如图 2.1 中所示,根据基尔霍夫电流定律对节点列出电流方程。

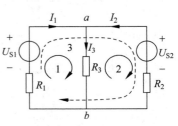

图 2.1 支路电流法举例

节点 a: $I_1 + I_2 - I_3 = 0$

节点 b: $I_3 - I_1 - I_2 = 0$

显然,两个电流方程是一样的。因此,对具有 2 个节点的电路,应用基尔霍夫电流定律只能列出 $2-1=1$ 个独立方程。同理,对具有 n 个节点的电路,应用基尔霍夫电流定律只能列出 $(n-1)$ 个独立方程。

然后,选定回路绕行方向,回路绕行方向如图 2.1 所示,根据基尔霍夫电压定律对回路列出电压方程。

回路 1： $I_1R_1 + I_3R_3 - U_{S1} = 0$

回路 2： $U_{S2} - I_2R_2 - I_3R_3 = 0$

回路 3： $I_1R_1 - I_2R_2 - U_{S1} + U_{S2} = 0$

不难发现，上述三个回路方程并非彼此独立，其中任一个方程都可以从其他两个方程中推导出来，如回路 1、回路 2 两式相加可得到回路 3 方程，所以只有两个方程是独立的。

可以证明，对于具有 b 条支路、n 个节点的电路，应用基尔霍夫电压定律能列出 $l = b - (n-1)$ 个独立回路电压方程。与这些方程相对应的回路称为独立回路。独立回路的选择，原则上是任意的，只要使所选回路中至少具有一条新支路，那么这个回路就一定是独立的。通常平面电路中的单孔回路(称为网孔)就是一个独立回路，网孔数即为独立回路数，所以一般取网孔回路作为独立回路，据此所列出的回路电压方程就是独立方程。

综上所述，可将支路电流法的解题步骤归纳如下：

(1) 任意选定各支路(b 条支路)电流参考方向；

(2) 按基尔霍夫电流定律，对($n-1$)个独立节点列出 KCL 方程；

(3) 通常取网孔为独立回路，独立回路个数为 $l = b - (n-1)$，设定独立回路绕行方向，应用基尔霍夫电压定律，对独立回路列 KVL 方程；

(4) 联立求解(2)、(3)两步得到的 b 个方程，由此得到各支路电流。

例 2-1 列出图 2.2 电路的支路电流方程。

解：各支路电流参考方向和回路绕行方向如图 2.2 所示。在本电路中，支路数 $b = 6$，节点数 $n = 4$，因此可列出独立的 KCL 方程数 $n - 1 = 3$，独立的 KVL 方程数 $b - (n-1) = 3$。

KCL 方程如下。

节点 a： $I_1 + I_2 + I_6 = 0$

节点 b： $I_2 - I_3 - I_4 = 0$

节点 c： $I_4 - I_5 + I_6 = 0$

KVL 方程如下。

回路 1： $-R_2I_2 - R_4I_4 + R_6I_6 + U_{S3} = 0$

回路 2： $-R_1I_1 + R_2I_2 + R_3I_3 - U_{S1} = 0$

回路 3： $-R_3I_3 + R_4I_4 + R_5I_5 + U_{S2} = 0$

例 2-2 如图 2.3 所示电路中，$U_{S1} = 140\text{V}$，$U_{S2} = 90\text{V}$，$R_1 = 20\Omega$，$R_2 = 5\Omega$，$R_3 = 6\Omega$，求各支路电流。

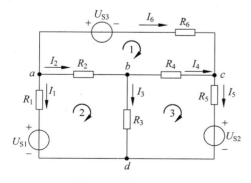
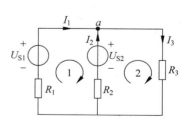

图 2.2 例 2-1 电路   图 2.3 例 2-2 电路

解:

(1) 选定各支路电流参考方向,如图 2.3 所示。

(2) 本电路节点数 $n=2$,可列出一个独立节点电流方程,对节点 a 有

$$I_1 + I_2 - I_3 = 0$$

(3) 本电路支路数 $b=3$,取网孔为独立回路,并设定回路的绕行方向如图 2.3 所示,根据基尔霍夫电压定律,可得

回路 1:　　　　　　　　　$I_1 R_1 - I_2 R_2 - U_{S1} + U_{S2} = 0$

回路 2:　　　　　　　　　$I_2 R_2 + I_3 R_3 - U_{S2} = 0$

以上三式代入已知数据,有

$$\begin{cases} I_1 + I_2 - I_3 = 0 \\ 20I_1 - 5I_2 - 140 + 90 = 0 \\ 5I_2 + 6I_3 - 90 = 0 \end{cases}$$

再联立求解,得

$$I_1 = 4\text{A}, \quad I_2 = 6\text{A}, \quad I_3 = 10\text{A}$$

例 2-3　计算图 2.4 所示电路中各支路电流。

解: 在图 2.4 中,电路虽有四条支路,但因 I_S 已知,故可少列一个回路电压方程。应用基尔霍夫电流定律对节点列 KCL 方程

$$I_1 + I_2 - I_3 + 7 = 0$$

应用基尔霍夫电压定律对图示两个回路分别列出 KVL 方程:

$$6I_2 + 42 - 12I_1 = 0$$
$$-6I_2 - 3I_3 = 0$$

解以上三个方程组,得

$$I_1 = 2\text{A}, \quad I_2 = -3\text{A}, \quad I_3 = 6\text{A}$$

例 2-4　在图 2.5 的电路中,$R_1 = 4\Omega$,$R_2 = 6\Omega$,$R_3 = 2\Omega$,$R_4 = 3\Omega$,$U_S = 12\text{V}$,$I_S = 6\text{A}$,用支路电流法计算电路中的电压 U。

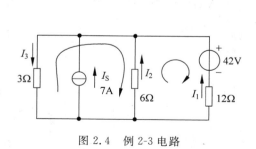

图 2.4　例 2-3 电路　　　　　　　　　　图 2.5　例 2-4 电路

解: 在本电路中,支路数 $b=6$,节点数 $n=4$,因此可列出 3 个独立的 KCL 方程,又由于 I_S 已知,故只需列出 2 个独立的 KVL 方程即可。

节点 a:　　　　　　　　　$I_1 + I_2 + I_3 = 0$

节点 b:　　　　　　　　　$I_2 + I_s - I_4 = 0$

节点 c： $I_3 + I_4 - I_5 = 0$
回路 $acba$： $R_2 I_3 - R_3 I_4 - R_1 I_2 = 0$
回路 $abcda$： $R_1 I_2 + R_3 I_4 + R_4 I_5 = U_S$

代入已知数据，得

$$\begin{cases} I_1 + I_2 + I_3 = 0 \\ I_2 + 6 - I_4 = 0 \\ I_3 + I_4 - I_5 = 0 \\ 6I_3 - 2I_4 - 4I_2 = 0 \\ 4I_2 + 2I_4 + 3I_5 = 12 \end{cases}$$

解方程组，得

$$I_1 = 2\mathrm{A}, \quad I_2 = -2\mathrm{A}, \quad I_3 = 0\mathrm{A}, \quad I_4 = 4\mathrm{A}, \quad I_5 = 4\mathrm{A}$$

再求电压 U，得

$$U = I_5 R_4 = 12\mathrm{V}$$

由本例可见，应用支路电流法，所列方程比较直观，但必须联立求解 b 个方程。当电路比较复杂、支路数较多时，手算求解方程组比较麻烦。

2.2 节点电压法

当电路中支路数较多，节点数较少时，为减少方程数量，可采用节点电压法分析电路。选择电路中任意一个节点作为参考点，其他节点相对于参考节点的电压，称为该节点的节点电压。以节点电压为待求量，列解方程，求出各节点电压，再由求得的节点电压求解其他变量的分析方法，称为节点电压法。

2.2.1 节点电压方程的一般形式

下面以图 2.6 所示电路为例推导节点电压方程的一般形式。

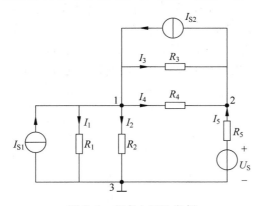

图 2.6 节点电压法举例

在电路中，首先选定任一节点（如节点 3）作为参考节点，则节点 1 和节点 2 对应于参考节点的电压分别为 U_1 和 U_2，节点电压的参考方向规定为由独立节点指向参考节点。这样，各支路电压均可用节点电压表示,例如 R_3 支路的电压 U_{12} 可表示为节点 1 的电压 U_1 和节点 2 的电压 U_2 之差,即 $U_{12} = U_1 - U_2$。在图 2.6 中,各支路电流与节点电压之间关系如下:

$$\begin{cases} I_1 = \dfrac{U_1}{R_1} = G_1 U_1 \\[2mm] I_2 = \dfrac{U_1}{R_2} = G_2 U_1 \\[2mm] I_3 = \dfrac{U_1 - U_2}{R_3} = G_3(U_1 - U_2) \\[2mm] I_4 = \dfrac{U_1 - U_2}{R_4} = G_4(U_1 - U_2) \\[2mm] I_5 = \dfrac{U_S - U_2}{R_5} = G_5(U_S - U_2) \end{cases} \tag{2-1}$$

可见,只要将各节点电压 U_1、U_2 先求出,就可以根据基尔霍夫电压定律或欧姆定律求出各支路电流 $I_1 \sim I_5$。节点电压法就是以电路的 $(n-1)$ 个独立节点电压为未知量列写方程而求解电路的分析方法。下面进一步说明如何建立节点电压方程。

根据基尔霍夫电流定律列写节点 1 和 2 的 KCL 方程

节点 1:
$$-I_1 - I_2 - I_3 - I_4 + I_{S1} + I_{S2} = 0$$

节点 2:
$$I_3 + I_4 + I_5 - I_{S2} = 0$$

将式(2-1)代入上面两式,得

$$\begin{cases} -G_1 U_1 - G_2 U_1 - G_3(U_1 - U_2) - G_4(U_1 - U_2) + I_{S1} + I_{S2} = 0 \\ G_3(U_1 - U_2) + G_4(U_1 - U_2) + G_5(U_S - U_2) - I_{S2} = 0 \end{cases}$$

将以上两式整理后可得到

$$\begin{cases} (G_1 + G_2 + G_3 + G_4)U_1 - (G_3 + G_4)U_2 = I_{S1} + I_{S2} \\ -(G_3 + G_4)U_1 + (G_3 + G_4 + G_5)U_2 = G_5 U_S - I_{S2} \end{cases} \tag{2-2}$$

式(2-2)就是图 2.6 所示电路的节点电压方程。式中,令 $G_{11} = G_1 + G_2 + G_3 + G_4$,是与节点 1 相连的所有电导之和,称为自电导;同理 $G_{22} = G_3 + G_4 + G_5$,是与节点 2 相连的所有电导之和,自电导取正值。$G_{12} = G_{21} = -(G_3 + G_4)$,是节点 1 和节点 2 之间连接的所有电导之和,称为互电导,互电导取负值。等号右边令:$I_{S11} = I_{S1} + I_{S2}$,$I_{S22} = G_5 U_S - I_{S2}$,分别为流入节点 1 和节点 2 的电流源电流的代数和(流入取正,流出取负);若是电压源与电阻相串联的支路,则等效变换成电流源与电导相并联的支路。这样,式(2-2)可写成

$$\begin{cases} G_{11} U_1 + G_{12} U_2 = I_{S11} \\ G_{21} U_1 + G_{22} U_2 = I_{S22} \end{cases} \tag{2-3}$$

式(2-3)是具有两个独立节点电路的节点电压方程的一般形式。将式(2-3)推广,若电路中有 n 个节点,将第 n 个节点指定为参考节点,则对于其他 $n-1$ 个独立节点,其节点电压方程的一般形式为:

$$\begin{cases} G_{11} U_1 + G_{12} U_2 + \cdots + G_{1(n-1)} U_{(n-1)} = I_{S11} \\ G_{21} U_1 + G_{22} U_2 + \cdots + G_{2(n-1)} U_{(n-1)} = I_{S22} \\ \qquad\qquad\vdots \\ G_{(n-1)1} U_1 + G_{(n-1)2} U_2 + \cdots + G_{(n-1)(n-1)} U_{(n-1)} = I_{S(n-1)(n-1)} \end{cases} \tag{2-4}$$

式(2-4)中有相同下标的电导 G_{11}，G_{22}，$\cdots$，$G_{(n-1)(n-1)}$ 分别为各节点的自电导，有不同下标的电导 G_{12}，G_{21}，G_{ij}（$i \neq j$），分别为各节点之间的互电导，并且互电导之间有：$G_{ij} = G_{ji}$。自电导为正，互电导为负，若两节点间没有电导支路相连，则相应的互电导为零。

根据以上讨论，可归纳出节点电压法分析电路的步骤如下：

（1）任意选定某一节点为参考节点，并将其余各节点对应于参考节点的电压（节点电压）作为未知量，指定各节点电压的参考方向均从独立节点指向参考节点；

（2）按照式(2-4)节点电压方程的一般形式，列出节点电压方程；

（3）联立求解方程组，解得各节点电压；

（4）根据解得的各节点电压值求出其他待求量。

在含有 n 个节点的电路中，节点分析法只需对（$n-1$）个独立节点列写 KCL 方程，所以这种分析方法对节点数较少的电路特别适用。

例 2-5 在图 2.7 的电路中，用节点电压法求各支路电流。

解：该电路有 2 个节点，选择节点 2 为参考节点，独立节点数为 1，具有一个独立节点的节点电压方程形式为 $G_{11}U_1 = I_{S11}$，对节点 1 列节点电压方程

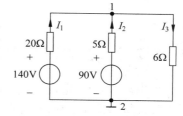

$$\left(\frac{1}{20} + \frac{1}{5} + \frac{1}{6}\right)U_1 = \frac{140}{20} + \frac{90}{5}$$

因而得

$$U_1 = 60\text{V}$$

图 2.7 例 2-5 电路

各支路电流参考方向如图 2.7 所示，得各支路电流

$$I_1 = \frac{140 - U_1}{20} = 4\text{A}, \quad I_2 = \frac{90 - U_1}{5} = 6\text{A}, \quad I_3 = \frac{U_1}{6} = 10\text{A}$$

例 2-6 在如图 2.8 所示电路中，已知 $I_{S1} = 4\text{A}$，$I_{S2} = 2\text{A}$，$I_{S3} = 4\text{A}$，$U_S = 4\text{V}$，$R_1 = 3\Omega$，$R_2 = 1\Omega$，$R_3 = 2\Omega$，用节点分析法求 R_1、R_2、R_3 各支路电流。

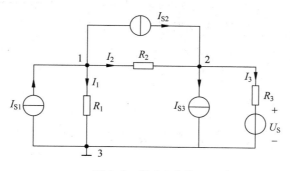

图 2.8 例 2-6 电路

解：本电路有 3 个节点，选定节点 3 为参考点，设独立节点 1、2 相对于参考节点的电压分别为 U_1 和 U_2，列节点电压方程

$$\begin{cases} \left(\dfrac{1}{R_1} + \dfrac{1}{R_2}\right)U_1 - \dfrac{1}{R_2}U_2 = I_{S1} - I_{S2} \\ -\dfrac{1}{R_2}U_1 + \left(\dfrac{1}{R_2} + \dfrac{1}{R_3}\right)U_2 = I_{S2} - I_{S3} + \dfrac{U_S}{R_3} \end{cases}$$

将已知数据代入方程得

$$\begin{cases} \left(\dfrac{1}{3}+1\right)U_1-U_2=4-2 \\ -U_1+\left(1+\dfrac{1}{2}\right)U_2=2-4+\dfrac{4}{2} \end{cases}$$

解方程组得

$$U_1=3\text{V}, \quad U_2=2\text{V}$$

选定各支路电流参考方向如图 2.8 所示,解得

$$I_1=\frac{U_1}{R_1}=\frac{3}{3}=1\text{A}$$

$$I_2=\frac{U_1-U_2}{R_2}=\frac{3-2}{1}=1\text{A}$$

$$I_3=\frac{U_2-U_S}{R_3}=\frac{2-4}{2}=-1\text{A}$$

2.2.2　含有理想电压源支路的节点电压分析法

当电路中某一支路只含有理想电压源时,因为理想电压源不能变换为等效的电流源,所以上述方法不能直接采用。如何解决这一问题,下面将通过举例加以说明。

例 2-7　用节点电压法求解图 2.9 电路中的电流 I。

解：本电路有 4 个节点,有一条支路含有理想电压源(即节点 a、d 间的 12V 电压源)。对于这样的电路,常用的处理方法是选理想电压源的一端为参考节点,设图中的节点 d 为参考节点,那么与理想电压源相连接的另一节点 a 的电位就是已知的,即 $U_a=$ 12V,作为辅助方程列出。因此图 2.9 电路的节点电压方程如下：

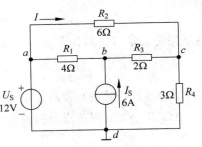

图 2.9　例 2-7 电路

$$\begin{cases} U_a=12\text{V} \\ -\dfrac{1}{R_1}U_a+\left(\dfrac{1}{R_1}+\dfrac{1}{R_3}\right)U_b-\dfrac{1}{R_3}U_c=I_s \\ -\dfrac{1}{R_2}U_a-\dfrac{1}{R_3}U_b+\left(\dfrac{1}{R_2}+\dfrac{1}{R_3}+\dfrac{1}{R_4}\right)U_c=0 \end{cases}$$

代入已知数据并整理得

$$\begin{cases} 3U_b-2U_c=36 \\ -U_b+2U_c=4 \end{cases}$$

解之,得

$$U_b=20\text{V}, \quad U_c=12\text{V}$$

再求电流,得

$$I=\frac{U_a-U_c}{R_2}=0\text{A}$$

例 2-8 用节点电压法求图 2.10 电路中各节点电压。已知 $R_1=6\Omega, R_2=3\Omega, R_3=4\Omega$,
$R_4=2\Omega, U_{S1}=12\mathrm{V}, U_{S2}=4\mathrm{V}, I_S=1\mathrm{A}$。

解：本电路中有 3 个节点,选节点 3 为参考节
点,其余 2 个节点电压为 U_1、U_2,电路中含有理想电
压源 U_{S2},且不与参考节点相连,设流过理想电压源
的电流为 I_U,将其视为电流源,由于该电压源电压等
于其所连接的两个节点之间的电位差,因此可以补
充一个方程,使方程数目与未知量数目相等,该电路
的节点电压方程为

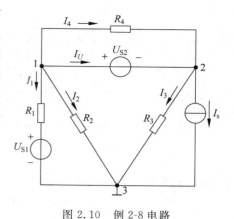

图 2.10 例 2-8 电路

$$\begin{cases} \left(\dfrac{1}{R_1}+\dfrac{1}{R_2}+\dfrac{1}{R_4}\right)U_1-\dfrac{1}{R_4}U_2=-I_U+\dfrac{U_{S1}}{R_1} \\ -\dfrac{1}{R_4}U_1+\left(\dfrac{1}{R_3}+\dfrac{1}{R_4}\right)U_2=I_U-I_S \end{cases}$$

补充方程

$$U_1-U_2=U_{S2}$$

代入已知数据,得

$$\begin{cases} 2U_1-U_2+2I_U=4 \\ -2U_1+3U_2-4I_U=-4 \\ U_1-U_2=4 \end{cases}$$

解之,得

$$U_1=\frac{8}{3}\mathrm{V}, \quad U_2=-\frac{4}{3}\mathrm{V}, \quad I_U=-\frac{4}{3}\mathrm{A}$$

2.3 网孔电流法

节点分析法对一个具有 b 条支路、n 个节点的电路,只需列 $(n-1)$ 个独立节点的 KCL
方程即可,解决了支路电流法分析电路时,支路数较多导致方程数目过多的问题。本节所讲
的网孔分析法,是根据基尔霍夫电压定律,对 $b-(n-1)$ 个网孔列回路电压方程,从而对电
路进行求解的另一种电路分析方法。

网孔分析法的基本思想是选网孔为独立回路,假设有一沿网孔闭合流动的电流,称为网
孔电流,并以网孔电流作为未知量,根据基尔霍夫电压定律列出网孔回路的 KVL 方程,联
立求解方程得各网孔电流。如果需要,以网孔电流为已知,再进一步求解其他变量。

2.3.1 网孔电流方程的一般形式

下面以图 2.11 的电路为例推导网孔电流方程的一般形式。本电路共有 6 条支路、4 个
节点,各支路电流为 $I_1\sim I_6$。I_{l1}、I_{l2}、I_{l3} 为假设的网孔电流,其参考方向如图 2.11 所示。注
意这些网孔电流是假想的,电路中实际存在的仍然是支路电流 $I_1\sim I_6$。根据基尔霍夫电流
定律,可以列出各支路电流与网孔电流间的关系:

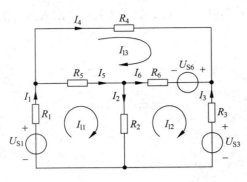

图 2.11　网孔电流法举例

$$\begin{cases} I_1 = I_{11} \\ I_2 = I_{11} - I_{12} \\ I_3 = - I_{12} \\ I_4 = I_{13} \\ I_5 = I_{11} - I_{13} \\ I_6 = I_{12} - I_{13} \end{cases} \quad (2\text{-}5)$$

从式(2-5)可以看出，网孔电流有 3 个，如果能列出 3 个独立方程求出网孔电流,那么 6 条支路电流就可全部求出。

以 3 个网孔电流 I_{11}、I_{12}、I_{13} 为未知量,选网孔为回路,根据基尔霍夫电压定律,分别对三个网孔列电压方程,得

$$\begin{cases} I_1 R_1 + I_5 R_5 + I_2 R_2 - U_{S1} = 0 \\ - I_2 R_2 + I_6 R_6 - U_{S6} - I_3 R_3 + U_{S3} = 0 \\ I_4 R_4 + U_{S6} - I_6 R_6 - I_5 R_5 = 0 \end{cases} \quad (2\text{-}6)$$

将式(2-5)代入式(2-6)得

$$\begin{cases} I_{11} R_1 + (I_{11} - I_{13}) R_5 + (I_{11} - I_{12}) R_2 - U_{S1} = 0 \\ - (I_{11} - I_{12}) R_2 + (I_{12} - I_{13}) R_6 - U_{S6} + I_{12} R_3 + U_{S3} = 0 \\ I_{13} R_4 + U_{S6} - (I_{12} - I_{13}) R_6 - (I_{11} - I_{13}) R_5 = 0 \end{cases} \quad (2\text{-}7)$$

将上面方程组整理后得

$$\begin{cases} (R_1 + R_2 + R_5) I_{11} - R_2 I_{12} - R_5 I_{13} = U_{S1} \\ - R_2 I_{11} + (R_2 + R_3 + R_6) I_{12} - R_6 I_{13} = -U_{S3} + U_{S6} \\ - R_5 I_{11} - R_6 I_{12} + (R_4 + R_5 + R_6) I_{13} = -U_{S6} \end{cases} \quad (2\text{-}8)$$

上式可进一步写成

$$\begin{cases} R_{11} I_{11} + R_{12} I_{12} + R_{13} I_{13} = U_{S11} \\ R_{21} I_{11} + R_{22} I_{12} + R_{23} I_{13} = U_{S22} \\ R_{31} I_{11} + R_{32} I_{12} + R_{33} I_{13} = U_{S33} \end{cases} \quad (2\text{-}9)$$

式(2-9)是具有三个独立网孔的电路中,网孔电流方程的一般形式。对照式(2-8)和式(2-9),不难发现,$R_{11} = R_1 + R_2 + R_5$ 是网孔 1 的所有电阻之和,称为网孔 1 的自电阻。同理,$R_{22} = R_2 + R_3 + R_6$、$R_{33} = R_4 + R_5 + R_6$ 分别为网孔 2 和网孔 3 的自电阻。通常取网孔电流方向和回路绕行方向一致,因而自电阻取正值。

式中 $R_{12} = R_{21} = -R_2$ 为网孔 1 和网孔 2 之间的公共电阻,称为网孔 1 和网孔 2 的互电阻。互电阻可为正值,也可为负值,当通过网孔 1、2 公共电阻 R_2 的网孔电流 I_{11} 和 I_{12} 的参考方向一致时,则互电阻 R_{12}、R_{21} 取正值；相反时互电阻取负值。本例中的 $R_{13} = R_{31} = -R_5$,$R_{23} = R_{32} = -R_6$。

等式右端的 U_{S11}、U_{S22}、U_{S33} 分别为网孔 1、2、3 中电压源电压的代数和。当网孔电流从电压源的"+"极流出时,该电压源电压前面取"+"号,反之取负号。本例中 $U_{S11} = U_{S1}$,$U_{S22} = -U_{S3} + U_{S6}$,$U_{S33} = -U_{S6}$。

对具有 n 个独立网孔的电路,其网孔电流方程的一般形式可由式(2-9)推广而得。即

$$\begin{cases} R_{11}I_{l1} + R_{12}I_{l2} + \cdots + R_{1n}I_{ln} = U_{S11} \\ R_{21}I_{l1} + R_{22}I_{l2} + \cdots + R_{2n}I_{ln} = U_{S22} \\ \qquad\vdots \\ R_{n1}I_{l1} + R_{n2}I_{l2} + \cdots + R_{nn}I_{ln} = U_{Snn} \end{cases} \tag{2-10}$$

式中具有相同下标的电阻 $R_{11}, R_{22}, \cdots, R_{nn}$ 为各独立网孔的自电阻,有不同下标的电阻 R_{12}、R_{21} 等为各网孔间的互阻,同样有 $R_{ij} = R_{ji}$。显然,若两个回路间没有公共电阻,则相应的互电阻为零。

根据以上讨论,将网孔电流法的主要步骤归纳如下:

(1) 任意选定网孔电流的参考方向(一般取顺时针),并以此方向作为回路的绕行方向;

(2) 根据式(2-10)网孔电流方程的一般形式,列出网孔电流方程;

(3) 联立求解方程组,求得各网孔电流;

(4) 由网孔电流求得其他待求量。

例 2-9　用网孔电流法求图 2.12 电路中的各支路电流。已知 $U_{S1} = 6\text{V}$,$U_{S2} = 9\text{V}$,$U_{S5} = 3\text{V}$,$U_{S6} = 12.5\text{V}$,$R_1 = R_6 = 3\Omega$,$R_2 = R_3 = 2\Omega$,$R_4 = 6\Omega$,$R_5 = 1\Omega$。

解:任意选定网孔电流 I_{l1}、I_{l2}、I_{l3} 的参考方向,如图 2.12 所示。网孔电流方程为

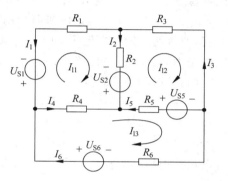

图 2.12　例 2-9 电路

$$\begin{cases} (R_1 + R_2 + R_4)I_{l1} - R_2 I_{l2} - R_4 I_{l3} = -U_{S1} + U_{S2} \\ -R_2 I_{l1} + (R_2 + R_3 + R_5)I_{l2} - R_5 I_{l3} = -U_{S2} + U_{S5} \\ -R_4 I_{l1} - R_5 I_{l2} + (R_4 + R_5 + R_6)I_{l3} = -U_{S5} + U_{S6} \end{cases}$$

代入已知数据,得

$$\begin{cases} (3+2+6)I_{l1} - 2I_{l2} - 6I_{l3} = -6 + 9 \\ -2I_{l1} + (2+2+1)I_{l2} - I_{l3} = -9 + 3 \\ -6I_{l1} - I_{l2} + (6+1+3)I_{l3} = -3 + 12.5 \end{cases}$$

解方程组,得

$$I_{l1} = 1\text{A}, \quad I_{l2} = -0.5\text{A}, \quad I_{l3} = 1.5\text{A}$$

根据图中标出的各支路电流参考方向,求各支路电流为

$$\begin{cases} I_1 = -I_{l1} = -1\text{A} \\ I_2 = I_{l1} - I_{l2} = 1 - (-0.5) = 1.5\text{A} \\ I_3 = -I_{l2} = 0.5\text{A} \\ I_4 = I_{l3} - I_{l1} = 1.5 - 1 = 0.5\text{A} \\ I_5 = I_{l2} - I_{l3} = -0.5 - 1.5 = -2\text{A} \\ I_6 = I_{l3} = 1.5\text{A} \end{cases}$$

2.3.2　含有理想电流源支路的网孔电流分析法

当网络中含有理想电流源时,因为理想电流源不能变换为电压源,而网孔电流方程的每一项均为电压。所以在列写回路电压方程时,可根据理想电流源所处的位置不同采取不同

的方法。

一种情况是：含理想电流源的支路为某一网孔所独有,则该网孔电流就等于已知的电流源电流。这样网孔电流变量就减少一个,方程数也相应少一个,即对应的网孔电压方程不必列出,其他网孔方程仍按常规方法列出。

另一种情况是：含理想电流源的支路同时为两个网孔所共有,则为了列这两个网孔的回路电压方程,要增设理想电流源的端电压为未知变量。由于未知变量增加,方程数相应也要增加,所以要补充一个能反映该理想电流源电流与相关网孔电流间关系的辅助方程。

例 2-10   在如图 2.13 所示电路中,已知 $I_{S1}=6A, I_{S2}=2A, R_1=2\Omega, R_2=1\Omega, R_3=2\Omega$, $R_4=3\Omega$,用网孔电流法求电流源 I_{S1} 两端电压 U_1。

解：选取网孔电流 I_{l1}、I_{l2}、I_{l3} 参考方向如图 2.13 所示。本题有两个理想电流源,其中 $I_{S1}=6A$ 的理想电流源只流过一个网孔电流,则可知 $I_{l1}=-I_{S1}=-6A$。而 $I_{S2}=2A$ 的理想电流源为网孔 2 和网孔 3 所共有,流过两个网孔电流 I_{l2} 和 I_{l3},所以设 2A 电流源的端电压为 U,参考方向如图 2.13 所示。

网孔方程列写如下

$$\begin{cases} I_{l1}=-I_{S1}=-6A \\ -R_2 I_{l1}+(R_2+R_3)I_{l2}=U \\ -R_1 I_{l1}+(R_1+R_4)I_{l3}=-U \end{cases}$$

再添加一个辅助方程为

$$I_{l3}-I_{l2}=I_{S2}$$

代入已知数据得

$$\begin{cases} I_{l1}=-6 \\ -I_{l1}+(1+2)I_{l2}=U \\ -2I_{l1}+(2+3)I_{l3}=-U \\ I_{l3}-I_{l2}=2 \end{cases}$$

联立求解得

$$I_{l1}=-6A, \quad I_{l2}=-3.5A, \quad I_{l3}=-1.5A, \quad U=-4.5V$$

电流源 I_{S1} 两端电压为

$$U_1=I_1 R_1-I_2 R_2=(I_{l3}-I_{l1})R_1-(I_{l1}-I_{l2})R_2$$
$$=(-1.5+6)\times 2-(-6+3.5)\times 1=11.5V$$

2.4 叠加定理

叠加定理是线性电路的一个重要定理。对于由多个独立源作用的线性电路,任一时刻、任一支路的响应(电流或电压)等于各个独立源(电压源或电流源)单独作用时,在此支路中所产生的响应代数和,这就是叠加定理。例如在图 2.14 电路中,两个独立源共同作用时在电路中产生的电流等于每个独立源单独作用时在电路中产生的电流代数和,即

$$I = \frac{U_{S1} - U_{S2}}{R_1 + R_2 + R_3} = \frac{U_{S1}}{R_1 + R_2 + R_3} - \frac{U_{S2}}{R_1 + R_2 + R_3} = I' - I''$$

在应用叠加定理时要注意以下几点：

（1）该定理只适用于线性电路。

（2）在某一电源单独作用时，其他电源不起作用，就是将其余电源均取零值，即其他的独立电压源短路，独立电流源开路，但它们的内阻（如果给出的话）仍保留在原处。

（3）叠加时响应总量是响应分量的代数和，即当分量方向与总量方向一致时，在代数式中为正，否则为负。

（4）在线性电路中，电压、电流可以叠加，但功率不能叠加。因为功率与电流（或电压）之间不是线性关系。如图 2.14 中电阻 R_3 的功率 $P_3 = I^2 R_3 = (I'-I'')^2 R_3 \neq (I')^2 R_3 - (I'')^2 R_3$。

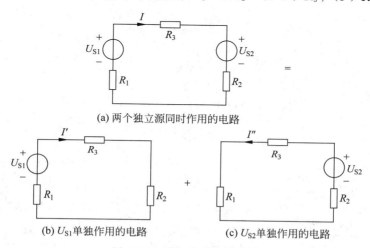

(a) 两个独立源同时作用的电路

(b) U_{S1} 单独作用的电路　　　(c) U_{S2} 单独作用的电路

图 2.14　叠加定理电路举例

例 2-11　用叠加定理求解图 2.15(a)电路中的电流 I。

解：本电路中有两个独立源，画出每个电源单独作用的等效电路如图 2.15(b)、(c)所示。图 2.15(b)中

$$I' = \frac{R_1}{R_1 + (R_3 + R_2//R_4)} I_s = \frac{4}{4 + (2 + 6//3)} \times 6 = 3\text{A}$$

图 2.15(c)中

$$I'' = \frac{R_2}{R_2 + (R_1 + R_3)} \times \frac{12}{(R_1 + R_3)//R_2 + R_4} = \frac{6}{6 + (4+2)} \times \frac{12}{(4+2)//6 + 3} = 1\text{A}$$

由叠加定理得

$$I = I' + I'' = 3 + 1 = 4\text{A}$$

例 2-12　用叠加定理求解图 2.16(a)电路中的电压 U。

解：本电路中有两个独立源，画出每个电源单独作用的等效电路，如图 2.16(b)、(c)所示。图 2.16(b)中

$$U' = \frac{4}{4+1} \times 5 = 4\text{V}$$

图 2.16(c)中

$$U'' = \frac{1}{4+1} \times 6 \times 4 = 4.8\text{V}$$

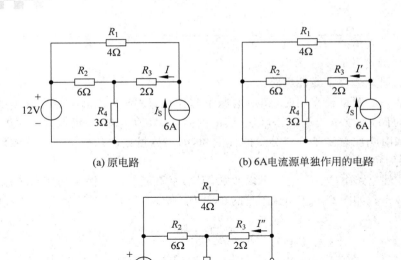

(a) 原电路　　　　　　　　　　(b) 6A电流源单独作用的电路

(c) 12V电压源单独作用的电路

图 2.15　例 2-11 电路

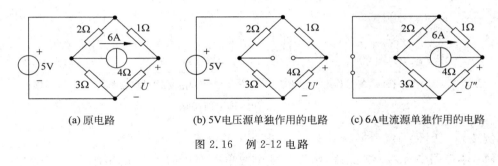

(a) 原电路　　　(b) 5V电压源单独作用的电路　　　(c) 6A电流源单独作用的电路

图 2.16　例 2-12 电路

由叠加定理得

$$U = U' + U'' = 4V + 4.8V = 8.8V$$

2.5　等效电源定理

在某些情况下,只需计算复杂电路中某一特定支路的电流或电压,为了使计算简便,常常应用等效电源的方法,等效电源定理包括戴维南定理和诺顿定理。

任何一个具有两个端钮的网络,不管其内部结构如何,都称为二端网络,也称为单口网络。网络内部若含有独立电源(电压源或电流源),则称为有源二端网络;网络内部不含独立电源,则称为无源二端网络。

有源二端网络可以是简单的或任意复杂的电路,但对于它所连接的外电路而言,仅相当于一个电源,因此有源二端网络可以用一个等效电源来替换。等效电源分为等效电压源和等效电流源,用电压源等效替换有源二端网络的方法称为戴维南定理,用电流源等效替换有源二端网络的方法称为诺顿定理。

2.5.1 戴维南定理

戴维南定理指出：任何一个线性有源二端网络对外电路而言，总可以用一个独立电压源和一个线性电阻串联的电路来等效替换，此电路称为戴维南等效电路，如图 2.17 所示。其等效电压源电压 U_{OC} 等于有源二端网络的开路电压；等效电阻 R_o 等于有源二端网络中所有独立电源为零值(理想电压源短路，理想电流源开路)时所得无源二端网络的等效电阻，如图 2.17 所示。

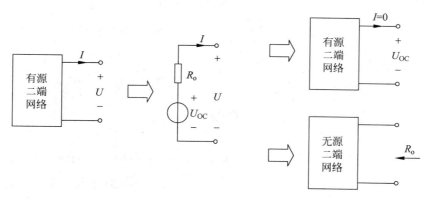

图 2.17 戴维南定理

在实际应用中，戴维南定理常用来分析和计算复杂电路中某一支路的电流(或电压)。方法是：先将待求支路断开，则待求支路以外的部分就是一个有源二端网络，这时先应用戴维南定理求出该有源二端网络的等效电压源电压 U_{OC} 和内阻 R_o，然后接上待求支路，即可求得待求量。

在应用戴维南定理时须注意：等效电压源的极性应与有源二端网络开路电压的极性一致。求解戴维南等效电阻 R_o 的方法有以下几种。

(1) 用电阻串并联和 Y-△ 等效变换求解 R_o；

(2) 外加电压法：将有源二端网络中的电压源短路、电流源开路后，在无源二端网络的端口加一电压源 U，求其端口电流 I，则戴维南等效电阻为

$$R_o = \frac{U}{I} \tag{2-11}$$

(3) 求出有源二端网络的开路电压 U_{OC} 和短路电流 I_{SC}，则戴维南等效电阻为

$$R_o = \frac{U_{OC}}{I_{SC}} \tag{2-12}$$

例 2-13 电路如图 2.18(a)所示，已知：$R_1 = 5\Omega$，$R_2 = 6\Omega$，$R_3 = 3\Omega$，$U_S = 9V$，$I_S = 3A$，用戴维南定理计算 R_3 支路电流 I_3。

解：求 R_3 支路的电流时，先将 R_3 支路以外的部分看作一个有源二端网络，求出该网络的戴维南等效电路，如图 2.18(b)所示。其中等效电压源电压 U_{OC} 等于 a、b 两端的开路电压，如图 2.18(c)所示，由此可求得

$$U_{OC} = I_S R_2 + U_S = 3A \times 6\Omega + 9V = 27V$$

将图 2.18(c)中的理想电压源短路，理想电流源开路，如图 2.18(d)所示，由此可得等效电阻

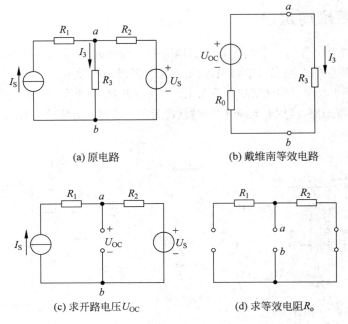

(a) 原电路　　　　　　　　　　　　(b) 戴维南等效电路

(c) 求开路电压U_{OC}　　　　　　　(d) 求等效电阻R_o

图2.18　例2-13 电路

$$R_o = R_{ab} = R_2 = 6\Omega$$

最后由图2.18(b)求待求支路电流

$$I_3 = \frac{U_{OC}}{R_o + R_3} = \frac{27V}{6\Omega + 3\Omega} = 3A$$

例2-14　用戴维南定理计算图2.19(a)中2Ω电阻的电流I。

解：求2Ω电阻的电流时,将2Ω电阻以外的有源二端网络用戴维南等效电路代替,如图2.19(b)所示。其中等效电压源电压U_{OC}等于a、b两端的开路电压,如图2.18(c)所示,由此可求得

$$U_{OC} = \frac{3\Omega}{3\Omega + 6\Omega} \times 24V + 4A \times 4\Omega = 24V$$

将图2.19(c)中的理想电压源短路,理想电流源开路,如图2.19(d)所示,由此可得等效电阻

$$R_o = 6\Omega // 3\Omega + 4\Omega = 6\Omega$$

最后由图2.19(b)求待求支路电流

$$I = \frac{U_{OC}}{R_o + 2} = \frac{24V}{6\Omega + 2\Omega} = 3A$$

2.5.2　诺顿定理

诺顿定理指出：任何一个线性有源二端网络对外电路而言,总可以用一个独立电流源和一个线性电阻并联的电路来等效替换,此电路称为有源二端网络的诺顿等效电路,如图2.20所示。其等效电流源的电流I_{SC}等于有源二端网络的短路电流,并联电阻R_o等于有源二端网络中所有独立电源为零值(理想电压源短路,理想电流源开路)时所得无源二端网络的等效电阻,如图2.20所示。

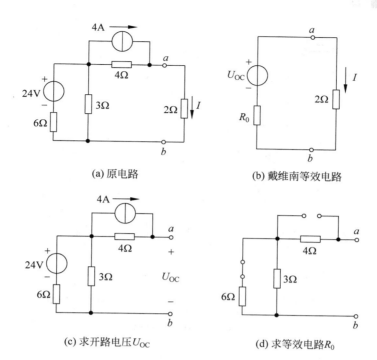

(a) 原电路

(b) 戴维南等效电路

(c) 求开路电压 U_{OC}

(d) 求等效电路 R_0

图 2.19　例 2-14 电路

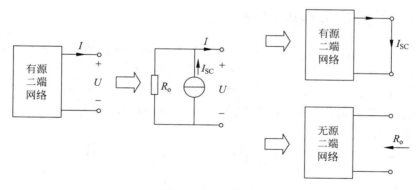

图 2.20　诺顿定理

例 2-15　电路如图 2.21(a)所示,已知 $R_1 = 10\text{k}\Omega$, $R_2 = 40\text{k}\Omega$, $R_3 = 2\Omega$, $U_{S1} = 30\text{V}$, $U_{S2} = 16\text{V}$, 用诺顿定理计算电路中 R_3 电阻的电流 I_3。

解: 计算 R_3 电阻的电流 I_3 时,将 R_3 电阻以外的电路用诺顿等效电路代替,如图 2.21(b) 所示,其中的 I_{SC} 等于 ab 端口的短路电流,如图 2.21(c)所示,由此可求得

$$I_{SC} = \frac{U_{S1}}{R_1} + \frac{U_{S2}}{R_1 // R_2} = \frac{30\text{V}}{10\Omega} + \frac{16\text{V}}{10\Omega // 40\Omega} = 5\text{A}$$

将图 2.21(a)中的理想电压源短路,求 ab 端口的等效电阻,如图 2.21(d)所示,得

$$R_o = R_1 // R_2 = 10\Omega // 40\Omega = 8\Omega$$

再由图 2.21(b)求出待求支路电流

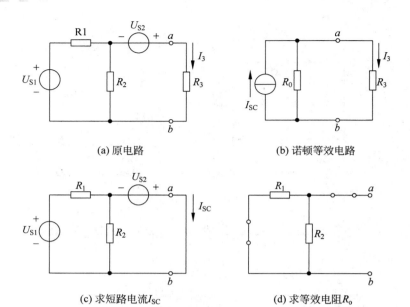

(a) 原电路　　　　　　　　　　　　　(b) 诺顿等效电路

(c) 求短路电流I_{SC}　　　　　　　　　(d) 求等效电阻R_o

图 2.21　例 2-15 电路

$$I_3 = \frac{R_o}{R_o + R_3} \times I_{SC} = \frac{8\Omega}{8\Omega + 2\Omega} \times 5\text{A} = 4\text{A}$$

2.5.3　最大功率传输定理

一个线性有源二端网络输出端接有不同负载时,负载所获得的功率也不相同。那么在什么条件下,负载可从有源二端网络获得最大输出功率呢?

如图 2.22 所示为一线性有源二端网络的戴维南等效电路,并在输出端接有负载 R_L,由图 2.22 可知负载 R_L 获得的功率可表示为

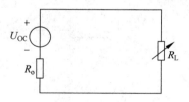

$$P_L = I^2 R_L = \left(\frac{U_{OC}}{R_o + R_L}\right)^2 R_L \qquad (2\text{-}13)$$

要求 R_L 改变时 P_L 的最大值,可将式(2-13)对 R_L 求导,并令其为零,即

图 2.22　最大功率传输条件

$$\frac{dP_L}{dR_L} = \frac{(R_o - R_L)}{(R_o + R_L)^3} U_{OC}^2 = 0$$

又因为

$$\left.\frac{d^2 P_L}{dR_L^2}\right|_{R_L = R_o} = -\frac{U_{OC}^2}{8R_o^3} < 0$$

因此可知负载获得最大功率的条件是

$$R_L = R_o \qquad (2\text{-}14)$$

将式(2-14)代入式(2-13)可得负载获得的最大功率为

$$P_{L\max} = \frac{U_{OC}^2}{4R_o} \qquad (2\text{-}15)$$

因此可得最大功率传输定理：当负载电阻 R_L 与有源二端网络中的戴维南等效电阻 R_o 相等时，负载可获得最大功率，最大功率计算式为(2-15)。

例 2-16 图 2.23(a)的电路中，已知 $R_1 = 2\Omega$，$R_2 = 2\Omega$，$U_S = 10V$，$I_S = 5A$，问负载 R_L 为多大时可获得最大功率？最大功率是多少？

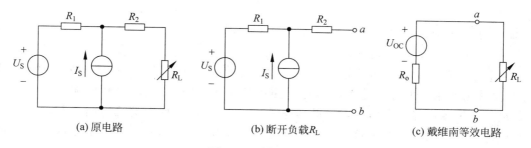

图 2.23 例 2-16 电路

解： 将负载电阻 R_L 断开，如图 2.23(b)所示电路，求该电路的戴维南等效电路。

$$U_{OC} = I_S R_1 + U_S = 5 \times 2 + 10 = 20V$$

$$R_o = R_1 + R_2 = 2\Omega + 2\Omega = 4\Omega$$

将该电路的戴维南等效电路接上负载，如图 2.23(c)所示，由最大功率传输定理可知，当 $R_L = R_o = 4\Omega$ 时负载获得最大功率，最大功率为

$$P_{max} = \frac{U_{OC}^2}{4R_o} = \frac{(20V)^2}{4 \times 4\Omega} = 25W$$

例 2-17 图 2.24(a)的电路中电阻 R_L 多大时可获得最大功率？最大功率是多少？

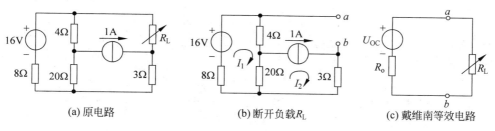

图 2.24 例 2-17 电路

解： 将负载电阻 R_L 断开，如图 2.24(b)所示，求该电路的戴维南等效电路。用网孔电流法求开路电压 U_{OC}，I_2 等于电流源电流 1A，网孔 1 的电流方程为

$$(8 + 4 + 20)I_1 - 20I_2 = 16$$

将 $I_2 = 1A$ 代入上式得

$$I_1 = \frac{9}{8}A$$

则图 2.24(b)电路的开路电压为

$$U_{OC} = 16 - 8I_1 - 3I_2 = 16 - 8 \times \frac{9}{8} - 3 \times 1 = 4V$$

等效电阻为

$$R_o = 8\Omega // (4\Omega + 20\Omega) + 3\Omega = 9\Omega$$

作等效电路如图 2.24(c)所示,由最大功率传输定理可知,当 $R_\mathrm{L}=R_\mathrm{o}=9\Omega$ 时负载获得最大功率,最大功率为

$$P_\mathrm{max}=\frac{U_\mathrm{OC}^2}{4R_\mathrm{o}}=\frac{(4\mathrm{V})^2}{4\times9\Omega}=\frac{4}{9}\mathrm{W}$$

2.6　受控源

在电子电路中除了会遇到前面讨论的独立电源,还会遇到另一种类型的电源,即受控源,又称为非独立电源。受控源也是一种理想元件,是对某些电子器件端口性能的一种抽象。受控源不能独立向外电路提供能量,它输出的电压或电流受电路中其他部分的电压或电流的控制。当控制量的电压或电流消失或等于零时,受控源的电压或电流也将为零。

受控源是四端元件,它有一对输入端和一对输出端。输入端施加的是控制量,控制量可以是电压也可以是电流,输出端输出的是被控制的电压或电流。因此按照控制量和被控制量的不同,受控源共有四种形式:电压控制电压源(Voltage Control Voltage Source,VCVS)、电压控制电流源(Voltage Control Current Source,VCCS)、电流控制电压源(Current Control Voltage Source,CCVS)、电流控制电流源(Current Control Current Source,CCCS)。其电路符号分别如图 2.25 所示。

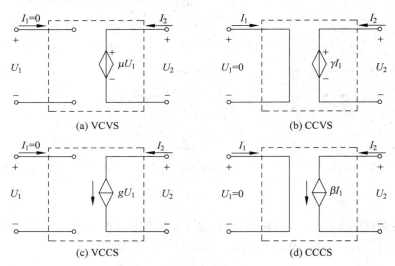

(a) VCVS　　　　　　　　　　(b) CCVS

(c) VCCS　　　　　　　　　　(d) CCCS

图 2.25　理想受控源模型

为了区别于独立源,受控源用菱形符号表示。4 种受控源的输入输出关系为

VCVS: $\qquad U_2=\mu U_1$ (2-16)

CCVS: $\qquad U_2=rI_1$ (2-17)

VCCS: $\qquad I_2=gU_1$ (2-18)

CCCS: $\qquad I_2=\beta I_1$ (2-19)

式中,μ 是电压放大系数,无量纲;r 是转移电阻,单位是欧姆(Ω);g 是转移电导,单位

是西门子(S);β是电流放大系数,无量纲。当μ、r、g、β是常数时,受控源的输出量和输入控制量之间成正比关系,称这种受控源是线性受控源,本书讨论的均是线性受控源。

对含有受控源的线性电路,也可以用前面介绍的电路分析方法进行分析与计算,但考虑到受控源的特性,在分析与计算时需要注意以下几点。

(1)应用叠加定理时,受控源不能单独作用于电路,当其他独立电源单独作用时,受控源要保留在电路中。

(2)应用戴维南定理时,求开路电压U_{OC}是对含受控源电路的计算。求等效电阻R_o时,去掉独立源,受控源要同电阻一样保留,此时等效电阻的计算采用外加电源法,即在两端口处外加一电压U,求得端口处的电流I,则等效电阻$R_o=U/I$。

(3)受控电压源和受控电流源也可进行等效变换,但不改变控制量。

例 2-18 求解图 2.26(a)电路中的电压U。

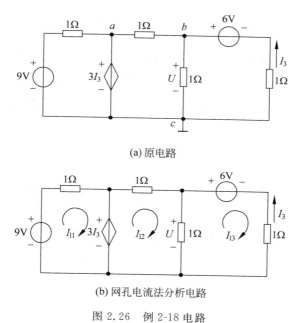

(a) 原电路

(b) 网孔电流法分析电路

图 2.26 例 2-18 电路

解:

(1)应用节点电压法,选节点c为参考节点,其余 2 个独立节点的电压为U_a、U_b。电路中含有电流控制电压源,其一端与参考节点相连,则节点a的电压为$U_a=3I_3$,对图 2.26(a)所示电路列节点电压方程为

$$\begin{cases} U_a = 3I_3 \\ -U_a + (1+1+1)U_b = \dfrac{6\text{V}}{1\,\Omega} \end{cases}$$

由于受控源的存在增加了一个未知量I_3,因此再补充一个方程

$$U_b = 6 - 1 \times I_3 = 6 - I_3$$

解以上方程组,得

$$U_a = 6\text{V}, \quad U_b = 4\text{V}, \quad I_3 = 2\text{A}$$

则
$$U = U_b = 4\text{V}$$

（2）应用网孔电流法：设 3 个网孔电流分别为 I_{l1}、I_{l2}、I_{l3}，电路如图 2.26(b)所示，列网孔电流方程为

$$\begin{cases} I_{l1} = 9 - 3I_3 \\ 2I_{l2} - I_{l3} = 3I_3 \\ -I_{l2} + 2I_{l3} = -6 \end{cases}$$

补充方程
$$I_3 = -I_{l3}$$

解之，得
$$I_{l1} = 3\text{A}, \quad I_{l2} = 2\text{A}, \quad I_{l3} = -2\text{A}$$

计算待求电压，得
$$U = (I_{l2} - I_{l3}) \times 1 = 4\text{V}$$

例 2-19　图 2.27(a)电路中，已知 $R_1 = 6\Omega$，$R_2 = 4\Omega$，$U_S = 10\text{V}$，$I_S = 4\text{A}$，$r = 10\Omega$，用戴维南定理求电压 U_3。

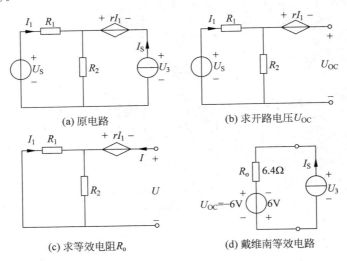

图 2.27　例 2-19 电路

解：将待求支路断开，如图 2.27(b)所示，求该电路的开路电压 U_{OC}，因为端口电流为零，所以有

$$I_1 = \frac{U_S}{R_1 + R_2} = \frac{10\text{V}}{6\Omega + 4\Omega} = 1\text{A}$$
$$U_{OC} = -rI_1 + R_2 I_1 = -10\Omega \times 1\text{A} + 4\Omega \times 1\text{A} = -6\text{V}$$

作出相应的无源二端网络，如图 2.27(c)所示，采用外加电源法求等效电阻，在端口处外加一电压 U，端口电流为 I，则根据分流公式，有

$$I_1 = -\frac{R_2}{R_1 + R_2}I = -\frac{4}{6+4}I = -0.4I$$
$$U = -rI_1 - R_1 I_1 = (-10-6) \times (-0.4I) = 6.4I$$

所以其等效电阻为

$$R_0 = \frac{U}{I} = 6.4\Omega$$

作出戴维南等效电路并与待求支路相连,如图 2.27(d)所示。因为计算出的 $U_{OC} = -6V$,因而图 2.27(d)电路中的等效电压源实际极性为上负下正,因此可求得

$$U_3 = I_S R_0 + U_{OC} = 4A \times 6.4\Omega - 6V = 19.6V$$

例 2-20 用电压源与电流源等效变换法求解图 2.28(a)电路中的电流 I_1。

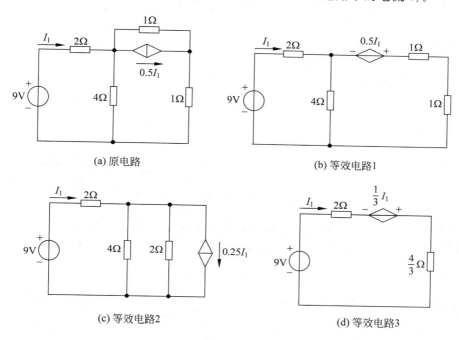

(a) 原电路

(b) 等效电路1

(c) 等效电路2

(d) 等效电路3

图 2.28 例 2-20 电路

解: 按照电压源与电流源等效变换的方法,将图 2.28(a)的电路依次等效变换为图 2.28(b)、(c)、(d)电路,对图 2.28(d)电路应用基尔霍夫电压定律,列出 KVL 方程

$$9 - \frac{4}{3}I_1 + \frac{1}{3}I_1 - 2I_1 = 0$$

得

$$I_1 = 3A$$

2.7 非线性电阻电路简介

前面讨论了由线性元件组成的线性电路的分析方法,线性元件的参数都是不随其电流、电压而改变的常量。如果元件参数与其电流、电压有关,则该元件称为非线性元件。本节讨论含有一个非线性电阻元件电路的分析方法。

2.7.1 非线性电阻元件

线性电阻元件的伏安特性曲线是一条 i-u 平面上通过坐标原点的直线,其电压、电流关系遵循欧姆定律,电阻是一个常数。非线性电阻元件的电压、电流关系不遵循欧姆定律,而是遵循某种特定的函数关系,$u=f(i)$ 或 $i=g(u)$。它的电阻值不是一个常数,其伏安特性曲线不是一条 i-u 平面上通过坐标原点的直线,而是一条曲线。

图 2.29(a)、(b)给出了两种非线性电阻的伏安特性曲线,非线性电阻的电路符号如图 2.29(c)所示。

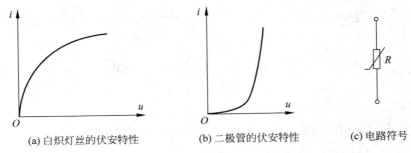

(a) 白炽灯丝的伏安特性   (b) 二极管的伏安特性   (c) 电路符号

图 2.29 非线性电阻的伏安特性曲线及电路符号

非线性电阻元件的参数常用静态电阻和动态电阻来描述。在图 2.30 所示非线性电阻的伏安特性曲线上,任意一点 Q 的静态电阻定义为该点电压与电流之比,即

$$R = \frac{U}{I} = \tan\alpha \tag{2-20}$$

动态电阻定义为 Q 点附近电压变化量 ΔU 和电流变化量 ΔI 比值的极限,即

$$r = \lim_{\Delta I \to 0} \frac{\Delta U}{\Delta I} = \frac{\mathrm{d}U}{\mathrm{d}I} = \tan\beta \tag{2-21}$$

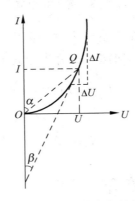

图 2.30 非线性电阻元件的静态电阻和动态电阻图解

2.7.2 非线性电阻电路的分析

分析非线性电阻电路的基本依据仍然是基尔霍夫电压定律 KVL、基尔霍夫电流定律

KCL 和元件伏安关系 VAR。分析非线性电阻电路的关键是求出非线性电阻元件上的电压和电流,这个电压和电流称为该非线性电阻元件的工作点。求出工作点后,电路中的其他变量就可以用任何一种线性电路的分析方法求得。

常用的非线性电阻电路的分析方法有两种:解析法和图解法。

1. 解析法

当电路中非线性电阻元件的伏安关系由一个数学函数式给定时,采用解析法。

例 2-21　已知图 2.31(a)电路中非线性电阻的伏安关系为 $U=2I^2$,求出非线性电阻的电流 I 和两端电压 U,并计算电流 I_1。

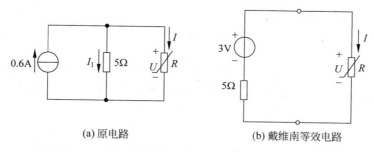

(a) 原电路　　　　　　　　　(b) 戴维南等效电路

图 2.31　例 2-21 电路

解:当电路中只有一个非线性电阻元件时,应用戴维南定理将非线性电阻元件两端的有源二端网络等效为电压源,图 2.31(a)所示电路的戴维南等效电路如图 2.31(b)所示。根据基尔霍夫电压定律和元件伏安关系,列方程组

$$\begin{cases} U+5I=3 \\ U=2I^2 \end{cases}$$

消去方程组中的电压 U,可得方程

$$2I^2+5I-3=0$$

解得

$$I=0.5\text{A} \quad 或 \quad I=-3\text{A}$$

根据非线性电阻的伏安关系得

当 $I=0.5\text{A}$ 时,

$$U=0.5\text{V}, \quad I_1=0.1\text{A}$$

当 $I=-3\text{A}$ 时,

$$U=18\text{V}, \quad I_1=3.6\text{A}$$

本题中的非线性元件有两个工作点,即 $Q_1(0.5\text{V},0.5\text{A})$ 和 $Q_2(18\text{V},-3\text{A})$。

2. 图解法

通过作图的方式来得到非线性电阻电路解的方法称为图解法,使用图解法要已知非线性电阻元件的伏安关系曲线。

例 2-22　用图解法计算图 2.32(a)电路中非线性电阻的电流 I 和两端电压 U，图 2.32(b)是非线性电阻的伏安特性曲线。

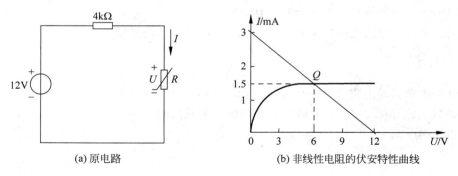

(a) 原电路　　　　　　　　(b) 非线性电阻的伏安特性曲线

图 2.32　例 2.22 电路

解：非线性电阻的工作点是其伏安特性曲线与它两端连接电路的戴维南等效电路伏安关系曲线的交点。列出图 2.32(a)电路中与非线性电阻连接的有源二端网络的端口伏安关系为

$$U + 4I = 12$$

在图 2.32(b)所示的 $U-I$ 平面上可以作出满足上式的一条直线，该直线与横轴交点为 $(12,0)$，与纵轴交点为 $(0,3)$。与非线性电阻的伏安特性曲线交点为 Q，此 Q 点即为非线性电阻的工作点，根据图中 Q 点的坐标可得

$$U = 6\text{V}, \quad I = 1.5\text{mA}$$

2.8　Protel 仿真分析

例 2-23　用直流工作点分析求如图 2.33 所示电路的节点电压 U_1、U_2 以及各电阻支路电流。

解：按图 2.33 绘制原理图，然后运行仿真分析，仿真分析对话框的设置如图 2.34 所示。运行仿真结果如图 2.35 所示。

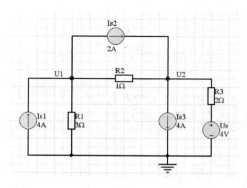

图 2.33　例 2.23 电路

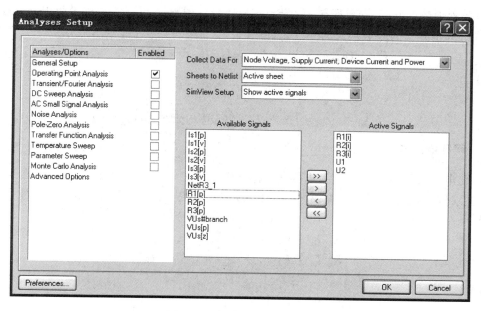

图 2.34 仿真对话框的设置

u1	3.000 V
u2	2.000 V
r1[i]	-1.000 A
r2[i]	1.000 A
r3[i]	1.000 A

图 2.35 例 2.23 电路直流工作点分析结果

2.9 本章小结

本章介绍电阻电路分析的一般方法,包括支路电流法、节点电压法和网孔电流法;介绍线性电路的重要定理,包括叠加定理、戴维南定理、诺顿定理和最大功率传输定理;还介绍含有受控源电路及非线性电阻电路的分析方法。

1. 支路电流法

支路电流法是以支路电流作为未知量,应用基尔霍夫电流定律、电压定律,列出所需要的方程组,联立解出各支路电流,再由求得的支路电流求出其他变量的分析方法。通常一个具有 n 个节点、b 条支路的电路可列出 $n-1$ 个独立的 KCL 方程和 $b-(n-1)$ 个独立的 KVL 方程。

2. 节点电压法

以节点电压为待求量,列出节点电压方程,求出各节点电压,然后再求解其他变量的分析方法,称为节点电压法。通常选择电路中任意一个节点作参考节点,其他节点相对于参考节点的电压称为节点电压,一个具有 n 个节点的电路可以列出 $n-1$ 个独立的节点电压方程。

节点电压方程的一般形式为

$$\begin{cases} G_{11}U_1 + G_{12}U_2 + \cdots + G_{1(n-1)}U_{(n-1)} = I_{S11} \\ G_{21}U_1 + G_{22}U_2 + \cdots + G_{2(n-1)}U_{(n-1)} = I_{S22} \\ \quad\vdots \\ G_{(n-1)1}U_1 + G_{(n-1)2}U_2 + \cdots + G_{(n-1)(n-1)}U_{(n-1)} = I_{S(n-1)(n-1)} \end{cases}$$

3. 网孔电流法

网孔电流法以网孔电流作为未知量,根据基尔霍夫电压定律列出网孔回路的 KVL 方程,联立求解方程得各网孔电流。如果需要,以网孔电流为已知,再进一步求解其他变量。

当电路中网孔数为 n 时,网孔电流方程的一般形式为

$$\begin{cases} R_{11}I_{l1} + R_{12}I_{l2} + \cdots + R_{1n}I_{ln} = U_{S11} \\ R_{21}I_{l1} + R_{22}I_{l2} + \cdots + R_{2n}I_{ln} = U_{S22} \\ \quad\vdots \\ R_{n1}I_{l1} + R_{n2}I_{l2} + \cdots + R_{nn}I_{ln} = U_{Snn} \end{cases}$$

4. 叠加定理

叠加定理指出:对于由多个独立源作用的线性电路,任一时刻、任一支路的响应(电流或电压)等于各个独立源单独作用时,在此支路中所产生的响应的代数和。

应用叠加定理分析计算电路时需注意:

(1) 该定理只适用于线性电路;

(2) 在某一电源单独作用时,其他电源取零值,即独立电压源短路,独立电流源开路;

(3) 叠加时响应总量是响应分量的代数和,应注意响应的参考方向;

(4) 在线性电路中,电压、电流可以叠加,功率不能叠加。

5. 等效电源定理

(1) 戴维南定理:任何一个线性有源二端网络对外电路而言,总可以用一个独立电压源和一个线性电阻串联的电路来等效,其等效电压源的电压等于有源二端网络的开路电压 U_{OC},串联电阻 R_0 等于有源二端网络中所有独立电源为零值时的端口等效电阻。

(2) 诺顿定理:任何一个线性有源二端网络对外电路而言,总可以用一个独立电流源和一个线性电阻并联的电路来等效,其等效电流源的电流等于有源二端网络的短路电流 I_{SC},并联电阻 R_0 等于有源二端网络中所有独立电源为零值时的端口等效电阻。

(3) 一个线性有源二端网络输出端与负载 R_L 相连时,负载获得最大功率的条件是: $R_L = R_0$,R_0 为有源二端网络戴维南等效电路中的等效电阻,负载获得的最大功率为

$$P_{\max} = \frac{U_{oc}^2}{4R_0}$$

6. 受控源

受控源也是一种电源元件,其输出电压或电流受电路中其他地方的电压或电流控制。

受控源有四种形式：电压控制电压源(VCVS)、电压控制电流源(VCCS)、电流控制电压源(CCVS)、电流控制电流源(CCCS)。

分析含有受控源的线性电路,需要注意以下几点：

(1) 叠加定理中受控源不能单独作用于电路,当其他独立电源单独作用时,受控源要保留在电路中。

(2) 应用戴维南或诺顿定理时,受控源和控制量不能分开,要在同一网络中;求戴维南或诺顿等效电阻时,受控源要保留,此时等效电阻的计算采用外加电源法,即在两端口处外加一电压 U,求得端口处的电流 I,则等效电阻 $R_o = U/I$。

7. 非线性电阻电路

非线性电阻元件的电压、电流关系在 u-i 平面上不是一条通过坐标原点的直线,而是一条曲线。

分析只含一个非线性元件的电阻电路的关键是求出非线性元件的工作点。常用的非线性元件电阻电路的分析方法有解析法和图解法。

习题

2-1　电路如图 2.36 所示,已知：$U_{S1} = 18V$,$U_{S2} = 12V$,$I = 4A$,用支路电流法求电压源电压 U_S 的值。

2-2　如图 2.37 所示电路中,求各支路电流及各元件吸收或产生的功率,并验证功率平衡关系。

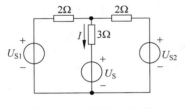

图 2.36　习题 2-1 电路

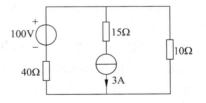

图 2.37　习题 2-2 电路

2-3　图 2.38 电路中,已知：$R_1 = R_2 = 3\Omega$,$R_3 = R_4 = 6\Omega$,$U_S = 27V$,$I_S = 3A$,用支路电流法求各支路电流。

2-4　用节点电压法求图 2.39 电路中各电阻支路的电流。

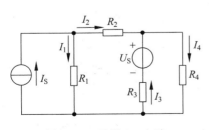

图 2.38　习题 2-3 电路

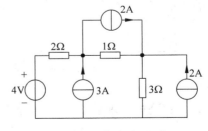

图 2.39　习题 2-4 电路

2-5　用节点电压法求图 2.40 电路中的电流 I。

2-6　用节点电压法求图 2.41 电路中各电阻支路的电流。

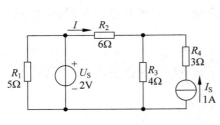

图 2.40　习题 2-5 电路

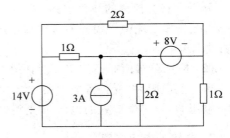

图 2.41　习题 2-6 电路

2-7　用节点电压法求解图 2.42 电路中的电压 U。

2-8　用网孔电流法求图 2.43 所示电路中 5Ω 电阻吸收的功率。

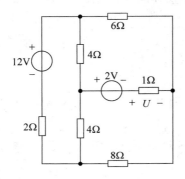

图 2.42　习题 2-7 电路

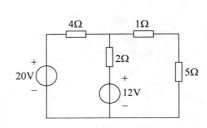

图 2.43　习题 2-8 电路

2-9　用网孔电流法求图 2.44 所示电路中的电压 U。

2-10　图 2.45 电路中,已知 $R_1=4\Omega, R_2=R_3=2\Omega, R_4=4\Omega, U_{S1}=10V, U_{S2}=6V, I_S=1A$,用网孔电流法求电压源 U_{S2} 的功率。

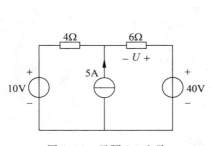

图 2.44　习题 2-9 电路

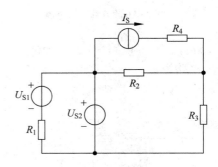

图 2.45　习题 2-10 电路

2-11　用叠加定理求图 2.46 电路中的电流 I。

2-12　图 2.47 电路中,已知 $R_1=3\Omega, R_2=R_3=1\Omega, U_S=10V, I_S=2A$,用叠加定理求电压 U。

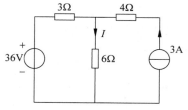

图 2.46 习题 2-11 电路

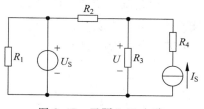

图 2.47 习题 2-12 电路

2-13 用叠加定理求解图 2.48 电路中的电流 I。

2-14 图 2.49 电路中，已知 $R_1 = 2\Omega, R_2 = 12\Omega, R_3 = 6\Omega, R_4 = 4\Omega, R = 5.5\Omega, I_S = 30A$，用戴维南定理求电流 I 和电压 U_{ab}。

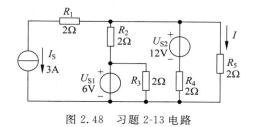

图 2.48 习题 2-13 电路

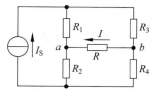

图 2.49 习题 2-14 电路

2-15 如图 2.50 所示电路中的有源二端网络，它的开路电压 $U_{ab} = 24V$，当有源二端网络 a、b 间外接一个 8Ω 电阻时，通过此电阻的电流是 $2.4A$。如果将该有源二端网络接成如图 2.50 所示电路时，计算通过电阻 R 支路的电流。已知 $R = 2.5\Omega, I_S = 3A$。

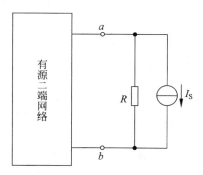

图 2.50 习题 2-15 电路

2-16 求图 2.51 所示各电路的戴维南和诺顿等效电路。

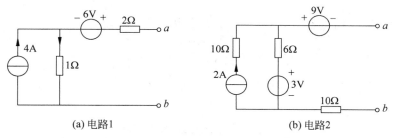

(a) 电路1   (b) 电路2

图 2.51 习题 2-16 电路

2-17　应用戴维南定理计算图 2.52 所示电路电阻 R 上的电流 I。

2-18　图 2.53 的电路中,已知 $R_1 = R_2 = 2\Omega, R_3 = 1\Omega, R_4 = 4\Omega, U_{S1} = 12V, U_{S2} = 2V, I_S = 2A$,用诺顿定理求电流 I。

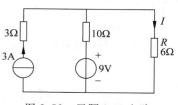

图 2.52　习题 2-17 电路

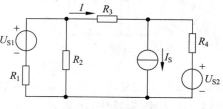

图 2.53　习题 2-18 电路

2-19　图 2.54 的电路中,已知 $R_1 = 8\Omega, R_2 = 4\Omega, U_{S1} = 10V, U_{S2} = 6V, I_S = 2A$,电阻 R 是多少时,可获得最大功率? 此最大功率是多少?

2-20　求图 2.55 电路中受控源的功率。

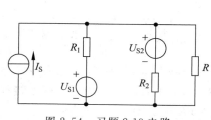

图 2.54　习题 2-19 电路

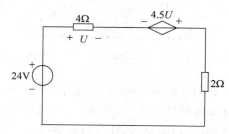

图 2.55　习题 2-20 电路

2-21　用网孔电流法求图 2.56 电路中的电流 I 和电压 U。

2-22　用叠加定理求图 2.57 所示电路中的电压 U。

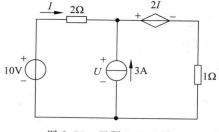

图 2.56　习题 2-21 电路

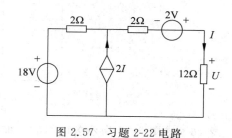

图 2.57　习题 2-22 电路

2-23　试用戴维南定理求图 2.58 所示电路中的电流 I。

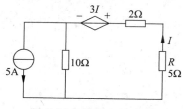

图 2.58　习题 2-23 电路

2-24　用节点电压法求图 2.59 所示电路中的电压 U。

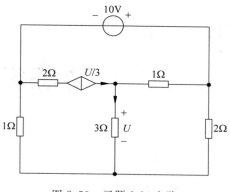

图 2.59　习题 2-24 电路

2-25　图 2.60 电路中,非线性电阻的伏安关系为 $U=I^2+2I$,求非线性电阻的电流 I 和电压 U。

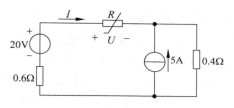

图 2.60　习题 2-25 电路

第3章

动态电路分析

本章学习目标

- 掌握动态元件电容、电感的伏安关系；
- 理解和掌握换路定律，并能运用换路定律求解电路的初始值；
- 了解一阶电路三种响应的表达式及求解方法，理解时间常数 τ 的定义及计算；
- 熟练掌握求解一阶动态电路响应的三要素法。

前面两章以电阻电路为基础，介绍了电路分析的基本定律、定理和一般分析方法。实际电路中除有电阻元件外，还有电容元件和电感元件，这两种元件的伏安关系是微、积分关系，称为动态元件。含有动态元件的电路称为动态电路，动态电路的响应不仅与当前外加激励有关，还与激励的历史有关，即动态电路的状态变化需要一个变化过程，才能从一个稳定状态到达另一个稳定状态，这个变化过程称为过渡过程。过渡过程时间短暂，又被称为暂态过程或瞬态过程。动态电路的分析就是对处于过渡过程的电路，讨论其响应与激励之间的关系。

本章首先讨论电容元件、电感元件的性质；再详细介绍直流激励下一阶电路的零输入响应、零状态响应和完全响应；最后介绍一阶动态电路的三要素分析方法。

3.1 动态电路元件

3.1.1 电容元件

电容元件是实际电容器的电路模型，是电路的基本元件。电容器是由两个金属极板及中间填充的介质组成。在电容两个极板间加上一定电压后，两个极板上会分别聚集起等量异性电荷，并在介质中形成电场。去掉电容两个极板上的电压，电荷能长久储存，电场仍然存在。因此电容器是一种能储存电场能量的元件。

电容元件的定义：一个二端元件，如果在任一时刻 t，它所积聚的电荷量 q 与其端电压 u 之间的关系可以用 q-u 平面上的一条曲线来确定，则此二端元件称为电容元件。若约束电容元件 q-u 平面上的曲线是一条通过坐标原点的直线，则为线性电容，否则为非线性电容。线性电容元件的 q-u 关系曲线和电路符号如图 3.1 所示。本书讨论的均为线性电容。线性电容端电压与积聚的电荷量之间关系为

$$q = Cu \tag{3-1}$$

式中 C 是一个与 q、u 及 t 无关的正值常量,是表征电容元件积聚电荷能力的物理量,称为电容量,简称为电容。在国际单位制中,电容的单位是法拉,简称为法,符号为 F 。在实际应用中,由于法(拉)的单位太大,工程上多采用微法(μF)或皮法(pF)为单位,它们之间的换算关系为

$$1\mu F = 10^{-6}F, \quad 1pF = 10^{-12}F$$

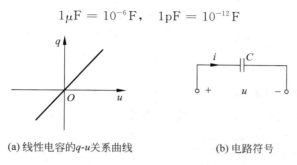

(a)线性电容的 q-u 关系曲线　　　　　(b)电路符号

图 3.1　线性电容的 q-u 关系曲线及电路符号

1. 电容元件的伏安关系

如果加在电容两个极板上的电压为直流电压,则极板上的电荷量不发生变化,电路中没有电流,电容相当于开路,所以电容有隔断直流的作用。如果加在电容上的电压随时间变化,则极板上的电荷量就会随之变化,电路中就会产生传导电流。在图 3.1(b)中,当 u、i 为关联参考方向时,电容元件上电流与电压的关系为

$$i = \frac{\mathrm{d}q}{\mathrm{d}t} = C\frac{\mathrm{d}u}{\mathrm{d}t} \tag{3-2}$$

电容电压 u 和电流 i 在非关联参考方向下,式(3-2)要加一负号。

式(3-2)表明电容电流与电容电压变化率成正比,而与电压大小无关。在直流电路中,电容电压变化率为零,其电流为零,故电容元件可视作开路。在实际电路中,电容电流 i 总为有限值,因而其电压变化率 $\mathrm{d}u/\mathrm{d}t$ 必为有限值,说明电容电压只能连续变化而不能发生跃变。

对式(3-2)两边积分,可得

$$u(t) = \frac{1}{C}\int_{-\infty}^{t} i(t)\mathrm{d}t = \frac{1}{C}\int_{-\infty}^{0} i(t)\mathrm{d}t + \frac{1}{C}\int_{0}^{t} i(t)\mathrm{d}t = u(0) + \frac{1}{C}\int_{0}^{t} i(t)\mathrm{d}t \tag{3-3}$$

式中积分下限 $-\infty$ 表示电容未充电的时刻,在该时刻电容电压为 $u(-\infty)=0$。通常取 $t=0$ 的时刻作为研究电容电压变化规律的起始时刻,$u(0)$ 是电容电压的初始值,即 $t=0$ 时刻的电容电压。式(3-3)表明电容在 t 时刻的电压与 $-\infty$ 到 t 这一时段内所有的电流都有关,可见电容电压具有"记忆"电容电流的作用,因此电容是一种记忆元件。若 $t=0$ 时 $u(0)=0$,则有

$$u(t) = \frac{1}{C}\int_{0}^{t} i(t)\mathrm{d}t \tag{3-4}$$

2. 电容元件的储能

在 u、i 关联参考方向下,任一时刻电容元件吸收的瞬时功率为

$$p(t) = u(t)i(t) \tag{3-5}$$

由式(3-5)可见,电容上电压与电流的实际方向可能相同,也可能不同,因此瞬时功率可能为正,也可能为负,当 $p(t)>0$ 时,表明电容吸收功率,即电容被充电;当 $p(t)<0$ 时,表明电容发出功率,即电容放电。

在 dt 时间内,电容元件吸收的能量为

$$dw(t) = p(t)dt = u(t)i(t)dt = Cu(t)du(t) \tag{3-6}$$

设 $t=0$ 时,$u(0)=0$,则在 $0\sim t$ 时间内,电容元件吸收的能量为

$$w(t) = \int_0^t u(t)i(t)dt = C\int_0^{u(t)} u(t)du(t) = \frac{1}{2}Cu(t)^2 \tag{3-7}$$

式(3-7)说明任意时刻电容的储能只与电容电压的平方成正比,而与电容电流无关。当电容元件上的电压增高时,电场能量增大,在此过程中电容被充电,电容充电时将吸收的能量全部转变为电场能量。当电容元件上的电压降低时,电场能量减小,此时电容放电,放电时又将储存的电场能量释放回电路,它不消耗能量,只与电路其他部分进行能量的相互交换,因此电容是储能元件。

例 3-1　电容元件及电容电流波形分别如图 3.2(a)、(b)所示,已知 $u(0)=0$,试求 $t=$ 1s、$t=2$s、$t=4$s 时的电容电压 u 以及 $t=2$s 时电容的储能。

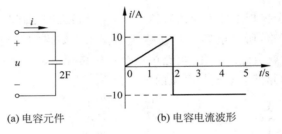

(a) 电容元件　　　　　(b) 电容电流波形

图 3.2　例 3-1 图

解：由图 3.2 得电容电流 i 的函数式为

$$i = \begin{cases} 0 & (t \leqslant 0) \\ 5t & (0 < t \leqslant 2\text{s}) \\ -10 & (t > 2\text{s}) \end{cases}$$

由式(3-3)得

$t=1$s 时,　　　　$u(1) = u(0) + \dfrac{1}{C}\displaystyle\int_0^t i(t)dt = 0 + \dfrac{1}{2}\int_0^1 5t\,dt = 1.25\text{V}$

$t=2$s 时,　　　　$u(2) = u(0) + \dfrac{1}{C}\displaystyle\int_0^t i(t)dt = 0 + \dfrac{1}{2}\int_0^2 5t\,dt = 5\text{V}$

$t=4$s 时,　　　　$u(4) = u(2) + \dfrac{1}{C}\displaystyle\int_2^t i(t)dt = 5 + \dfrac{1}{2}\int_2^4 (-10)dt = -5\text{V}$

由式(3-7)得 $t=2$s 时,电容的储能为

$$w(2) = \frac{1}{2}Cu(2)^2 = \frac{1}{2} \times 2 \times 5^2 = 25\text{J}$$

3. 电容的串、并联

如同电阻的等效变换,电容的串、并联也可以进行等效变换。图 3.3(a)中两个电容 C_1、

C_2 串联的电路可以等效为图 3.3(b)所示电容 C,等效条件为变换前后端口伏安关系不变。根据串联电路的特点以及电容元件的电压、电流关系可得

$$u(t) = u_1(t) + u_2(t) = \frac{1}{C_1}\int_{-\infty}^{t} i(t)\mathrm{d}t + \frac{1}{C_2}\int_{-\infty}^{t} i(t)\mathrm{d}t$$

$$= \left(\frac{1}{C_1} + \frac{1}{C_2}\right)\int_{-\infty}^{t} i(t)\mathrm{d}t = \frac{1}{C}\int_{-\infty}^{t} i(t)\mathrm{d}t$$

因此可得

$$\frac{1}{C} = \frac{1}{C_1} + \frac{1}{C_2} \tag{3-8}$$

即等效电容的倒数等于各串联电容倒数的和。

图 3.4(a)中两个电容 C_1、C_2 并联的电路可以等效为图 3.4(b)所示电容 C,根据并联电路的特点以及电容元件电压、电流关系可得

$$i = i_1 + i_2 = C_1\frac{\mathrm{d}u}{\mathrm{d}t} + C_2\frac{\mathrm{d}u}{\mathrm{d}t} = (C_1 + C_2)\frac{\mathrm{d}u}{\mathrm{d}t} = C\frac{\mathrm{d}u}{\mathrm{d}t}$$

因此可得

$$C = C_1 + C_2 \tag{3-9}$$

即等效电容的等于各个并联电容之和。

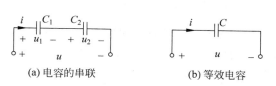

(a) 电容的串联　(b) 等效电容

图 3.3　电容串联及等效电路

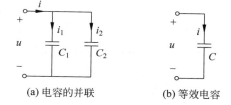

(a) 电容的并联　(b) 等效电容

图 3.4　电容并联及等效电路

3.1.2　电感元件

电感元件是实际电感器的电路模型,也是电路的基本元件。通常将导线绕制成的线圈称为电感器或电感线圈。当电感器中有电流通过时,就有磁通穿过线圈,在其周围产生磁场,并储存磁场能量。由此可知,电感器也是一种储能元件。匝数为 N 的线圈产生的磁通总和称为磁链 ψ。

电感元件的定义:一个二端元件,如果在任一时刻 t,它的磁链 ψ 与其电流 i 之间的关系可以用 ψ-i 平面上的一条曲线来确定,则此二端元件称为电感元件。若约束电感元件的 ψ-i 平面上的曲线是一条通过坐标原点的直线,则为线性电感,否则为非线性电感。线性电感元件的 ψ-i 关系曲线和电路符号如图 3.5 所示。本书讨论的均为线性电感。线性电感的电流与产生的磁链之间关系为

$$\psi = Li \tag{3-10}$$

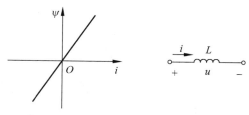

(a) 线性电感的 ψ-i 曲线　(b) 电路符号

图 3.5　线性电感元件的 ψ-i 曲线及电路符号

式中 L 是一个与 ψ、i 及 t 无关的正值常量，是表征电感元件产生磁链能力的物理量，称为电感量，简称为电感。在国际单位制中，电感的单位是亨利，简称为亨，符号为 H。也可以用毫亨(mH)或微亨(μH)作单位，它们之间的换算关系为

$$1\text{mH} = 10^{-3}\text{H}, \quad 1\mu\text{H} = 10^{-6}\text{H}$$

1．电感元件的伏安关系

当电感元件中的电流 i 发生变化时，穿过线圈的磁链 ψ 将随之变化，电感元件内将产生自感电动势，从而在电感两端产生电压 u。在电感电压 u 和电流 i 关联参考方向下，根据电磁感应定律，有

$$u = \frac{\mathrm{d}\psi}{\mathrm{d}t} = L\frac{\mathrm{d}i}{\mathrm{d}t} \tag{3-11}$$

电感电压 u 和电流 i 在非关联参考方向下，式(3-11)要加一负号。

式(3-11)表明电感电压与电感电流变化率成正比，而与电流大小无关。在直流电路中，电感电流变化率为零，其电压为零，故对于直流电，电感元件可视作短路。在实际电路中，电感电压 u 总为有限值，因而其电流变化率 $\mathrm{d}i/\mathrm{d}t$ 必为有限值，说明电感电流只能连续变化而不能发生跃变。

对式(3-11)两边积分，可得

$$i(t) = \frac{1}{L}\int_{-\infty}^{t}u(t)\mathrm{d}t = \frac{1}{L}\int_{-\infty}^{0}u(t)\mathrm{d}t + \frac{1}{L}\int_{0}^{t}u(t)\mathrm{d}t = i(0) + \frac{1}{L}\int_{0}^{t}u(t)\mathrm{d}t \tag{3-12}$$

式中 $i(0)$ 是电感电流初始值，即 $t=0$ 时的电感电流。式(3-12)表明任一时刻 t 的电感电流，不仅与该时刻的电压有关，而且与 $-\infty$ 到 t 之间的所有电压都有关。可见电感电流具有"记忆"电感电压的作用，因此电感也是一种记忆元件。当 $i(0)=0$ 时，有

$$i(t) = \frac{1}{L}\int_{0}^{t}u(t)\mathrm{d}t \tag{3-13}$$

2．电感元件的储能

在电感元件电压、电流关联参考方向下，任一时刻电感元件吸收的瞬时功率为

$$p(t) = u(t)i(t) \tag{3-14}$$

同电容一样，电感元件上的瞬时功率可正可负。当 $p>0$ 时，表明电感从电路中吸收功率，储存磁场能量；当 $p<0$，表明电感向电路发出功率，释放磁场能量。电感元件不消耗能量，也是一种储能元件。

在 $\mathrm{d}t$ 时间内，电感元件吸收的能量为

$$\mathrm{d}w(t) = p(t)\mathrm{d}t = u(t)i(t)\mathrm{d}t = Li(t)\mathrm{d}i(t) \tag{3-15}$$

设 $t=0$ 时，$i(0)=0$，则在 $0\sim t$ 的时间内，电感元件吸收的能量为

$$w(t) = \int_{0}^{t}u(t)i(t)\mathrm{d}t = L\int_{0}^{i(t)}i(t)\mathrm{d}i(t) = \frac{1}{2}Li^2(t) \tag{3-16}$$

式(3-16)说明任意时刻电感的储能只与电感电流的平方成正比，而与电感电压无关。当电感元件上的电流增大时，磁场能量增加，此时电感元件从外电路获得能量。当电流减小时，磁电场能量减少，此时电感元件向外电路释放能量。理想的电感元件也是一个储能元件，不消耗能量，只与电路其他部分进行能量的交换。

例 3-2 电感元件及其电流分别如图 3.6(a)、(b)所示,试求电感电压 u 以及 $t=2\mathrm{s}$ 时电感的储能。

解:由图 3.6(b)得电感电流 i 的函数式为

$$i = \begin{cases} 0 & (t \leqslant 0) \\ t & (0 < t \leqslant 2\mathrm{s}) \\ 4-t & (2\mathrm{s} < t \leqslant 4\mathrm{s}) \\ 0 & (t > 4\mathrm{s}) \end{cases}$$

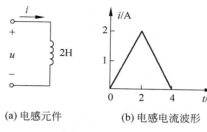

由式(3-11)得

$$u = L\frac{\mathrm{d}i}{\mathrm{d}t} = \begin{cases} 0 & (t \leqslant 0) \\ 2\mathrm{V} & (0 < t \leqslant 2\mathrm{s}) \\ -2\mathrm{V} & (2\mathrm{s} < t \leqslant 4\mathrm{s}) \\ 0 & (t > 4\mathrm{s}) \end{cases}$$

(a) 电感元件　　(b) 电感电流波形

图 3.6　例 3-2 图

由式(3-16)得 $t=2\mathrm{s}$ 时,电感的储能为

$$w(2) = \frac{1}{2}Li(2)^2 = \frac{1}{2} \times 2 \times 2^2 = 4\mathrm{J}$$

3. 电感的串、并联

图 3.7(a)中两个电感 L_1、L_2 串联的电路可以等效为图 3.7(b)所示电感 L,等效条件为变换前后端口伏安关系不变。根据串联电路的特点及电感元件电压、电流关系可得

$$u = u_1 + u_2 = L_1\frac{\mathrm{d}i}{\mathrm{d}t} + L_2\frac{\mathrm{d}i}{\mathrm{d}t} = (L_1 + L_2)\frac{\mathrm{d}i}{\mathrm{d}t} = L\frac{\mathrm{d}i}{\mathrm{d}t}$$

因此可得

$$L = L_1 + L_2 \qquad\qquad (3\text{-}17)$$

即等效电感等于各个串联电感之和。

图 3.8(a)中两个电感 L_1、L_2 并联的电路可以等效为图 3.8(b)所示电感 L,根据并联电路的特点以及电感元件电压、电流关系可得

$$i(t) = i_1(t) + i_2(t) = \frac{1}{L_1}\int_{-\infty}^{t} u(t)\mathrm{d}t + \frac{1}{L_2}\int_{-\infty}^{t} u(t)\mathrm{d}t$$

$$= \left(\frac{1}{L_1} + \frac{1}{L_2}\right)\int_{-\infty}^{t} u(t)\mathrm{d}t = \frac{1}{L}\int_{-\infty}^{t} u(t)\mathrm{d}t$$

因此可得

$$\frac{1}{L} = \frac{1}{L_1} + \frac{1}{L_2} \qquad\qquad (3\text{-}18)$$

即等效电感的倒数等于各个并联电感倒数的和。

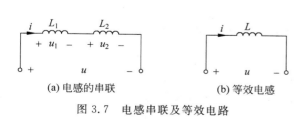

(a) 电感的串联　　　(b) 等效电感

图 3.7　电感串联及等效电路

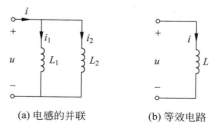

(a) 电感的并联　　(b) 等效电路

图 3.8　电感并联及等效电路

3.2　动态电路初始值的计算

在电路分析中,电路状态的改变称之为换路,如电路中开关的接通与断开、元件参数的变化、连接方式的改变等。换路使电路从一个稳定状态向另外一个稳定状态变化。在含有电容、电感储能元件的电路中,电路的状态改变是不能阶跃变化的,需要有一个过渡过程,这就是所谓的动态过程。

3.2.1　换路定律

电路在换路时能量不能跃变具体表现为:换路瞬间,电容两端的电压 u_C 不能跃变;通过电感的电流 i_L 不能跃变。这一规律是分析暂态过程很重要的定律,称为换路定律。用 $t=0_-$ 表示换路前的瞬间,$t=0_+$ 表示换路后的瞬间,换路定律可表示为

$$\begin{cases} u_C(0_+) = u_C(0_-) \\ i_L(0_+) = i_L(0_-) \end{cases} \tag{3-19}$$

式(3-19)是换路定律重要的表达式,它仅适用于换路瞬间,即换路后的瞬间,电容电压 u_C 和电感电流 i_L 都应保持换路前瞬间具有的数值而不能跃变。而其他的量,如电容上的电流、电感上的电压、电阻上的电压和电流都是可以跃变的。

3.2.2　初始值的计算

电路的暂态过程是指从换路后瞬间($t=0_+$)开始到电路达到新的稳定状态($t=\infty$)时结束。换路后电路中各电压及电流将由一个初始值逐渐变化到稳态值,因此,确定初始值 $f(0_+)$ 和稳态值 $f(\infty)$ 是暂态分析非常关键的一步。式(3-19)是计算换路时初始值的根据,又称为初始条件。要计算电路在换路时各个电压和电流的初始值,首先根据换路定律得到电容电压或电感电流的初始值,再根据基尔霍夫定律计算其他电压和电流的初始值。根据换路定律确定电路初始值的步骤如下:

(1) 在直流激励作用下,$t=0_-$ 时(换路前)电路处于稳态,此时电容器等效为开路,电感等效为短路,在此电路中求出 $u_C(0_-)$ 和 $i_L(0_-)$;

(2) 根据换路定律确定 $u_C(0_+)$ 和 $i_L(0_+)$;

(3) 作 $t=0_+$ 时的等效电路,此时电容等效为电压源,其电压值等于 $u_C(0_+)$,若 $u_C(0_+)=0$,则电容视为短路。电感等效为电流源,其电流值等于 $i_L(0_+)$,若 $i_L(0_+)=0$,则电感视为开路。此时可用直流电路的分析方法计算其他电压、电流的初始值。

例 3-3　如图 3.9(a)所示电路中,换路前电路已处于稳态,$t=0$ 时将开关 S 断开,求换路后 u_C、u_L、i_C、i_L 的初始值。

解:画出 $t=0_-$ 时的等效电路,如图 3.9(b)所示,根据换路定律得

$$u_C(0_+) = u_C(0_-) = U_s$$

$$i_L(0_+) = i_L(0_-) = \frac{U_s}{R_2}$$

将电容等效为电压源,电感等效为电流源,画出 $t=0_+$ 时的等效电路,如图 3.9(c)所

示,得

$$i_C(0_+) = -i_L(0_+) = -\frac{U_s}{R_2}$$

$$u_L(0_+) = -i_L(0_+)R_2 + i_C(0_+)R_1 + u_C(0_+) = -U_s - \frac{R_1}{R_2}U_s + U_s = -\frac{R_1}{R_2}U_s$$

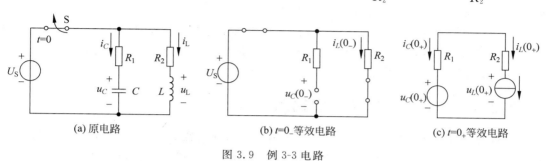

图 3.9 例 3-3 电路

例 3-4 试求图 3.10(a)电路中电流 i 的初始值。换路前电路已处于稳态。

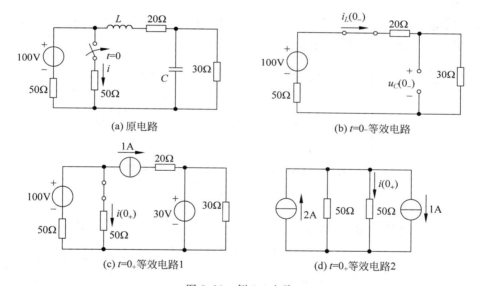

图 3.10 例 3-4 电路

解：画出 $t=0_-$ 时的电路，如图 3.10(b)所示，根据换路定律得

$$u_C(0_+) = u_C(0_-) = \frac{30}{30+20+50} \times 100 = 30\text{V}$$

$$i_L(0_+) = i_L(0_-) = \frac{100}{30+20+50} = 1\text{A}$$

将电容等效为电压源，电感等效为电流源，画出 $t=0_+$ 时的等效电路，如图 3.10(c)所示，进一步将电路进行等效变换得如图 3.10(d)所示电路，则

$$i(0_+) = \frac{50}{50+50} \times (2-1) = 0.5\text{A}$$

3.3 一阶电路的零输入响应

在含有一个动态元件的电路中,描述电路的方程是一阶微分方程,这种电路称为一阶电路。一阶电路包括一阶 RC 电路和一阶 RL 电路。

在含有储能元件的电路中,电路的响应不仅取决于外加电源激励,还取决于储能元件的初始储能,即电容电压和电感电流的初始值。若换路后电路的外加电源激励为零,仅由储能元件的初始储能所产生的电路响应,称为零输入响应。

3.3.1 一阶 RC 电路的零输入响应

一阶 RC 电路如图 3.11(a)所示,$t<0$ 时开关 S 合在位置 1 上,电路已处于稳态,输入激励电源是直流电压源,得 $u_C(0_-)=U_o$。在 $t=0$ 将开关从位置 1 合到位置 2,使电路脱离电源,输入激励信号为零。此时,电容元件已储有能量,其上电压的初始值为 $u_C(0_+)=u_C(0_-)=U_o$。

换路后电路如图 3.11(b)所示,此时电容元件经过电阻开始放电,因此分析 RC 电路的零输入响应,就是分析电容的放电过程。

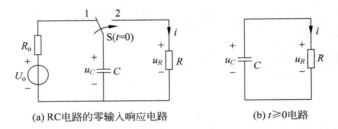

(a) RC电路的零输入响应电路   (b) $t \geqslant 0$ 电路

图 3.11 RC 电路的零输入响应

列出 $t \geqslant 0$ 时电路的 KVL 方程为

$$u_R - u_C = 0$$

因为 $u_R = Ri$,$i = -C\dfrac{\mathrm{d}u_C}{\mathrm{d}t}$(电容上 u_C 和 i 为非关联参考方向),所以电路方程为

$$RC\frac{\mathrm{d}u_C}{\mathrm{d}t} + u_C = 0 \tag{3-20}$$

式(3-20)是一阶常系数齐次线性微分方程,其通解为

$$u_C = Ae^{-\frac{1}{RC}t} \tag{3-21}$$

式中 A 为待定的积分常数,由电容电压初始值 $u_C(0_+)$ 确定,将 $t=0$ 时,$u_C(0_+)=U_o$ 代入上式得 $A = u_C(0_+) = U_o$,则

$$u_C = U_o e^{-\frac{t}{RC}} = u_C(0_+)e^{-\frac{t}{\tau}} \tag{3-22}$$

由此得到 $t \geqslant 0$ 时

$$i = -C\frac{\mathrm{d}u_C}{\mathrm{d}t} = \frac{U_o}{R}e^{-\frac{t}{\tau}} = i(0_+)e^{-\frac{t}{\tau}} \tag{3-23}$$

$$u_R = Ri = U_\mathrm{o} \mathrm{e}^{-\frac{t}{\tau}} \tag{3-24}$$

式中 $\tau = RC$ 是电路的时间常数,单位为秒(s)。u_C、i 随时间变化的曲线如图 3.12 所示。可以看出,u_C、i 都是从初始值开始按指数规律衰减至零,其衰减的快慢由时间常数 τ 决定。

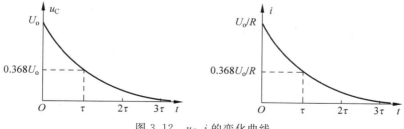

图 3.12　u_C、i 的变化曲线

从理论上讲,电路只有经过 $t = \infty$ 的时间才能达到新的稳定状态。但是,由于指数函数开始变化较快,而后逐渐变慢,现将 $t = \tau, 2\tau, 3\tau, \cdots$ 所对应的 u_C 列于表 3.1 中。当 $t = 3\tau \sim 5\tau$ 时,u_C 已衰减到初始值的 $0.05 \sim 0.007$ 倍,因此,工程上一般认为:换路后经过 $3\tau \sim 5\tau$,过渡过程就结束,电路进入新的稳态。

表 3.1　u_C 随时间的衰减

t	τ	2τ	3τ	4τ	5τ
u_C	$0.368U_\mathrm{o}$	$0.135U_\mathrm{o}$	$0.05U_\mathrm{o}$	$0.018U_\mathrm{o}$	$0.007U_\mathrm{o}$

时间常数 τ 越大,u_C 衰减得越慢,电容放电速度越慢。因为在一定初始电压 U_o 下,电容 C 越大,则储存的电荷越多;电阻 R 越大,则放电电流越小,这些都促使电容放电变慢。因此,改变 R 或 C 的数值,就可以改变电路的时间常数,进而改变电容放电的速度。

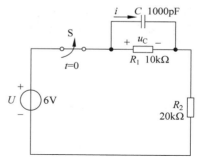

图 3.13　例 3-5 电路

例 3-5　如图 3.13 所示电路中,$t = 0$ 时开关断开,开关断开前电路已处于稳态。求 $t \geqslant 0$ 时电容电压 u_C 和电容电流 i。

解:在 $t = 0_-$ 时,电路已处于稳态,在直流电源作用下,电容视为开路。根据换路定律有

$$u_C(0_+) = u_C(0_-) = \frac{R_1}{R_1 + R_2} U = \frac{10}{10 + 20} \times 6 = 2\mathrm{V}$$

$t \geqslant 0$ 时,

$$\tau = R_1 C = 10 \times 10^3 \times 1000 \times 10^{-12} = 10^{-5} \mathrm{s}$$

$$u_C = u_C(0_+) \mathrm{e}^{-\frac{t}{\tau}} = 2\mathrm{e}^{-10^5 t} \mathrm{V}$$

$$i = C\frac{\mathrm{d}u_C}{\mathrm{d}t} = -2 \times 10^{-4} \mathrm{e}^{-10^5 t} \mathrm{A} = -0.2 \mathrm{e}^{-10^5 t} \mathrm{mA}$$

3.3.2　一阶 RL 电路的零输入响应

图 3.14 是一阶 RL 串联电路,$t < 0$ 时开关 S 合在位置 1 上,电路已处于稳态。电源是

直流电压源,得 $i_L(0_-)=\dfrac{U_o}{R}$。在 $t=0$ 时将开关从位置 1 合到位置 2,使电路脱离电源,输入

信号为零。此时,电感元件已储有能量,其上电流的初始

值为 $i(0_+)=i(0_-)=\dfrac{U_o}{R}=I_o$。

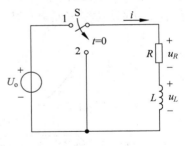

列出 $t\geqslant0$ 时电路的基尔霍夫电压方程为

$$u_R + u_L = 0$$

因为 $u_R=Ri$,$u_L=L\dfrac{\mathrm{d}i}{\mathrm{d}t}$,所以

$$Ri + L\frac{\mathrm{d}i}{\mathrm{d}t} = 0 \tag{3-25}$$

图 3.14 RL 电路的零输入响应

式(3-25)是一阶常系数齐次线性微分方程,其通解为

$$i = Ae^{-\frac{R}{L}t} \tag{3-26}$$

式中 A 为积分常数,由电感电流初始值 $i(0_+)$ 确定,将电感电流初始值代入上式得 $A=i(0_+)=\dfrac{U_o}{R}=I_o$,则

$$i = I_oe^{-\frac{R}{L}t} = I_oe^{-\frac{t}{\tau}} = i(0_+)e^{-\frac{t}{\tau}} \tag{3-27}$$

式中 $\tau=\dfrac{L}{R}$ 是 RL 电路的时间常数,常用单位也是秒(s),它的大小同样反映了 RL 电路响应衰减的快慢,L 越大,在同样大的初始电流 I_o 作用下,电感储存的磁场能量越多,释放能量所需的时间就越长;而电阻 R 越小,在同样大的初始电流 I_o 作用下,电阻消耗的功率就越小,暂态过程也就越长。由式(3-27)可得到 $t\geqslant0$ 时

$$u_L = L\frac{\mathrm{d}i}{\mathrm{d}t} = -RI_oe^{-\frac{t}{\tau}} = u_L(0_+)e^{-\frac{t}{\tau}} \tag{3-28}$$

$$u_R = Ri = RI_oe^{-\frac{t}{\tau}} = u_R(0_+)e^{-\frac{t}{\tau}} \tag{3-29}$$

i、u_L、u_R 随时间变化的曲线如图 3.15 所示。

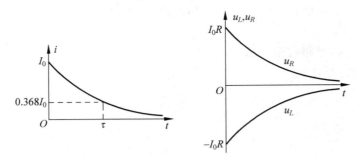

图 3.15 i、u_L、u_R 的变化曲线

从上面的分析可见,RC 电路和 RL 电路中所有的零输入响应都具有以下相同的形式

$$f(t) = f(0_+)e^{-\frac{t}{\tau}} \tag{3-30}$$

式中,$f(t)$ 表示零输入响应,可以是电压或电流,$f(0_+)$ 是响应的初始值,τ 是换路后电路的时间常数,在 RC 电路中,$\tau=RC$;在 RL 电路中,$\tau=L/R$。其中 R 是换路后电路中储能元

件 C 或 L 两端的戴维南等效电阻。

式(3-30)表明,一阶电路的零输入响应都是由初始值开始按指数规律衰减的。因此在求一阶电路的零输入响应时,可直接代入式(3-30)。

例 3-6 如图 3.16(a)所示电路中,$t=0$ 时开关由 1 换至 2,换路前电路已处于稳态。求 $t \geqslant 0$ 时电感电流 i_L 和电感电压 u_L。

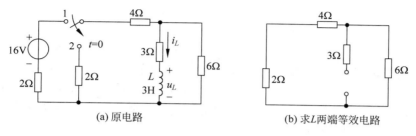

(a) 原电路   (b) 求 L 两端等效电路

图 3.16 例 3-6 电路

解:在 $t=0_-$ 时,电路已处于稳态,在直流电源作用下,电感视为短路。根据换路定律有

$$i_L(0_+) = i_L(0_-) = \frac{6}{6+3} \times \frac{16}{2+4+3//6} = \frac{4}{3} \text{A}$$

$t \geqslant 0$ 时,L 两端等效电阻由图 3.16(b)可知

$$R = 3 + (2+4)//6 = 6\Omega$$

$$\tau = \frac{L}{R} = \frac{3}{6} = 0.5 \text{s}$$

$$i_L = i_L(0_+) e^{-\frac{t}{\tau}} = \frac{4}{3} e^{-2t} \text{A}$$

$$u_L = L \frac{\mathrm{d}i_L}{\mathrm{d}t} = -8 e^{-2t} \text{V}$$

例 3-7 如图 3.17(a)所示电路中,已知 $U_s=24\text{V}$,$R=1\text{k}\Omega$,$L=1\text{H}$,电压表内阻 $R_V = 400\text{k}\Omega$,$t=0$ 时开关断开,断开前电路已处于稳态。求 $t \geqslant 0$ 时电感电流 i_L 和电压表两端电压初始值。

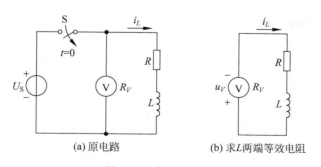

(a) 原电路   (b) 求 L 两端等效电阻

图 3.17 例 3-7 电路

解:在 $t=0_-$ 时,电路已处于稳态,在直流电源作用下,电感视为短路。根据换路定律有

$$i_L(0_+) = i_L(0_-) = \frac{U_s}{R} = \frac{24}{1 \times 10^3} = 0.024 \text{A}$$

$t \geqslant 0$ 时,L 两端等效电阻由图 3.17(b)可知

$$R_L = 1\text{k}\Omega + 400\text{k}\Omega \approx 400\text{k}\Omega$$

电路的时间常数为

$$\tau = \frac{L}{R_L} = \frac{1}{400 \times 10^3} = 2.5 \times 10^{-6}\text{s}$$

$$i_L = i_L(0_+)\text{e}^{-\frac{t}{\tau}} = 0.024\text{e}^{-4 \times 10^5 t}\text{A}$$

由图 3.17(b)可知电压表两端电压初始值为

$$u_V(0_+) = i_L(0_+)R_V = 0.024 \times 400 \times 10^3 = 9600\text{V}$$

以上计算可以看出,在换路瞬间,电压表两端出现了 9600V 的高压,远超出电压表量程,尽管时间常数很小,过渡过程短暂,但也可能使电压表损坏。L 串联电路可看作电感线圈的电路模型,如图 3.17(a)所示电路为线圈电压测量电路,因此在开关断开前必须将电压表去掉,以免引起过电压而损坏电压表。

另外,由于电源断开瞬间电流变化率过大,会在线圈两端产生很大的感应电动势,容易造成开关两触点之间空气击穿,使开关触点被烧毁。为避免以上现象发生,往往在电源断开的同时,将线圈短路或用一个低值泄放电阻 R' 与线圈连接,以便使电流逐渐减小,如图 3.18 所示。

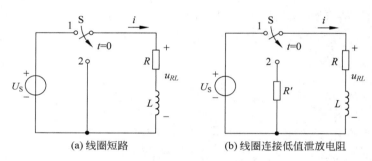

(a) 线圈短路   (b) 线圈连接低值泄放电阻

图 3.18   线圈与电源断开的方式

3.4   一阶电路的零状态响应

所谓零状态响应,就是电路中储能元件上的初始储能为零,即 $u_C(0_+) = 0$,$i_L(0_+) = 0$,换路后,仅由外加电源激励产生的电路响应。

3.4.1   一阶 RC 电路的零状态响应

图 3.19 是一阶 RC 串联电路,$t < 0$ 时开关 S 断开,电路已处于稳态,设电容电压初始值 $u_C(0_-) = 0$。在 $t = 0$ 时将开关闭合,使电路接通直流电源,根据换路定律有 $u_C(0_+) = u_C(0_-) = 0$。此时,电源向电容元件充电,因此分析 RC 电路的零状态响应,就是分析电容的充电过程。

列出 $t \geqslant 0$ 时电路的 KVL 方程为

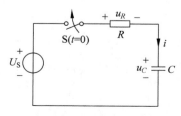

图 3.19   RC 电路的零状态响应

$$u_R + u_C = U_s$$

因为 $u_R = Ri = RC\dfrac{\mathrm{d}u_C}{\mathrm{d}t}$，所以

$$RC\frac{\mathrm{d}u_C}{\mathrm{d}t} + u_C = U_s \tag{3-31}$$

式(3-31)是一阶常系数非齐次线性微分方程,此方程的解等于齐次微分方程的通解 u_C' 与非齐次微分方程的特解 u_C'' 之和,通常取电路达到稳态时的解作为特解,因此有

$$u_C = u_C' + u_C'' = Ae^{-\frac{1}{RC}t} + U_s \tag{3-32}$$

式中 A 为待定的积分常数,由电容电压初始值 $u_C(0_+)$ 确定,因此得 $A = -U_s$,则

$$u_C = U_s(1 - e^{-\frac{t}{RC}}) = U_s(1 - e^{-\frac{t}{\tau}}) \tag{3-33}$$

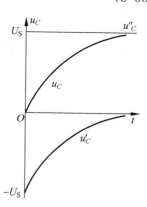

图 3.20 u_C 的变化曲线

由式(3-33)可将 u_C 的变化分解为两部分,如图 3.20 所示。u_C' 按指数规律衰减而趋于零,它的变化规律与电源电压无关,称为暂态分量,它仅存在于暂态过程中;u_C'' 不随时间变化,称为稳态分量,即到达稳定状态时的电压。u_C'' 与外施激励有关,因此又称为强制分量。因此暂态过程中的电容电压 u_C 又可视为暂态分量与稳态分量的和。当电路到达新的稳态时,电路的暂态过程随即结束,暂态分量为零,电容电压 u_C 只有稳态分量了。

由于 u_C 的稳态值也就是时间 t 趋于 ∞ 时的值,可记为 $u_C(\infty)$,这样式(3-32)可写为

$$u_C(t) = u_C(\infty)(1 - e^{-\frac{t}{\tau}}) \tag{3-34}$$

套用此式即可求得 RC 电路的零状态响应电压 u_C,进而求得电流等。

由 u_C 得到 $t \geqslant 0$ 时

$$i = C\frac{\mathrm{d}u_C}{\mathrm{d}t} = \frac{U_s}{R}e^{-\frac{t}{\tau}} \tag{3-35}$$

$$u_R = Ri = U_s e^{-\frac{t}{\tau}} \tag{3-36}$$

u_C、u_R、i 随时间变化的曲线如图 3.21 所示。u_C、u_R、i 按指数规律变化,变化的快慢由时间常数决定。

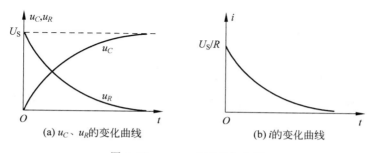

(a) u_C、u_R的变化曲线   (b) i的变化曲线

图 3.21 u_C、u_R、i 的变化曲线

例 3-8 如图 3.22(a)所示电路中,已知 $U_{S1} = 8\text{V}$,$U_{S2} = 6\text{V}$,$R_1 = R_2 = 10\Omega$,$R_3 = 15\Omega$,$C = 100\mu\text{F}$,在 $t = 0_-$ 时,电路无储能。$t = 0$ 时电源接入电路,求 $t \geqslant 0$ 时电容电压 u_C 和电容

电流 i_C。

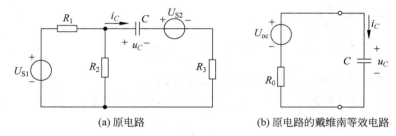

(a) 原电路　　　　　　　(b) 原电路的戴维南等效电路

图 3.22　例 3-8 电路

解：在 $t=0_-$ 时，电路无储能，因此根据换路定律，有

$$u_C(0_+) = u_C(0_-) = 0$$

$t \geqslant 0$ 时，将电容以外的部分用戴维南等效电路代替，如图 3.22(b)所示，其中

$$U_{oc} = \frac{R_2}{R_1+R_2}U_{S1} - U_{S2} = \frac{10}{10+10} \times 8 - 6 = -2\text{V}$$

$$R_o = R_1/\!/R_2 + R_3 = 10/\!/10 + 15 = 20\Omega$$

电路时间常数为

$$\tau = R_o C = 20 \times 100 \times 10^{-6} = 2 \times 10^{-3}\text{s}$$

$$u_C = U_{oc}(1 - \mathrm{e}^{-\frac{t}{\tau}}) = -2(1 - \mathrm{e}^{-500t})\text{V}$$

$$i = C\frac{\mathrm{d}u_C}{\mathrm{d}t} = -0.1\mathrm{e}^{-500t}\text{A}$$

3.4.2　一阶 RL 电路的零状态响应

图 3.23 是一阶 RL 串联电路，$t<0$ 时开关 S 打开电路已处于稳态。电感电流初始值 $i_L(0_-)=0$。在 $t=0$ 时将开关闭合，使电路接通直流电源。根据换路定律有 $i_L(0_+)=i_L(0_-)=0$，此时直流电源向电感 L 充电。

列出 $t \geqslant 0$ 时电路的 KVL 方程为

$$u_R + u_L = U_S$$

因为 $u_R = Ri_L$，$u_L = L\dfrac{\mathrm{d}i_L}{\mathrm{d}t}$，所以

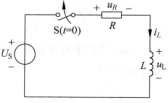

图 3.23　RL 电路的零状态响应

$$L\frac{\mathrm{d}i_L}{\mathrm{d}t} + Ri_L = U_S \tag{3-37}$$

式(3-37)是一阶常系数非齐次线性微分方程，其解为齐次微分方程通解 i'_L 与非齐次微分方程特解 i''_L 之和，即

$$i_L = i'_L + i''_L = A\mathrm{e}^{-\frac{R}{L}t} + \frac{U_S}{R} \tag{3-38}$$

式中 A 为积分常数，由电感电流初始值 $i_L(0_+)$ 确定，因此得 $A = -\dfrac{U_S}{R}$，则电感电流的零状态响应为

$$i_L = \frac{U_s}{R}(1 - e^{-\frac{R}{L}t}) = \frac{U_s}{R}(1 - e^{-\frac{t}{\tau}}) = i_L(\infty)(1 - e^{-\frac{t}{\tau}}) \tag{3-39}$$

i_L 也等于稳态分量和暂态分量的和。式中 $\tau = \dfrac{L}{R}$ 是电路的时间常数。由此得到 $t \geqslant 0$ 时

$$u_L = L\frac{\mathrm{d}i_L}{\mathrm{d}t} = U_s e^{-\frac{t}{\tau}} \tag{3-40}$$

$$u_R = Ri = U_s(1 - e^{-\frac{t}{\tau}}) \tag{3-41}$$

i_L、u_L、u_R 随时间变化的曲线如图 3.24 所示。

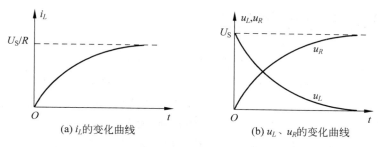

(a) i_L的变化曲线   (b) u_L、u_R的变化曲线

图 3.24 i_L、u_L、u_R 的变化曲线

例 3-9 如图 3.25(a) 所示电路中，已知 $I_s = 10\mathrm{mA}$，$R_1 = R_2 = 1\mathrm{k}\Omega$，$L_1 = 15\mathrm{mH}$，$L_2 = L_3 = 10\mathrm{mH}$，在 $t = 0_-$ 时，电路无储能。$t = 0$ 时开关 S 闭合。求 $t \geqslant 0$ 时电路中的电流 i（设线圈间无互感）。

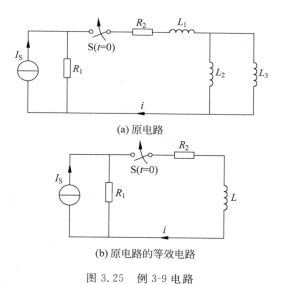

(a) 原电路

(b) 原电路的等效电路

图 3.25 例 3-9 电路

解：等效电感

$$L = L_1 + \frac{L_2 L_3}{L_2 + L_3} = 15 + \frac{10 \times 10}{10 + 10} = 20\mathrm{mH}$$

等效电路如图 3.25(b) 所示，电感电流的初始值为零，即 $i(0_+) = i_L(0_+) = i_L(0_-) = 0$，开关 S 闭合后，电感电流的稳态值为

$$i(\infty) = \frac{R_1}{R_1 + R_2}I_s = \frac{1}{2}10 = 5\text{mA}$$

求电路时间常数时应将电路中的理想电流源开路,则时间常数为

$$\tau = \frac{L}{R_1 + R_2} = \frac{20 \times 10^{-3}}{2 \times 10^3} = 10^{-5}\text{s}$$

于是

$$i(t) = i(\infty)(1 - e^{-\frac{t}{\tau}}) = 5(1 - e^{-10^5 t})\text{mA}$$

3.5　一阶电路的完全响应

在含有储能元件的电路中,如果储能元件的初始值不为零,由储能元件的初始储能和外加电源激励共同作用产生的电路响应,称为完全响应(或全响应)。对于线性电路,完全响应为零输入响应和零状态响应两者的叠加。现以图 3.26 所示电路为例进行讨论。

在图 3.26(a)所示一阶 RC 电路中,开关闭合前,设电容电压初始值 $u_C(0_-) = U_0$,在 $t = 0$ 时开关闭合接通直流电源 U_s,则此 RC 电路的响应为完全响应。可以发现,换路后该电路电容电压的完全响应可看成为电容电压的零输入响应和零状态响应的合成,如图 3.26(b)、(c)所示。

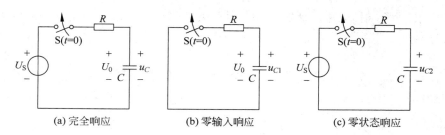

(a) 完全响应　　　　　　(b) 零输入响应　　　　　　(c) 零状态响应

图 3.26　RC 电路的完全响应

列出图 3.26(a)电路 $t \geqslant 0$ 时的微分方程

$$RC\frac{\mathrm{d}u_C}{\mathrm{d}t} + u_C = U_s \tag{3-42}$$

式(3-42)与式(3-31)相同,只是初始条件不同,此时,$u_C(0_+) = u_C(0_-) = U_0$。求解微分方程可得电路的全响应为

$$u_C = U_0 e^{-\frac{t}{\tau}} + U_s(1 - e^{-\frac{t}{\tau}}) \tag{3-43}$$

式(3-43)中第一项 $u_{C1} = U_0 e^{-\frac{t}{\tau}}$ 是零输入响应,第二项 $u_{C2} = U_s(1 - e^{-\frac{t}{\tau}})$ 是零状态响应。因此全响应可以看作是零输入响应和零状态响应之和。显然,零输入响应和零状态响应都是全响应的一种特殊情况。

将式(3-43)重新整理,表示为

$$u_C = U_s + (U_0 - U_s)e^{-\frac{t}{\tau}} \tag{3-44}$$

式中第一项 $U_s = u_C(\infty)$ 是稳态分量,是非齐次方程的特解,它受输入激励的制约,称为稳态响应;第二项 $(U_0 - U_s)e^{-\frac{t}{RC}}$ 是暂态分量,是齐次微分方程的通解,是按指数规律衰减

的,称为暂态响应。因而全响应也可分解为稳态响应和暂态响应之和。

由上述分析可知,一阶动态电路的全响应有两种分解方式。

(1)按电路的响应特性来分。式(3-43)表明,线性动态电路的全响应符合叠加定理,即

$$全响应 = 零输入响应 + 零状态响应$$

(2)按电路的响应形式来分。式(3-44)表明,动态电路的全响应可分解为稳态响应与暂态响应之和,即

$$全响应 = 稳态响应 + 暂态响应$$

3.6 求解一阶电路动态响应的三要素法

从前面求解一阶电路的响应中可以归纳出,一阶电路中各处电压或电流的响应都是从初始值开始,按指数规律逐渐增长或逐渐衰减到新的稳态值,其从初始值过渡到稳态值的时间与电路的时间常数 τ 有关。因此,一阶电路的响应都是由初始值、稳态值及时间常数这三要素决定的。这样,只要知道了换路后电路的初始值、稳态值和时间常数就可直接写出一阶电路的响应,这种求解一阶电路响应的方法称为三要素法。设 $f(t)$ 为电路的响应(表示电压或电流),$f(0_+)$ 表示电压或电流的初始值,$f(\infty)$ 表示电压或电流的稳态值,τ 表示换路后电路的时间常数,则一阶电路的响应可表示为

$$f(t) = f(\infty) + [f(0_+) - f(\infty)]e^{-\frac{t}{\tau}} \tag{3-45}$$

求解一阶电路动态响应的三要素法步骤如下。

(1)确定初始值 $f(0_+)$

利用 $t=0_-$ 时的电路(换路前为直流稳态,电容视为开路,电感视为短路),先求出 $u_C(0_-)$、$i_L(0_-)$;根据换路定律得到 $u_C(0_+) = u_C(0_-)$、$i_L(0_+) = i_L(0_-)$;再根据 $t=0_+$ 时的等效电路(换路后,电容等效为电压是 $u_C(0_+)$ 的电压源,电感等效为电流是 $i_L(0_+)$ 的电流源),求解其他电压或电流的初始值 $f(0_+)$。

(2)确定稳态值 $f(\infty)$

作 $t=\infty$ 电路,暂态过程结束后,电路进入新的稳态,在直流激励作用下,电容视为开路,电感视为短路。在此电路中,求各电压或电流的稳态值。

(3)求时间常数 τ

在 RC 电路中,$\tau = RC$;在 RL 电路中,$\tau = L/R$。其中 R 是将电路中所有独立源除去(即理想电压源短路,理想电流源开路)后,从 C 或 L 两端看进去的等效电阻(即戴维南等效电阻)。

(4)由式(3-45)写出电路中电压或电流的响应表达式。

需要指出的是,三要素法仅适用于一阶线性电路,对二阶或高阶电路是不适用的。

例 3-10 如图 3.27(a)所示电路中,已知 $U_S = 12V$,$R_1 = 3k\Omega$,$R_2 = 6k\Omega$,$R_3 = 2k\Omega$,$C = 5\mu F$。$t=0$ 时开关闭合,换路前电路已处于稳态。用三要素法求 $t \geq 0$ 时 u_C、i_C、i_1 和 i_2。

解:

(1)求初始值。$t=0_-$ 时的电路如图 3.27(b)所示,根据换路定律得到 $u_C(0_+) = u_C(0_-) = U_S = 12V$。画出 $t=0_+$ 时的等效电路,如图 3.27(c)所示,应用直流电路分析方法计算得

$$i_C(0_+) = -1mA, \quad i_1(0_+) = \frac{2}{3}mA, \quad i_2(0_+) = \frac{5}{3}mA$$

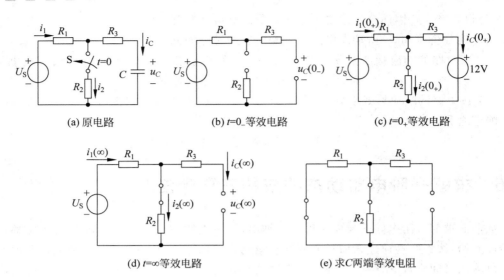

(a) 原电路   (b) $t=0_-$等效电路   (c) $t=0_+$等效电路

(d) $t=\infty$等效电路   (e) 求C两端等效电阻

图 3.27   例 3-10 电路

(2) 求稳态值。$t=\infty$时的等效电路如图 3.27(d)所示,由此求得

$$u_C(\infty) = \frac{R_2}{R_1 + R_2}U_s = \frac{6}{3+6} \times 12 = 8\text{V}$$

$$i_C(\infty) = 0$$

$$i_1(\infty) = i_2(\infty) = \frac{4}{3}\text{mA}$$

(3) 求时间常数 τ。电容 C 两端的无源二端网络如图 3.27(e)所示,等效内阻 R 为

$$R = R_1 // R_2 + R_3 = 3//6 + 2 = 4\text{k}\Omega$$

$$\tau = RC = 4 \times 10^3 \times 5 \times 10^{-6} = 0.02\text{s}$$

(4) 写出 $t \geqslant 0$ 时 u_C、i_C、i_1 和 i_2 的表达式。

$$u_C(t) = u_C(\infty) + [u_C(0_+) - u_C(\infty)]\text{e}^{-\frac{t}{\tau}} = 8 + 4\text{e}^{-50t}\text{V}$$

$$i_C(t) = i_C(\infty) + [i_C(0_+) - i_C(\infty)]\text{e}^{-\frac{t}{\tau}} = -\text{e}^{-50t}\text{mA}$$

$$i_1(t) = i_1(\infty) + [i_1(0_+) - i_1(\infty)]\text{e}^{-\frac{t}{\tau}} = \frac{4}{3} - \frac{2}{3}\text{e}^{-50t}\text{mA}$$

$$i_2(t) = i_2(\infty) + [i_2(0_+) - i_2(\infty)]\text{e}^{-\frac{t}{\tau}} = \frac{4}{3} + \frac{1}{3}\text{e}^{-50t}\text{mA}$$

例 3-11   如图 3.28(a)所示电路中,已知 $U=10\text{V}$,$R_o=2\Omega$,$R_1=R_2=6\Omega$,$L=0.1\text{H}$。$t=0$ 时开关闭合,换路前电路已处于稳态。用三要素法求 $t \geqslant 0$ 时的 i_L 和 u_L。

解:

(1) 求初始值。$t=0_-$ 时的电路如图 3.28(b)所示,由图得

$$i_L(0_-) = \frac{R_1}{R_1 + R_2} \times \frac{U}{R_o + R_1//R_2} = \frac{6}{6+6} \times \frac{10}{2 + 6//6} = 1\text{A}$$

根据换路定律得到 $i_L(0_+) = i_L(0_-) = 1\text{A}$。画出 $t=0_+$ 时的等效电路,如图 3.28(c)所示,应用电路分析方法计算得

$$u_L(0_+) = U - i_L(0_+)R_2 = 10 - 1 \times 6 = 4\text{V}$$

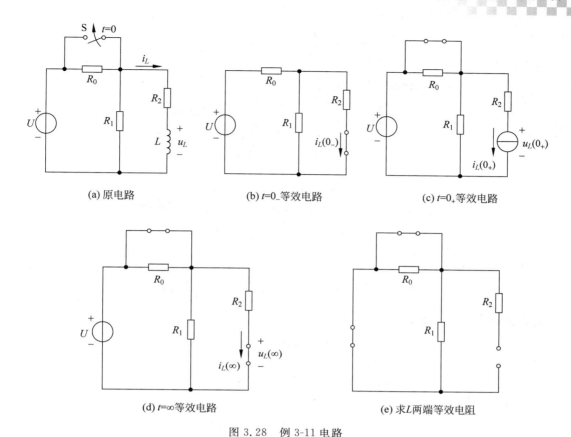

图 3.28 例 3-11 电路

（2）求稳态值。$t=\infty$ 时的等效电路如图 3.28(d) 所示，由图 3.28(d) 得

$$u_L(\infty) = 0$$

$$i_L(\infty) = \frac{U}{R_2} = \frac{10}{6} = \frac{5}{3}\text{A}$$

（3）求时间常数 τ。电感 L 两端的无源二端网络如图 3.28(e) 所示，等效内阻 $R=R_2=6\Omega$，则

$$\tau = \frac{L}{R} = \frac{0.1}{6} = \frac{1}{60}\text{s}$$

（4）写出 $t \geqslant 0$ 时 i_L 和 u_L 的表达式。

$$i_L(t) = i_L(\infty) + [i_L(0_+) - i_L(\infty)]\mathrm{e}^{-\frac{t}{\tau}} = \frac{5}{3} - \frac{2}{3}\mathrm{e}^{-60t}\text{A}$$

$$u_L(t) = u_L(\infty) + [u_L(0_+) - u_L(\infty)]\mathrm{e}^{-\frac{t}{\tau}} = 4\mathrm{e}^{-60t}\text{V}$$

例 3-12 如图 3.29 所示电路中，$t=0$ 时开关由 1 扳向 2 处，换路前电路已处于稳态。用三要素法求 $t \geqslant 0$ 时的电流 i。

解： 由 $t=0_-$ 时的电路求得

$$u_C(0_-) = \frac{50}{50+10} \times 120 = 100\text{V}$$

根据换路定律得到

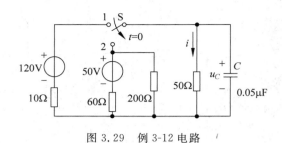

图 3.29　例 3-12 电路

$$u_C(0_+) = u_C(0_-) = 100\text{V}$$

$t=0_+$ 时开关由 1 扳向 2 处,此时 50Ω 电阻上电压等于 $u_C(0_+)$,因此得

$$i(0_+) = \frac{u_C(0_+)}{50} = 2\text{A}$$

$t=\infty$ 时电路再次处于稳态,电容等效为开路,因此得

$$i(\infty) = \frac{200}{200+50} \times \frac{50}{60+200//50} = 0.4\text{A}$$

电容 C 两端的等效电阻为

$$R = 60//200//50 = 24\Omega$$

则时间常数为

$$\tau = RC = 24 \times 0.05 \times 10^{-6} = 1.2 \times 10^{-6}\text{s}$$

$t \geqslant 0$ 时电流 i 为

$$i(t) = i(\infty) + [i(0_+) - i(\infty)]\text{e}^{-\frac{t}{\tau}} = 0.4 + 1.6\text{e}^{-\frac{1}{1.2} \times 10^6 t}\text{A}$$

3.7　Protel 仿真分析

　　瞬态分析是最基本最常用的仿真分析方式,属于时域分析。通过瞬态分析可以得到电路中各节点电压、支路电流和功率等参数随时间变化的曲线,其功能类似于示波器。进行瞬态分析前需要设置电路的初始状态,如果预先没有设置初始状态,则系统会自动运行直流工作点分析来获得电路的初始条件。

　　例 3-13　如图 3.30 所示电路中,分段线性源的初始电压为 5V,阶跃变化至 0,求 RC 电路中电容电压 U_C 的零输入响应波形。

　　解:按图 3.30 绘制原理图,设置仿真分析对话框,选中瞬态/傅里叶分析,如图 3.31 所示,运行仿真结果如图 3.32 所示。

　　例 3-14　如图 3.33 所示电路中,分段线性源的初始电压为 0,阶跃变化至 5V,求 RC 零状态响应电路中,电容电压与电流波形。

　　解:按图 3.33 绘制原理图,然后运行瞬态分析,仿真结果如图 3.34 所示。

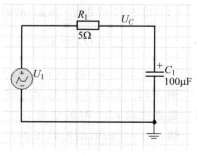

图 3.30　例 3-13 电路

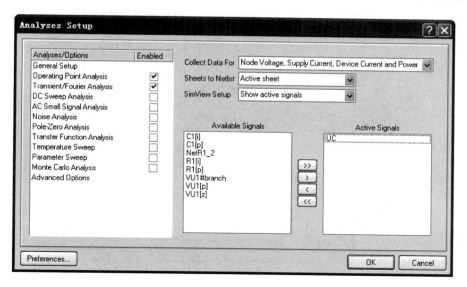

图 3.31 仿真分析对话框的设置

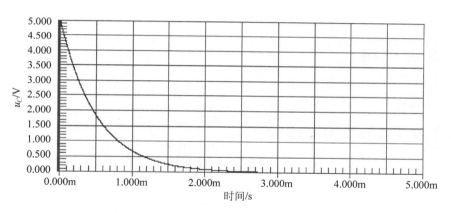

图 3.32 u_C 零输入响应仿真结果

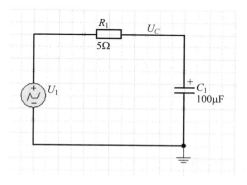

图 3.33 例 3-14 电路

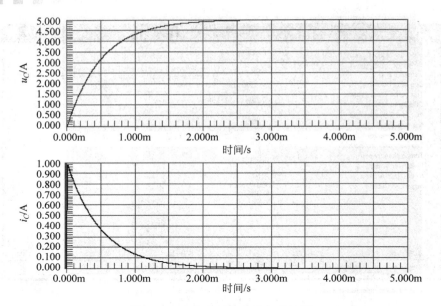

图 3.34   电容电压与电流仿真波形

3.8   本章小结

1. 动态元件

线性电容、电感元件的定义分别为

$$C = \frac{q}{u}, \quad L = \frac{\psi}{i}$$

在电压与电流关联参考方向下,电容、电感元件的电压-电流关系分别为

$$i_C = C \frac{\mathrm{d}u_C}{\mathrm{d}t}, \quad u_L = L \frac{\mathrm{d}i_L}{\mathrm{d}t}$$

2. 换路

在电路分析中,电路状态的改变称为换路。电路在换路时能量不能跃变,即:换路瞬间,电容两端的电压 u_C 不能跃变;通过电感的电流 i_L 不能跃变。这是分析暂态过程的重要的定律,称为换路定律,它表示为

$$\begin{cases} u_C(0_+) = u_C(0_-) \\ i_L(0_+) = i_L(0_-) \end{cases}$$

3. 根据换路定律确定电路初始值的步骤

(1) 在直流激励作用下,$t=0_-$ 时(换路前)电路处于稳态,此时电容器等效为开路,电感等效为短路,在此电路中求出 $u_C(0_-)$ 和 $i_L(0_-)$;

(2) 根据换路定律确定 $u_C(0_+)$ 和 $i_L(0_+)$;

（3）作 $t=0_+$ 时的等效电路,此时电容等效为电压源,其电压值等于 $u_C(0_+)$,若 $u_C(0_+)=0$,则电容视为短路。电感等效为电流源,其电流值等于 $i_L(0_+)$,若 $i_L(0_+)=0$,则电感视为开路。此时可用直流电路的分析方法计算其他电压、电流的初始值。

4. 一阶电路

含有一个动态元件的电路称为一阶电路。若换路后电路的外加电源激励为零,仅由储能元件的初始储能所产生的电路响应,称为零输入响应。若换路后电路中储能元件的初始储能为零,仅由外加电源激励产生的电路响应称为零状态响应。若换路后由储能元件的初始储能和外加电源激励共同作用产生的电路响应,称为完全响应。完全响应可看成零输入响应和零状态响应的合成。

5. 三要素法

由换路后电路的初始值、稳态值及时间常数求解一阶电路响应的方法称为三要素法。

设 $f(t)$ 为电路的响应,$f(0_+)$ 表示初始值,$f(\infty)$ 表示稳态值,τ 表示换路后电路的时间常数,则一阶电路的响应可表示为

$$f(t) = f(\infty) + \left[f(0_+) - f(\infty)\right]e^{-\frac{t}{\tau}}$$

三要素法解题步骤:

（1）求初始值 $f(0_+)$;

（2）求稳态值 $f(\infty)$,作 $t=\infty$ 电路,在新的直流稳态电路中,电容等效为开路,电感等效为短路,在此电路中求 $f(\infty)$;

（3）求时间常数 τ,在 RC 电路中,$\tau=RC$；在 RL 电路中,$\tau=L/R$。其中电阻 R 等于 C 或 L 两端的戴维南等效电阻;

（4）写出一阶电路动态响应的表达式。

习题

3-1　$1\mu F$ 的电容器从 $t=0$ 开始用 $10mA$ 恒定电流源充电,已知 $t=0$ 时 $u_C(0)=0$,求 $t=2ms$ 时电容储存的电荷量是多少？电容电压及储能各为多少？

3-2　电感元件及其电压波形如图 3.35 所示。设 $t=0$ 时电感电流初始值为零,试求 $t=2s$ 时电感的电流以及电感的储能。

3-3　如图 3.36 所示电路中,换路前各储能元件均未储能。试求在开关 S 闭合瞬间各元件中的电流及其两端电压。

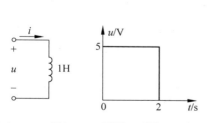

图 3.35　习题 3-2 图

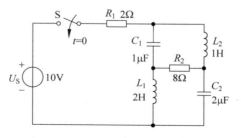

图 3.36　习题 3-3 电路

3-4 在如图 3.37 所示的电路中,试确定开关 S 刚断开后的电压 u_C 和电流 i_C、i_1、i_2 的初始值,S 断开前电路已处于稳态。

3-5 在如图 3.38 所示电路中,开关 S 原处于位置 1,电路已经稳定。在 $t=0$ 时将开关 S 合到位置 2,求换路后 i_1、i_2、i_L 及 u_L 的初始值。

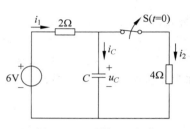 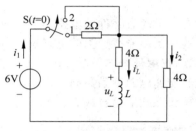

图 3.37 习题 3-4 电路   图 3.38 习题 3-5 电路

3-6 如图 3.39 所示电路中,已知 $R_0=R_1=R_2=R_3=2\Omega,C=1F,L=1H,U_S=12V$。电路原来处于稳定状态,$t=0$ 时开关 S 闭合,试求初始值 $i_L(0_+)$、$u_L(0_+)$、$u_C(0_+)$、$i_C(0_+)$。

3-7 如图 3.40 所示电路中,分别求开关 S 接通与断开时的时间常数。已知 $R_1=R_2=R_3=1k\Omega,C=1000pF$。

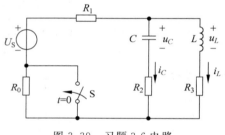 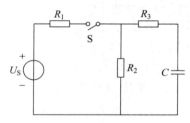

图 3.39 习题 3-6 电路   图 3.40 习题 3-7 电路

3-8 如图 3.41 所示电路已达稳态,在 $t=0$ 时开关 S 合上。试求 $t\geq0$ 时的电容电压 $u_C(t)$ 及电流 $i_C(t)$。

3-9 如图 3.42 所示电路在换路前已达稳态,在 $t=0$ 时开关 S 打开。试求:$t\geq0$ 时的 $i(t)$ 及 $u_L(t)$。

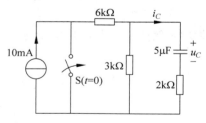 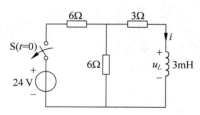

图 3.41 习题 3-8 电路   图 3.42 习题 3-9 电路

3-10 如图 3.43 所示电路中,开关 S 在"1"时电路已处于稳态,在 $t=0$ 时 S 由"1"倒向"2",求 $t\geq0$ 时电容电压和电流,并求 $t=9ms$ 时的电容电压值。

3-11 在如图 3.44 所示电路中,$U_S=40V,R=5k\Omega,C=100\mu F$,并设 $u_C(0_-)=0$,试求:

当开关闭合后电路中的电流 i 及电压 u_C 和 u_R。

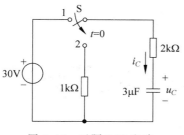

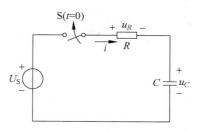

图 3.43　习题 3-10 电路　　　　　图 3.44　习题 3-11 电路

3-12　试求如图 3.45 所示电路换路后的零状态响应 $i_L(t)$，并绘出波形图。

3-13　试求如图 3.46 所示电路换路后的零状态响应 $u_C(t)$。

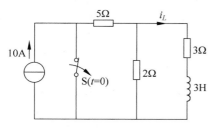

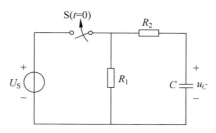

图 3.45　习题 3-12 电路　　　　　图 3.46　习题 3-13 电路

3-14　电路如图 3.47 所示，已知 $U_s=2\text{V}$，$R_1=R_3=2\Omega$，$R_2=4\Omega$，$L=2\text{mH}$，开关 S 闭合前电路已处于稳态。试求 S 闭合后的电流 $i_L(t)$ 及电压 $u_L(t)$。

3-15　如图 3.48 所示电路，换路前已稳定，在 $t=0$ 时，开关 S 合上，求 $t\geqslant0$ 时的响应 $u_C(t)$ 并绘出波形图。

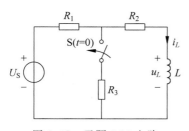

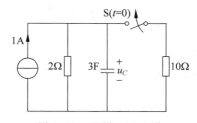

图 3.47　习题 3-14 电路　　　　　图 3.48　习题 3-15 电路

3-16　电路如图 3.49 所示，试用三要素法求 $t\geqslant0$ 时的电流 i_L、i_1 和 i_2。

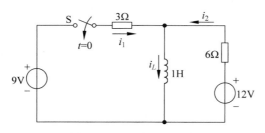

图 3.49　习题 3-16 电路

正弦稳态电路分析

本章学习目标

- 理解正弦量三要素、有效值、相位差的概念；
- 掌握正弦量的相量表示法，理解复阻抗、复导纳的概念；
- 掌握正弦稳态电路的相量分析法及功率的计算；
- 了解串联谐振和并联谐振电路的谐振条件和特点；
- 掌握对称三相交流电路的分析计算方法。

本书前三章介绍的是在直流电源作用下电路的响应问题，但在实际生产和日常生活中，一般采用的都是正弦交流电路。因此，本章要讨论电路分析中很重要的一个内容——正弦稳态电路的分析。所谓正弦交流电路，是指在正弦电源激励作用下，电路各部分电压和电流响应均按正弦规律变化的电路。

本章首先介绍正弦量的三要素及其相量表示法，KCL、KVL 及基本电路元件伏安关系的相量形式，复阻抗与复导纳的概念，再讨论正弦交流电路的相量分析方法和功率的计算，最后介绍谐振电路的特点和三相电路的分析方法。

4.1 正弦量的基本概念

正弦量是指随时间按正弦或余弦规律变化的物理量。正弦量既可以用正弦函数表示，也可以用余弦函数表示，本书采用正弦函数表示正弦量。

按正弦规律变化的电压和电流统称为正弦量，用小写的 u 和 i 表示，代表电压、电流的瞬时值，正弦电压、电流的波形如图 4.1(a)所示。由于正弦电压和电流的大小和方向是周期性变化的，在电路图上所标的方向是指它们的参考方向，如图 4.1(b)所示。需要指出的是，正弦量某一时刻瞬时值为正，表明其实际方向与所选定的参考方向一致；瞬时值为负，表明其实际方向与所选定的参考方向相反。

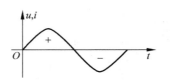

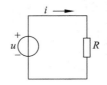

(a) 正弦电压、电流的瞬时值　　　　(b) 电路中的参考方向

图 4.1　正弦电压和电流的参考方向

4.1.1　正弦量的三要素

正弦交流电流的波形如图 4.2 所示,其瞬时值表达式为
$$i = I_m \sin(\omega t + \theta) \qquad (4\text{-}1)$$
式中的 I_m、ω、θ 分别称为幅值、角频率和初相,它们构成正弦量的三要素。

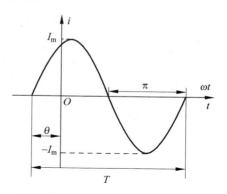

图 4.2　正弦电流波形图

1. 幅值

正弦量各瞬时值中的最大值叫幅值,用字母 I_m 表示。正弦量一个周期内两次达到同样的最大值,如图 4.2 中所示的 $+I_m$ 和 $-I_m$,正、负号所表示的电流方向不同。

2. 角频率

式(4-1)中的 $(\omega t + \theta)$ 叫做正弦量的相位角,简称相位。正弦量在不同的时刻有着不同的相位,如果已知正弦量在某一时刻的相位,就可确定正弦量在该时刻的瞬时值、方向和变化趋势,因此,相位反映了正弦量在每一时刻的状态。相位随时间而变化,相位每增加 2π(弧度),正弦量经历一个周期,又重复原来的变化规律。

角频率 ω 是指正弦量单位时间内所经历的相位角,即 $\omega = \dfrac{\mathrm{d}(\omega t + \theta)}{\mathrm{d}t}$,它反映了正弦量变化的快慢,其 SI 单位为弧度/秒(rad/s)。

正弦函数是周期函数,其变化一周所需要的时间称为周期 T,其 SI 单位是秒(s);正弦量每秒钟变化的次数称为频率 f,单位是赫兹(Hz)。周期 T 与频率 f 的关系为
$$f = \frac{1}{T} \quad \text{或} \quad T = \frac{1}{f} \qquad (4\text{-}2)$$

因为正弦量变化一个周期 T,相位变化 2π,而频率又是周期的倒数,因此,ω、T、f 三者之间的关系为
$$\omega = \frac{2\pi}{T} = 2\pi f \qquad (4\text{-}3)$$

ω、T 和 f 都能反映正弦量变化的快慢。直流电的大小、方向都不随时间变化,可以看成是 $\omega = 0$,$f = 0$,$T \to \infty$。

我国采用 50Hz 的频率作为交流电源的工业标准频率,称为工频,它的周期 $T = 0.02\mathrm{s}$,角频率 $\omega = 314\mathrm{rad/s}$。

3. 初相位

$t = 0$ 时刻的相位角称为初相位或初相角,简称初相。式(4-1)中的 θ 就是初相,初相反映了正弦量在计时起点的状态。正弦量初相的大小与计时起点的选择有关,计时起点选择不同,初相位不同。由于正弦量一个周期中瞬时值出现两次为零的情况,规定由负值向正值变化之间的一个零值点叫做正弦量的零点,则正弦量的初相就是波形图中从正弦量的零点到坐标原点之间的角度。

　　图 4.3 给出了几种不同计时起点的正弦电流的解析式和波形图。由波形图可以看出，若正弦量的零点在坐标原点，则初相 $\theta=0$；若零点在坐标原点左侧，则初相 $\theta>0$；若零点在坐标原点右侧，则初相 $\theta<0$。习惯上规定 θ 的绝对值不超过 $180°$。

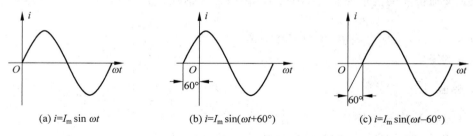

(a) $i=I_{\mathrm{m}}\sin \omega t$　　　(b) $i=I_{\mathrm{m}}\sin(\omega t+60°)$　　　(c) $i=I_{\mathrm{m}}\sin(\omega t-60°)$

图 4.3　几种不同计时起点的正弦电流波形

　　同一正弦量，所选参考方向不同，瞬时值异号，解析式也异号，并且有

$$-I_{\mathrm{m}}\sin(\omega t+\theta)=I_{\mathrm{m}}\sin(\omega t+\theta\pm\pi)$$

　　例 4-1　已知工频交流电流的最大值为 12A，初相为 $45°$，写出它的解析式，求 $t=0.01$s 时电流的瞬时值。

　　解：工频交流电的角频率为 314rad/s，因此该电流的解析式为

$$i=12\sin(314t+45°)\mathrm{A}$$

$t=0.01$s 时，

$$i=12\sin(100\pi\times0.01+45°)=12\sin225°=-8.49\mathrm{A}$$

　　例 4-2　在选定的参考方向下，已知正弦电压和电流的解析式为

$$u=200\sin(1000t+210°)\mathrm{V}, \quad i=-5\sin(314t+60°)\mathrm{A}$$

试求两个正弦量的三要素。

　　解：

（1）

$$u=200\sin(1000t+210°)\mathrm{V}=200\sin(1000t-150°)\mathrm{V}$$

所以电压的振幅值 $U_{\mathrm{m}}=200$V，角频率 $\omega=1000$rad/s，初相 $\theta=-150°$。

（2）

$$i=-5\sin(314t+60°)\mathrm{A}=5\sin(314t+60°-180°)\mathrm{A}$$
$$=5\sin(314t-120°)\mathrm{A}$$

所以电流的振幅值 $I_{\mathrm{m}}=5$A，角频率 $\omega=314$rad/s，初相 $\theta=-120°$。

　　例 4-3　在选定参考方向下正弦量的波形如图 4.4 所示，已知正弦量的频率 $f=1000$Hz，试写出正弦量的解析式。

　　解：正弦量的角频率为 $\omega=2\pi f=6280$ras/s，由波形图可得

$$u_1=200\sin\left(6280t+\frac{\pi}{3}\right)\mathrm{V}$$

$$u_2=250\sin\left(6280t-\frac{\pi}{6}\right)\mathrm{V}$$

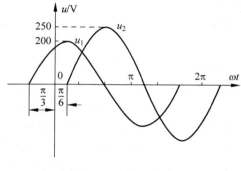

图 4.4　例 4-3 电路

4.1.2　同频率正弦量的相位差

两个同频率正弦量的相位之差,称为相位差,用字母 φ 表示。例如,

$$i_1 = I_{1m}\sin(\omega t + \theta_1)$$
$$i_2 = I_{2m}\sin(\omega t + \theta_2)$$

则电流 i_1 与 i_2 的相位差为

$$\varphi = (\omega t + \theta_1) - (\omega t + \theta_2) = \theta_1 - \theta_2 \qquad (4\text{-}4)$$

可见,对于两个同频率的正弦量,相位差在任何瞬时都是一个常数,等于它们的初相之差,而与时间无关,相位差是区分两个同频率正弦量的重要标志之一。相位差也采用绝对值不超过 $180°$ 的角度表示。

如果 $\varphi = \theta_1 - \theta_2 > 0$,则称电流 i_1 超前电流 i_2(或称为电流 i_2 滞后电流 i_1),如图 4.5(a)所示;如果 $\varphi = \theta_1 - \theta_2 < 0$,则称电流 i_1 滞后电流 i_2(或称为电流 i_2 超前电流 i_1)。

如果 $\varphi = \theta_1 - \theta_2 = 0$,即相位差为零,则称 i_1 与 i_2 同相位,这时,两个正弦量同时达到最大值,或同时通过零点,如图 4.5(b)所示。

如果 $\varphi = \theta_1 - \theta_2 = \pi$,则称 i_1 与 i_2 反相。反相的两个正弦量变化进程相反,当 i_1 达到正的最大值时,i_2 达到负的最大值,如图 4.5(c)所示。

如果 $\varphi = \theta_1 - \theta_2 = \pi/2$,则称为两正弦量正交。正交的两个正弦量当一个达到(正或负的)最大值时,另一个就等于零,如图 4.5(d)所示。

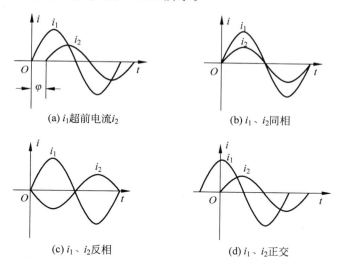

(a) i_1 超前电流 i_2　　　　　　(b) i_1、i_2 同相

(c) i_1、i_2 反相　　　　　　(d) i_1、i_2 正交

图 4.5　同频率正弦量的相位差

例 4-4　求下列几组正弦量的相位差,并说明超前、滞后关系。

(1) $u_1 = 220\sqrt{2}\sin(\omega t - 120°)\text{V}$,$u_2 = 220\sqrt{2}\sin(\omega t + 120°)\text{V}$

(2) $i = 10\sin(\omega t - 130°)\text{A}$,$u = -200\cos\omega t\,\text{V}$

(3) $i_1 = 30\sin(\omega t - 20°)\text{A}$,$i_2 = 40\sin(3\omega t - 50°)\text{A}$

解:

(1)

$$\varphi = \theta_1 - \theta_2 = -120° - 120° = -240°$$

相位差 φ 不在规定取值范围,利用 $\pm 2\pi$ 进行调整,调整后相位差为 $\varphi = 120°$,则电压 u_1 超前 $u_2 120°$,或 u_2 滞后 $u_1 120°$。

(2)先将电压 u 转换为正弦函数的基本形式,再求相位差。

$$u = -200\cos\omega t = 200\sin(\omega t - 90°)\text{V}$$

$$\varphi = \theta_i - \theta_u = -130° - (-90°) = -40°$$

电流 i 滞后电压 $u 40°$。

(3) i_1 的角频率是 ω,i_2 的角频率是 3ω,i_1 与 i_2 不是同频率正弦量,其相位差随时间变化,求相位差没有实际意义。

4.1.3 正弦量的有效值

正弦周期信号的瞬时值随时间不断变化,不能确切反映周期信号在电路中的整体效应,因此在工程中常用有效值来度量正弦量的大小。

正弦量的有效值是从其自身的热效应来规定的,现以正弦电流为例加以说明。若有一正弦交流电流 i 和一直流电流 I,在相等的时间 T 内通过同一电阻 R 而两者的热效应相等,则称直流电流 I 就是正弦交流电流 i 的有效值。

由上述可得

$$\int_0^T i^2 R \mathrm{d}t = I^2 RT \tag{4-5}$$

因此得出正弦电流的有效值

$$I = \sqrt{\frac{1}{T}\int_0^T i^2 \mathrm{d}t} \tag{4-6}$$

设正弦电流表达式为 $i = I_\mathrm{m}\sin\omega t$,代入上式得正弦电流有效值为

$$I = \frac{I_\mathrm{m}}{\sqrt{2}} \tag{4-7}$$

式(4-7)说明,正弦电流的有效值等于最大值的 $1/\sqrt{2}$。同理,可得正弦电压的有效值

$$U = \frac{U_\mathrm{m}}{\sqrt{2}} \tag{4-8}$$

在工程上所讲的正弦电流或电压值,一般均指有效值。引入有效值后,式(4-1)的正弦电流表达式也可写为

$$i = I_\mathrm{m}\sin(\omega t + \theta) = \sqrt{2}I\sin(\omega t + \theta) \tag{4-9}$$

例 4-5 一正弦电压的初相为 $60°$,最大值为 311V,角频率 $\omega = 314\text{rad/s}$,试求它的有效值、解析式,并求 $t = 0.003\text{s}$ 时的瞬时值。

解:因为 $U_\mathrm{m} = 311\text{V}$,所以其有效值为

$$U = \frac{U_\mathrm{m}}{\sqrt{2}} = \frac{311}{\sqrt{2}} \approx 220\text{V}$$

则电压的解析式为

$$u = 220\sqrt{2}\sin(314t + 60°)\text{V}$$

将 $t = 0.003\text{s}$ 代入,得

$$u = 220\sqrt{2}\sin(100\pi \times 0.003 + 60°)\text{V} = 311\sin 114°\text{V} = 284.1\text{V}$$

4.2　正弦量的相量表示

一个正弦量可以由它的三个要素——幅值、频率及初相位唯一确定，并可以用三角函数式和正弦波形来表示。除此之外，正弦量还可以用相量来表示，即用复数来表示正弦量，这就是正弦量的相量表示法。

4.2.1　复数的概念及其运算

设复平面中有一复数 A 如图 4.6 所示，它可以用以下三种数学形式表示

代数形式：　　　$A = a + jb = r\cos\theta + jr\sin\theta$

极坐标形式：　　$A = r\angle\theta$

指数形式：　　　$A = re^{j\theta}$

式中 a 和 b 是复数 A 的实部和虚部；r 和 θ 是复数 A 的模和辐角；j 是虚数单位，$j^2 = 1$（或 $j = \sqrt{-1}$）。复数 A 的几种表示形式可以通过以下计算相互转换

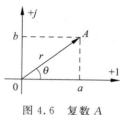

图 4.6　复数 A

$$a = r\cos\theta, \quad b = r\sin\theta \tag{4-10}$$

$$r = \sqrt{a^2 + b^2}, \quad \theta = \arctan\frac{b}{a} \tag{4-11}$$

复数的加减运算采用复数的代数形式进行，复数的乘除运算采用极坐标形式进行。设复数 A 和 B 分别为

$$A = a_1 + jb_1 = r_1\angle\theta_1$$
$$B = a_2 + jb_2 = r_2\angle\theta_2$$

两个复数相加（或相减）时，将复数化成代数形式，然后实部与实部相加减，虚部与虚部相加减。即

$$A \pm B = (a_1 + jb_1) \pm (a_2 + jb_2) = (a_1 \pm a_2) + j(b_1 \pm b_2) \tag{4-12}$$

两个复数乘除运算时，将复数化成极坐标形式，两复数相乘，将模相乘、辐角相加；两复数相除，将模相除、辐角相减。即

$$A \cdot B = (r_1\angle\theta_1)(r_2\angle\theta_2) = r_1 r_2\angle\theta_1 + \theta_2 \tag{4-13}$$

$$\frac{A}{B} = \frac{r_1\angle\theta_1}{r_2\angle\theta_2} = \frac{r_1}{r_2}\angle\theta_1 - \theta_2 \tag{4-14}$$

例 4-6　已知两复数 $A = 12 + j16$，$B = -5 + j8.66$，求（1）$A+B$，$A-B$；（2）AB，A/B。

解：

（1）

$$A + B = (12 + j16) + (-5 + j8.66) = 7 + j24.66$$
$$A - B = (12 + j16) - (-5 + j8.66) = 17 + j7.34$$

（2）将复数 A、B 变换成极坐标形式

$$A = 12 + j16 = 20\angle53.13°$$
$$B = -5 + j8.66 = 10\angle120°$$
$$AB = 20\angle53.13° \times 10\angle120° = 200\angle173.13°$$

$$\frac{A}{B} = \frac{20\angle 53.13^\circ}{10\angle 120^\circ} = 2\angle -66.87^\circ$$

4.2.2 正弦量的相量表示

在正弦稳态电路中,如果所有激励都是同频率的正弦量,则电路中的响应与激励也是同频率正弦量,此时电路中的响应只需确定两个要素——幅值和初相位。由于一个复数由模和辐角两个特征来确定。对比正弦量和复数可知,复数可以用来表示正弦量,通常用复数的模表示正弦量的幅值或有效值,用复数的辐角表示正弦量的初相角。

设正弦电流

$$i = \sqrt{2}\,I\sin(\omega t + \theta)$$

ω 作为已知量,不必用复数表示,只需把电流的幅值(或有效值)和初相角两个要素用复数来描述,这样正弦电流表示成复数形式为

$$\dot{I} = I\angle\theta = I\cos\theta + jI\sin\theta \tag{4-15}$$

$$\dot{I}_m = I_m\angle\theta = I_m\cos\theta + jI_m\sin\theta \tag{4-16}$$

式中,$\dot{I}$ 称为有效值相量,$\dot{I}_m$ 称为最大值相量。用复数形式表示的正弦量称为正弦量的相量表示。如果知道正弦量的瞬时值表达式,可以写出它的相量形式;反之,知道了一个正弦量的相量形式,也可以写出它的瞬时值表达式。

正弦量的幅值相量和有效值相量的关系为

$$\dot{I}_m = \sqrt{2}\,\dot{I} \tag{4-17}$$

相量和复数一样,可以在复平面上用矢量表示,画在复平面上表示相量的图形称为相量图。必须注意只有相同频率的正弦量才能画在同一相量图上,不同频率的正弦量一般不能画在一个相量图上。另外,用复数表示正弦量时,复数与正弦量之间只是对应关系,不是相等关系。

只有同频率的正弦量才能相互运算,运算方法按复数的运算规则进行。用相量表示正弦量进行正弦交流电路运算的方法称为相量法。

例 4-7 已知正弦量 $i = 311\sin(\omega t + 30^\circ)$ A,$u = 537\sin(\omega t - 60^\circ)$ V,写出它们的相量形式,并作相量图。

解:有效值相量为

$$\dot{I} = \frac{311}{\sqrt{2}}\angle 30^\circ = 220\angle 30^\circ \text{A}$$

$$\dot{U} = \frac{537}{\sqrt{2}}\angle -60^\circ = 380\angle -60^\circ \text{V}$$

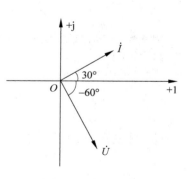

图 4.7　例 4-7 图

i 和 u 的相量图如图 4.7 所示,它们的相位关系为 i 超前 $u\,90^\circ$。

例 4-8 已知同频正弦电流相量为 $\dot{I}_1 = 6 + j8$ A,$\dot{I}_2 = -6 + j8$ A,$\dot{I}_3 = 6 - j8$ A,频率 $f = 50$ Hz,写出它们的瞬时值表达式。

解：由 f 可知

$$\omega = 2\pi f = 100\pi \approx 314 \text{rad/s}$$

先将电流相量写成极坐标形式

$$\dot{I}_1 = 10\angle 53.1°\text{A}, \quad \dot{I}_2 = 10\angle 126.9°\text{A}, \quad \dot{I}_3 = 10\angle -53.1°\text{A}$$

则瞬时值表达式为

$$i_1 = 10\sqrt{2}\sin(314t + 53.1°)\text{A}$$
$$i_2 = 10\sqrt{2}\sin(314t + 126.9°)\text{A}$$
$$i_3 = 10\sqrt{2}\sin(314t - 53.1°)\text{A}$$

例 4-9 已知正弦电压 $u_1 = 220\sqrt{2}\sin(\omega t + 90°)\text{V}$，$u_2 = 220\sqrt{2}\sin\omega t \text{V}$，计算 $u = u_1 + u_2$。

解：正弦量的运算采用相量法，先写出 u_1、u_2 的相量

$$\dot{U}_1 = 220\angle 90° = j220\text{V}$$
$$\dot{U}_2 = 220\angle 0° = 220\text{V}$$
$$\dot{U} = \dot{U}_1 + \dot{U}_2 = 220 + j220 = 220\sqrt{2}\angle 45°\text{V}$$

因此得

$$u = 440\sin(\omega t + 45°)\text{V}$$

4.3 基本元件 VAR 和基尔霍夫定律的相量形式

电路元件的伏安关系和基尔霍夫定律仍然是分析各种正弦交流电路的基本依据，因此在讨论正弦交流电路的相量分析法之前，首先介绍电路元件的伏安关系和基尔霍夫定律的相量形式。

4.3.1 基本元件 VAR 的相量形式

电阻元件、电感元件、电容元件是交流电路中的基本电路元件。这三个基本电路元件在电压、电流关联参考方向下，其元件的伏安关系分别为

$$u = Ri, \quad i_C = C\frac{du_C}{dt}, \quad u_L = L\frac{di_L}{dt}$$

下面推导这三个基本电路元件伏安关系的相量形式。

1. 电阻元件

线性电阻元件的正弦稳态电路如图 4.8(a)所示，电阻元件的电压、电流为关联参考方向，设电阻元件上正弦电流的瞬时值表达式为

$$i = \sqrt{2}I\sin(\omega t + \theta_i)$$

根据欧姆定律，得电阻元件上的电压为

$$u = Ri = \sqrt{2}RI\sin(\omega t + \theta_i)$$
$$= \sqrt{2}U\sin(\omega t + \theta_u) \tag{4-18}$$

因此有

$$\begin{cases} U = RI \\ \theta_u = \theta_i \end{cases} \tag{4-19}$$

上式反映了电阻元件上电压、电流的有效值关系和相位关系。由此可见,电阻元件上的电压、电流有效值满足欧姆定律,同时电阻元件上的电压、电流同相位,它们的波形如图 4.8(b) 所示。

由式(4-19)可得到如下关系

$$U\angle\theta_u = RI\angle\theta_i$$

或写为

$$\dot{U} = R\dot{I} \tag{4-20}$$

式(4-20)就是电阻元件上电压、电流关系的相量形式,也可写作 $\dot{I} = G\dot{U}$。图 4.9 画出了电阻元件的相量模型和相量图。

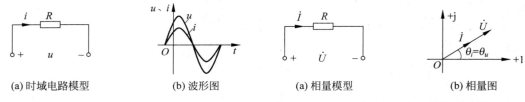

(a)时域电路模型   (b)波形图   (a)相量模型   (b)相量图

图 4.8 电阻元件电压、电流的时域关系   图 4.9 电阻元件电压、电流的相量关系

2. 电感元件

线性电感元件的正弦稳态电路如图 4.10(a)所示。电感元件上电压、电流为关联参考方向,设电感元件的正弦电流为

$$i = \sqrt{2}I\sin(\omega t + \theta_i)$$

则电感元件上的电压为

$$u = L\frac{\mathrm{d}i}{\mathrm{d}t} = \sqrt{2}\omega LI\cos(\omega t + \theta_i)$$

$$= \sqrt{2}\omega LI\sin\left(\omega t + \theta_i + \frac{\pi}{2}\right)$$

$$= \sqrt{2}U\sin(\omega t + \theta_u) \tag{4-21}$$

因此有

$$\begin{cases} U = \omega LI \\ \theta_u = \theta_i + \frac{\pi}{2} \end{cases} \tag{4-22}$$

式(4-22)反映了电感元件电压、电流的有效值关系和相位关系。由式(4-22)得电压与电流的有效值之比为

$$\frac{U}{I} = \omega L = X_L \tag{4-23}$$

其中 $X_L = \omega L = 2\pi fL$ 称为感抗,单位为欧姆(Ω)。感抗是用来表示电感元件对电流阻碍作

用的一个物理量,在电压一定的条件下,感抗越大,电路中的电流越小。

在电感一定的情况下,电感的感抗与频率成正比。频率越高,感抗就越大;反之,频率越低,感抗也就越小。对于直流电来说,频率 $f=0$,感抗 $X_L=\omega L=2\pi fL$ 也就为零,电感元件相当于短路。因此电感具有通直流、阻交流的作用。

由式(4-22)可见,电感元件的电压相位超前电流 $\pi/2$ 或 $90°$,其波形如图 4.10(b)所示。

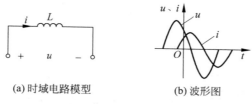

(a) 时域电路模型   (b) 波形图

图 4.10 电感元件电压、电流的时域关系

由式(4-22)可得到如下关系

$$U\angle\theta_u = \omega LI\angle\theta_i + \frac{\pi}{2} \tag{4-24}$$

或写为

$$\dot{U} = j\omega L\,\dot{I} = jX_L\,\dot{I} \tag{4-25}$$

式(4-25)是电感元件电压、电流关系的相量形式。它是一个复数关系式,既能表明电压、电流有效值之间的关系,又能表明电压、电流相位之间的关系。图 4.11 画出了电感元件的相量模型和相量图。

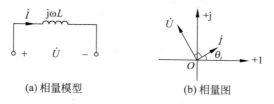

(a) 相量模型   (b) 相量图

图 4.11 电感元件电压、电流的相量关系

例 4-10 已知一电感元件 $L=3\mathrm{H}$,接在 $u=220\sqrt{2}\sin(314t-60°)\mathrm{V}$ 的电源上,求(1)感抗的大小;(2)电感元件电流 i 的表达式。

解:

(1) 电感元件的感抗为

$$X_L = \omega L = 314\times3\,\Omega = 942\,\Omega$$

(2) 电压相量为 $\dot{U}=220\angle-60°\mathrm{V}$,由式(4-25)得

$$\dot{I} = \frac{\dot{U}}{jX_L} = \frac{220\angle-60°}{942\angle90°}\mathrm{A} = 0.23\angle-150°\mathrm{A}$$

因此,电感元件的电流表达式为

$$i = 0.23\sqrt{2}\sin(314t-150°)\mathrm{A}$$

3. 电容元件

线性电容元件的正弦稳态电路如图 4.12(a)所示。电容元件的电压、电流为关联参考

方向,设电容元件的正弦电压为

$$u = \sqrt{2}U\sin(\omega t + \theta_u)$$

则电容元件上的电流为

$$i = C\frac{\mathrm{d}u}{\mathrm{d}t} = \sqrt{2}\omega CU\cos(\omega t + \theta_u)$$

$$= \sqrt{2}\omega CU\sin\left(\omega t + \theta_u + \frac{\pi}{2}\right)$$

$$= \sqrt{2}I\sin(\omega t + \theta_i) \tag{4-26}$$

因此有

$$\begin{cases} I = \omega CU \\ \theta_i = \theta_u + \dfrac{\pi}{2} \end{cases} \tag{4-27}$$

式(4-27)反映了电容元件电压、电流的有效值关系和相位关系。由式(4-27)得电压与电流的有效值之比为

$$\frac{U}{I} = \frac{1}{\omega C} = X_C \tag{4-28}$$

式中 $X_C = \dfrac{1}{\omega C} = \dfrac{1}{2\pi fC}$ 称为电容的容抗,单位为欧姆(Ω)。容抗是表示电容器在充放电过程中对电流的一种阻碍作用,在电压一定的条件下,容抗越大,电路中的电流越小。在电容一定的情况下,电容的容抗与交流电频率成反比,频率越高,容抗越小;频率越低,容抗越大。对于直流电来说,频率 $f = 0$,容抗 $X_C = \dfrac{1}{\omega C} = \dfrac{1}{2\pi fC}$ 趋于无穷大,此时电容相当于开路,因此电容具有隔直流的作用。

由式(4-27)可见,电容元件的电流相位超前电压 $\pi/2$ 或 $90°$,其波形如图 4.12(b)所示。

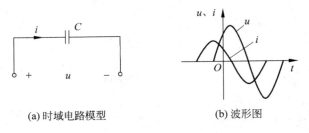

(a)时域电路模型　　　　　　　　　(b)波形图

图 4.12　电容元件电压、电流的时域关系

由式(4-27)可得到如下关系

$$I\angle\theta_i = \omega CU\angle\theta_u + 90°$$

或写为

$$\dot{I} = \mathrm{j}\omega C\,\dot{U} \tag{4-29}$$

也可写作

$$\dot{U} = \frac{1}{\mathrm{j}\omega C}\,\dot{I} = -\mathrm{j}X_C\,\dot{I} \tag{4-30}$$

式(4-29)、(4-30)是电容元件电压、电流关系的相量形式,它既反映了电容上电压、电

流的有效值关系,又反映了电容电压与电流的相位关系。图 4.13 画出了电容元件的相量模型和相量图。

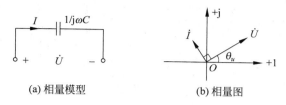

(a) 相量模型　　　　(b) 相量图

图 4.13　电容元件电压、电流的相量关系

例 4-11　已知 $2\mu F$ 电容两端的电压有效值为 10V,初相为 $60°$,角频率为 $1000rad/s$。试求流过电容的电流,写出其瞬时值解析式。

解:电压的相量形式为

$$\dot{U} = 10\angle 60° V$$

电容的容抗为

$$X_C = \frac{1}{\omega C} = \frac{1}{1000 \times 2 \times 10^{-6}}\Omega = 500\Omega$$

由式(4-30)得

$$\dot{I} = \frac{\dot{U}}{-jX_C} = \frac{10\angle 60°}{500\angle -90°} = 0.02\angle 150° A$$

电流的瞬时值解析式为

$$i = 0.02\sqrt{2}\sin(1000t + 150°)A$$

4.3.2　基尔霍夫定律的相量形式

由第 1 章知道基尔霍夫电压定律和电流定律的时域表达式为

$$\sum u = 0 \quad \sum i = 0$$

既然 KVL、KCL 对每一瞬间都适用,那么对瞬时值随时间按正弦规律变化的解析式也适用。在正弦稳态电路中,各电流、电压都是与激励同频率的正弦量,将这些正弦量用相量表示,便又得到基尔霍夫电压、电流定律的相量形式,即

$$\sum \dot{U} = 0, \quad \sum \dot{I} = 0 \tag{4-31}$$

式(4-31)表明,在正弦稳态电路中,沿任一闭合回路绕行一周,各元件电压相量的代数和为零;联结在电路任一节点的各支路电流相量的代数和为零。

例 4-12　在如图 4.14(a)所示电路中,已知电流 $i_C = \sqrt{2}\sin 1000t A$,$R = 100\Omega$,$L = 50mH$,$C = 10\mu F$,试用相量法求 i_R、i_L、u_S 及 i,并画出相量图。

解:画出电路的相量模型如图 4.14(b)所示。写出电流 i_C 的相量形式

$$\dot{I}_C = 1\angle 0° A$$

$$X_C = \frac{1}{\omega C} = \frac{1}{1000 \times 10 \times 10^{-6}} = 100\Omega$$

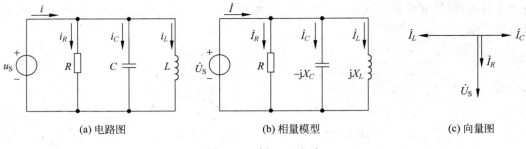

(a) 电路图   (b) 相量模型   (c) 向量图

图 4.14   例 4-12 电路

$$X_L = \omega L = 1000 \times 50 \times 10^{-3} = 50\Omega$$

根据各元件电压、电流的相量关系式可得

$$\dot{U}_S = -jX_C \dot{I}_C = -j \times 100 \times 1\angle 0° = 100\angle -90°\text{V}$$

$$\dot{I}_L = \frac{\dot{U}_S}{jX_L} = \frac{100\angle -90°}{j50} = 2\angle -180°\text{A}$$

$$\dot{I}_R = \frac{\dot{U}_S}{R} = \frac{100\angle -90°}{100} = 1\angle -90°\text{A}$$

由基尔霍夫电流定律的相量形式得

$$\dot{I} = \dot{I}_R + \dot{I}_L + \dot{I}_C = 1\angle -90° + 2\angle -180° + 1\angle 0° = \sqrt{2}\angle -135°\text{A}$$

所以

$$u_S = 100\sqrt{2}\sin(1000t - 90°)\text{V}$$

$$i_L = 2\sqrt{2}\sin(1000t - 180°)\text{A}$$

$$i_R = \sqrt{2}\sin(1000t - 90°)\text{A}$$

$$i = 2\sin(1000t - 135°)\text{A}$$

电压及各电流的相量图如图 4.14(c)所示。

例 4-13   如图 4.15 所示各电路中,已知电流表 A_1、A_2、A_3 的读数都是 10A,求电路中电流表 A 的读数。

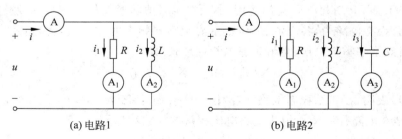

(a) 电路1   (b) 电路2

图 4.15   例 4-13 电路

解:设端电压

$$\dot{U} = U\angle 0°\text{V}$$

选定电流的参考方向如图 4.15(a)所示,根据 R、L、C 元件电压电流的相位关系有

$$\dot{I}_1 = 10\angle 0°\text{A}   \dot{I}_2 = 10\angle -90°\text{A}$$

由 KCL 的相量形式,得

$$\dot{I} = \dot{I}_1 + \dot{I}_2 = 10\angle 0° + 10\angle -90° = 10\sqrt{2}\angle -45°\,\mathrm{A}$$

电流表 A 的读数为 $10\sqrt{2}\,\mathrm{A}$。注意:这与直流电路是不同的,总电流并不是 20A。

选定电流的参考方向如图 4.15(b)所示,则

$$\dot{I}_1 = 10\angle 0°\,\mathrm{A} \quad \dot{I}_2 = 10\angle -90°\,\mathrm{A} \quad \dot{I}_3 = 10\angle 90°\,\mathrm{A}$$

由 KCL 得

$$\dot{I} = \dot{I}_1 + \dot{I}_2 + \dot{I}_3 = 10\angle 0° + 10\angle -90° + 10\angle 90° = 10\,\mathrm{A}$$

电流表 A 的读数为 10A。

4.4 复阻抗和复导纳

在电阻电路中,任意一个线性无源二端网络可等效为一个电阻或电导。在正弦稳态电路中,将引入复阻抗和复导纳的概念。

4.4.1 复阻抗

在如图 4.16(a)所示线性无源二端网络中,电压、电流为关联参考方向,则复阻抗定义为端口电压相量与端口电流相量的比值,即

$$Z = \frac{\dot{U}}{\dot{I}} \tag{4-32}$$

式中的复阻抗 Z 也简称为阻抗,单位是欧姆(Ω),它是电路的一个复数参数,而不是正弦量的相量。由式(4-32)可将图 4.16(a)所示二端网络等效为 4.16(b)所示电路模型。

(a) 无源线性二端网络   (b) 等效阻抗

图 4.16 线性无源二端网络及其等效阻抗

由阻抗定义式(4-32)可得阻抗 Z 的极坐标形式为

$$Z = \frac{U\angle \theta_u}{I\angle \theta_i} = \frac{U}{I}\angle \theta_u - \theta_i = |Z|\angle \varphi_Z \tag{4-33}$$

式中$|Z|$称为阻抗模,它等于电压有效值与电流有效值之比。φ_Z 称为阻抗角,它等于电路中电压与电流的相位差,即

$$\begin{cases} |Z| = \dfrac{U}{I} \\ \varphi_Z = \theta_u - \theta_i \end{cases} \tag{4-34}$$

阻抗 Z 还可表示成代数式形式

$$Z = R + \mathrm{j}X \tag{4-35}$$

式中 R 是 Z 的实部,称为阻抗的电阻分量,X 是 Z 的虚部,称为阻抗的电抗分量,它们与阻抗模和阻抗角之间有如下关系

$$R = |Z| \cos\varphi_Z, \quad X = |Z| \sin\varphi_Z \tag{4-36}$$

$$|Z| = \sqrt{R^2 + X^2}, \quad \varphi_Z = \arctan\frac{X}{R} \tag{4-37}$$

当电路中电抗 $X > 0$ 时,$\varphi_Z > 0$,二端网络端口电压 u 在相位上超前电流 i,此时电路的阻抗性质是电感性的;当 $X < 0$ 时,$\varphi_Z < 0$,电压 u 在相位上滞后电流 i,此时电路的阻抗性质是电容性的;当 $X = 0$ 时,$\varphi_Z = 0$,电压 u 与电流 i 同相,此时电路是电阻性的。

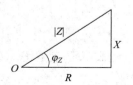

图 4.17　阻抗三角形

由以上分析可知,阻抗模与电阻分量和电抗分量构成了一个直角三角形,称为阻抗三角形,如图 4.17 所示。

由阻抗的定义以及上一节介绍的三种基本元件伏安关系的相量形式,可得单一元件 R、L、C 的阻抗分别为

$$\begin{cases} Z_R = R \\ Z_L = \mathrm{j}\omega L = \mathrm{j}X_L \\ Z_C = \dfrac{1}{\mathrm{j}\omega C} = -\mathrm{j}X_C \end{cases} \tag{4-38}$$

4.4.2　复导纳

复阻抗的倒数定义为复导纳 Y,简称导纳,单位是西门子(S),即

$$Y = \frac{1}{Z} = \frac{\dot{I}}{\dot{U}} = \frac{I}{U} \angle \theta_i - \theta_u = |Y| \angle \varphi_Y \tag{4-39}$$

式中 $|Y|$ 是 Y 的模,称为导纳模,φ_Y 是 Y 的辐角,称为导纳角。导纳 Y 还可表示成代数式形式

$$Y = G + \mathrm{j}B \tag{4-40}$$

式中 G 是 Y 的实部,称为导纳的电导分量,B 是 Y 的虚部,称为导纳的电纳分量,它们与导纳模和导纳角之间有如下关系

$$G = |Y| \cos\varphi_Y, \quad B = |Y| \sin\varphi_Y \tag{4-41}$$

$$|Y| = \sqrt{G^2 + B^2}, \quad \varphi_Y = \arctan\frac{B}{G} \tag{4-42}$$

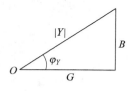

图 4.18　导纳三角形

由此可知导纳模与电导分量和电纳分量也构成了一个直角三角形,称为导纳三角形,如图 4.18 所示。

由导纳的定义以及上一节介绍的三种基本元件伏安关系的相量形式,可得 R、L、C 元件的导纳分别为

$$\begin{cases} Y_R = \dfrac{1}{R} = G \\ Y_L = \dfrac{1}{\mathrm{j}X_L} = \dfrac{1}{\mathrm{j}\omega L} \\ Y_C = \dfrac{1}{-\mathrm{j}X_C} = \mathrm{j}\omega C \end{cases} \tag{4-43}$$

4.4.3 阻抗的串并联

在正弦稳态电路中,最简单和最常用的阻抗联结形式是串联和并联,并且也可像电阻串并联那样进行等效变换。

1. 阻抗的串联

图 4.19 为多个阻抗串联的电路,电流和电压的参考方向如图中所示。由 KVL 可得

$$\dot{U} = \dot{U}_1 + \dot{U}_2 + \cdots + \dot{U}_n$$
$$= \dot{I}Z_1 + \dot{I}Z_2 + \cdots + \dot{I}Z_n$$
$$= \dot{I}(Z_1 + Z_2 + \cdots + Z_n)$$
$$= \dot{I}Z$$

其中 Z 为串联电路的等效阻抗,由上式可得

$$Z = \frac{\dot{U}}{\dot{I}} = Z_1 + Z_2 + \cdots + Z_n \qquad (4\text{-}44)$$

即串联电路的等效阻抗等于各串联阻抗之和。

阻抗串联也有分压公式,图 4.19 电路中每个阻抗分得的电压为

$$\dot{U}_k = Z_k \dot{I} = \frac{Z_k}{Z_1 + Z_2 + \cdots + Z_n} \dot{U} \qquad (4\text{-}45)$$

2. 导纳的并联

图 4.20 为多个导纳并联的电路,电流和电压的参考方向如图所示。由 KCL 可得

$$\dot{I} = \dot{I}_1 + \dot{I}_2 + \cdots + \dot{I}_n$$
$$= Y_1 \dot{U} + Y_2 \dot{U} + \cdots + Y_n \dot{U}$$
$$= (Y_1 + Y_2 + \cdots + Y_n) \dot{U} = Y \dot{U}$$

其中 Y 为并联电路的等效导纳,由上式可得

$$Y = \frac{\dot{I}}{\dot{U}} = Y_1 + Y_2 + \cdots + Y_n \qquad (4\text{-}46)$$

即并联电路的等效导纳等于各并联导纳之和。

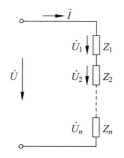

图 4.19 阻抗串联电路

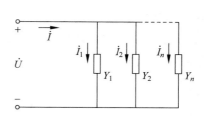

图 4.20 导纳的并联

导纳并联也有分流公式,图 4.20 电路中每个导纳上分得的电流为

$$\dot{I}_k = \frac{Y_k}{Y_1 + Y_2 + \cdots + Y_n}\dot{I} \tag{4-47}$$

例 4-14 有一 R、L、C 串联电路,其中 $R=30\Omega,L=382\mathrm{mH},C=39.8\mu\mathrm{F}$,外加电压 $u=220\sqrt{2}\sin(314t+60°)\mathrm{V}$。试求(1)$R$、$L$、$C$ 串联电路的等效阻抗 Z,并确定电路的阻抗性质;(2)求 $\dot{I}$、$\dot{U}_R$、$\dot{U}_L$、$\dot{U}_C$ 并绘出相量图。

解:(1) 各元件阻抗

$$Z_R = R = 30\Omega$$
$$Z_L = j\omega L = j314 \times 0.382 = j120\Omega$$
$$Z_C = \frac{1}{j\omega C} = \frac{1}{j314 \times 39.8 \times 10^{-6}} = -j80\Omega$$
$$Z = Z_R + Z_L + Z_C = 30 + j(120-80) = (30+j40) = 50\angle53.1°\Omega$$

$\varphi_Z = 53.1° > 0$,所以此电路为电感性电路。

(2)

$$\dot{I} = \frac{\dot{U}}{Z} = \frac{220\angle60°}{50\angle53.1°} = 4.4\angle6.9°\mathrm{A}$$
$$\dot{U}_R = R\dot{I} = 30 \times 4.4\angle6.9° = 132\angle6.9°\mathrm{V}$$
$$\dot{U}_L = jX_L\dot{I} = 120\angle90° \times 4.4\angle6.9° = 528\angle96.9°\mathrm{V}$$
$$\dot{U}_C = -jX_C\dot{I} = 80\angle-90° \times 4.4\angle6.9° = 352\angle-83.1°\mathrm{V}$$

相量图如图 4.21 所示。

例 4-15 两个负载 $Z_1=5+j5\Omega$ 和 $Z_2=6-j8\Omega$ 相串联,接在 $u=220\sqrt{2}\sin(314t+30°)\mathrm{V}$ 的电源上。试求等效阻抗 Z 和电路电流 i。

解:等效阻抗

$$Z = Z_1 + Z_2 = [(5+j5)+(6-j8)]\Omega = (11-j3)\Omega = 11.4\angle-15.3°\Omega$$

电压 u 的相量形式为

$$\dot{U} = 220\angle30°\mathrm{V}$$

电流相量为

$$\dot{I} = \frac{\dot{U}}{Z} = \frac{220\angle30°}{11.4\angle-15.3°}\mathrm{A} = 19.3\angle45.3°\mathrm{A}$$

所以,电流的表达式为

$$i = 19.3\sqrt{2}\sin(314t+45.3°)\mathrm{A}$$

例 4-16 在如图 4.22 所示的正弦稳态电路中,已知 $R_1=5\Omega,R_2=8\Omega,R_3=3\Omega,X_{L1}=10\Omega,X_{L2}=4\Omega,X_C=6\Omega$,试求电路的输入阻抗 Z_{ab}。

解:首先求各支路阻抗

$$Z_1 = R_1 + jX_{L1} = 5+j10\Omega$$
$$Z_2 = R_2 - jX_C = 8-j6\Omega$$
$$Z_3 = R_3 + jX_{L2} = 3+j4\Omega$$

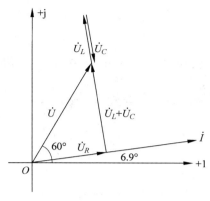

图 4.21 例 4-14 相量图

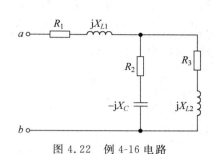

图 4.22 例 4-16 电路

利用阻抗串并联变换得

$$Z_{ab} = Z_1 + \frac{Z_2 Z_3}{Z_2 + Z_3}$$

$$= 5 + j10 + \frac{(8 - j6)(3 + j4)}{8 - j6 + 3 + j4}$$

$$= 5 + j10 + 4 + j2$$

$$= 9 + j12\,\Omega$$

例 4-17 如图 4.23(a)所示无源二端网络 N_o,已知其端口电压 $u = 10\sqrt{2}\sin\omega t\,\mathrm{V}$,电流 $i = \sin(\omega t - 45°)\mathrm{A}$,角频率 $\omega = 0.5\mathrm{rad/s}$,求该网络串联等效电路的元件参数,并画出其等效电路。

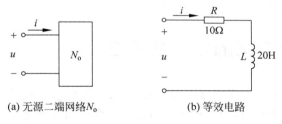

(a) 无源二端网络N_o (b) 等效电路

图 4.23 例 4-17 电路

解:写出端口电压、电流的相量式

$$\dot{U} = 10\angle 0°\mathrm{V}, \qquad \dot{I} = \frac{1}{\sqrt{2}}\angle -45°\mathrm{A}$$

N_o 的等效阻抗为

$$Z = \frac{\dot{U}}{\dot{I}} = \frac{10\angle 0°}{\frac{1}{\sqrt{2}}\angle -45°} = 10\sqrt{2}\angle 45° = 10 + j10\,\Omega$$

令

$$Z = R + j\omega L$$

因此,无源网络 N_o 可以用一个电阻和电感串联电路来等效,等效电路如图 4.23(b)所示。

N_0 的串联等效电路元件参数为

$$R = 10\Omega, \quad L = \frac{10}{\omega} = \frac{10}{0.5} = 20\text{H}$$

例 4-18   在如图 4.24 所示的正弦稳态电路中,已知 $R_1 = 30\Omega$, $R_2 = 50\Omega$, $C = 10\mu\text{F}$, $L =$

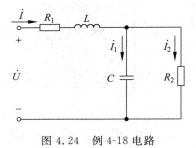

20mH, $\dot{U} = 150\angle 0°\text{V}$, $\omega = 1000\text{rad/s}$, 试求各支路电流。

解:求出容抗和感抗为

$$X_C = \frac{1}{\omega C} = \frac{1}{1000 \times 10 \times 10^{-6}} = 100\Omega$$

$$X_L = \omega L = 1000 \times 20 \times 10^{-3} = 20\Omega$$

图 4.24   例 4-18 电路

串联支路阻抗为

$$Z_1 = R_1 + \text{j}X_L = 30 + \text{j}20\Omega$$

并联支路阻抗为

$$Z_2 = \frac{R_2(-\text{j}X_C)}{R_2 - \text{j}X_C} = \frac{50 \times (-\text{j}100)}{50 - \text{j}100} = 40 - \text{j}20\Omega$$

电路的等效阻抗为

$$Z = Z_1 + Z_2 = 30 + \text{j}20 + 40 - \text{j}20 = 70\Omega$$

各支路电流为

$$\dot{I} = \frac{\dot{U}}{Z} = \frac{150\angle 0°}{70} = 2.14\angle 0°\text{A}$$

$$\dot{I}_1 = \frac{R_2}{R_2 - \text{j}X_C}\dot{I} = \frac{50}{50 - \text{j}100} \times 2.14\angle 0° = 0.96\angle 63.4°\text{A}$$

$$\dot{I}_2 = \frac{-\text{j}X_C}{R_2 - \text{j}X_C}\dot{I} = \frac{-\text{j}100}{50 - \text{j}100} \times 2.14\angle 0° = 1.92\angle -26.6°\text{A}$$

4.5   正弦交流电路的相量分析法

根据电路的相量模型,建立相量形式的电路方程,求解电路响应的分析方法称为相量分析法。用于分析线性电阻电路的各种方法和定理同样适用于正弦稳态电路的分析,区别仅是在正弦稳态电路中,用电压和电流的相量 $\dot{U}$ 和 $\dot{I}$ 代替了电阻电路中的电压 U 和电流 I,用阻抗 Z 和导纳 Y 代替了电阻 R 和电导 G,实数运算变为了复数运算。

正弦稳态电路相量分析法的一般步骤为:

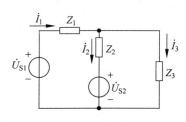

(1) 画出电路的相量模型,在相量模型中各正弦量用相量表示,各元件用阻抗表示;

(2) 利用 KVL、KCL 和元件的 VAR 及电路的各种分析方法和定理建立相量方程,求解出电路响应的相量形式;

(3) 写出电路响应的正弦量表达式。

例 4-19   在如图 4.25 所示的正弦稳态电路中,已知

图 4.25   例 4-19 电路

$Z_1 = 1 + \text{j}2\Omega$, $Z_2 = 0.8 + \text{j}2.8\Omega$, $Z_3 = 40 + \text{j}30\Omega$, $U_{S1} = U_{S2} =$

$220\text{V}, \dot{U}_{S2}$ 滞后 $\dot{U}_{S1}$ $20°$ 角,试用支路电流法求各支路电流。

解:设 $\dot{U}_{S1}$ 为参考相量,则

$$\dot{U}_{S1} = 220\angle 0°\text{V}, \quad \dot{U}_{S2} = 220\angle -20°\text{V}$$

根据 KCL、KVL 的相量形式列出电路方程

$$\begin{cases} \dot{I}_1 - \dot{I}_2 - \dot{I}_3 = 0 \\ Z_1\dot{I}_1 + Z_3\dot{I}_3 = \dot{U}_{S1} \\ -Z_2\dot{I}_2 + Z_3\dot{I}_3 = \dot{U}_{S2} \end{cases}$$

代入已知数据得

$$\begin{cases} \dot{I}_1 - \dot{I}_2 - \dot{I}_3 = 0 \\ (1+\text{j}2)\dot{I}_1 + (40+\text{j}30)\dot{I}_3 = 220\angle 0° \\ -(0.8+\text{j}2.8)\dot{I}_2 + (40+\text{j}30)\dot{I}_3 = 220\angle -20° \end{cases}$$

解方程得

$$\dot{I}_1 = 16.3\angle 3.9°\text{A}, \quad \dot{I}_2 = 14.1\angle 17.1°\text{A}, \quad \dot{I}_3 = 4.18\angle -46.1°\text{A}$$

例 4-20 用节点电压法求解例 4-19 电路中的各支路电流。

解:选择参考节点,设节点电压为 $\dot{U}$,如图 4.26 所示。列节点电压方程为

$$\left(\frac{1}{Z_1} + \frac{1}{Z_2} + \frac{1}{Z_3}\right)\dot{U} = \frac{\dot{U}_{S1}}{Z_1} + \frac{\dot{U}_{S2}}{Z_2}$$

代入已知数据得

$$\left(\frac{1}{1+\text{j}2} + \frac{1}{0.8+\text{j}2.8} + \frac{1}{40+\text{j}30}\right)\dot{U} = \frac{220\angle 0°}{1+\text{j}2} + \frac{220\angle -20°}{0.8+\text{j}2.8}$$

解方程得

$$\dot{U} = 209\angle -9.3°\text{V}$$

各支路电流为

$$\dot{I}_1 = \frac{\dot{U}_{S1} - \dot{U}}{Z_1} = \frac{220\angle 0° - 209\angle -9.3°}{1+\text{j}2} = 16.3\angle 3.9°\text{A}$$

$$\dot{I}_2 = \frac{\dot{U} - \dot{U}_{S2}}{Z_2} = \frac{209\angle -9.3° - 220\angle -20°}{0.8+\text{j}2.8} = 14.1\angle 17.1°\text{A}$$

$$\dot{I}_3 = \frac{\dot{U}}{Z_3} = \frac{209\angle -9.3°}{40+\text{j}30} = 4.18\angle -46.1°\text{A}$$

例 4-21 用网孔电流法求解例 4-19 电路中的各支路电流。

解:设网孔电流 $\dot{I}_A$、$\dot{I}_B$ 如图 4.27 所示。列网孔电流方程为

$$\begin{cases} (Z_1+Z_2)\dot{I}_A - Z_2\dot{I}_B = \dot{U}_{S1} - \dot{U}_{S2} \\ -Z_2\dot{I}_A + (Z_2+Z_3)\dot{I}_B = \dot{U}_{S2} \end{cases}$$

代入已知数据得

$$\begin{cases} (1+j2+0.8+j2.8)\dot{I}_A - (0.8+j2.8)\dot{I}_B = 220\angle 0° - 220\angle -20° \\ -(0.8+j2.8)\dot{I}_A + (0.8+j2.8+40+j30)\dot{I}_B = 220\angle -20° \end{cases}$$

解方程组得

$$\dot{I}_A = 16.3\angle 3.9°\text{A}, \quad \dot{I}_B = 4.18\angle -46.1°\text{A}$$

各支路电流为

$$\dot{I}_1 = \dot{I}_A = 16.3\angle 3.9°\text{A}$$

$$\dot{I}_2 = \dot{I}_A - \dot{I}_B = 16.3\angle 3.9° - 4.18\angle -46.1° = 14.1\angle 17.1°\text{A}$$

$$\dot{I}_3 = \dot{I}_B = 4.18\angle -46.1°\text{A}$$

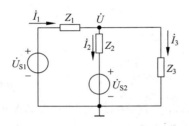 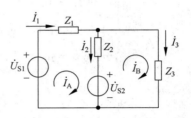

图 4.26　例 4-20 电路　　　　　　　　图 4.27　例 4-21 电路

例 4-22　在如图 4.28(a)所示的正弦稳态电路中,已知 $R = X_L = X_C = 1\Omega$,$\dot{U}_S = 4\angle 0°\text{V}$,$\dot{I}_S = 4\angle 0°\text{A}$,试用戴维南定理求电路中的电压 $\dot{U}$。

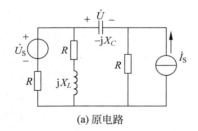 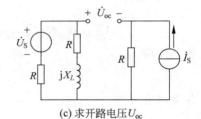

(a) 原电路　　　　　(b) 戴维南等效电路　　　　(c) 求开路电压 U_{oc}

图 4.28　例 4-22 电路

解:图 4.28(a)中,将待求支路以外的部分看作一个有源二端网络,用戴维南等效电路代替,如图 4.28(b)所示,等效电压源的电压等于有源二端网络的开路电压 $\dot{U}_{oc}$,计算 $\dot{U}_{oc}$ 的电路,如图 4.28(c)所示。

$$\dot{U}_{oc} = \frac{R+jX_L}{R+jX_L+R}\times \dot{U}_S - \dot{I}_S R = \frac{1+j}{1+j+1}\times 4\angle 0° - 4\angle 0°\times 1 = \frac{-4}{2+j}\text{V}$$

计算等效复阻抗 Z_o 时,将图 4.28(c)中的电压源短路电流源开路,得

$$Z_o = R + R//(R+jX_L) = 1 + 1//(1+j) = \frac{3+2j}{2+j}\Omega$$

由图 4.28(b)求出

$$\dot{U} = \frac{-\mathrm{j}X_C}{Z_\mathrm{o} - \mathrm{j}X_C} \times \dot{U}_\mathrm{oc} = \frac{-\mathrm{j}}{\dfrac{3+2\mathrm{j}}{2+\mathrm{j}} - \mathrm{j}} \times \frac{-4}{2+\mathrm{j}} = \mathrm{j} = 1\angle 90°\mathrm{V}$$

4.6　正弦稳态电路的功率

正弦稳态电路中的各支路电压和电流都是正弦量,使得电路的功率和能量也随时间瞬时变化。但通常讨论正弦交流电路功率和能量时并不讨论它的瞬时值,而是讨论电路消耗功率的平均值和储能的平均值。

4.6.1　二端网络的功率

如图 4.29(a)所示二端网络 N,在正弦稳态时,设其端口电压和电流为

$$u = U_\mathrm{m}\sin(\omega t + \theta_u)$$
$$i = I_\mathrm{m}\sin(\omega t + \theta_i)$$

电压、电流为关联参考方向时,二端网络在任一瞬间吸收的功率称为瞬时功率,用 p 表示,它等于端口电压电流瞬时值的乘积,即

$$\begin{aligned}
p &= ui \\
&= U_\mathrm{m}\sin(\omega t + \theta_u)I_\mathrm{m}\sin(\omega t + \theta_i) \\
&= UI[\cos\varphi - \cos(2\omega t + \theta_u + \theta_i)] \\
&= UI\cos\varphi - UI\cos(2\omega t + \theta_u + \theta_i)
\end{aligned} \tag{4-48}$$

式中 $\varphi = \theta_u - \theta_i$,上式表明,二端电路的瞬时功率由两部分组成,一部分是 $UI\cos\varphi$,是与时间无关的常量;另一部分是 $UI\cos(2\omega t + \theta_u + \theta_i)$,是二倍于电源角频率变化的正弦量。瞬时功率波形如图 4.29(b)所示。

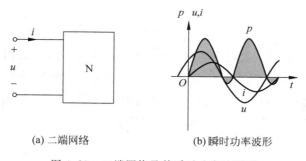

(a) 二端网络　　　　　　(b) 瞬时功率波形

图 4.29　二端网络及其瞬时功率波形图

从波形图中可以看出:当 u、i 瞬时值同号时,$p > 0$,二端网络 N 从外电路吸收功率;当 u、i 瞬时值异号时,$p < 0$,二端网络 N 向外电路释放功率。瞬时功率有正有负的现象说明在外电路和二端网络之间有能量的交换,这种现象是由储能元件造成的。从波形图还可以看出:功率 $p > 0$ 的部分大于 $p < 0$ 的部分,说明二端网络吸收的能量多于释放的能量,即网络与外电路交换能量的同时,由于电阻元件的存在也要消耗一部分能量。

1. 平均功率(有功功率)

瞬时功率在一个周期内的平均值,称为平均功率 P,即

$$P = \frac{1}{T}\int_0^T p\,\mathrm{d}t = \frac{1}{T}\int_0^T [UI\cos\varphi - UI\cos(2\omega t + \theta_u + \theta_i)]\,\mathrm{d}t$$

$$= UI\cos\varphi \tag{4-49}$$

平均功率代表了电路实际消耗的功率,所以又称为有功功率,单位为瓦特(W)。正弦交流电路中通常所说的功率就是指的平均功率,如白炽灯功率 $60\mathrm{W}$,是指其在额定状态下消耗的平均功率为 $60\mathrm{W}$。

式(4-49)表明平均功率不仅与电压、电流有效值大小有关,还与电压电流的相位差,即电路的阻抗角 φ 有关。定义 $\cos\varphi$ 为电路的功率因数,用 λ 表示,即

$$\lambda = \cos\varphi \tag{4-50}$$

当二端网络 N 中只含有电阻元件时,$\varphi=0$,此时 $P=UI=I^2R=\dfrac{U^2}{R}$,说明电阻元件是耗能元件;当二端网络 N 中只含有电容或电感元件时,由于 $\varphi=\pm90°$,此时 $P=0$,说明电容元件和电感元件是储能元件,不消耗电能。

2. 无功功率

把式(4-48)瞬时功率展开为另一种形式

$$p(t) = UI\cos\varphi(1 - \cos2\omega t) + UI\sin\varphi\sin2\omega t \tag{4-51}$$

上式中第一项在一个周期内的平均值为 $UI\cos\varphi$,即平均功率。第二项是以 2ω 为角频率变化的正弦量,它在一个周期内的平均值为零,其最大值为 $UI\sin\varphi$,反映了二端网络与外界进行能量交换的情况。

因此,定义无功功率为二端网络与外电路进行能量交换的最大值,用大写字母 Q 表示,即

$$Q = UI\sin\varphi \tag{4-52}$$

无功功率的单位为乏尔,简称为乏(Var)。若电路中 $\varphi>0$,二端网络 N 的电压超前电流,电路是电感性的,其无功功率是正值,即 $Q>0$;若 $\varphi<0$,电压滞后电流,电路是电容性的,其无功功率是负值,即 $Q<0$;若 $\varphi=0$,电压与电流同相,电路是电阻性的,其无功功率为零,即 $Q=0$。因此单一 R、L、C 元件的无功功率如下。

电阻元件:

$$Q = 0 \tag{4-53}$$

电容元件:

$$Q = -U_C I = -\frac{U_C^2}{X_C} = -I_C^2 X_C \tag{4-54}$$

电感元件:

$$Q = U_L I_L = \frac{U_L^2}{X_L} = I_L^2 X_L \tag{4-55}$$

3. 视在功率

定义二端网络电压和电流有效值的乘积为视在功率，用 S 表示，即

$$S = UI \tag{4-56}$$

视在功率的单位为伏安（VA），工程上也常用千伏安（kVA）表示。

视在功率、有功功率和无功功率的关系如下

$$
\begin{cases}
P = UI\cos\varphi = S\cos\varphi \\
Q = UI\sin\varphi = S\sin\varphi \\
S = \sqrt{P^2 + Q^2} = UI
\end{cases}
\tag{4-57}
$$

P、Q 和 S 也构成一个直角三角形，称为功率三角形，如图 4.30 所示。功率三角形和阻抗三角形是相似三角形。

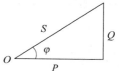

图 4.30 功率三角形

4. 复功率

在工程上为了计算方便，取有功功率 P 作为实部、无功功率 Q 作为虚部组成复数，该复数被定义为复功率，用 $\widetilde{S}$ 表示，即

$$\widetilde{S} = P + jQ \tag{4-58}$$

复功率的模为视在功率 S，辐角为功率因数角 φ，即

$$|\widetilde{S}| = S = \sqrt{P^2 + Q^2} \tag{4-59}$$

$$\varphi = \arctan\frac{Q}{P} \tag{4-60}$$

将式（4-57）代入式（4-58）得

$$
\begin{aligned}
\widetilde{S} &= UI\cos\varphi + jUI\sin\varphi = UI\,e^{j\varphi} \\
&= UI\,e^{j(\theta_u - \theta_i)} = U\,e^{j\theta_u} I\,e^{-j\theta_i} = \dot{U}\,\dot{I}^*
\end{aligned}
\tag{4-61}
$$

式中，$\dot{I}^*$ 是电流 $\dot{I}$ 的共轭复数。式（4-61）表明复功率是电压相量和共轭电流相量的乘积。

需要说明的是，复功率是一个计算用的复数，它本身并不代表正弦量，也不是功率，但引入复功率概念，可以简化功率的计算。复功率的单位与视在功率相同，为伏安（VA）。

可以证明，电路中的有功功率是守恒的，即电路中各电源发出的功率之和等于各元件吸收的功率之和，表示为

$$P = \sum P_k = 0 \tag{4-62}$$

同样可得，电路中的无功功率和复功率也是守恒的，有

$$Q = \sum Q_k = 0 \tag{4-63}$$

$$\widetilde{S} = \sum \widetilde{S}_k = 0 \tag{4-64}$$

但是电路的视在功率不守恒，即 $\sum S_k \neq 0$。

例 4-23 电路如图 4.31 所示，已知 $U = 100\text{V}$，试求该电路的 P、Q、S、$\widetilde{S}$ 和 λ。

解： 设端口电压相量为

$$\dot{U} = 100\angle 0°\text{V}$$

电路的等效阻抗为

$$Z = -\,\text{j}14 + \frac{16 \times (\text{j}16)}{16 + \text{j}16} = 8 - \text{j}6 = 10\angle -36.9\,\Omega$$

端口电流为

$$\dot{I} = \frac{\dot{U}}{Z} = \frac{100\angle 0°}{10\angle -36.9°} = 10\angle 36.9°\text{A}$$

$$\widetilde{S} = \dot{U}\,\dot{I}^* = 100\angle 0° \times 10\angle -36.9°$$
$$= 1000\angle -36.9° = 800 - \text{j}600\,\text{VA}$$

则

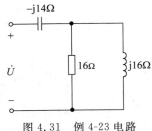

图 4.31　例 4-23 电路

$$S = |\widetilde{S}| = 1000\,\text{VA}$$

$$P = \text{Re}[\widetilde{S}] = 800\,\text{W}$$

$$Q = \text{Im}[\widetilde{S}] = 600\,\text{Var}$$

$$\lambda = \cos\varphi = \cos(-36.9°) = 0.8$$

4.6.2　最大功率传输

第 2 章中介绍了直流电阻电路的最大功率传输定理,正弦交流电路中最大功率传输的分析与直流电路相同。

图 4.32(a)中有源二端网络的戴维南等效电路如图 4.32(b)所示,等效电压源电压为 $\dot{U}_{\text{oc}}$,等效阻抗为 $Z_{\text{o}} = R_{\text{o}} + \text{j}X_{\text{o}}$。负载 Z_L 从电路中获得最大输出功率的条件是

$$Z_L = Z_{\text{o}}^* = R_{\text{o}} - \text{j}X_{\text{o}} \tag{4-65}$$

式中 Z_{o}^* 是等效阻抗 Z_{o} 的共轭复数。当负载阻抗与戴维南等效电路的等效阻抗为共轭复数时,负载可获得最大功率,最大功率为

$$P_{\text{max}} = \frac{U_{\text{oc}}^2}{4R_{\text{o}}} \tag{4-66}$$

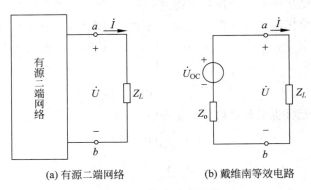

(a) 有源二端网络　　　　　(b) 戴维南等效电路

图 4.32　最大功率传输

例 4-24　电路如图 4.33(a)所示,求负载阻抗为何值时获得最大功率,并求此最大功率。

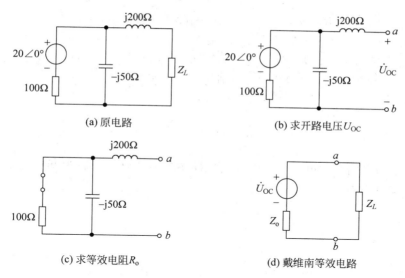

图 4.33 例 4-24 电路

解：将负载阻抗 Z_L 断开，求图 4.33(b)电路的端口开路电压 $\dot{U}_{oc}$。

$$\dot{U}_{oc} = \frac{-j50}{100 - j50} \times 20\angle 0° = 8.94\angle -63.4°\text{V}$$

求图 4.33(c)电路的端口等效阻抗 Z_o。

$$Z_o = 100//(-j50) + j200 = 20 + j160\,\Omega$$

电路的戴维南等效电路如图 4.33(d)所示，当负载阻抗为 $Z_L = Z_o^* = 20 - j160\,\Omega$ 时，可获得最大功率为

$$P_{max} = \frac{U_{oc}^2}{4R_o} = \frac{8.94^2}{4 \times 20} = 1\text{W}$$

4.7 谐振电路

在具有电感和电容元件的正弦稳态电路中，电路两端的电压与其中的电流通常具有一定的相位差。如果在某一频率条件下，电压与电流的相位差为零，这时电路中就发生了谐振现象。谐振现象在电子技术和电工技术中得到广泛应用，但另一方面，谐振的出现又有可能破坏电路系统的正常工作状态，所以研究电路产生谐振的条件及在谐振状态下电路的特点，具有重要的实际意义。

按发生谐振的电路不同，可分为串联谐振电路和并联谐振电路。本节将分别讨论这两种谐振电路的谐振条件、谐振电路的特点以及谐振电路的频率特性。

4.7.1 串联谐振电路

1. 谐振条件

在如图 4.34(a)所示的 RLC 串联电路中，电路的阻抗为

$$Z = R + \mathrm{j}\omega L + \frac{1}{\mathrm{j}\omega C} = R + \mathrm{j}(X_L - X_C) = |Z| \angle \varphi \tag{4-67}$$

当

$$X_L = X_C \quad \text{或} \quad 2\pi f L = \frac{1}{2\pi f C} \tag{4-68}$$

时,有

$$\varphi = \arctan \frac{X_L - X_C}{R} = 0$$

即电源电压$\dot{U}_s$与电路中的电流$\dot{I}$同相,这时电路中发生了谐振。因为谐振发生在串联电路中,所以称为串联谐振。

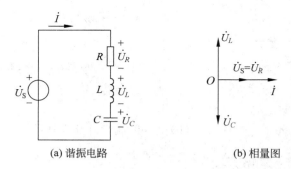

(a) 谐振电路　　　　　　　　(b) 相量图

图 4.34　RLC 串联谐振电路

式(4-68)是发生串联谐振的条件,由此得电路发生谐振时的角频率为

$$\omega_\circ = \frac{1}{\sqrt{LC}} \tag{4-69}$$

谐振频率为

$$f_\circ = \frac{1}{2\pi\sqrt{LC}} \tag{4-70}$$

谐振角频率 $\omega_\circ$ 和谐振频率 $f_\circ$ 仅决定于电路的电感和电容的量值,它反映了电路的一种固有性质。所以,$\omega_\circ$ 和 $f_\circ$ 又称为电路的固有角频率和固有频率。为使电路发生谐振,可调节电源频率 f,当电源频率等于电路的固有频率 $f_\circ$ 时,电路发生谐振。也可以通过改变电路的参数 L 或 C,从而改变电路的固有频率 $f_\circ$,使 $f_\circ$ 等于电源频率 f,电路就会发生谐振,如收音机就是通过改变可调电容达到谐振的办法来选台的。

2. 串联谐振的特点

(1) 串联谐振时,电路的阻抗为 $Z = R$,其值最小。电路中的电流有效值 I 达到最大并且与电压同相,此时电流值完全取决于电阻的阻值,与电感和电容无关。电流有效值为

$$I = \frac{U_s}{|Z|} = \frac{U_s}{R} \tag{4-71}$$

串联谐振电路的相量图如图 4.34(b)所示。

(2) 串联谐振时,阻抗角 $\varphi = 0$,电路为电阻性电路。电源只为电路提供有功功率,即电源提供的能量全被电阻所消耗;电源不向电路提供无功功率,即电源与电路之间不发生能

量的互换。能量的互换发生在电感与电容之间。

（3）由图 4.34(b)可知，谐振时电感电压和电容电压大小相等、相位相反、相互抵消，其大小为电源电压的 Q 倍，即

$$U_L = U_C = QU_s \tag{4-72}$$

其中 Q 称为谐振电路的品质因数，其值为

$$Q = \frac{U_L}{U_s} = \frac{U_C}{U_s} = \frac{\omega_0 L}{R} = \frac{1}{\omega_0 CR} \tag{4-73}$$

串联谐振时，因为 U_C 和 U_L 可能超过电源电压许多倍，因此串联谐振也称为电压谐振。

3. 频率特性

在 RLC 串联电路中，当外加正弦交流电压的频率改变时，电路中的等效阻抗和电流将随频率的改变而改变，这种阻抗和电流与频率之间的关系，称为频率特性。

由阻抗模的形式

$$|Z| = \sqrt{R^2 + \left(\omega L - \frac{1}{\omega C}\right)^2} \tag{4-74}$$

可见，当 ω 趋于 0 时，$|Z| \to \infty$；当 ω 趋于 ∞ 时，$|Z| \to \infty$；当 $\omega = \omega_0$ 时，$|Z| = R$。画出阻抗的频率特性，如图 4.35(a)所示。

RLC 串联电路的电流有效值为

$$I = \frac{U}{|Z|} = \frac{U}{\sqrt{R^2 + \left(\omega L - \frac{1}{\omega C}\right)^2}} \tag{4-75}$$

由此画出电流的频率特性如图 4.35(b)所示。从图中可以看出，当 $\omega = \omega_0$ 时，电路的等效阻抗最小，回路电流达到最大值，用 I_0 表示；当 ω 偏离 ω_0 时，回路阻抗 $|Z|$ 增大，电流下降；ω 偏离 ω_0 越远，电流下降越大。

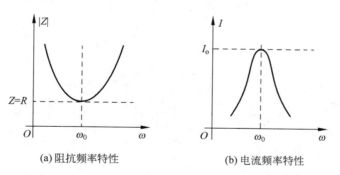

(a)阻抗频率特性 (b)电流频率特性

图 4.35　RLC 串联电路的频率特性

由串联谐振电路的频率特性可见，串联谐振回路对不同频率的信号具有不同的响应，它能将 ω_0 附近的信号选择出来，同时将远离 ω_0 频率的信号加以削弱和抑制，所以串联谐振回路可用作选频电路。

电路的选频特性与品质因数 Q 的值密切相关，下面讨论 Q 值大小对选频特性的影响。由式(4-75)可得

$$I = \frac{U}{|Z|} = \frac{U}{\sqrt{R^2 + \left(\omega L - \frac{1}{\omega C}\right)^2}} = \frac{U}{\sqrt{R^2 + \left[\frac{\omega}{\omega_0}(\omega_0 L) - \frac{\omega_0}{\omega}\left(\frac{1}{\omega_0 C}\right)\right]^2}}$$

$$= \frac{U}{\sqrt{R^2 + (\omega_0 L)^2 \left(\frac{\omega}{\omega_0} - \frac{\omega_0}{\omega}\right)^2}} = \frac{U}{R\sqrt{1 + \left(\frac{\omega_0 L}{R}\right)^2 \left(\frac{\omega}{\omega_0} - \frac{\omega_0}{\omega}\right)^2}}$$

$$= \frac{I_0}{\sqrt{1 + Q^2 \left(\frac{\omega}{\omega_0} - \frac{\omega_0}{\omega}\right)^2}}$$

或写成

$$\frac{I}{I_0} = \frac{1}{\sqrt{1 + Q^2 \left(\frac{\omega}{\omega_0} - \frac{\omega_0}{\omega}\right)^2}} \tag{4-76}$$

式中 I_0 指谐振时的电流。此式表明了电流比 I/I_0 与角频率比 ω/ω_0 的函数关系。取 I/I_0 为纵坐标,ω/ω_0 为横坐标,可画出对应三个不同 Q 值的一组曲线,该曲线叫做通用电流谐振曲线,如图 4.36 所示。

由图 4.36 可见,品质因数 Q 的大小显著地影响着电路的选频特性,Q 值越高,曲线越尖锐。谐振时 $\omega/\omega_0 = 1$,$I/I_0 = 1$。而失谐时,ω/ω_0 稍微偏离,则 I/I_0 急剧下降。即 Q 值越高选频特性越好。如果 Q 值较低,则谐振点附近的 I/I_0 变化不大,电路的选频特性较差。

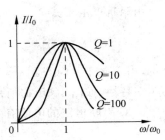

图 4.36　通用电流谐振曲线

例 4-25　将电感线圈与电容器串联,接在电压有效值为 $U = 0.5\text{V}$ 的电源上,线圈的电阻 $R = 20\Omega$,电感 $L = 4\text{mH}$,调节电容为 250pF 时电路发生串联谐振。试求:(1)电路的谐振频率及品质因数 Q;(2)电路中的电流及电容电压。

解:

(1)电路的谐振频率 f_0 及品质因数 Q 为

$$f_0 = \frac{1}{2\pi \sqrt{LC}} = \frac{1}{2 \times 3.14 \sqrt{4 \times 10^{-3} \times 250 \times 10^{-12}}} = 159\text{kHz}$$

$$Q = \frac{\omega_0 L}{R} = \frac{2\pi f_0 L}{R} = \frac{2 \times 3.14 \times 159 \times 10^3 \times 4 \times 10^{-3}}{20} = 200$$

(2)谐振电流 I 及电容电压 U_C 为

$$I = \frac{U}{R} = \frac{0.5}{20} = 25\text{mA}$$

$$U_C = QU = 200 \times 0.5 = 100\text{V}$$

4.7.2　并联谐振电路

1. 谐振条件

在如图 4.37(a)所示的 RLC 并联电路中,电路的导纳为

$$Y = \frac{1}{R} + j\omega C + \frac{1}{j\omega L} = G + j\left(\omega C - \frac{1}{\omega L}\right) \tag{4-77}$$

当 $\omega C - \dfrac{1}{\omega L} = 0$ 时,电路发生谐振,因为是 RLC 的并联电路,所以称为并联谐振。谐振角频率为

$$\omega_0 = \frac{1}{\sqrt{LC}} \tag{4-78}$$

谐振频率为

$$f_0 = \frac{1}{2\pi \sqrt{LC}} \tag{4-79}$$

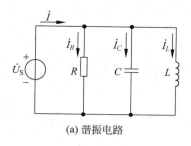 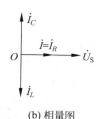

(a) 谐振电路   (b) 相量图

图 4.37　RLC 并联谐振电路

2. 并联谐振的特点

(1) 谐振时,电路的导纳 $Y = G$,其值最小,或者说阻抗最大。电路中的电流有效值 I 达到最小并且与电压同相,此时电流为

$$I = |Y| \cdot U = \frac{U}{|Z|} = \frac{U}{R} \tag{4-80}$$

并联谐振电路的相量图如图 4.37(b)所示。

(2) 并联谐振时,电源与电路之间也不发生能量的互换,能量的互换发生在电感与电容之间。

(3) 由图 4.37(b)可知,谐振时电感电流和电容电流大小相等、相位相反、相互抵消,其大小为电路总电流的 Q 倍,因此并联谐振又称为电流谐振。谐振时电感及电容支路的电流为

$$I_L = I_C = \frac{U}{\omega_0 L} = \frac{U}{R} \times \frac{R}{\omega_0 L} = QI \tag{4-81}$$

其中并联谐振电路的品质因数为

$$Q = \frac{R}{\omega_0 L} = \omega_0 CR \tag{4-82}$$

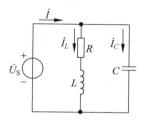

并联谐振电路的选频特性与品质因数 Q 的大小有关,Q 值越大,电路的选频特性越好,反之越差。

例 4-26 电感线圈和电容器并联的电路如图 4.38 所示,其中电阻 R 为电感线圈的等效电阻,求电路的谐振频率及谐振时各支路电流。

图 4.38　例 4.24 图

解：电路的导纳为

$$Y = \frac{1}{R + j\omega L} + j\omega C = \frac{R - j\omega L}{R^2 + (\omega L)^2} + j\omega C$$

$$= \frac{R}{R^2 + (\omega L)^2} + j\left(\omega C - \frac{\omega L}{R^2 + (\omega L)^2}\right)$$

当导纳虚部为 0 时，电路发生谐振，即

$$\omega C - \frac{\omega L}{R^2 + (\omega L)^2} = 0$$

谐振角频率为

$$\omega_0 = \sqrt{\frac{1}{LC} - \frac{R^2}{L^2}} = \frac{1}{\sqrt{LC}}\sqrt{1 - \frac{R^2 C}{L}}$$

谐振频率为

$$f_0 = \frac{1}{2\pi\sqrt{LC}}\sqrt{1 - \frac{C}{L}R^2}$$

谐振时各支路电流分别为

$$\dot{I} = Y\dot{U}_S = \frac{R}{R^2 + (\omega_0 L)^2}\dot{U}_S = \frac{R}{R^2 + L^2\left(\frac{1}{LC} - \frac{R^2}{L^2}\right)}\dot{U}_S = \frac{RC}{L}\dot{U}_S$$

$$\dot{I}_C = j\omega_0 C\dot{U}_S$$

$$\dot{I}_L = \frac{\dot{U}_S}{R + j\omega_0 L}$$

4.8　三相电路

　　三相电路是由三相电源和三相负载所组成的电路整体的总称，由于三相交流电与单相交流电相比，在发电、输电以及电能转换为机械能等方面都具有明显的优越性。因此，是目前国内外电力系统广泛采用的供电方式。本节主要讨论三相电源及负载的联结以及对称三相电路的计算。

4.8.1　对称三相电源

　　三相电源由三相交流发电机产生，如果三相电压源的频率相等、幅值相等、相位相差120°，则这样的三相电源称为对称三相电源。三相交流发电机的绕组有 AX、BY、CZ 三相，其中 A、B、C 为绕组的始端，X、Y、Z 为绕组的末端。若用 $\dot{U}_A$、$\dot{U}_B$、$\dot{U}_C$ 分别表示三相交流发电机三个绕组所产生的电压，并设电压源电压的参考方向是由始端指向末端，则对称三相电源的符号如图 4.39 所示。

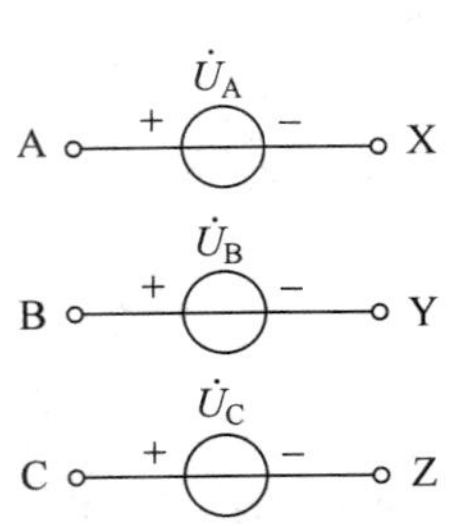

　　设 A 相电压源为参考正弦量，则对称的三相电压源中各相电压的瞬时值可表示为

图 4.39　三相对称电源

$$\begin{cases} u_\mathrm{A} = \sqrt{2}U\sin\omega t \\ u_\mathrm{B} = \sqrt{2}U\sin(\omega t - 120°) \\ u_\mathrm{C} = \sqrt{2}U\sin(\omega t - 240°) = \sqrt{2}U\sin(\omega t + 120°) \end{cases} \quad (4\text{-}83)$$

相量表示式为

$$\begin{cases} \dot{U}_\mathrm{A} = U\angle 0° \\ \dot{U}_\mathrm{B} = U\angle -120° \\ \dot{U}_\mathrm{C} = U\angle 120° \end{cases} \quad (4\text{-}84)$$

对称三相电源电压的波形图、相量图如图 4.40(a)、(b)所示。由图 4.40 可见对称三相电源电压在任一时刻的瞬时值代数和为零,其相量和也为零。即

$$\begin{cases} u_\mathrm{A} + u_\mathrm{B} + u_\mathrm{C} = 0 \\ \dot{U}_\mathrm{A} + \dot{U}_\mathrm{B} + \dot{U}_\mathrm{C} = 0 \end{cases} \quad (4\text{-}85)$$

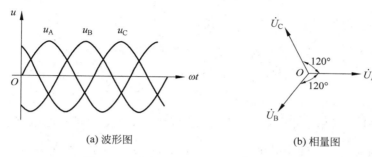

(a) 波形图　　　　　　　　(b) 相量图

图 4.40　对称三相电源的波形图和相量图

在对称三相电源中,通常将三相交流电源依次出现最大值的先后顺序称为三相电源的相序。上述三相电源的相序为 A、B、C,即 A 相比 B 相超前 120°,B 相又比 C 相超前 120°,称之为正序;反之称为负序。通常无特别说明,三相电源均指正序而言。

在三相交流电源中,三相交流发电机绕组的联结方式有星形联结和三角形联结两种方式。

1. 三相电源的星形联结

如果将三相交流发电机三个绕组的末端 X、Y、Z 接在一起,形成中点 N,并由中点 N 引出一条中线,再由始端 A、B、C 分别引出三条端线,这种联结方式称为星形联结。如图 4.41 所示,这种联结也称为三相四线制。

对称三相电源采用星形联结时,端线与中线之间的电压 $\dot{U}_\mathrm{AN}$、$\dot{U}_\mathrm{BN}$、$\dot{U}_\mathrm{CN}$ 称为相电压,端线之间的电压 $\dot{U}_\mathrm{AB}$、$\dot{U}_\mathrm{BC}$、$\dot{U}_\mathrm{CA}$ 称为线电压,由图 4.41 可知

$$\begin{cases} \dot{U}_\mathrm{AN} = \dot{U}_\mathrm{A} \\ \dot{U}_\mathrm{BN} = \dot{U}_\mathrm{B} \\ \dot{U}_\mathrm{CN} = \dot{U}_\mathrm{C} \end{cases} \quad (4\text{-}86)$$

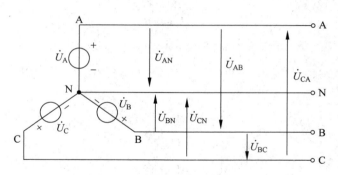

图 4.41 三相电源的星形联结

$$\begin{cases} \dot{U}_{AB} = \dot{U}_A - \dot{U}_B \\ \dot{U}_{BC} = \dot{U}_B - \dot{U}_C \\ \dot{U}_{CA} = \dot{U}_C - \dot{U}_A \end{cases} \quad (4\text{-}87)$$

将对称三相电源的相量表示式(4-84)代入式(4-87),得

$$\begin{cases} \dot{U}_{AB} = \dot{U}_A - \dot{U}_B = \sqrt{3}\,\dot{U}_A \angle 30° \\ \dot{U}_{BC} = \dot{U}_B - \dot{U}_C = \sqrt{3}\,\dot{U}_B \angle 30° \\ \dot{U}_{CA} = \dot{U}_C - \dot{U}_A = \sqrt{3}\,\dot{U}_C \angle 30° \end{cases} \quad (4\text{-}88)$$

式(4-88)表明:对称三相电源作星形联结时,线电压有效值是相电压有效值的 $\sqrt{3}$ 倍,在相位上线电压超前于相应的相电压30°。如 $\dot{U}_{AB}$ 超前于 $\dot{U}_A$ 30°, $\dot{U}_{BC}$ 超前于 $\dot{U}_B$ 30°等。若用 U_l、U_p 表示线电压和相电压的有效值,则有

$$U_l = \sqrt{3}\,U_p \quad (4\text{-}89)$$

三相电源星形联结时线电压与相电压的相量关系如图 4.42 所示。

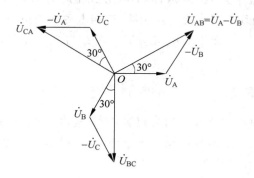

图 4.42 三相电源星形联结相电压、线电压相量图

如果对称三相电源的星形联结没有中线,则称为三相三线制,此时电源对负载只提供对称的三相线电压。

2. 三相电源的三角形联结

如果将三相交流发电机的三个绕组始端、末端依次相连,然后从三个联节点分别引

出三根端线,如图 4.43 所示,则这种联结方式称为三相电源的三角形联结,也称为三相三线制。

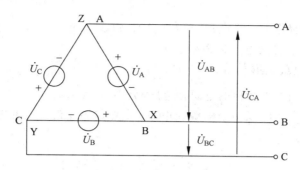

图 4.43　三相电源的三角形联结

从图 4.43 可以得到三相电源三角形联结时线电压和相电压的关系为

$$
\begin{cases}
\dot{U}_{AB} = \dot{U}_A \\
\dot{U}_{BC} = \dot{U}_B \\
\dot{U}_{CA} = \dot{U}_C
\end{cases}
\tag{4-90}
$$

上式表明,三相电源作三角形联结时,线电压和相电压的有效值相等,即 $U_l = U_p$,线电压与相应的相电压相位也相同。

4.8.2　对称三相电路的计算

三相电路中,负载一般也是三相的,即由三个负载阻抗组成,如果三个负载阻抗相同,则称为对称负载,否则称为不对称负载。三相负载也有星形和三角形两种联结方式,下面分别讨论对称三相电路的特点和计算方法。对于不对称三相电路,可采用常规的相量法进行分析,这里不再详述。

1. 负载的星形联结

当负载的额定电压等于电源线电压的 $1/\sqrt{3}$ 时,三相负载应作 Y 型联结。对称 Y 型三相电源和对称 Y 型三相负载组成的电路如图 4.44 所示,称为对称 Y-Y 三相电路,图中,设对称三相负载的阻抗为 Z。

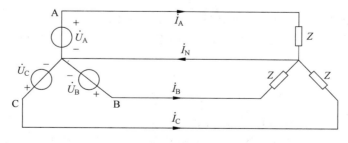

图 4.44　对称 Y-Y 联结三相电路

如图 4.44 中所示,三相负载星形联结时,流经各相负载的电流称为相电流,而流经各端线的电流称为线电流,分别用 $\dot{I}_A$、$\dot{I}_B$、$\dot{I}_C$ 表示,习惯上选定线电流的参考方向是从电源流向负载;流经中线的电流称为中线电流,用 $\dot{I}_N$ 表示,中线电流的参考方向为由负载中点指向电源中点。各相负载承受的电压称为相电压。

显然,对称三相负载星形联结时具有如下特点:

(1) 各相负载承受的是对称的电源相电压,分别为 $\dot{U}_A$、$\dot{U}_B$、$\dot{U}_C$。

(2) 流过各相负载的电流等于电源线电流,其值等于各相负载的电压除以各相负载的阻抗,即

$$\dot{I}_A = \frac{\dot{U}_A}{Z}, \quad \dot{I}_B = \frac{\dot{U}_B}{Z}, \quad \dot{I}_C = \frac{\dot{U}_C}{Z} \tag{4-91}$$

(3) 在 Y-Y 联结对称三相电路中,中线电流等于各相负载电流之和,其值为零,即

$$\dot{I}_N = \dot{I}_A + \dot{I}_B + \dot{I}_C = 0 \tag{4-92}$$

因为流过中线的电流为零,即 $\dot{I}_N = 0$。此时可将中线去掉,而对电路没有任何影响,这样就成为三相三线制电路。

2. 负载的三角形联结

当负载的额定电压等于电源线电压时,三相负载应作△型联结。三相负载三角形联结时没有中线,如图 4.45 所示为电源、负载均为△联结时的电路。对称三相负载三角形联结时具有如下特点。

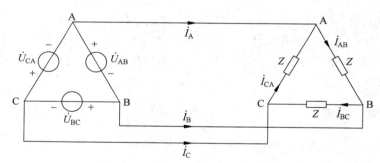

图 4.45　三相负载的三角形联结

(1) 各相负载承受的是对称的电源线电压电压,它们分别为 $\dot{U}_{AB}$、$\dot{U}_{BC}$、$\dot{U}_{CA}$。

(2) 流过各相负载的电流等于各相负载的电压除以各相负载的阻抗,各相负载电流分别为

$$\dot{I}_{AB} = \frac{\dot{U}_{AB}}{Z}, \quad \dot{I}_{BC} = \frac{\dot{U}_{BC}}{Z}, \quad \dot{I}_{CA} = \frac{\dot{U}_{CA}}{Z} \tag{4-93}$$

(3) 三相负载三角形联结时,负载相电流与电源线电流不相等,仿照对称三相电源星形联结时线电压与相电压关系的分析,可得三相负载三角形联结时线电流与相电流之间的关系为

$$\begin{cases} \dot{I}_A = \dot{I}_{AB} - \dot{I}_{CA} = \sqrt{3}\,\dot{I}_{AB}\angle-30° \\ \dot{I}_B = \dot{I}_{BC} - \dot{I}_{AB} = \sqrt{3}\,\dot{I}_{BC}\angle-30° \\ \dot{I}_C = \dot{I}_{CA} - \dot{I}_{BC} = \sqrt{3}\,\dot{I}_{CA}\angle-30° \end{cases} \qquad (4\text{-}94)$$

式(4-94)表明,三相对称负载三角形联结时,线电流有效值是相电流有效值的$\sqrt{3}$倍,并且在相位上滞后对应的相电流30°。

3. 对称三相电路的功率

对称三相电路中,每相负载吸收的平均功率为

$$P_p = U_p I_p \cos\varphi \qquad (4\text{-}95)$$

当负载星形联结时,有$U_1=\sqrt{3}U_p$,$I_1=I_p$;负载为三角形联结时,有$U_1=U_p$,$I_1=\sqrt{3}I_p$。所以无论负载星形还是三角形联结,三相负载吸收的总功率都为

$$P_p = 3U_p I_p \cos\varphi = \sqrt{3}U_1 I_1 \cos\varphi \qquad (4\text{-}96)$$

上式中φ为三相负载的阻抗角,即各相负载相电压与相电流的相位差。

例 4-27 在如图 4.44 所示 Y-Y 联结三相电路中,每相负载的电阻为 15Ω,感抗为 20Ω,电源线电压为 380V,求负载的相电压、线电流及三相平均功率。

解:负载阻抗为

$$Z = 15 + j20 = 25\angle 53°\ \Omega$$

负载的相电压

$$U_p = \frac{U_1}{\sqrt{3}} = \frac{380}{\sqrt{3}} = 220\mathrm{V}$$

线电流

$$I_1 = I_p = \frac{U_p}{|Z|} = \frac{220}{25} = 8.8\mathrm{A}$$

三相平均功率

$$P = 3U_p I_p \cos\varphi = 3\times 220\times 8.8\times\cos 53° \approx 3.5\mathrm{kW}$$

例 4-28 图 4.45 所示电路中,负载阻抗为 $Z = 3+j4\ \Omega$,电源线电压为 220V,求负载的相电流、线电流及三相平均功率。

解:负载阻抗为

$$Z = 3 + j4 = 5\angle 53°\ \Omega$$

负载的相电压

$$U_p = U_1 = 220\mathrm{V}$$

负载的相电流

$$I_p = \frac{U_p}{|Z|} = \frac{220}{5} = 44\mathrm{A}$$

线电流

$$I_1 = \sqrt{3}I_p = 76\mathrm{A}$$

三相平均功率

$$P = 3U_\mathrm{p}I_\mathrm{p}\cos\varphi = 3 \times 220 \times 44 \times \cos53° \approx 17\mathrm{kW}$$

4.9 Protel 仿真分析

交流小信号分析用来测试输入信号的频率发生变化时,输出信号的幅值或相位随频率变化的关系,常用于测试放大器、滤波器的幅频特性和相频特性等。交流小信号分析属于频域分析,是一种很常用的分析方法。仿真时,先计算电路的直流工作点,决定电路中所有非线性元件的线性化小信号模型参数,然后在指定的频率范围内对电路进行频率扫描分析。

对 RLC 串联谐振电路进行交流小信号分析,观察输入信号为不同频率时输出电压或电流与输入信号频率之间的关系。

例 4-29 串联谐振电路如图 4.46 所示,输入信号为正弦交流电压源 U_S,对该电路电流进行交流小信号分析,观察电路中电流与输入信号频率之间的关系。

解:按图 4.46 连接电路,运行仿真分析,选择电路中的电流作为测试点,交流小信号分析的设置内容如图 4.47 所示。运行交流小信号分析,得到电路中电流的频率特性曲线,如图 4.48 所示。

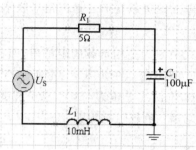

图 4.46 例 4-29 电路

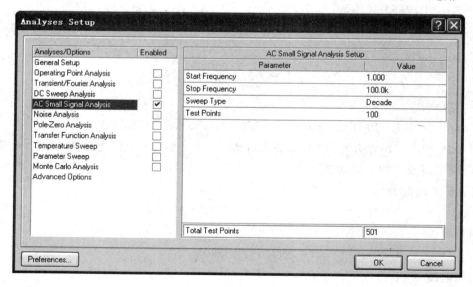

图 4.47 交流小信号分析的设置

将图 4.46 电路中的 R_1 改为 50Ω,即降低电路的品质因数,此时的频率特性曲线如图 4.49 所示。

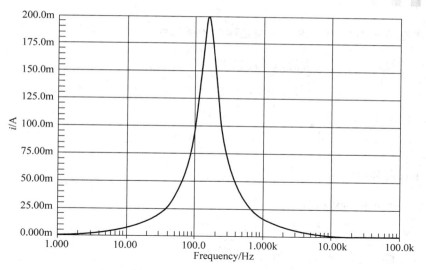

图 4.48 电流的频率特性曲线

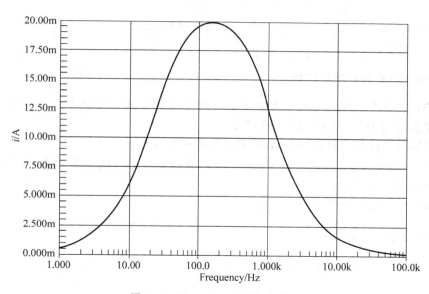

图 4.49 $R_1 = 50\Omega$ 时的频率特性

4.10 本章小结

1. 正弦量

振幅、角频率和初相位是正弦交流电的三要素；正弦量有解析式、波形图和相量三种表示形式，其中相量表示是用复数表示正弦量，是分析计算正弦稳态电路的依据；两个同频率正弦量的相位之差称为相位差；正弦量的大小用有效值表示，有效值与最大值的关系是

$$U = \frac{U_m}{\sqrt{2}} = 0.707U_m, \quad I = \frac{I_m}{\sqrt{2}} = 0.707I_m$$

2. 基本电路元件 VAR 与基尔霍夫定律的相量形式

R、L、C 三种元件伏安关系的相量形式为

$$\dot{U} = R\dot{I}, \quad \dot{U} = \mathrm{j}\omega L\dot{I} = \mathrm{j}X_L\dot{I}, \quad \dot{U} = \frac{1}{\mathrm{j}\omega C}\dot{I} = -\mathrm{j}X_C\dot{I}$$

基尔霍夫定律的相量形式

$$\sum \dot{I} = 0 \quad \sum \dot{U} = 0$$

3. 复阻抗与复导纳

R、L、C 三种元件的阻抗分别为

$$Z_R = R, \quad Z_L = \mathrm{j}\omega L = \mathrm{j}X_L, \quad Z_C = \frac{1}{\mathrm{j}\omega C} = -\mathrm{j}X_C$$

R、L、C 三种元件的导纳分别为

$$Y_R = \frac{1}{R} = G, \quad Y_L = \frac{1}{\mathrm{j}X_L} = \frac{1}{\mathrm{j}\omega L}, \quad Y_C = \frac{1}{-\mathrm{j}X_C} = \mathrm{j}\omega C$$

在正弦稳态电路中,阻抗或导纳串并联电路的分析与直流电路中电阻或电导串并联电路的分析方法相同。

4. 正弦稳态电路的相量分析法

根据电路的相量模型建立相量形式的电路方程,求解电路响应的方法称为相量分析法。正弦交流电路相量分析法的一般步骤如下:

(1) 画出电路的相量模型,写出各已知正弦量的相量形式;

(2) 利用 KVL、KCL 和元件的 VAR 及电路的各种分析方法和定理建立相量方程,求解出电路响应的相量形式;

(3) 写出电路响应的正弦量表达式。

5. 正弦稳态电路的功率

正弦稳态电路的端口电压、电流为关联参考方向时,平均功率为

$$P = UI\cos\varphi$$

电路的功率因数为

$$\lambda = \cos\varphi$$

无功功率为

$$Q = UI\sin\varphi$$

视在功率为

$$S = UI$$

复功率为

$$\widetilde{S} = P + \mathrm{j}Q$$

6. 最大功率传输

负载 Z_L 与有源二端网络连接,负载从电路中获得最大输出功率的条件是

$$Z_L = Z_o^* = R_o - jX_o$$

获得的最大功率为

$$P_{\max} = \frac{U_{oc}^2}{4R_o}$$

7. 谐振电路

发生串联谐振时,电路的阻抗值最小,电流达到最大值;电路为电阻性电路;电感电压和电容电压是电源电压的 Q 倍,串联谐振也称电压谐振。

并联谐振时,电路的阻抗值最大,电流达到最小值;电路为电阻性电路;电感电流和电容电流是电源电流的 Q 倍,并联谐振也称电流谐振。

电路发生谐振时,电源与电路之间不存在能量的交换,能量交换只在电感和电容之间进行。

8. 三相电路

三相电路是由三相电源和三相负载所组成的电路整体的总称。三个频率相等、幅值相等、相位差为 $120°$ 的正弦电压源称为对称三相电源,对称三相电源有星形和三角形两种联结方式。星形联结时,$\dot{U}_l = \sqrt{3}\dot{U}_p \angle 30°$;三角形联结时,$\dot{U}_p = \dot{U}_l$。

三相负载也有星形和三角形两种联结方式。三相对称负载星形联结时

$$U_l = \sqrt{3}U_p, \quad I_l = I_p$$

三相对称负载三角形联结时

$$U_l = U_p, \quad I_l = \sqrt{3}I_p$$

对称三相电路的功率为

$$P = 3U_p I_p \cos\varphi = \sqrt{3}U_l I_l \cos\varphi$$

习题

4-1 一个工频正弦交流电压的最大值为 537V,在 $t=0$ 时的瞬时值为 -268V,试求它的解析式并画出波形图。

4-2 已知正弦电压的频率为 50Hz,其波形如图 4.50 所示,试写出它的瞬时值解析式,当 $t=0.025$s 时求电压的瞬时值。

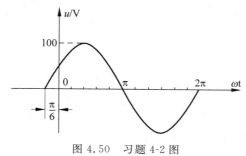

图 4.50 习题 4-2 图

4-3　已知 $u_1 = 220\sqrt{2}\sin(314t - 120°)$V，$u_2 = 220\sqrt{2}\sin(314t + 30°)$V，求：(1)求出它们的频率、周期和有效值；(2)写出它们的相量形式并画出相量图；(3)求出它们的相位差，并比较相位的超前、滞后关系；(3)如果将电压 u_2 的参考方向反向，重新回答(2)、(3)两项。

4-4　将下列复数写成极坐标形式。

(1) 3+j4　　　　　(2) −1−j3　　　　　(3) 6−j8

(4) −3+j2　　　　(5) 20+j10　　　　(6) 7−j3

4-5　将下列复数写成代数形式

(1) $10\angle60°$　　　　(2) $6\angle90°$　　　　(3) $4\angle-77°$　　　　(4) $5\angle53°$

4-6　已知两同频率正弦电流表达式：

$$i_1 = 3\sqrt{2}\sin(\omega t + 20°)\text{A}，\quad i_2 = 5\sqrt{2}\sin(\omega t - 35°)\text{A}$$

(1) 试用相量表示；

(2) 用相量法求 $i_1 + i_2$。

4-7　已知电感元件 $L = 0.2$H，外加电压 $u = 220\sqrt{2}\sin(100t - 30°)$V。求通过电感的电流 i，并画出电流和电压的相量图。

4-8　已知电容元件 $C = 50\mu$F，通过电容的电流为 $i = 20\sqrt{2}\sin(10^6t + 30°)$mA，求：(1)容抗 X_C；(2)电容两端的电压 u。

4-9　如图 4.51 所示电路中，已知电流表 A_1、A_2 的读数均为 5A，求电路中电流表 A 的读数。

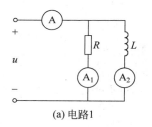
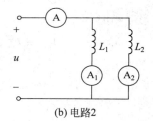

(a) 电路1　　　　　　　　　　　(b) 电路2

图 4.51　习题 4-9 电路

4-10　如图 4.52 所示电路中，已知电压表 V_1、V_2、V_3 的读数均为 5V，求电路中电压表 V 的读数。

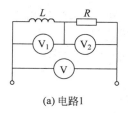
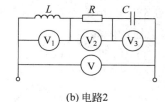

(a) 电路1　　　　　　　　　　　(b) 电路2

图 4.52　习题 4-10 电路

4-11　有一 R、L、C 串联电路，其中 $R = 15\Omega$，$L = 60$mH，$C = 25\mu$F，外加交流电压 $u = 100\sqrt{2}\sin1000t$V。试求：(1)电路的等效阻抗 Z，并确定电路的性质；(2)电路中的电流 i 以

及各元件电压 u_R、u_L、u_C,并绘出相量图。

4-12 在 R、L、C 并联电路中,已知 $R=10\Omega$,$X_L=15\Omega$,$X_C=8\Omega$,外加电压为 $\dot{U}=220\angle0°$V。试求:(1)电路的等效导纳 Y;(2)电路中各支路电流 $\dot{I}_R$、$\dot{I}_L$、$\dot{I}_C$、$\dot{I}$,并绘出相量图。

4-13 如图 4.53 所示电路中,已知 $Z_o=1+\mathrm{j}1\Omega$,$Z_1=6-\mathrm{j}8\Omega$,$Z_2=10+\mathrm{j}10\Omega$,电流源 $\dot{I}_S=2\angle0°$A,求 $\dot{I}_1$、$\dot{I}_2$、$\dot{U}$。

4-14 一阻抗接在交流电路中,其电压、电流分别为 $\dot{U}=220\angle30°$V,$\dot{I}=5\angle-30°$A,求电路的 Z、$\cos\varphi$、P、Q、S。

4-15 在如图 4.54 所示电路中,已知电源电压 $\dot{U}=220\angle0°$V,试求:(1)电路的等效复阻抗 Z;(2)电流 $\dot{I}$、$\dot{I}_1$ 和 $\dot{I}_2$。

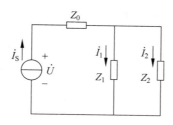

图 4.53 习题 4-13 电路

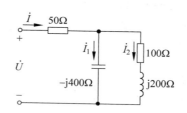

图 4.54 习题 4-15 电路

4-16 如图 4.55 所示电路中,$R_1=20\Omega$,$X_1=60\Omega$,$R_2=30\Omega$,$X_2=40\Omega$,$R_3=45\Omega$,电源电压 $\dot{U}=220\angle0°$V,求电流 $\dot{I}_1$、$\dot{I}_2$、$\dot{I}_3$ 和电路的功率因数。

4-17 在如图 4.56 所示电路中,已知电压表的读数为 30V,试求电流表的读数。

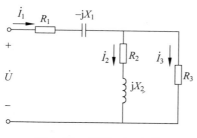

图 4.55 习题 4-16 电路

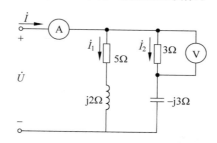

图 4.56 习题 4-17 电路

4-18 在如图 4.57 所示电路中,若已知 $\dot{U}=100\angle0°$V,$Z_o=5+\mathrm{j}10\Omega$,负载阻抗分别为 (1)$Z_L=5\Omega$;(2)$Z_L=5-\mathrm{j}10\Omega$ 时,求负载的功率。

4-19 如图 4.58 所示电路中,已知 $u=220\sqrt{2}\sin314t$V,$i_1=22\sin(314t-45°)$A,$i_2=11\sqrt{2}\sin(314t+90°)$A,求各仪表读数及电路参数 R、L 和 C。

4-20 在电阻、电感、电容串联的交流电路中,已知电源电压 $U=1$V,$R=10\Omega$,$L=4$mH,$C=160$pF,试求:(1)当电路发生谐振时的频率、电流、电容器上的电压、品质因数;(2)当频率偏离谐振点 $+10\%$ 时的电流、电容器上的电压。

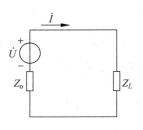

图 4.57 习题 4-18 电路

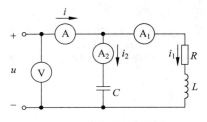

图 4.58 习题 4-19 电路

4-21 对称三相电源相电压为 220V,对称三相负载每相阻抗为 $40+\mathrm{j}30\Omega$,线路阻抗忽略不计,求:负载分别为星形联结和三角形联结时各相负载的相电压、相电流和线电流。

4-22 在 Y-Y 联结对称三相电路中,电源线电压为 380V,负载阻抗 $Z=90+\mathrm{j}120\Omega$,求各负载的相电压、相电流、线电流以及负载吸收的总功率。如果将此负载改为三角形联结,再求各负载的相电压、相电流、线电流以及负载吸收的总功率。

第5章 耦合电感电路

本章学习目标

- 了解耦合电感的概念,掌握耦合电感线圈的电压、电流关系;
- 掌握耦合电感的去耦等效电路以及耦合电感电路的分析方法;
- 掌握空心变压器电路的分析计算方法;
- 掌握理想变压器电路的分析计算方法。

耦合电感线圈在电子工程、通信工程和测量仪器等方面具有广泛的应用,本章首先介绍耦合电感的概念和耦合电感线圈的电压电流关系,然后介绍耦合电感的去耦等效电路以及耦合电感电路的分析计算,最后介绍空心变压器和理想变压器电路的分析。

5.1 耦合电感元件

当单个线圈通过交变电流时,会产生感应电压,即自感电压。同样两个相邻的线圈通过交变电流时,不仅有自感电压,而且由于两线圈相互之间有磁的耦合,还将产生互感电压。耦合电感是实际耦合线圈抽象出来的理想化电路模型,它是一种动态电路元件。

5.1.1 耦合电感的概念

如图 5.1 所示为两个相邻的线圈,匝数分别为 N_1、N_2,规定每个线圈的电压与电流取关联的参考方向,并且每个线圈的电流与该电流所产生的磁通也取关联的参考方向(即电流的参考方向与磁通的参考方向符合右手螺旋关系)。

当线圈 1 中通过电流 i_1 时,在线圈 1 中会产生自感磁通 ϕ_{11},自感磁链为 $\psi_{11} = N_1 \phi_{11}$。$\phi_{11}$ 中会有一部分磁通穿过线圈 2,由线圈 1 的电流 i_1 产生的通过线圈 2 的

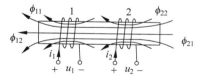

图 5.1 两个线圈的互感

磁通称为互感磁通 ϕ_{21},并且 $\phi_{21} < \phi_{11}$。ϕ_{21} 与线圈 2 交链的互感磁链为 $\psi_{21} = N_2 \phi_{21}$,称为线圈 1 对线圈 2 的互感磁链。这种一个线圈的磁通与另一个线圈相交链的现象,称为磁耦合。定义互感磁链 ψ_{21} 与产生它的电流 i_1 的比值为线圈 1 对线圈 2 的互感系数 M_{21},简称互感。即

$$M_{21} = \frac{\psi_{21}}{i_1}$$

(5-1)

同理，当线圈 2 中通过电流 i_2 时，在线圈中 1 中也会产生互感磁通 ϕ_{12}。则线圈 2 对线圈 1 的互感为

$$M_{12}=\frac{\psi_{12}}{i_2}$$

可以证明 $M_{12}=M_{21}=M$，统称为两线圈的互感系数，并且 $M\leqslant\sqrt{L_1 L_2}$。互感的单位与自感相同，是亨利(H)。

互感 M 的大小反映了一个线圈在另一线圈中产生磁通的能力。两个耦合线圈的电流所产生的磁通，一般只有部分磁通相互交链，彼此不交链的部分称为漏磁通。两耦合线圈相互交链的磁通部分越大，说明两线圈的耦合越紧密，通常用耦合系数 k 来表征两线圈耦合的紧密程度，定义为

$$k=\frac{M}{\sqrt{L_1 L_2}} \tag{5-2}$$

式中 L_1、L_2 为两线圈的自感，由式(5-2)可知，k 的取值范围是 $0\leqslant k\leqslant 1$。$k=1$ 时，两线圈为全耦合，无漏磁通；$k=0$ 时，说明两线圈没有耦合。k 的大小与线圈的结构，两线圈的相互位置及周围的磁介质有关。

5.1.2　耦合电感线圈的电压、电流关系

由前面分析可知，当两互感线圈上都有电流时，交链每一线圈的磁链不仅与该线圈本身的电流有关，也与另一个线圈的电流有关。如果每一线圈的电压、电流取关联参考方向，并且每个线圈的电流与该电流产生的磁通符合右手螺旋定则，而互感磁通又与自感磁通方向一致，即磁通相助，如图 5.1 所示。则根据电磁感应定律，两线圈感应电压为

$$\begin{cases} u_1 = \dfrac{\mathrm{d}\psi_{11}}{\mathrm{d}t}+\dfrac{\mathrm{d}\psi_{12}}{\mathrm{d}t}=L_1\dfrac{\mathrm{d}i_1}{\mathrm{d}t}+M\dfrac{\mathrm{d}i_2}{\mathrm{d}t} \\ u_2 = \dfrac{\mathrm{d}\psi_{22}}{\mathrm{d}t}+\dfrac{\mathrm{d}\psi_{21}}{\mathrm{d}t}=L_2\dfrac{\mathrm{d}i_2}{\mathrm{d}t}+M\dfrac{\mathrm{d}i_1}{\mathrm{d}t} \end{cases} \tag{5-3}$$

如果改变一下图 5.1 中线圈的绕向，如图 5.2 所示，则自感磁通与互感磁通的方向相反，即磁通相消，则每个线圈上的电压为

$$\begin{cases} u_1 = \dfrac{\mathrm{d}\psi_{11}}{\mathrm{d}t}-\dfrac{\mathrm{d}\psi_{12}}{\mathrm{d}t}=L_1\dfrac{\mathrm{d}i_1}{\mathrm{d}t}-M\dfrac{\mathrm{d}i_2}{\mathrm{d}t} \\ u_2 = \dfrac{\mathrm{d}\psi_{22}}{\mathrm{d}t}-\dfrac{\mathrm{d}\psi_{21}}{\mathrm{d}t}=L_2\dfrac{\mathrm{d}i_2}{\mathrm{d}t}-M\dfrac{\mathrm{d}i_1}{\mathrm{d}t} \end{cases}$$

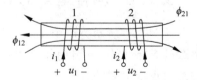

图 5.2　磁通相消的互感线圈

在图 5.1 和图 5.2 中，只是改变了线圈 2 的实际绕向，结果使得两线圈的互感磁通与自感磁通由相助的关系变为相消的关系，因而改变了互感电压前面的符号。可见，要确定互感电压前面的正负号，必须知道互感磁通和自感磁通是相助还是相消。如果像图 5.1 和图 5.2 那样，知道了线圈的相对位置和实际绕向，设出各线圈上电流 i_1、i_2 的参考方向，就可根据右手螺旋定则判断出自感磁通与互感磁通是相助还是相消。

在实际应用中，互感线圈的实际绕向往往是不易观察出来的，同时在电路图中往往也不画出线圈的实际绕向。于是人们规定了一种标志，即同名端，由同名端和电流的参考方向就可判断磁通是相助还是相消。

同名端的定义：当电流 i_1、i_2 分别从线圈 1 和线圈 2 的某一端流入（或流出）时，如果两电流产生的磁通是相助的，则这两个电流流入（或流出）端互为同名端。同名端可用"·"或"＊"作标记，不带"·"或"＊"的另外两个端子当然也互为同名端。

如图 5.3(a)所示，当电流从线圈 L_1 的 a 端和线圈 L_2 的 c 端流入时，它们产生的磁通相助，因此 a 端和 c 端是同名端（当然 b、d 端也是同名端），a 端和 d 端（或 b 端和 c 端）为异名端。同理，图 5.10(b)中的 a 端和 d 端为同名端。

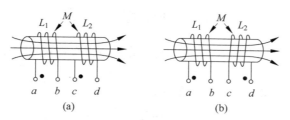

图 5.3 互感线圈的同名端

在实际应用中，有些设备中的线圈是封装着的，在这种情况下，常用实验的方法来测定两线圈的同名端，电路如图 5.4 所示。将一个线圈通过开关 S 接到一直流电源上，将另一个线圈接一直流电压表（或电流表），当开关 S 迅速闭合时，电流 i_1 从 L_1 的 1 端流入并且增大，如果此时电压表的指针正向偏转，说明 L_2 的 3 端为高电位端，则电压表正极所接的 3 端与 1 端为同名端；反之，若电压表指针反向偏转，则说明 4 端为高电位端，可判定 1 端和 4 端为同名端。

当两个互感线圈的同名端确定之后，再根据线圈的电压、电流参考方向，就可判定自感电压和互感电压前面的正、负号。自感电压取正还是取负，取决于本线圈 u、i 的参考方向是否关联。若 u、i 为关联参考方向，则自感电压取正；反之，自感电压取负。而互感电压的正、负号是这样规定的：当两线圈电流均从同名端流入（或流出）时，两线圈中磁通相助，则互感电压与本线圈的自感电压同号（即自感电压取正，互感电压也取正；自感电压取负，互感电压也取负）。否则，当两线圈的电流均从异名端流入（或流出）时，两线圈中磁通相消，互感电压与本线圈的自感电压异号（即自感电压取正，则互感电压取负；自感电压取负，则互感电压取正）。

例 5-1 如图 5.5 所示为一耦合电感元件，写出每一线圈上的电压、电流关系。

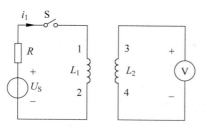

图 5.4 同名端的实验测定

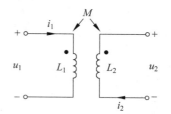

图 5.5 例 5-1 电路

解：由于线圈 L_1 的 u_1、i_1 为关联参考方向，所以线圈 L_1 的自感电压取正，为 $L_1 \dfrac{\mathrm{d}i_1}{\mathrm{d}t}$。在线圈 L_2 上，u_2、i_2 为非关联参考方向，所以线圈 L_2 的自感电压取负，为 $-L_2 \dfrac{\mathrm{d}i_2}{\mathrm{d}t}$。电流 i_1、

i_2 从两线圈的异名端流入,因而互感电压与本线圈的自感电压符号相反,得耦合电感的电压、电流关系为

$$u_1 = L_1 \frac{\mathrm{d}i_1}{\mathrm{d}t} - M \frac{\mathrm{d}i_2}{\mathrm{d}t}$$

$$u_2 = -L_2 \frac{\mathrm{d}i_2}{\mathrm{d}t} + M \frac{\mathrm{d}i_1}{\mathrm{d}t}$$

5.1.3   耦合电感线圈的等效受控源电路

根据互感线圈的电压、电流关系方程,可以将耦合电感的特性用电感元件和受控电压源电路来等效。例题 5-1 所示的图 5.5 电路,根据其电压、电流关系方程,可等效为如图 5.6 所示电路。

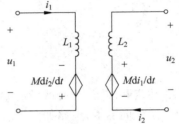

其中受控电压源的极性与产生它的变化电流的参考方向对同名端是一致的。例如,图 5.5 中电流 i_1 的参考方向是从 L_1 的"·"端指向非点端的,所以它在 L_2 中产生的互感电压 $M \frac{\mathrm{d}i_1}{\mathrm{d}t}$ 在其"·"端是正极性,非点端为负极性;电流 i_2 是从 L_2 的不带点端流入"·"端的,所以它在 L_1 中产生的互感电压 $M \frac{\mathrm{d}i_1}{\mathrm{d}t}$ 在非点端为正极性,在"·"端是负极性。

图 5.6   互感线圈的等效受控源电路

5.1.4   耦合电感线圈电压、电流关系的相量形式

如图 5.7(a)所示为两个具有互感的线圈,其电压、电流关系为

$$u_1 = L_1 \frac{\mathrm{d}i_1}{\mathrm{d}t} + M \frac{\mathrm{d}i_2}{\mathrm{d}t}$$

$$u_2 = L_2 \frac{\mathrm{d}i_2}{\mathrm{d}t} + M \frac{\mathrm{d}i_1}{\mathrm{d}t}$$

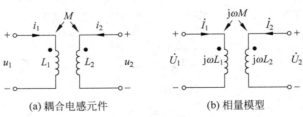

(a) 耦合电感元件   (b) 相量模型

图 5.7   耦合电感的相量模型

图 5.7(a)中耦合电感元件的相量模型如图 5.7(b)所示。设 $i_1 = \sqrt{2} I_1 \sin(\omega t + \psi_1)$,相量形式为 $\dot{I}_1 = I_1 \angle \psi_1$;$i_2 = \sqrt{2} I_2 \sin(\omega t + \psi_2)$,相量形式为 $\dot{I}_2 = I_2 \angle \psi_2$,则

$$u_1 = L_1 \frac{\mathrm{d}i_1}{\mathrm{d}t} + M \frac{\mathrm{d}i_2}{\mathrm{d}t} = \sqrt{2}\,\omega L_1 I_1 \cos(\omega t + \psi_1) + \sqrt{2}\,\omega M I_2 \cos(\omega t + \psi_2)$$

$$= \sqrt{2}\,\omega L_1 I_1 \sin(\omega t + \psi_1 + 90°) + \sqrt{2}\,\omega M I_2 \sin(\omega t + \psi_2 + 90°)$$

$$\begin{aligned}\dot{U}_1 &= \omega L_1 I_1 \angle \psi_1 + 90° + \omega M I_2 \angle \psi_2 + 90° \\ &= \omega L_1 \angle 90° \cdot I_1 \angle \psi_1 + \omega M \angle 90° \cdot I_2 \angle \psi_2 \\ &= j\omega L_1 \dot{I}_1 + j\omega M \dot{I}_2 \end{aligned}$$

同理可得

$$\dot{U}_2 = j\omega L_2 \dot{I}_2 + j\omega M \dot{I}_1$$

即如图 5.7(b)所示耦合电感元件电压、电流关系的相量形式为

$$\begin{cases} \dot{U}_1 = j\omega L_1 \dot{I}_1 + j\omega M \dot{I}_2 \\ \dot{U}_2 = j\omega L_2 \dot{I}_2 + j\omega M \dot{I}_1 \end{cases} \tag{5-4}$$

式(5-4)为互感元件电压、电流关系的相量形式,其中 ωM 具有电抗的性质,称为互感抗。上式中各项正、负号的规定与前面介绍的时域内的确定方法相同。

5.2 耦合电感的去耦等效电路

具有互感的两线圈,每一线圈上的电压不但与本线圈的电流变化率有关,而且与另一线圈的电流变化率有关,其电压、电流关系的方程式又因同名端的位置不同,以及电压、电流的参考方向是否关联有多种不同的表达方式,这对分析互感电路来说很不方便,这一节讨论怎样通过电路的等效变换去掉互感耦合。

5.2.1 耦合电感的串联等效

具有互感的两线圈串联联结时有两种方式——顺接串联和反接串联。顺接串联就是异名端相连,如图 5.8(a)所示。电压、电流为关联参考方向,电流通过两线圈都是从同名端流入的,因而两线圈的电压为

$$\begin{aligned} u &= L_1 \frac{\mathrm{d}i}{\mathrm{d}t} + M \frac{\mathrm{d}i}{\mathrm{d}t} + L_2 \frac{\mathrm{d}i}{\mathrm{d}t} + M \frac{\mathrm{d}i}{\mathrm{d}t} \\ &= (L_1 + L_2 + 2M) \frac{\mathrm{d}i}{\mathrm{d}t} = L \frac{\mathrm{d}i}{\mathrm{d}t} \end{aligned} \tag{5-5}$$

式中

$$L = L_1 + L_2 + 2M \tag{5-6}$$

称为两互感线圈顺接串联时的等效电感,其等效电路如图 5.8(b)所示。

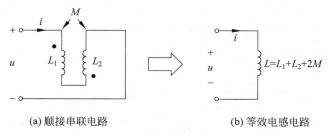

(a) 顺接串联电路　　　　　　(b) 等效电感电路

图 5.8　互感线圈的顺接串联

如图 5.9(a)所示为两互感线圈的反接串联方式,反接串联是同名端相连。图中电压、电流仍采用关联参考方向,电流通过两线圈时是从异名端流入的,因而两线圈的电压为

$$u = L_1 \frac{\mathrm{d}i}{\mathrm{d}t} - M \frac{\mathrm{d}i}{\mathrm{d}t} + L_2 \frac{\mathrm{d}i}{\mathrm{d}t} - M \frac{\mathrm{d}i}{\mathrm{d}t}$$

$$= (L_1 + L_2 - 2M) \frac{\mathrm{d}i}{\mathrm{d}t} = L \frac{\mathrm{d}i}{\mathrm{d}t} \tag{5-7}$$

式中

$$L = L_1 + L_2 - 2M \tag{5-8}$$

称为两互感线圈反接串联时的等效电感,其等效电路如图 5.9(b)所示。

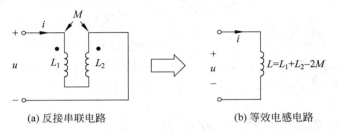

(a) 反接串联电路　　　　　(b) 等效电感电路

图 5.9　互感线圈的反接串联

5.2.2　耦合电感的 T 形等效

1. 同名端相连的 T 形去耦等效电路

如图 5.10(a)所示,两互感线圈的连接为同名端相连,电压、电流参考方向如图中所标。两线圈上的电压分别为

$$\begin{cases} u_1 = L_1 \dfrac{\mathrm{d}i_1}{\mathrm{d}t} + M \dfrac{\mathrm{d}i_2}{\mathrm{d}t} \\[2mm] u_2 = L_2 \dfrac{\mathrm{d}i_2}{\mathrm{d}t} + M \dfrac{\mathrm{d}i_1}{\mathrm{d}t} \end{cases} \tag{5-9}$$

将以上两式进行数学变换可得

$$\begin{cases} u_1 = L_1 \dfrac{\mathrm{d}i_1}{\mathrm{d}t} - M \dfrac{\mathrm{d}i_1}{\mathrm{d}t} + M \dfrac{\mathrm{d}i_1}{\mathrm{d}t} + M \dfrac{\mathrm{d}i_2}{\mathrm{d}t} = (L_1 - M) \dfrac{\mathrm{d}i_1}{\mathrm{d}t} + M \dfrac{\mathrm{d}(i_1 + i_2)}{\mathrm{d}t} \\[2mm] u_2 = L_2 \dfrac{\mathrm{d}i_2}{\mathrm{d}t} - M \dfrac{\mathrm{d}i_2}{\mathrm{d}t} + M \dfrac{\mathrm{d}i_2}{\mathrm{d}t} + M \dfrac{\mathrm{d}i_1}{\mathrm{d}t} = (L_2 - M) \dfrac{\mathrm{d}i_2}{\mathrm{d}t} + M \dfrac{\mathrm{d}(i_1 + i_2)}{\mathrm{d}t} \end{cases} \tag{5-10}$$

由式(5-10)可画出互感线圈同名端相连时的 T 形等效电路,如图 5.10(b)所示。图中 3 个线圈为 T 形连接,它们之间无互感耦合,自感系数分别为 $L_1 - M$、$L_2 - M$、M ,称为互感线圈的 T 形去耦等效电路。

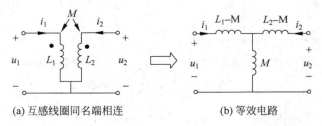

(a) 互感线圈同名端相连　　　　　(b) 等效电路

图 5.10　同名端相连的 T 形去耦等效电路

2. 异名端相连的 T 形去耦等效电路

如图 5.11(a)所示,两互感线圈的连接为异名端相连,电压、电流参考方向如图中所标。两线圈上的电压分别为

$$\begin{cases} u_1 = L_1 \dfrac{\mathrm{d}i_1}{\mathrm{d}t} - M \dfrac{\mathrm{d}i_2}{\mathrm{d}t} \\[2mm] u_2 = L_2 \dfrac{\mathrm{d}i_2}{\mathrm{d}t} - M \dfrac{\mathrm{d}i_1}{\mathrm{d}t} \end{cases} \tag{5-11}$$

将以上两式进行数学变换可得

$$\begin{cases} u_1 = L_1 \dfrac{\mathrm{d}i_1}{\mathrm{d}t} + M \dfrac{\mathrm{d}i_1}{\mathrm{d}t} - M \dfrac{\mathrm{d}i_1}{\mathrm{d}t} - M \dfrac{\mathrm{d}i_2}{\mathrm{d}t} = (L_1 + M) \dfrac{\mathrm{d}i_1}{\mathrm{d}t} - M \dfrac{\mathrm{d}(i_1 + i_2)}{\mathrm{d}t} \\[2mm] u_2 = L_2 \dfrac{\mathrm{d}i_2}{\mathrm{d}t} + M \dfrac{\mathrm{d}i_2}{\mathrm{d}t} - M \dfrac{\mathrm{d}i_2}{\mathrm{d}t} - M \dfrac{\mathrm{d}i_1}{\mathrm{d}t} = (L_2 + M) \dfrac{\mathrm{d}i_2}{\mathrm{d}t} - M \dfrac{\mathrm{d}(i_1 + i_2)}{\mathrm{d}t} \end{cases} \tag{5-12}$$

由式(5-12)可画出互感线圈异名端相连时的 T 形等效电路,如图 5.11(b)所示。图中 3 个线圈的自感系数分别为 L_1+M、L_2+M、$-M$。

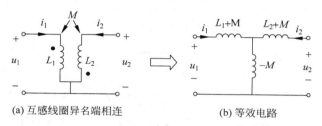

(a) 互感线圈异名端相连　　　　　(b) 等效电路

图 5.11 异名端相连的 T 形去耦等效电路

例 5-2 如图 5.12(a)所示电路为两互感线圈的并联,图中两线圈为同名端相连,求 a、b 端的等效电感。

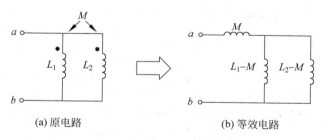

(a) 原电路　　　　　(b) 等效电路

图 5.12 例 5-2 电路

解:应用互感线圈的 T 形去耦等效,将图 5.12(a)电路等效为图 5.12(b)所示电路,由电感线圈的串、并联关系得

$$L_{ab} = M + (L_1 - M)/\!/(L_2 - M)$$

$$= M + \frac{(L_1 - M)(L_2 - M)}{L_1 + L_2 - 2M} = \frac{L_1 L_2 - M^2}{L_1 + L_2 - 2M} \tag{5-13}$$

式(5-13)为互感线圈并联时同名端相连情况下求等效电感的公式,同理,可推出互感线圈并联时异名端相连情况下求等效电感的公式如下,等效电路如图 5.13 所示。

$$L_{ab} = \frac{L_1 L_2 - M^2}{L_1 + L_2 + 2M} \tag{5-14}$$

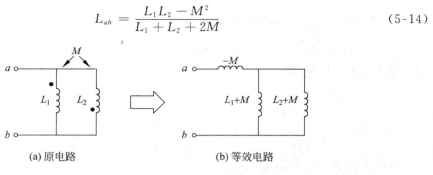

(a) 原电路　　　　　　　　(b) 等效电路

图 5.13　异名端相连的互感线圈并联

例 5-3　如图 5.14(a)所示电路中,$L_1 = 9\text{mH}$,$L_2 = 16\text{mH}$,耦合电感的耦合系数 $k = 0.85$,求线圈 L_1 输入端口的等效电感。

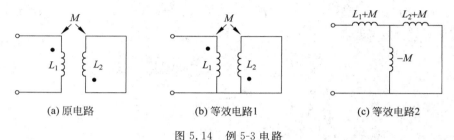

(a) 原电路　　　　　　(b) 等效电路1　　　　　　(c) 等效电路2

图 5.14　例 5-3 电路

解：将图 5.14(a)所示电路的 L_1、L_2 短接后,不会改变两线圈的电压、电流关系,等效电路如图 5.14(b)所示,再经过去耦等效变换得到图 5.14(c)所示电路。

两线圈的互感为

$$M = K\sqrt{L_1 L_2} = 0.85 \times \sqrt{9 \times 16} = 10.2\text{mH}$$

由图 5.14(c)去耦等效电路可得线圈 L_1 输入端口的等效电感为

$$L = (L_1 + M) + (L_2 + M)//(-M) = (L_1 + M) + \frac{(L_2 + M)(-M)}{L_2 + M - M}$$

$$= L_1 + M - \frac{L_2 M + M^2}{L_2} = L_1 - \frac{M^2}{L_2} = 9 - \frac{10.2^2}{16} \approx 2.5\text{mH}$$

例 5-4　如图 5.15(a)所示正弦稳态电路中,已知 $u_S(t) = 2\sqrt{2}\sin(2t + 45°)\text{V}$,$L_1 = L_2 = 1.5\text{H}$,$M = 0.5\text{H}$,$C = 0.25\text{F}$ 负载电阻 $R_L = 1\Omega$,求 R_L 吸收的功率 P_L。

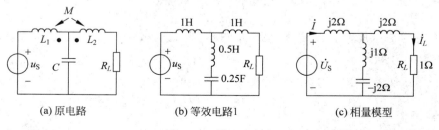

(a) 原电路　　　　　　(b) 等效电路1　　　　　　(c) 相量模型

图 5.15　例 5-4 电路

解：将图 5.15(a)电路去耦等效成图 5.15(b)所示电路，再画出图 5.15(b)的相量模型电路，如图 5.15(c)所示。图 5.15(c)图电路总阻抗为

$$Z = \text{j}2 + (\text{j}1 - \text{j}2)//(1 + \text{j}2) = \text{j}2 + \frac{-\text{j}1(1 + \text{j}2)}{-\text{j}1 + (1 + \text{j}2)} = \frac{1}{\sqrt{2}}\angle 45°\,\Omega$$

电路的总电流为

$$\dot{I} = \frac{\dot{U}}{Z} = \frac{2\angle 45°}{\frac{1}{\sqrt{2}}\angle 45°} = 2\sqrt{2}\angle 0°\,\text{A}$$

由分流公式得负载电阻 R_L 上的电流为

$$\dot{I}_L = \frac{-\text{j}1}{-\text{j}1 + 1 + \text{j}2}\dot{I} = \frac{-\text{j}1}{1 + \text{j}1} \times 2\sqrt{2}\angle 0° = 2\angle -135°\,\text{A}$$

负载 R_L 吸收的功率为

$$P_L = I_L^2 R_L = 2^2 \times 1 = 4\,\text{W}$$

5.3　空心变压器

　　变压器是利用互感耦合来实现从一个电路向另一个电路传递能量或信号的器件。例如，电力系统中用电力变压器将发电机输出的电压升高后进行远距离传输，到达目的地后再用变压器把电压降低以方便用户的使用；电子仪器或设备中的小功率电源变压器，放大电路中的耦合变压器等，都起着这种传递能量和信号的作用。变压器有一个初级绕组和一个次级绕组，初级绕组接电源，次级绕组接负载，能量通过磁的耦合由电源传递给负载。

　　常用的变压器有空心变压器和铁心变压器两种类型。利用非铁磁性材料做心子的变压器称为空心变压器。空心变压器在高频电路中具有广泛的应用。本节介绍空心变压器电路的分析。

　　因为空心变压器的绕组是由两个具有互感的线圈组成的，因而可以用耦合电感来构成它的电路模型。这一模型常用来分析空心变压器电路。

　　空心变压器电路如图 5.16 所示，图中 R_1、R_2 分别为空心变压器初、次级绕组的电阻，R_L 为负载电阻，u_S 为正弦输入电压。图中给出了电压、电流的参考方向和线圈的同名端，根据 KVL 可列出回路电压方程

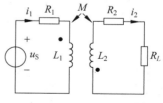

图 5.16　空心变压器电路

$$\begin{cases} (R_1 + \text{j}\omega L_1)\dot{I}_1 + \text{j}\omega M \dot{I}_2 = \dot{U}_\text{S} \\ \text{j}\omega M \dot{I}_1 + (R_2 + \text{j}\omega L_2 + R_L)\dot{I}_2 = 0 \end{cases} \tag{5-15}$$

也可以写成

$$\begin{cases} Z_{11}\dot{I}_1 + Z_{12}\dot{I}_2 = \dot{U}_\text{S} \\ Z_{21}\dot{I}_1 + Z_{22}\dot{I}_2 = 0 \end{cases} \tag{5-16}$$

式中 $Z_{11} = R_1 + \text{j}\omega L_1$，$Z_{22} = R_2 + \text{j}\omega L_2 + R_L$，$Z_{12} = Z_{21} = \text{j}\omega M$。

　　Z_{11}、Z_{22} 称为自阻抗，Z_{12}、Z_{21} 称为互阻抗，显然如果同名端的位置与图 5.16 中所示相

反,或者次级电流的参考方向改变时,则互阻抗 $Z_{12} = Z_{21} = -j\omega M$。

通常列写空心变压器回路电压方程时,选取回路的绕行方向与回路电流参考方向一致,因此自感抗取正值。此时当 i_1、i_2 从两线圈的同名端流入时,互感抗取正号,当 i_1、i_2 从两线圈的异名端流入时,互感抗取负号。

解式(5-16)方程组,可得

$$\dot{I}_1 = \frac{Z_{22}\dot{U}_S}{Z_{11}Z_{22} - Z_{12}Z_{21}}$$

$$= \frac{R_2 + j\omega L_2 + R_L}{(R_1 + j\omega L_1)(R_2 + j\omega L_2 + R_L) - (j\omega M)^2}\dot{U}_S$$

即

$$\dot{I}_1 = \frac{R_2 + j\omega L_2 + R_L}{(R_1 + j\omega L_1)(R_2 + j\omega L_2 + R_L) + \omega^2 M^2}\dot{U}_S \qquad (5\text{-}17)$$

$$\dot{I}_2 = \frac{-j\omega M}{(R_1 + j\omega L_1)(R_2 + j\omega L_2 + R_L) + \omega^2 M^2}\dot{U}_S \qquad (5\text{-}18)$$

由式(5-17)可以求得从电源两端向变压器看进去的输入阻抗为

$$Z_i = \frac{\dot{U}_S}{\dot{I}_1} = (R_1 + j\omega L_1) + \frac{\omega^2 M^2}{(R_2 + j\omega L_2 + R_L)} = Z_{11} + Z_{ref} \qquad (5\text{-}19)$$

其中

$$Z_{11} = R_1 + j\omega L_1$$

$$Z_{ref} = \frac{\omega^2 M^2}{R_2 + j\omega L_2 + R_L} = \frac{\omega^2 M^2}{Z_{22}} \qquad (5\text{-}20)$$

式中 Z_{11} 为输入回路的自阻抗,当没有次级回路时,$M = 0$,因而 $Z_{ref} = 0$,输入阻抗 $Z_i = Z_{11}$。有了次级回路,输入阻抗就多了一项,Z_{ref} 称为次级回路反映到初级回路的反映阻抗。即空心变压器的初级输入阻抗包含两部分:一部分是输入回路的自阻抗,另一部分是次级回路反映到初级回路的反映阻抗。由此可得变压器初级等效电路如图 5.17 所示。当需要求初级电流时,可由该等效电路迅速求得结果。

另外,由式(5-17)和式(5-18)还可求得初、次级电流之比为

$$\frac{\dot{I}_1}{\dot{I}_2} = \frac{(R_2 + j\omega L_2 + R_L)}{-j\omega M}$$

即

$$\dot{I}_2 = \frac{-j\omega M}{(R_2 + j\omega L_2 + R_L)}\dot{I}_1 = \frac{-j\omega M}{Z_{22}}\dot{I}_1 \qquad (5\text{-}21)$$

式(5-21)是空心变压器初、次级绕组电流关系式,式中右边的正负号是这样规定的,当 i_1、i_2 从两线圈的同名端流入时,取负号;当 i_1、i_2 从两线圈的异名端流入时,取正号。

例 5-5 如图 5.18 所示电路中,已知 $L_1 = 5H$,$L_2 = 1.2H$,$M = 1H$,$R = 10\Omega$,$\omega = 10rad/s$,$\dot{U}_1 = 10\angle 0°V$,求次级电流 $\dot{I}_2$。

解: 方法一:按图示电压电流参考方向,列回路电压方程

$$\begin{cases} j\omega L_1 \dot{I}_1 - j\omega M \dot{I}_2 = \dot{U}_1 \\ -j\omega M \dot{I}_1 + (R_2 + j\omega L_2) \dot{I}_2 = 0 \end{cases}$$

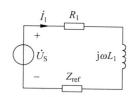

图 5.17 空心变压器初级等效电路

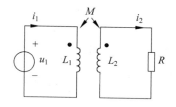

图 5.18 例 5-5 电路

联立求解得

$$\dot{I}_2 = \frac{\mathrm{j}\omega M \dot{U}_1}{\mathrm{j}\omega L_1(R_2 + \mathrm{j}\omega L_2) + \omega^2 M^2} = \frac{\mathrm{j}10 \times 1 \times 10\angle 0°}{\mathrm{j}10 \times 5(10 + \mathrm{j}12) + 10^2 \times 1^2}$$

$$= \frac{\mathrm{j}100}{\mathrm{j}50(10 + \mathrm{j}12) + 10^2 \times 1^2} = \frac{100\angle 90°}{-500 + \mathrm{j}500} = \frac{100\angle 90°}{500\sqrt{2}\angle 135°} = 0.14\angle -45°\mathrm{A}$$

方法二：先求初级输入阻抗 Z_i：

$$Z_\mathrm{i} = Z_{11} + Z_\mathrm{ref} = \mathrm{j}\omega L_1 + \frac{\omega^2 M^2}{R_2 + \mathrm{j}\omega L_2} = \mathrm{j}50 + \frac{100}{10 + \mathrm{j}12} = 45.3\angle 84.8°\Omega$$

再求初级电流：

$$\dot{I}_1 = \frac{\dot{U}_1}{Z_\mathrm{i}} = \frac{10\angle 0°}{45.3\angle 84.8°} = 0.22\angle -84.8°\mathrm{A}$$

由式(5-21)求得次级电流(注意两线圈电流从异名端流入,故电流关系式前取"+"号)：

$$\dot{I}_2 = \frac{\mathrm{j}\omega M}{Z_{22}}\dot{I}_1 = \frac{\mathrm{j}10}{10 + \mathrm{j}12} \times 0.22\angle -84.8° = 0.14\angle -45°\mathrm{A}$$

例 5-6 如图 5.19(a)所示电路中,已知 $L_1 = 3.185\mathrm{H}, L_2 = 0.1\mathrm{H}, M = 0.465\mathrm{H}, R_1 = 20\Omega, R_2 = 1\Omega, R_L = 42\Omega, u_1 = 115\sqrt{2}\sin314t\mathrm{V}$,求初级电流 $\dot{I}_1$ 和次级电流 $\dot{I}_2$。

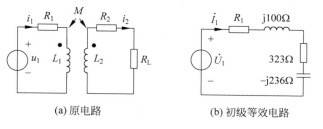

(a) 原电路   (b) 初级等效电路

图 5.19 例 5-6 电路

解：初级回路和次级回路的自阻抗分别为

$$Z_{11} = R_1 + \mathrm{j}\omega L_1 = 20 + \mathrm{j}314 \times 3.185 = 20 + \mathrm{j}1000\Omega$$

$$Z_{22} = R_2 + R_L + \mathrm{j}\omega L_2 = 43 + \mathrm{j}31.4 = 53.2\angle 36.1°\Omega$$

反应阻抗：

$$Z_\mathrm{ref} = \frac{\omega^2 M^2}{Z_{22}} = \frac{314^2 \times 0.465^2}{53.2\angle 36.1°} = 400\angle -36.1° = 323 - \mathrm{j}236\Omega$$

注意：次级回路的感性阻抗反映到初级回路变为容性阻抗($X = -236\Omega$)。初级等效电路如图 5.19(b)所示,则输入阻抗为

$$Z_\mathrm{i} = Z_{11} + Z_\mathrm{ref} = 20 + \mathrm{j}1000 + 323 - \mathrm{j}236 = 343 + \mathrm{j}764 = 837\angle 65.8°\Omega$$

初级电流相量为

$$\dot{I}_1 = \frac{\dot{U}_1}{Z_i} = \frac{115\angle 0°}{837\angle 65.8°} = 0.137\angle -65.8° \text{A}$$

由式(5-21)得次级电流

$$\dot{I}_2 = \frac{j\omega M}{Z_{22}}\dot{I}_1 = \frac{314 \times 0.465\angle 90° \times 0.137\angle -65.8°}{53.2\angle 36.1°} = 0.38\angle -11.9° \text{A}$$

例 5-7 如图 5.20 所示电路中,$L_1 = 6\text{H}$,$L_2 = 4\text{H}$,$M = 3\text{H}$,若 L_2 短路,求 L_1 端的等效电感。

解:初级等效阻抗为

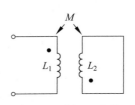

图 5.20 例 5-7 电路

$$Z_i = Z_{11} + Z_{ref} = j\omega L_1 + \frac{\omega^2 M^2}{j\omega L_2} = j\omega\left(L_1 - \frac{M^2}{L_2}\right)$$

式中 $\left(L_1 - \dfrac{M^2}{L_2}\right)$ 就是所求的等效电感,代入数据得

$$L = L_1 - \frac{M^2}{L_2} = 6 - \frac{9}{4} = 3.75\text{H}$$

5.4 理想变压器

在电力供电系统中,各种电气设备电源部分的电路,以及其他一些较低频率的电子电路中使用的变压器大多是铁心变压器。理想变压器是铁心变压器的理想化模型,它的唯一参数是变压器的变比,而不是 L_1、L_2、M 等参数,理想变压器满足以下三个条件:

(1) 耦合系数 $k=1$,即为全耦合;

(2) 自感系数 L_1、L_2 为无穷大,但 L_1/L_2 为常数;

(3) 变压器无任何损耗,铁心材料的磁导率 μ 为无穷大。

5.4.1 理想变压器两个端口电压、电流关系

理想变压器的电路模型如图 5.21 所示,设初级绕组和次级绕组的匝数分别为 N_1、N_2,同名端以及电压、电流参考方向如图中所示。由于为全耦合,故绕组的互感磁通必等于自感磁通,穿过初、次级绕组的磁通相同,用 ϕ 表示。与初、次级绕组交链的磁链分别为

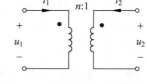

图 5.21 理想变压器电路模型

$$\psi_1 = N_1\phi$$
$$\psi_2 = N_2\phi$$

初、次级绕组的电压分别为

$$u_1 = \frac{d\psi_1}{dt} = N_1\frac{d\phi}{dt}$$

$$u_2 = \frac{d\psi_2}{dt} = N_2\frac{d\phi}{dt}$$

由上式得初、次级绕组的电压之比为

$$\frac{u_1}{u_2} = \frac{N_1}{N_2} = n \quad \text{或写作} \quad u_1 = nu_2 \tag{5-22}$$

式中的 n 称为变压器的变比,它等于初、次级绕组的匝数之比。

由于理想变压器无能量损耗,因而理想变压器在任何时刻从两边吸收的功率都等于零,即

$$u_1 i_1 + u_2 i_2 = 0$$

由上式得

$$\frac{i_1}{i_2} = -\frac{u_2}{u_1} = -\frac{1}{n} \quad 或 \quad i_1 = -\frac{1}{n}i_2 \tag{5-23}$$

在正弦稳态电路中,式(5-22)和(5-23)对应的电压、电流关系的相量形式为

$$\begin{cases} \dot{U}_1 = n\dot{U}_2 \\ \dot{I}_1 = -\dfrac{1}{n}\dot{I}_2 \end{cases} \tag{5-24}$$

这里需说明式(5-22)和(5-23)是与图 5.21 所示的电压、电流参考方向及同名端位置相对应的,如果改变电压、电流参考方向或同名端位置,其表达式中的符号应作相应改变。如图 5.22 所示的理想变压器,其电压、电流关系式为

$$\begin{cases} u_1 = -n u_2 \\ i_1 = \dfrac{1}{n}i_2 \end{cases}$$

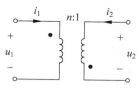

图 5.22　理想变压器

总之,在变压关系式中,前面的正负号取决于电压的参考方向与同名端的位置,当电压参考极性与同名端的位置一致时,例如,两电压的正极性端(或负极性端)同在两线圈的"·"端,此时,变压关系式前取正号;反之,当电压的参考极性与两线圈同名端的位置不一致时,取负号。在变流关系式中,前面的正负号取决于初、次级电流的参考方向与同名端的位置,当电流从两绕组的同名端流入时,变流关系式前取负号;当电流从两绕组的异名端流入时,取正号。

5.4.2　理想变压器变换阻抗的作用

理想变压器还具有变换阻抗的作用,如果在变压器的次级接上阻抗 Z_L,如图 5.23 所示,则从初级绕组看入的阻抗是

$$Z_i = \frac{\dot{U}_1}{\dot{I}_1} = \frac{n\dot{U}_2}{-\dfrac{1}{n}\dot{I}_2} = n^2\left(-\frac{\dot{U}_2}{\dot{I}_2}\right)$$

式中,因负载 Z_L 上电压、电流为非关联参考方向,故 $Z_L = -\dfrac{\dot{U}_2}{\dot{I}_2}$,代入上式得

$$Z_i = n^2 Z_L \tag{5-25}$$

由式(5-25)可知,当次级接阻抗 Z_L 时,相当于在初级接一个值为 $n^2 Z_L$ 的阻抗,即变压器具有变换阻抗的作用。因此可以通过改变变压器的变比来改变输入电阻,实现与电源的匹配,使负载获得最大功率。

例 5-8　如图 5.24 所示电路中,$\dot{U}_S = 100\angle 0° \text{V}$,$R_S = 50\Omega$,$R_L = 1\Omega$,$n = 4$。求 $\dot{I}_1$、$\dot{I}_2$ 及负载吸收的功率 P_L。

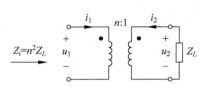
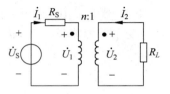

图 5.23   理想变压器变换阻抗作用   图 5.24   例 5-8 电路

解：在输入回路列 KVL 方程

$$\dot{U}_{\mathrm{S}} = R_{\mathrm{S}}\,\dot{I}_1 + \dot{U}_1 \tag{5-26}$$

理想变压器具有变换阻抗的作用，其输入电阻为

$$R_{\mathrm{i}} = n^2 R_L$$

因而得

$$\dot{U}_1 = R_{\mathrm{i}}\,\dot{I}_1 = n^2 R_L\,\dot{I}_1$$

将上式代入式(5-26)得

$$\dot{U}_{\mathrm{S}} = R_{\mathrm{S}}\,\dot{I}_1 + n^2 R_L\,\dot{I}_1$$

$$\dot{I}_1 = \frac{\dot{U}_{\mathrm{S}}}{R_{\mathrm{S}} + n^2 R_L} = \frac{100\angle 0^\circ}{50 + 4^2 \times 1} = 1.52\angle 0^\circ \text{A}$$

$$\dot{I}_2 = -n\,\dot{I}_1 = -4 \times 1.52\angle 0^\circ = 6.08\angle 180^\circ \text{A}$$

$$P_L = I_2^2 R_L = 6.08^2 \times 1 = 36.97 \text{W}$$

例 5-9   在如图 5.24 所示电路中，若负载 R_L 可调，其余电路参数同例 5-8。问负载 R_L 多大时，可获得最大功率，并求此最大功率。

解：因为变压器具有变换阻抗的作用，即

$$R_{\mathrm{i}} = n^2 R_L$$

初级电路中，当 $R_{\mathrm{i}} = R_{\mathrm{S}}$ 时，负载上获得最大功率，因而可得

$$R_{\mathrm{i}} = n^2 R_L = R_{\mathrm{S}}$$

$$4^2 R_L = 50$$

$$R_L = 3.125\Omega$$

当负载 $R_L = 3.125\Omega$ 时，可获得最大功率。

又因为在次级回路中只有 R_L 消耗有功功率，所以初级回路中 R_{i} 消耗的功率就是 R_L 上消耗的功率(理想变压器无功率损耗)，因而负载上获得的最大功率为

$$P_L = \frac{\left(\dfrac{U_{\mathrm{S}}}{2}\right)^2}{R_{\mathrm{i}}} = \frac{U_{\mathrm{S}}^2}{4R_{\mathrm{i}}} = \frac{100^2}{4 \times 50} = 50 \text{W}$$

5.5   Protel 仿真分析

例 5-10   在如图 5.25 所示电路中，运行交流小信号分析，观察输出电压的频率特性。

解：绘制原理图，交流小信号分析的参数设置如图 5.26 所示，交流小信号分析结果如图 5.27 所示。

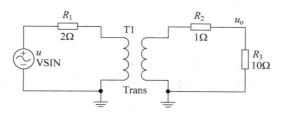

图 5.25 例 5-10 电路

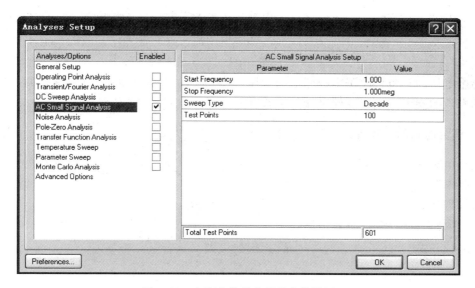

图 5.26 交流小信号分析的参数设置

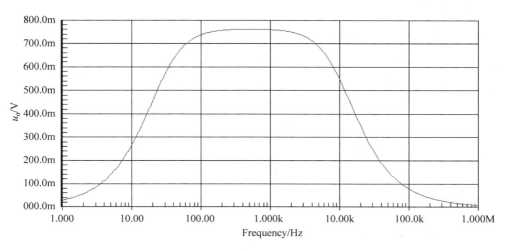

图 5.27 交流小信号分析结果

5.6　本章小结

　　本章主要介绍耦合电感电路,包括耦合电感的概念,耦合电感电路的电压、电流关系,耦合电感的去耦等效电路及耦合电感电路的分析计算方法,空心变压器和理想变压器电路及其分析计算。

1. 耦合电感的电压、电流关系式

$$
\begin{cases}
u_1 = \pm L_1 \dfrac{\mathrm{d}i_1}{\mathrm{d}t} \pm M \dfrac{\mathrm{d}i_2}{\mathrm{d}t} \\[2mm]
u_2 = \pm L_2 \dfrac{\mathrm{d}i_2}{\mathrm{d}t} \pm M \dfrac{\mathrm{d}i_1}{\mathrm{d}t}
\end{cases}
$$

　　自感电压的正负取决于本线圈上的电压、电流参考方向是否关联,互感电压的正负与产生它的电流的参考方向以及同名端的位置有关。

2. 耦合电感的去耦等效

耦合电感串联连接的等效电感

顺接串联：$\qquad\qquad\qquad\qquad L = L_1 + L_2 + 2M$

反接串联：$\qquad\qquad\qquad\qquad L = L_1 + L_2 - 2M$

耦合电感并联连接的等效电感

同名端相连：$\qquad\qquad\qquad L = \dfrac{L_1 L_2 - M^2}{L_1 + L_2 - 2M}$

异名端相连：$\qquad\qquad\qquad L = \dfrac{L_1 L_2 - M^2}{L_1 + L_2 + 2M}$

3. 空心变压器

初级等效电路的输入阻抗为

$$Z_{\mathrm{i}} = Z_{11} + Z_{\mathrm{ref}}$$

其中,Z_{11} 为初级回路的自阻抗,$Z_{\mathrm{ref}} = \dfrac{\omega^2 M^2}{Z_{22}}$ 为次级回路反应到初级回路的反应阻抗。

4. 理想变压器

理想变压器初、次极绕组的电压、电流关系为

$$
\begin{cases}
u_1 = \pm n u_2 \\[2mm]
i_1 = \pm \dfrac{1}{n} i_2
\end{cases}
$$

理想变压器变换阻抗的性质

$$Z_{\mathrm{i}} = n^2 Z_L$$

习题

5-1 如图 5.28 所示，标出互感线圈的同名端。

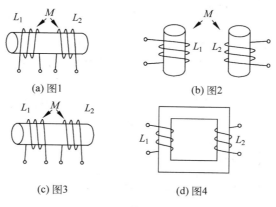

(a) 图1   (b) 图2

(c) 图3   (d) 图4

图 5.28 习题 5-1 电路

5-2 写出如图 5.29 所示电路中每个线圈的 u-i 关系方程式。

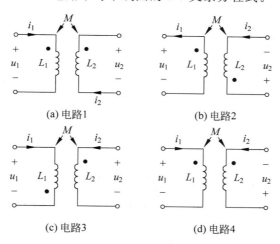

(a) 电路1   (b) 电路2

(c) 电路3   (d) 电路4

图 5.29 习题 2-2 电路

5-3 两互感线圈串联连接，已知，$L_1 = 6\text{H}$，$L_2 = 7\text{H}$，$M = 4\text{H}$，分别计算两线圈顺接和反接时的等效电感。

5-4 两互感线圈并联连接，已知 $L_1 = 8\text{H}$，$L_2 = 10\text{H}$，$M = 5\text{H}$，分别计算两线圈同名端相连和异名端相连时的等效电感。

5-5 如图 5.30 所示电路中，已知 $R_1 = 6\Omega$，$R_2 = 4\Omega$，$\omega L_1 = 7\Omega$，$\omega L_2 = 9\Omega$，$\omega M = 3\Omega$，若电流 $\dot{I} = 5\angle 0°$，求电压 $\dot{U}$。

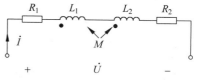

图 5.30 习题 5-5 电路

5-6 如图 5.31 所示电路中，求 a、b 两端的等效电感。

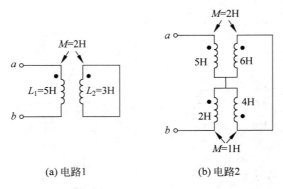

(a) 电路1 (b) 电路2

图 5.31 习题 5-6 电路

5-7 如图 5.32 所示电路中,已知 $R_1=4\Omega$,$R_2=4\Omega$,$\omega L_1=10\Omega$,$\omega L_2=8\Omega$,$\omega M=5\Omega$,若电流 $\dot{U}=200\angle0°\text{V}$,分别求:开关 S 打开与闭合时的电流 $\dot{I}$ 为多少?

5-8 如图 5.33 所示空心变压器电路中,已知 $R_1=10\Omega$,$R_2=10\Omega$,$L_1=5\text{H}$,$L_2=6\text{H}$,$M=5\text{H}$,若电压 $\omega=2\text{rad/s}$,求:初级电路的输入阻抗 Z_i。

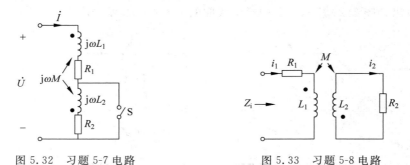

图 5.32 习题 5-7 电路   图 5.33 习题 5-8 电路

5-9 如图 5.34 所示空心变压器电路中,已知 $R_1=20\Omega$,$R_2=10\Omega$,$R=30\Omega$,$L_1=5\text{H}$,$L_2=3\text{H}$,$M=2\text{H}$,若电压 $\dot{U}_s=100\angle0°\text{V}$,$\omega=10\text{rad/s}$,求:初级电流 $\dot{I}_1$ 和次级电流 $\dot{I}_2$。

5-10 如图 5.35 所示空心变压器电路,已知 $R_1=2\Omega$,$R_2=1\Omega$,$\omega L_1=4\Omega$,$\omega L_2=3\Omega$,$\omega M=2\Omega$,若电流 $\dot{U}_s=100\angle0°\text{V}$,求:输出电压 $\dot{U}_2$。

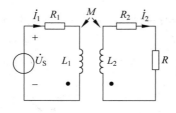 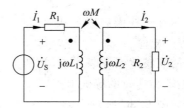

图 5.34 习题 5-9 电路   图 5.35 习题 5-10 电路

5-11 如图 5.36 所示电路中,试选择变压器的变比使负载获得最大的功率,并求负载 R_L 上的最大功率。

5-12 如图 5.37 所示电路中，R_L 可任意改变，问：R_L 多大时可获得最大的功率？并求此最大功率。

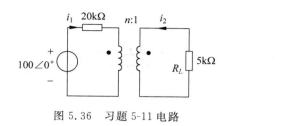

图 5.36 习题 5-11 电路

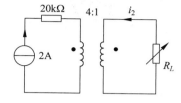

图 5.37 习题 5-12 电路

5-13 求如图 5.38 所示电路中的电压 $\dot{U}_2$。

5-14 求如图 5.39 所示电路中的输入电阻 R_i。

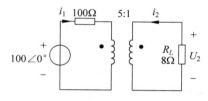

图 5.38 习题 5-13 电路

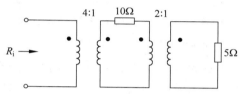

图 5.39 习题 5-14 电路

半导体器件

本章学习目标

- 掌握半导体的导电特性、PN 结的形成及 PN 结的单向导电特性;
- 掌握半导体二极管的结构、特性曲线和主要参数;
- 理解半导体三极管的结构和放大原理,掌握半导体三极管的特性、参数;
- 了解不同类型场效应管的结构及工作原理。

半导体器件是组成电子电路的核心部分,随着电子技术的发展,半导体器件已经由分立器件发展到了集成电路,特别是随着大规模和超大规模集成电路的发展,电子技术已经步入微电子时代。

本章首先介绍半导体的基础知识,包括不同类型半导体材料的导电特性、PN 结的形成及 PN 结的单向导电特性;然后着重介绍半导体二极管、三极管、场效应管的结构、工作原理、特性曲线与主要参数。

6.1 半导体的基础知识

物质按照导电特性的不同,可分为导体、半导体和绝缘体。导体(如金、银、铜、铝等)一般为低价元素,它们原子的最外层电子极易挣脱原子核束缚成为自由电子,因此在电场力作用下可以形成电流。绝缘体的最外层电子受原子核束缚力很强,很难形成自由电子,因此导电能力很差。半导体是导电特性介于导体和绝缘体之间的一种物质。本节介绍半导体的基本知识,包括本征半导体和杂质半导体的导电特性、PN 结的形成及 PN 结的单向导电特性。

6.1.1 半导体的导电特性

半导体的导电特性介于导体和绝缘体之间。最常用的半导体材料是硅(Si)和锗(Ge)等四价元素,其原子最外层有四个价电子。下面从不同材料半导体的原子结构类型介绍半导体的导电特性。

1. 本征半导体

纯净的半导体叫本征半导体。由于在 Si 和 Ge 原子的最外层有四个价电子,因此在它们生成晶体时,其原子排列会形成比较稳定的共价键结构。本征半导体原子间的共价键结构如图 6.1 所示。

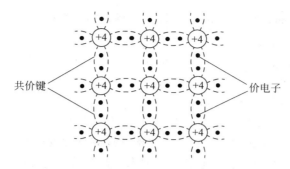

图 6.1 本征半导体的晶体结构示意图

当温度在绝对零度时,共价键结构中的价电子受原子核束缚较强,因此硅或锗相当于一个绝缘体。但随着温度的上升,少数共价键结构中的价电子会获得能量而挣脱原子核的束缚成为自由电子,自由电子可以导电,称为电子载流子。

价电子在挣脱共价键束缚形成自由电子的同时,在原子外层上留下一个空位,称为空穴,如图 6.2 所示。自由电子带负电,空穴带正电,空穴也可以参与导电,也是一种载流子。

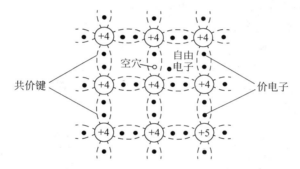

图 6.2 本征半导体中的自由电子和空穴

当半导体受外电场作用时,通过它的电流可以认为由两部分组成:一部分是自由电子定向移动形成的电子电流;另一部分是共价键上的价电子按一定的方向依次填补空穴,相当于空穴定向运动,从而形成空穴电流。这两种载流子在电场力作用下的运动方向虽然不同,但其形成电流的方向是相同的。

在本征半导体中,当自由电子填补空穴时,自由电子和空穴就会消失,这种现象称为复合。在纯净的半导体中,由热激发形成的自由电子和空穴是成对出现的,称为电子-空穴对。电子-空穴对又产生又复合,在一定温度下达到相对平衡,即虽然产生和复合的过程在不断进行,但电子-空穴对的数目保持相对稳定。

本征半导体的导电能力取决于电子-空穴对数目的多少。常温下本征半导体中电子-空穴对数目较少,因而导电能力较差。但随着温度的升高或光照的增强,本征半导体中会激发出更多的电子-空穴对,因而导电能力显著增强,这是本征半导体的重要特性,称为热敏特性和光敏特性。

2. 杂质半导体

在本征半导体中,通过热激发产生的自由电子和空穴的数目远远不能使半导体具有良好的导电能力。但是,通过掺入有用的杂质(称为掺杂)却能使其导电能力得到很大提高。掺杂的方法是将少量的杂质元素加入加热了的硅或锗晶体中。

掺入杂质的半导体称为杂质半导体。通常根据掺入杂质的不同,将杂质半导体分为 N型半导体和 P 型半导体。

(1) N 型半导体(电子型半导体)

N 型半导体是在本征半导体硅或锗中掺入少量五价元素,例如磷(P)元素。由于磷原子最外层有 5 个价电子,因此在与半导体硅或锗形成共价键的同时,会多出一个电子,此电子很容易挣脱原子核束缚成为自由电子。N 型半导体的晶体结构示意图如图 6.3 所示。

显然,N 型半导体中自由电子的数目主要取决于掺入磷原子的多少。因此 N 型半导体中的载流子由两部分组成:一是由掺杂产生的自由电子,二是热激发产生的电子-空穴对。掺杂的结果使 N 型半导体中自由电子的数目多于空穴的数目,因此在 N 型半导体中自由电子是多数载流子,简称"多子",空穴是少数载流子,简称"少子"。

由于 N 型半导体主要靠自由电子导电,因此也称为电子型半导体。在 N 型半导体中虽然自由电子的数目多于空穴,但由于每个磷(P)原子在释放一个核外电子形成自由电子的同时,也会相应产生一个不能移动的正离子,因此整个 N 型半导体呈电中性。

(2) P 型半导体(空穴型半导体)

P 型半导体是在本征半导体硅或锗中掺入少量三价元素,例如硼(B)元素。由于硼原子最外层有 3 个价电子,因此在与半导体硅或锗形成共价键的同时,会多出一个空位,这个空位很容易被其他的价电子填补,从而形成更多的空穴,因而在 P 型半导体中空穴是多数载流子,自由电子是少数载流子。P 型半导体的晶体结构示意图如图 6.4 所示。

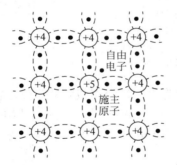 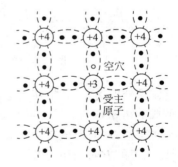

图 6.3 N 型半导体的晶体结构示意图　　　　图 6.4 P 型半导体的晶体结构示意图

由于 P 型半导体主要靠空穴导电,因此也称为空穴型半导体。在 P 型半导体中虽然空穴的数目多于自由电子,但由于每个硼(B)原子在吸收一个价电子形成一个空穴的同时,也会相应产生一个不能移动的负离子,因此整个 P 型半导体呈电中性。

6.1.2 PN 结及其单向导电特性

1. PN 结的形成

如果在一块半导体的两个区域分别掺入不同杂质,例如一侧掺入 3 价元素形成 P 型半导体,另一侧掺入 5 价元素形成 N 型半导体。这样在 PN 两区交界处,由于载流子浓度的差异,P 区的多子空穴会向 N 区扩散,N 区的多子自由电子会向 P 区扩散,这种运动称为扩散运动,如图 6.5 所示。

扩散的结果,在两区交界处自由电子和空穴相遇时会复合消失。随着扩散的不断进行,复合掉的电子和空穴数目越来越多,两区交界处只剩下不能移动的正负离子,形成一个很薄的空间电荷区,如图 6.6 所示。

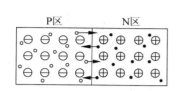

图 6.5 多数载流子的扩散运动

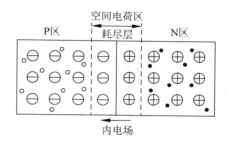

图 6.6 PN 结的形成

空间电荷区两边带有不同极性的电荷,形成一个电场,称为内电场,内电场的方向由正电荷区指向负电荷区(N 区指向 P 区)。

内电场的作用有两方面:一方面内电场会阻碍多子的扩散运动;另一方面在内电场的作用下,N 区的少数载流子空穴会顺着电场的方向向 P 区移动,同样 P 区的少数载流子自由电子也会逆着电场的方向向 N 区移动,这种少数载流子在内电场作用下的运动称为漂移运动。

内电场一方面阻碍多子的扩散运动,一方面产生少子的漂移运动。当扩散运动和漂移运动作用相等时,会达到动态平衡,此时会形成一定宽度的空间电荷区,即 PN 结。由于空间电荷区内载流子的数目很少,因此也称该区域为耗尽层。

2. PN 结的单向导电特性

(1) PN 结正向偏置

PN 结正向偏置是指给 PN 结加正向电压,即 P 区接电源正极,N 区接电源负极,如图 6.7 所示。正偏电压使外电场方向与内电场的方向相反,从而削弱了内电场,空间电荷区变窄,因此多数载流子的扩散运动增强,少数载流子的漂移运动减弱。

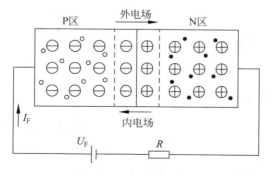

图 6.7 PN 结正向偏置

由于 PN 结正向偏置时多数载流子的扩散运动增强,故 P 区的多子空穴会顺利地越过 PN 结扩散到 N 区,N 区的多子自由电子也会扩散到 P 区,由于扩散运动是多数载流子的运动,因而形成较大的正向电流 I_F。同时外加电源又会不断地向半导体提供空穴和自由电子,使电流 I_F 得以维持。

PN 结正向偏置时具有较大的正向电流,因而 PN 结呈现的电阻是很小的,PN 结处于导通状态。

（2）PN 结反向偏置

PN 结反向偏置是指给 PN 结加反向电压,即 P 区接电源负极,N 区接电源正极,如图 6.8 所示。反偏电压使外电场方向与内电场的方向相同,从而增强了内电场,空间电荷区变宽,因此少数载流子的漂移运动增强,多数载流子的扩散运动减弱。

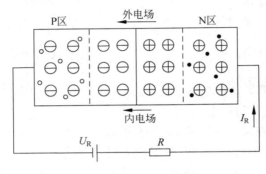

图 6.8　PN 结反向偏置

漂移运动增强,则 P 区的少子自由电子会越过 PN 结漂移到 N 区,N 区的少子空穴也会漂移到 P 区,由于漂移运动是少数载流子的运动,因而形成很小的反向电流 I_R。

由于少子的数目是由热激发产生的,温度升高会使少子数量增加,因而反向电流 I_R 会随温度的升高而增大,这就是 PN 结的温度特性。

由于 PN 结反向偏置时反向电流 I_R 很小,因而 PN 结呈现的电阻是很大的,PN 结处于截止状态。

综上所述,PN 结正向偏置时处于导通状态,反向偏置时处于截止状态,这就是 PN 结的单向导电特性。另外 PN 结反向偏置时,其反向电流会随温度的升高而增大,因而 PN 结还具有温度特性。

6.2　半导体二极管

6.2.1　半导体二极管的结构与分类

半导体二极管又称为晶体二极管,简称二极管。它的内部结构就是一个 PN 结,分别从 P 区和 N 区引出两个电极然后用管壳封装而成。从 P 区引出的电极叫阳极(或正极),从 N 区引出的电极叫阴极(或负极)。二极管的结构和符号如图 6.9 所示。

图 6.9(b)中三角箭头的方向表示二极管正向导通时正向电流的方向。

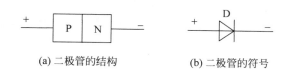

(a) 二极管的结构　　　　(b) 二极管的符号

图 6.9　二极管的结构和符号

　　二极管按材料分有硅管和锗管；按结构分有点接触型和面接触型，如图 6.10 所示；按用途分有整流二极管、稳压二极管、开关二极管、光电二极管等。

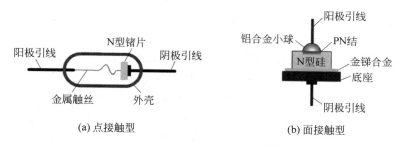

(a) 点接触型　　　　　　(b) 面接触型

图 6.10　点接触型和面接触型二极管的结构

6.2.2　二极管的伏安特性曲线

　　流过二极管电流与二极管两端电压之间的关系曲线称为二极管的伏安特性曲线。硅管和锗管的伏安特性曲线分别如图 6.11(a)、(b)所示。通常可以将二极管的伏安特性曲线分成两部分：正向特性和反向特性，下面分别讨论。

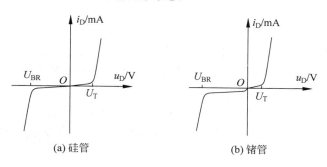

(a) 硅管　　　　　　　　(b) 锗管

图 6.11　二极管的伏安特性曲线

1. 正向特性

　　正向特性是指给二极管两端加正向电压时电流与电压之间的关系。由图 6.11 可见，正向特性曲线又可以分成以下两段。

　　(1)当 $0 \leqslant u_D \leqslant U_T$ 时，此时外加电压还不足以克服内电场对载流子扩散运动所造成的阻力，所以正向电流几乎为零，此时二极管还未完全导通，PN 结呈现较大的电阻，U_T 称为死区电压或门槛电压。通常硅管的死区电压约为 0.5V 左右，锗管约为 0.1V 左右。

　　(2)当 $u_D \geqslant U_T$ 时，此时外加电压足以削弱内电场，多子的扩散运动增强，形成较大的正

向电流 I_F,此时正向电压有微小的变化就使正向电流产生较大的变化,此时二极管处于导通状态。二极管正向导通时的压降:硅管约为 0.6~0.7V,锗管约为 0.2~0.3V。

2. 反向特性

当二极管外加反向电压时,由图 6.11 可以看出,其反向特性曲线也可以分为两部分。

(1) 当反向电压的值小于 U_{BR} 时,二极管处于反向截止状态,二极管呈现较大的电阻,此时反向电压在很大范围内变化,二极管的反向电流 I_R 都很小,接近于零。通常硅管的反向电流值小于 $1\mu A$,锗管的反向电流为几到几十微安。

(2) 当反向电压的值增大到超过 U_{BR} 时,反向电流 I_R 会突然增大,这种现象称为反向击穿。使二极管发生反向击穿所加的反向电压称为反向击穿电压,用 U_{BR} 表示。

二极管反向击穿后,电压有微小的变化就会引起电流很大的变化,此时只要控制其反向电流 I_R 的值,二极管不一定会损坏。但当反向电流与反向电压的乘积超过 PN 结允许的耗散功率 P_M 时,会使 PN 结的温度过高直至烧毁,即发生了硬击穿现象。

反向击穿现象也可以被利用,例如稳压二极管就工作在反向击穿区(软击穿),在反向击穿区,电流在较大范围内变化时电压变化很小,稳压管就是利用这个特性来稳压的。

6.2.3 二极管的主要参数

二极管的主要参数有极限参数和性能参数,其中常用的参数如下。

(1) 最大整流电流 I_F

最大整流电流是指二极管长期工作时,允许通过的最大正向平均电流。二极管工作时其正向电流值不能超过此极限,否则 PN 结会因为过热而烧毁。I_F 的值与 PN 结面积以及外部散热条件等有关。

(2) 最高反向工作电压 U_R

U_R 也是二极管的一个极限参数,工作时其反向电压不允许超过此极限,否则就有反向击穿的危险,为留有一定余量,通常取反向击穿电压 U_{BR} 的一半为最高反向工作电压。

(3) 反向电流 I_R

反向电流 I_R 是指二极管反向截止时的反向饱和电流,其值越小说明二极管的单向导电特性越好,但反向电流 I_R 的值会随温度的升高而增大。

(4) 最高工作频率 f_M

最高工作频率 f_M 主要取决于 PN 结的结电容。二极管的 PN 结具有电容效应,当二极管两端的电压发生变化时,空间电荷区的宽度也会随之改变,空间电荷区不断变窄和变宽,实际就是载流子不断地从 PN 结被充入和放出的过程,相当于电容器的充电和放电,从而使二极管呈现出电容效应。

当二极管应用在高频电路时,就要考虑到结电容的作用。如果二极管的工作频率超过最高工作频率 f_M,则二极管的单向导电特性就会变差。

例 6-1 电路如图 6.12 所示,二极管的导通压降为 0.7V,计算开关 S 断开和闭合时输出电压 U_o 的数值。

解:开关 S 断开时,二极管 D 承受正向电压,处于导

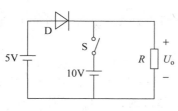

图 6.12 例 6-1 电路

通状态,此时输出电压为

$$U_\circ = 5 - U_D = 5V - 0.7V = 4.3V$$

当开关 S 闭合时,二极管 D 承受反向电压,处于截止状态,输出电压为

$$U_\circ = 10V$$

6.2.4　稳压二极管

通常二极管不允许工作在反向击穿区,因为 PN 结一旦反向击穿,反向电流 I_R 会突然增大,如果 $U_R I_R > P_M$,会使二极管因 PN 结过热而烧毁。但是,利用反向击穿现象可以达到稳定电压的目的,因为在反向击穿区,反向电流在很大范围内变化时,二极管两端的反向电压却变化很小。稳压二极管就是利用这个特性工作的。

1. 稳压二极管的特性曲线

稳压二极管的符号如图 6.13(a)所示,图中 D_Z 表示稳压二极管。其伏安特性曲线如图 6.13(b)所示,可以看出稳压二极管反向击穿区的特性曲线比较陡直。

稳压二极管在工作时必须加反向偏置电压,即阴极接电源正极,阳极接电源负极。如果极性接反,稳压管就处于正向导通状态,达不到稳压效果。

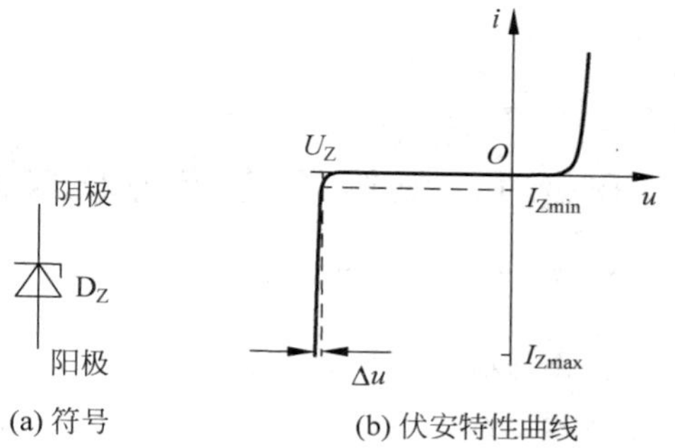

2. 稳压管的主要参数

(1) 稳定电压 U_Z

稳定电压 U_Z 就是稳压管的反向击穿电压。由于制造工艺的原因,即使同一型号的管子,其稳定电压 U_Z 的值也会有一定差别。

(2) 稳定电流 I_Z

稳定电流 I_Z 是稳压管正常工作时的反向电流,其值应在最小稳定电流 I_{Zmin} 和最大稳定电流 I_{Zmax} 之间,如图 6.13(b)所示。如果 I_Z 小于最小稳定电流,稳压效果就会变差;I_Z 大于最大稳定电流,则容易导致 PN 结过热而烧毁。

(3) 动态电阻 r_Z

动态电阻 r_Z 定义为稳压管两端电压变化量与电流变化量之比,即

$$r_Z = \frac{\Delta U_Z}{\Delta I_Z} \tag{6-1}$$

r_Z 越小说明流过稳压管的电流变化时所引起的电压变化量越小,即稳压性能越好。

(4) 电压温度系数 α

电压温度系数 α 是指温度每升高 1℃时,稳定电压的变化量,即

$$\alpha = \frac{\Delta U_Z}{\Delta T} \tag{6-2}$$

其值越小表明稳压管的温度稳定性越好。通常,稳定电压小于 4V 的稳压管具有负温度系

图 6.13　稳压管的符号和伏安特性曲线

数,即温度升高时稳定电压下降;稳定电压大于 7V 的稳压管具有正温度系数,即温度升高时稳定电压上升;稳定电压在 4～7V 之间的稳压管,温度系数很小,近似为零。

6.3 半导体三极管

半导体三极管又称为晶体三极管或双极型晶体管,简称 BJT(Bipolar-Junction Transistor)。BJT 的种类很多,按材料分有硅管和锗管,按结构分有 NPN 型和 PNP 型,按频率分有高频管和低频管,按功率分有大、中、小功率管。目前生产的三极管中,硅管大多为 NPN 型,锗管大多为 PNP 型。常见三极管的外形如图 6.14 所示。

图 6.14　常见三极管外形

6.3.1　三极管的结构及放大原理

1. 三极管的结构

NPN 型和 PNP 型三极管的结构及符号分别如图 6.15(a)、(b)所示。以 NPN 型三极管为例,它是在一块半导体材料上通过扩散形成三个不同的导电区域,分别为 N、P、N,同时形成两个 PN 结。这三个导电区域分别称为集电区、基区、发射区。其中集电区与基区之间的 PN 结称为集电结,基区与发射区之间的 PN 结称为发射结。从三个导电区域分别引出三个电极,分别称为集电极 c、基极 b、发射极 e。三极管符号中 e 极箭头的方向表示发射结正向导通时的电流方向。

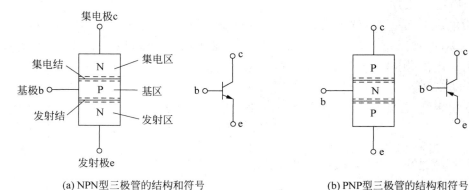

(a) NPN型三极管的结构和符号　　　　　(b) PNP型三极管的结构和符号

图 6.15　三极管的结构和符号

半导体三极管的结构还具有以下特点:

(1) 集电区载流子浓度较高,并且集电结的结面积较大;

（2）基区很薄，并且载流子浓度很低；

（3）发射区载流子浓度最高。

这样的结构特点给三极管的电流放大作用提供了内部条件。

2．电流放大原理

半导体三极管具有电流放大作用，下面以 NPN 型三极管为例介绍三极管的电流放大原理及各极电流之间的关系。

（1）三极管放大的偏置电路

三极管处于放大状态时要在发射结加正向偏置电压，集电结加反向偏置电压，这是三极管工作在放大状态的外部条件。要使发射结正偏，集电结反偏，对于 NPN 型三极管应满足 $U_C > U_B > U_E$（PNP 型三极管应满足 $U_C < U_B < U_E$），三极管处于放大状态的偏置电路如图 6.16(a)所示。

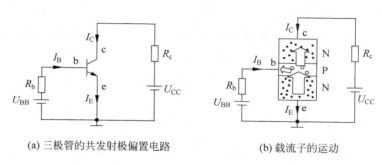

(a) 三极管的共发射极偏置电路　　　(b) 载流子的运动

图 6.16　三极管的电流放大作用

通常把基极与发射极所在回路称为输入回路，把集电极与发射极所在回路称为输出回路，由于发射极是输入和输出回路的公共端，所以这种电路的接法称为共发射极接法。

在图 6.16(a)中，输入回路电源 U_{BB} 经过基极偏置电阻 R_b 为三极管的发射结提供正向偏置电压，输出回路电源 U_{CC} 经过集电极电阻 R_c 为集电结提供反向偏置电压。

（2）载流子的运动及各极电流的形成

① 发射区电子扩散到基区形成发射极电流。

由于发射结正偏，多子的扩散运动加强，发射区的多子自由电子源源不断地越过 PN 结到达基区，形成发射极电流，如图 6.16(b)所示。同时基区的多子空穴也会扩散到发射区，但由于基区载流子浓度很低，因此空穴电流与电子电流相比很小，可忽略不计。发射极电流 i_E 的方向与电子运动方向相反，如图 6.16(b)所示。另外直流电源的负极又不断地为发射区提供电子，使发射极电流得以维持。

② 电子在基区与空穴复合形成基极电流。

电子到达基区后，一部分与基区的空穴复合，同时电源 U_{BB} 的正极又不断地为基区提供空穴，形成基极电流 i_B，如图 6.16(b)所示。电源提供的空穴与复合掉的电子数量相等，由于基区空穴的浓度很低，因此发射区扩散过来的电子只有一少部分与基区空穴复合，因此基极电流也很小。另外，大部分电子会继续向集电结方向扩散。

③ 电子被集电区收集形成集电极电流。

由于集电结加反偏电压,在此反偏电压的作用下,少数载流子的漂移运动增强,此时集电区和基区的少子也会向对方区域漂移,形成反向饱和电流 I_{CBO},通常其数值很小,可忽略不计,但由于 I_{CBO} 是由少子的漂移运动形成的,因而受温度影响较大。在少子漂移运动的同时,集电结在其反偏电压的作用下,还会收集从发射区扩散过来的电子,形成集电极电流 i_C,如图 6.16(b)所示。

综上所述,根据图 6.16(b)所示载流子的运动及各级电流的形成以及节点电流定律,可以得出三极管三个电极电流之间的关系满足

$$I_E = I_B + I_C \tag{6-3}$$

另外,三极管制成以后,从发射区发射的电子到达集电区的比例就已经定了,通常将集电极电流 I_C 与基极电流 I_B 之比定义为共发射极直流电流放大系数 $\bar{\beta}$,即

$$\bar{\beta} = \frac{I_C}{I_B} \tag{6-4}$$

将集电极电流变化量 ΔI_C 与基极电流变化量 ΔI_B 之比定义为共发射极交流电流放大系数 β,即

$$\beta = \frac{\Delta I_C}{\Delta I_B} \tag{6-5}$$

通常情况下 $\bar{\beta} = \beta$,统称为共发射极电流放大系数,因此可得

$$I_E = I_B + I_C = I_B + \beta I_B = (1 + \beta) I_B \tag{6-6}$$

同理,把 I_C 与 I_E 之比定义为共基极直流电流放大系数,把 ΔI_C 与 ΔI_E 之比定义为共基极交流电流放大系数,即

$$\bar{\alpha} = \frac{I_C}{I_E} \tag{6-7}$$

$$\alpha = \frac{\Delta I_C}{\Delta I_E} \tag{6-8}$$

同样,在一般情况下,有 $\bar{\alpha} = \alpha$,因此有

$$I_C = \alpha I_E \tag{6-9}$$

由于 α 和 β 反映了同一三极管不同电极电流之间的关系,因此它们之间的关系满足

$$I_C = \alpha I_E = \alpha (I_C + I_B)$$

$$I_C = \frac{\alpha}{1 - \alpha} I_B = \beta I_B$$

因此得 α 和 β 的关系为

$$\beta = \frac{\alpha}{1 - \alpha}, \quad \text{或} \quad \alpha = \frac{\beta}{1 + \beta} \tag{6-10}$$

6.3.2　三极管的特性曲线

三极管的特性曲线是描述各级电流与电压之间关系的曲线,它包括输入特性和输出特性,通常都是以共发射极电路来讨论其输入、输出特性。图 6.17 是 NPN 型三极管共发射极特性曲线测试电路。

1. 输入特性

输入特性是指输出电压 u_{CE} 为恒定值时，输入电流 i_B 与输入电压 u_{BE} 之间的关系。用函数关系式可表示为

$$i_B = f(u_{BE})|_{u_{CE}=\text{常数}} \qquad (6\text{-}11)$$

在图 6.17 电路中，首先固定 u_{CE} 的值为某一常数，然后调节电源 U_{BB} 使 u_{BE} 从零开始增大，在 u_{BE} 为不同值时，分别测得对应的 i_B 值，然后画出 i_B 与 u_{BE} 之间的关系曲线。三极管的输入特性曲线如图 6.18(a) 所示。

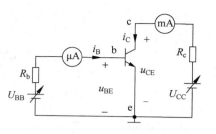

图 6.17　三极管共发射极特性曲线测试电路

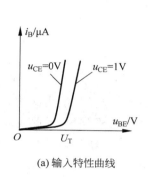

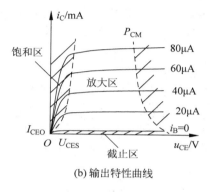

(a) 输入特性曲线　　　　(b) 输出特性曲线

图 6.18　三极管的特性曲线

图中分别绘出了 $u_{CE}=0\text{V}$ 和 $u_{CE}\geqslant1\text{V}$ 时的两条输入特性曲线。因为 $u_{CE}>1\text{V}$ 以后的特性曲线基本接近于 $u_{CE}=1\text{V}$ 时的特性曲线，并且三极管处于放大状态时 $u_{CE}\neq0\text{V}$，因此通常只需画出 $u_{CE}\geqslant1\text{V}$ 时一条输入特性曲线。

由于发射结正向偏置，因此输入特性曲线类似于二极管的正向特性，也存在死区电压。

2. 输出特性

输出特性是指输入电流 i_B 为恒定值时，输出电流 i_C 与输出电压 u_{CE} 之间的关系。用函数关系式可表示为

$$i_C = f(u_{CE})|_{i_B=\text{常数}} \qquad (6\text{-}12)$$

在图 6.17 电路中，首先固定 U_{BB} 使 i_B 的值为某一常数，然后调节电源 U_{CC} 使 u_{CE} 从零开始增大，在 u_{CE} 为不同值时，分别测得对应的 i_C 值，然后画出 i_C 与 u_{CE} 之间的关系曲线。三极管的输出特性曲线如图 6.18(b) 所示。

图 6.18(b) 中分别绘出了 $i_B=0$、$20\mu A$、$40\mu A$、$60\mu A$ 和 $80\mu A$ 时的输出特性曲线。由图 6.18(b) 可以看出，输出特性曲线具有如下特点：

（1）在曲线的起始阶段，i_C 随着 u_{CE} 的增加而增大，此时的曲线接近一条直线，当 u_{CE} 增加到一定值后，i_C 不再随着 u_{CE} 的增加而增大，此时的曲线较为平坦，曲线较为平坦的区域称为放大区。三极管处于放大区时 i_C 不受 u_{CE} 的控制，i_C 只与 i_B 的大小有关，满足 $i_C=\beta i_B$。

（2）曲线拐点左侧的区域称为饱和区，三极管饱和时的 u_{CE} 称为饱和管压降，用 U_{CES} 表示，其值很小，通常硅管的 U_{CES} 约为 0.3V 左右，锗管的 U_{CES} 约为 0.1V 左右。

（3）当 $i_B=0$ 时，$i_C=I_{CEO}$，I_{CEO} 称为穿透电流。$i_B\leqslant 0$ 的区域为截止区。

（4）图 6.18(b)中的 P_{CM} 是最大功耗线，三极管的管耗 $P_C=i_C\times u_{CE}\geqslant P_{CM}$ 时的区域称为过损耗区，三极管工作时不允许进入此区域，否则容易使三极管过热烧毁。

3. 三极管的三个工作状态

（1）放大状态

三极管处于放大状态的条件是：发射结正向偏置，集电结反向偏置。对于 NPN 型三极管应满足 $U_C>U_B>U_E$，对于 PNP 型三极管应满足 $U_C<U_B<U_E$。

三极管处于放大状态时，各级电流满足如下关系：

$$i_E = i_B + i_C = (1+\beta)i_B$$

（2）饱和状态

三极管饱和时发射结、集电结均正向偏置，此时 $U_{BE}>U_T$，$U_{CE}\leqslant U_{BE}$。由于饱和时三极管的管压降很小，不能使集电结反向偏置，因此集电结收集电子的能力减弱，发射区发射过来的电子除很少部分与基区空穴复合，其他不能完全被集电极收集，因此使 i_C 与 i_B 不能满足放大的比例关系。通常将 $U_{CE}=U_{BE}$（即 $U_{CB}=0$）时的状态称为临界状态，即临界饱和或临界放大状态。

在图 6.17 电路中，三极管的管压降为

$$U_{CE} = U_{CC} - I_C R_C$$

因此，可以求出集电极饱和电流

$$I_{CS} = \frac{U_{CC}-U_{CES}}{R_C} \approx \frac{U_{CC}}{R_C}$$

基极临界饱和电流为

$$I_{BS} = \frac{I_{CS}}{\beta} \approx \frac{U_{CC}}{\beta R_C} \tag{6-13}$$

因此可以得出判断三极管是否饱和的方法，当 $I_B\geqslant I_{BS}$ 时，三极管饱和。

三极管饱和时，由于 u_{BE} 与 u_{CE} 都很小，三极管各级电流都较大，因此三极管的 B-E、C-E 间相当于一个闭合的开关。

（3）截止状态

三极管截止时，发射结和集电结均反向偏置。此时 $I_B\approx 0$，$I_C\approx 0$，因此三极管的 B-E、C-E 间的阻抗很大，可以等效为一个断开的开关。

综上所述，三极管有三种工作状态，三极管作放大使用时工作在放大区，三极管作开关使用时工作在饱和区和截止区。

例 6-2 在图 6.19 中，已知三极管的型号以及三个电极的对地电位，试判断三极管是硅管还是锗管，是 NPN 型还是 PNP 型，并判断管子的工作状态。

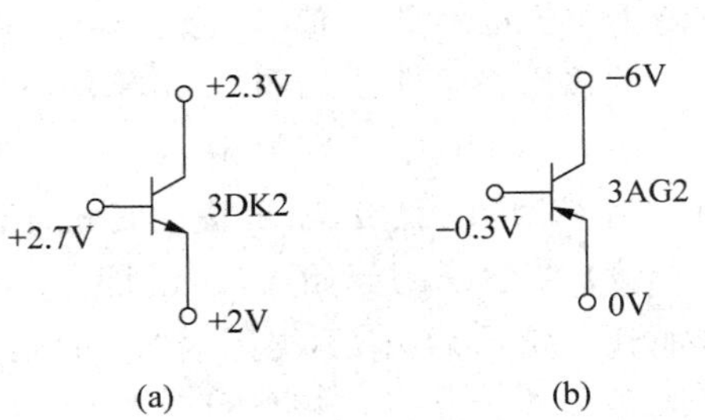

图 6.19 例 6-2 电路

解：图 6.19(a)为 NPN 型三极管，因为 $U_B > U_E$，所以发射结正向偏置。$U_C < U_B$，集电结正向偏置，因此三极管工作在饱和状态。$U_{BE} = U_B - U_E = 0.7V$，因此是硅管。

图 6.19(b)为 PNP 型三极管，因为 $U_C < U_B < U_E$，所以发射结正向偏置，集电结反向偏置，三极管工作在放大状态。$U_{BE} = U_B - U_E = 0.3V$，因此是锗管。

例 6-3　在图 6.20 中，判断各三极管的工作状态。（设三极管的 $U_{BE} = 0.7V$）

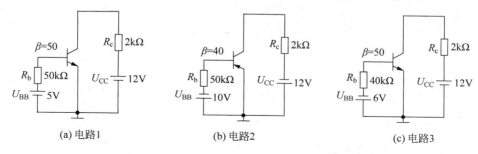

(a) 电路1　　　　　(b) 电路2　　　　　(c) 电路3

图 6.20　例 6-3 电路

解：图 6.20(a)中

$$I_{BS} = \frac{U_{CC}}{\beta R_C} = \frac{12}{50 \times 2} = 0.12mA$$

$$I_B = \frac{U_{BB} - U_{BE}}{R_b} = \frac{5 - 0.7}{50} = 0.086mA$$

因为 $0 < I_B < I_{BS}$，所以三极管工作在放大状态。

图 6.20(b)为 PNP 型三极管，电源极性的接法与 NPN 型管相反。

$$I_{BS} = \frac{U_{CC}}{\beta R_C} = \frac{12}{40 \times 2} = 0.15mA$$

$$I_B = \frac{U_{BB} - U_{BE}}{R_b} = \frac{10 - 0.7}{50} = 0.186mA$$

因为 $I_B > I_{BS}$，所以三极管工作在饱和状态。

图 6.20(c)中由于电源 U_{BB} 的接法使发射结反向偏置，因此三极管工作在截止状态。

6.3.3　三极管的主要参数

1. 电流放大系数

(1) 共发射极直流电流放大系数 $\overline{\beta}$

共发射极直流电流放大系数是指静态（无输入信号）时，集电极电流 I_C 与基极电流 I_B 之比。即

$$\overline{\beta} = \frac{I_C}{I_B}$$

由于三极管特性曲线的非线性，$\overline{\beta}$ 值与三极管工作点 Q 的位置有关，在图 6.21 中 Q 点处的 $\overline{\beta}$ 值为

$$\overline{\beta} = \frac{I_C}{I_B} = \frac{2mA}{40\mu A} = 50$$

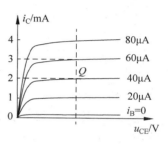

图 6.21　由输出特性曲线计算电流放大系数

(2) 共发射极交流电流放大系数 β

共发射极交流电流放大系数 β 是指动态(有输入信号)时集电极电流变化量 ΔI_C 与基极电流变化量 ΔI_B 之比,即

$$\beta = \frac{\Delta I_C}{\Delta I_B}$$

交流电流放大系数也与工作点 Q 的位置有关,在图 6.21 中,过 Q 点作垂直于横轴的垂线,当 I_B 从 $40\mu A$ 变化到 $60\mu A$ 时,I_C 从 $2mA$ 变化到 $3mA$,由此可以计算

$$\beta = \frac{\Delta I_C}{\Delta I_B} = \frac{(3-2)mA}{(60-40)\mu A} = 50$$

因为通常情况下 $\bar{\beta} = \beta$,因此后面均用 β 表示共发射极电流放大系数。

2. 极间反向电流

(1) c、b 极间反向饱和电流 I_{CBO}

I_{CBO} 是指发射极 e 开路,在 c、b 极间加反向电压时的反向饱和电流,如图 6.22(a)所示。

由于 I_{CBO} 是集电结反偏时少子的漂移运动形成的,因而温度升高会引起 I_{CBO} 的增大。I_{CBO} 越小,三极管的质量越好。通常小功率硅管的 $I_{CBO} < 1\mu A$,锗管的 I_{CBO} 约为几微安到几十微安。

(2) c、e 极间穿透电流 I_{CEO}

I_{CEO} 是指基极 b 开路,在 c、e 间加正向电压时产生的集电极电流,如图 6.22(b)所示。由于 c、e 间电压使发射结正向偏置,集电结反向偏置,因此 I_{CEO} 不是单纯的 PN 结反向电流。

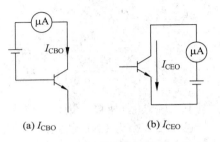

图 6.22　三极管的极间反向电流

发射结正偏使发射区多子电子扩散到 b 区,除少部分与 b 区空穴复合之外,大部分被集电结收集。根据三极管的电流分配规律 $i_E = i_B + i_C = i_B + \beta i_B = (1+\beta)i_B$,可以得出

$$I_{CEO} = I_{CBO} + \beta I_{CBO} = (1+\beta)I_{CBO} \tag{6-14}$$

I_{CEO} 也会随着温度的升高而增大,I_{CEO} 越小,管子质量越好。小功率硅管的 I_{CEO} 小于几微安,锗管的 I_{CEO} 约为几十到几百微安。

3. 极限参数

(1) 集电极最大允许电流 I_{CM}

I_C 在相当大的范围内变化时,β 基本不变,但当 I_C 超过一定值时,β 要下降。因此规定 I_{CM} 是使 BJT 的参数变化不超过允许值时集电极允许的最大电流。

当晶体管的 I_C 大于 I_{CM} 时,晶体管不一定损坏,但 β 值会明显下降。

(2) 集电极最大允许耗散功率 P_{CM}

当集电极电流流过集电结时会产生热量,使结温升高,当结温超过一定值时会使晶体管的特性变差,甚至烧毁晶体管。P_{CM} 表示集电结上允许损耗功率的最大值,其值为 $P_{CM} = i_C u_{CE}$,因此可在输出特性曲线上得到一条双曲线,称为最大功耗线,如图 6.23 所示,曲线的右上方为过损耗区。

（3）反向击穿电压

BJT 有两个 PN 结，如果 PN 结上的反向电压超过规定值，也会发生反向击穿现象。晶体三极管的反向击穿电压有如下几种。

$U_{(BR)CBO}$：是发射极开路时，集电极与基极之间的反向击穿电压，这是集电结所允许加的最高反向电压。

$U_{(BR)EBO}$：是集电极开路时，发射极与基极之间的反向击穿电压，这是发射结所允许加的最高反向电压。

$U_{(BR)CEO}$：是基极开路时，集电极与发射极之间的反向击穿电压，此时集电结承受反偏电压。

综上所述，要使晶体三极管安全工作，应使 $i_C < I_{CM}$，$p_C < P_{CM}$，$u_{CE} < U_{(BR)CEO}$，BJT 的安全工作区如图 6.23 所示。

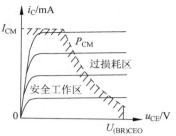

图 6.23 三极管安全工作区

6.4 场效应晶体管

场效应晶体管又称单极型晶体管，简称 FET(Field Effect Transistor)。FET 与晶体三极管 BJT 有很大不同，其主要区别如下。

（1）BJT 中多子和少子（电子和空穴）均参与导电，即参与导电的载流子极性有两种，因而称为双极型晶体管；FET 中只有一种载流子（电子或空穴）参与导电，因而称为单极型晶体管。

（2）BJT 是电流型控制器件，集电极电流 I_C 受基极电流 I_B 控制，满足 $I_C = \beta I_B$；而 FET 是电压型控制器件，漏极电流 I_D 受栅-源电压 U_{GS} 的控制，满足 $I_D = g_m U_{GS}$。

（3）BJT 的输入电阻较小，而 FET 的输入电阻非常高，通常可达几百甚至几千兆欧，绝缘栅型场效应管的输入电阻最高可达 $10^{15}\,\Omega$。

（4）FET 的噪声系数比 BJT 小，同时具有制造工艺简单、芯片面积小等优点，使其在大规模集成电路中取代了 BJT。

FET 根据结构的不同可以分为结型场效应管（JFET）和绝缘栅型场效应管（IGFET）。绝缘栅型场效应管是应用最广泛的金属-氧化物-半导体场效应管，简称 MOSFET 或 MOS 管。本节主要介绍两种类型场效应管的结构、工作原理、特性及参数。

6.4.1 结型场效应管

1. 结型场效应管的结构和符号

结型场效应管（JFET）按导电沟道类型的不同，可分为 N 沟道 JFET 和 P 沟道 JFET 两种。N 沟道结型场效应管的结构及符号如图 6.24(a)所示。它在一块 N 型半导体的两侧分别扩散出两个高浓度的 P 型区（用 P⁺ 表示），两个 P⁺ 区与 N 区形成两个 PN 结，将两个 P⁺ 区连在一起引出一个电极，称为栅极 G，由 N 区两端分别引出两个电极，称为漏极 D 和源极 S。它们分别相当于 BJT 中的 b、c、e。两个 PN 结中间的 N 型区称为导电沟道。

P 沟道 JFET 的结构和符号如图 6.24(b)所示。它是在一块 P 型半导体两侧分别扩散出两个高浓度的 N 型区（用 N⁺ 表示），同样形成两个 PN 结，两个 PN 结中间的 P 型区为导电沟道。

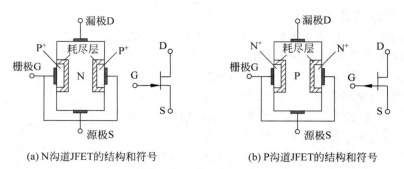

(a) N沟道JFET的结构和符号　　　　　　　(b) P沟道JFET的结构和符号

图 6.24　结型场效应管的结构和符号

结型场效应管符号中的箭头表示栅结正偏时，栅极电流的方向，它由 P 区指向 N 区，因此符号中的箭头方向是判别导电沟道类型的标志。

2. 工作原理

下面以 N 沟道 JFET 为例分析其工作原理。N 沟道 JFET 工作时栅极与源极之间加反向电压，使 JFET 内两个 PN 结反向偏置，漏极与源极之间加正向电压。

（1）栅-源电压 u_{GS} 对导电沟道的影响

为讨论方便，假设 $u_{DS} = 0$。当栅-源电压 $u_{GS} = 0$ 时，耗尽层最窄，导电沟道最宽，如图 6.25(a) 所示。

当 u_{GS} 由零向负值增大时，由于 JFET 内两个 PN 结反向偏置，耗尽层变宽，导电沟道变窄，沟道电阻增大，如图 6.25(b) 所示。

当 u_{GS} 负值增大到某一值 U_P 时，耗尽层闭合，导电沟道消失，沟道电阻趋于无穷大，如图 6.25(c) 所示。此时对应的栅-源电压称为夹断电压 U_P。

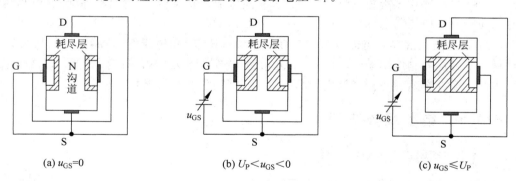

(a) $u_{GS} = 0$　　　　　　(b) $U_P < u_{GS} < 0$　　　　　　(c) $u_{GS} \leqslant U_P$

图 6.25　$u_{DS} = 0$ 时，u_{GS} 对导电沟道的影响

通过上面分析可知，改变 u_{GS} 的大小，可以改变导电沟道的宽度，从而改变沟道电阻。如果在漏-源极之间加上固定的正向电压 u_{DS}，则由漏极流向源极的电流 i_D 将受 u_{GS} 的控制，当 u_{GS} 负值增大时，沟道电阻增大，i_D 减小。

（2）漏-源电压 u_{DS} 对导电沟道的影响

讨论 u_{DS} 对导电沟道影响时，假设栅-源电压 u_{GS} 为 $0 \sim U_P$ 的某一固定值。

当 $u_{DS}=0$ 时,由于 JFET 的漏极与源极之间没有电压降,因此 $i_D=0$,此时 u_{DS} 对导电沟道没有影响。

当 $u_{DS}>0$ 时,有漏极电流 i_D 从漏极流向源极,并且 i_D 使导电沟道从漏极到源极的 N 型半导体区域中,各点电位不等,靠近漏极处电位高,靠近源极处电位低。因此在从漏极到源极的不同位置上,栅极与沟道之间的电位差也是不相等的,越靠近漏极电位差越大,加在 PN 结上的反向电压就越大;越靠近源极电位差越小,加在 PN 结上的反向电压也越小。这样使得耗尽层的宽度在漏极附近比在源极附近要宽,导电沟道的形状在靠近漏极处比靠近源极处要窄,如图 6.26(a)所示。

因为栅-漏电压 $u_{GD}=u_{GS}-u_{DS}$,因此当 u_{DS} 从零开始增大时,u_{GD} 逐渐减小,使靠近漏极处的导电沟道也随之变窄。当 u_{DS} 增大到使 $u_{GD}=U_P$ 时,导电沟道在漏极处开始夹断,称为预夹断,如图 6.26(b)所示。预夹断后,如果 u_{DS} 继续增大,则预夹断点向源极方向延伸,如图 6.26(c)所示。

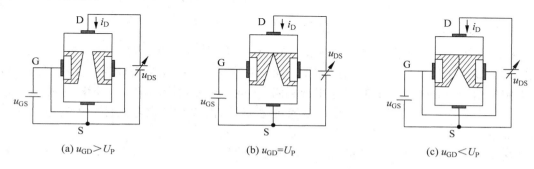

(a) $u_{GD}>U_P$　　　　　　(b) $u_{GD}=U_P$　　　　　　(c) $u_{GD}<U_P$

图 6.26　漏-源电压 u_{DS} 对导电沟道的影响

综上所述,结型场效应管工作时具有如下特点:

(1) JFET 工作时,栅-源之间加反向电压,使两个 PN 结均反向偏置,栅极电流 $i_G\approx0$,故 JFET 的输入电阻很大。

(2) 当 u_{DS} 为某一常数时,通过改变栅-源电压 u_{GS} 可以控制漏极电流 i_D 的变化,因此称场效应管为电压型控制器件。

(3) 当栅-源电压 u_{GS} 为 $0\sim U_P$ 的某一常数时,u_{DS} 对导电沟道的影响是使导电沟道变成上窄下宽的楔形。导电沟道预夹断之前,u_{DS} 与漏极电流 i_D 近似为线性关系,预夹断之后,u_{DS} 增大不会引起 i_D 的继续增大。

(4) 通常将 $u_{GS}=0$ 时就存在导电沟道的 FET 称为耗尽型场效应管,$u_{GS}=0$ 时不存在导电沟道的 FET 称为增强型场效应管。因此 JFET 均为耗尽型场效应管。

3. 特性曲线

下面介绍 N 沟道 JFET 的特性曲线。

(1) 输出特性曲线

输出特性曲线是指 u_{GS} 为某一常数时,漏极电流 i_D 与漏-源电压 u_{DS} 之间的关系曲线,其函数关系式为

$$i_D = f(u_{DS})|_{u_{GS}=常数}$$

输出特性曲线如图 6.27(a)所示。图中分别绘出了 $u_{GS}=0$、-1、-2、-3、-4 时 i_D 与 u_{DS} 之间的关系。从输出特性曲线可以将 JFET 的工作区域分成三部分：可变电阻区、恒流区、截止区。

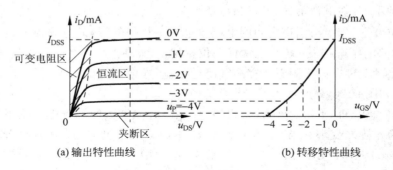

(a) 输出特性曲线　　　　　　　(b) 转移特性曲线

图 6.27　N 沟道 JFET 的特性曲线

① 可变电阻区

由图 6.27(a)可以看出，输出特性曲线都有一个拐点，拐点所对应的就是预夹断点，该点处的漏-源电压满足：$u_{DS}=u_{GS}-U_P$。各条曲线拐点连线左侧区域为可变电阻区。可变电阻区内的 u_{DS} 较小，此时管子还未预夹断，沟道电阻随栅-源电压 u_{GS} 变化，漏极与源极之间相当于一个受栅-源电压 u_{GS} 控制的可变电阻，因而称为可变电阻区。可变电阻区的特点如下。

当 u_{GS} 不变时，沟道电阻不变，i_D 与 u_{DS} 近似为线性关系；当 u_{GS} 改变时，沟道电阻随之改变，并且 u_{GS} 负值越大，特性曲线斜率越小，沟道电阻越大。

② 夹断区

夹断区又称为截止区，当 $u_{GS} \leqslant U_P$ 时，导电沟道被完全夹断，$i_D \approx 0$，场效应管进入截止状态。

③ 恒流区(放大区)

恒流区也称为放大区，输出特性曲线中较为平坦的区域称为恒流区。进入恒流区时，导电沟道已预夹断，此时 i_D 不再随 u_{DS} 的增大而增大，此时漏极电流 i_D 的大小受栅-源电压 u_{GS} 的控制，i_D 与 u_{GS} 之间满足 $i_D=g_m u_{GS}$。场效应管作放大器件使用时工作在恒流区。

场效应管输出特性曲线的三个区域：可变电阻区、夹断区、恒流区分别相当于晶体三极管的饱和区、截止区、放大区。

(2) 转移特性曲线

转移特性曲线是指 u_{DS} 为某一常数时，漏极电流 i_D 与栅-源电压 u_{GS} 之间的关系曲线，其函数关系式为

$$i_D = f(u_{GS})\big|_{u_{DS}=\text{常数}}$$

转移特性曲线可以从输出特性曲线得到，JFET 工作在恒流区时的转移特性曲线如图 6.27(b)所示。由于在恒流区中 u_{DS} 为不同值时的转移特性曲线基本接近，因此为分析方便，通常只画出一条。

由转移特性曲线可以看出，当 $u_{GS}=0$ 时，$i_D=I_{DSS}$，I_{DSS} 称为饱和漏极电流。当 $u_{GS}=U_P$ 时，$i_D \approx 0$。另外在恒流区内，i_D 与 u_{GS} 之间的关系也可以用下面的近似公式表示：

$$i_D = I_{DSS}\left(1 - \frac{u_{GS}}{U_P}\right)^2 \quad (U_P < u_{GS} < 0) \tag{6-15}$$

另外,为保证结型场效应管栅-源极间的耗尽层加反向电压,对于 P 沟道管,其栅-源电压 u_{GS}、漏-源电压 u_{DS} 的极性应与 N 沟道管相反。

6.4.2 绝缘栅型场效应管

虽然结型场效应管的输入电阻已高达 $10^7\Omega$ 以上,但有些场合还嫌不够高。而绝缘栅型场效应管(MOS 管)是在栅极又增加了一层 SiO_2 绝缘层,因此具有更高的输入电阻。

绝缘栅型场效应管也有 N 沟道和 P 沟道两种类型,另外按照 $u_{GS}=0$ 时是否存在导电沟道,又可分为增强型和耗尽型两种。

1. N 沟道增强型 MOS 管

(1) 结构和符号

N 沟道增强型 MOS 管的结构如图 6.28(a) 所示。它是以 P 型 Si 半导体材料作为衬底,在 P 区上左右两侧各扩散出一个高浓度的 N^+ 区,从两个 N^+ 区各引出两个金属铝电极,分别作为源极 S 和漏极 D。在半导体表面生长一层 SiO_2 绝缘层,并在 SiO_2 绝缘层上安置一个金属铝电极,作为栅极 G。

N 沟道增强型 MOS 管的符号如图 6.28(b) 所示。符号中的箭头方向表示由 P(衬底)指向 N (沟道),虚线表示增强型(原始导电沟道不存

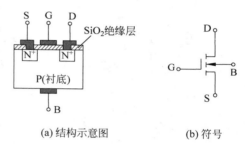

(a) 结构示意图   (b) 符号

图 6.28 N 沟道增强型 MOS 管的结构和符号

在)。因此对于 P 沟道 MOS 管,其箭头方向与上述相反,对于耗尽型 MOS 管,将符号中的虚线改为实线。

(2) 工作原理

① 栅-源电压 u_{GS} 对导电沟道的影响

当栅-源电压 $u_{GS}=0$ 时,MOS 管内形成两个背靠背的 PN^+ 结,如图 6.29(a) 所示。此时,无论 u_{DS} 极性如何,总会有一个 PN^+ 结处于反向偏置,故漏极电流 $i_D \approx 0$,MOS 管截止。

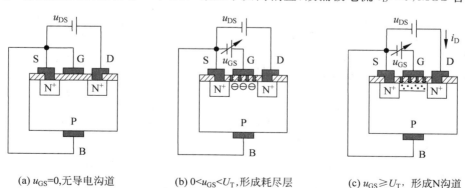

(a) $u_{GS}=0$,无导电沟道   (b) $0 < u_{GS} < U_T$,形成耗尽层   (c) $u_{GS} \geq U_T$,形成 N 沟道

图 6.29 栅-源电压 u_{GS} 对导电沟道的影响

当 $u_{GS}>0$ 时，由于 SiO_2 绝缘层的存在，栅极电流为零。但由于衬底和源极相连，因此在栅极的 SiO_2 绝缘层内会产生一个方向向下的电场，该电场会排斥 P 衬底中靠近 SiO_2 绝缘层一侧的空穴，剩下不能移动的负离子，形成耗尽层，如图 6.29(b)所示。同时该电场还能将衬底的少子自由电子吸引到 SiO_2 绝缘层附近。

如果继续增大 u_{GS}，会使 SiO_2 绝缘层附近的自由电子形成一个 N 型薄层，即 N 型导电沟道，又称为反型层，如图 6.29(c)所示。此时对应的栅-源电压称为开启电压 U_T。$u_{GS}>U_T$ 以后，改变 u_{GS} 的大小可以改变导电沟道的宽度，进而改变沟道电阻，起到栅-源电压 u_{GS} 控制漏极电流 i_D 的作用。

② 漏-源电压 u_{DS} 对导电沟道的影响

当栅-源电压 u_{GS} 为大于 U_T 的某一常数时，漏源电压 u_{DS} 对导电沟道的影响与 JFET 相似。当 $u_{DS}=0$ 时，漏极电流 $i_D=0$；当 $u_{DS}>0$ 并开始增加时，i_D 也随之增大，并且 i_D 使导电沟道从源极到漏极方向逐渐变窄，如图 6.30(a)所示。当 u_{DS} 增大到使 $u_{GD}=U_T$(即 $u_{DS}=u_{GS}-U_T$)时，沟道在漏极一侧产生预夹断，如图 6.30(b)所示。如果 u_{DS} 继续增大，则预夹断点向源极方向延伸，如图 6.30(c)所示。预夹断后，u_{DS} 再增加，i_D 趋于饱和，不再增大。

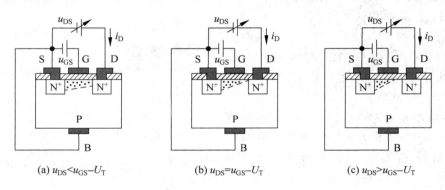

(a) $u_{DS}<u_{GS}-U_T$　　(b) $u_{DS}=u_{GS}-U_T$　　(c) $u_{DS}>u_{GS}-U_T$

图 6.30　漏-源电压 u_{DS} 对导电沟道的影响

(3) 特性曲线

N 沟道增强型 MOS 管的输出特性如图 6.31(a)所示，恒流区的转移特性如图 6.31(b)所示。

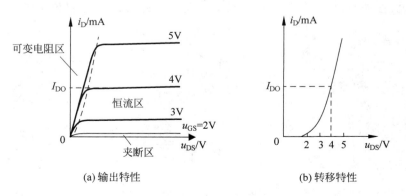

(a)输出特性　　　　(b)转移特性

图 6.31　N 沟道增强型 MOS 管的特性曲线

与 JFET 一样,如图 6.31(a)所示的输出特性也分为三个不同的区域:可变电阻区、恒流区和夹断区。在恒流区内,N 沟道增强型 MOS 管的 i_D 可近似表示为

$$i_D = I_{DO}\left(\frac{u_{GS}}{U_T} - 1\right)^2 \quad (u_{GS} > U_T) \tag{6-16}$$

式中 I_{DO} 是 $u_{GS}=2U_T$ 时的 i_D 值。

2. N 沟道耗尽型 MOS 管

N 沟道耗尽型 MOS 管的结构与增强型 MOS 的结构基本相同。只是耗尽型 MOS 管在制造时,在栅极下面的二氧化硅绝缘层中掺入了大量的正离子,由于正离子的作用,即使在 $u_{GS}=0$ 时,也能在 SiO_2 绝缘层的下方感应出较多的自由电子,形成 N 型导电沟道,如图 6.32(a)所示。N 沟道耗尽型 MOS 管的符号如图 6.32(b)所示。

N 沟道耗尽型 MOS 管工作时,如果栅-源之间电压 u_{GS} 为正,则导电沟道变宽,沟道电阻减小;如果栅-源之间电压 u_{GS} 为负,则导电沟道变窄,沟道电阻增大。因此 N 沟道耗尽型 MOS 管的栅-源电压可以为正,也可以为负。对应于导电沟道夹断时的栅-源电压,即夹断电压为负值。

3. P 沟道 MOS 管

与 N 沟道 MOS 管相对应,P 沟道 MOS 管也有增强型和耗尽型两种,其符号如图 6.33 所示。箭头方向表示从 P(导电沟道)指向 N(衬底)。

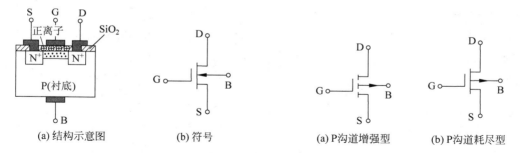

图 6.32　N 沟道耗尽型 MOS 管的结构和符号　　　　图 6.33　P 沟道 MOS 管的符号

各种 FET 的符号和特性曲线如表 6.1 所示。

表 6.1　各种 FET 的符号和特性曲线

类　　型	符　　号	电压极性	输出特性	转移特性
N 沟道 JFET		$u_{GS}(-)$ $u_{DS}(+)$ $U_P(-)$		

续表

类　型	符　号	电 压 极 性	输 出 特 性	转 移 特 性
P沟道JFET		$u_{GS}(+)$ $u_{DS}(-)$ $U_P(+)$		
增强型 N MOS		$u_{GS}(+)$ $u_{DS}(+)$ $U_T(+)$		
耗尽型 N MOS		$u_{GS}(+/-)$ $u_{DS}(+)$ $U_p(-)$		
增强型 P MOS		$u_{GS}(-)$ $u_{DS}(-)$ $U_T(-)$		
耗尽型 P MOS		$u_{GS}(+/-)$ $u_{DS}(-)$ $U_p(+)$		

6.4.3　场效应管的主要参数

1. 直流参数

（1）开启电压 U_T：是指当 u_{DS} 为一常数时，使 $i_D>0$ 所需要的最小 u_{GS} 值。开启电压 U_T 是增强型 MOS 管的参数。

（2）夹断电压 U_P：是指当 u_{DS} 为一常数时，使导电沟道完全夹断，即 $i_D\approx0$ 时的 u_{GS} 值。

夹断电压 U_P 是结型场效应管和耗尽型 MOS 管的参数。

（3）饱和漏极电流 I_{DSS}：对于耗尽型场效应管，在 $u_{GS}=0$ 的情况下，产生预夹断以后的漏极电流称为饱和漏极电流。

（4）直流输入电阻 R_{GS}：是指 $u_{DS}=0$ 时，栅-源电压 u_{GS} 与栅极电流 i_G 之比。对于 JFET，由于 u_{GS} 使 JFET 中的两个 PN 结均反向偏置，因此 $i_G \approx 0$，故输入电阻 R_{GS} 很高，一般大于 $10^7\,\Omega$。而 MOS 管的 R_{GS} 更高，一般大于 $10^9\,\Omega$。

2．交流参数

（1）低频跨导 g_m：是指管子工作在恒流区且 u_{DS} 为某一常数时，i_D 的变化量与 u_{GS} 变化量之比，即

$$g_m = \left. \frac{\Delta i_D}{\Delta u_{GS}} \right|_{u_{DS}=常数}$$

跨导的单位是西门子(S)。通常用豪西 mS(mA/V) 或微西 μS(μA/V) 表示。跨导是衡量 FET 放大能力的重要参数，它反映了 u_{GS} 对 i_D 的控制能力，相当于 BJT 的 β。g_m 的大小与工作点 Q 的位置有关，在转移特性曲线上求跨导时，g_m 是工作点 Q 处切线的斜率；在输出特性曲线上求跨导时，$g_m = \frac{\Delta I_D}{\Delta U_{GS}}$。

（2）极间电容：场效应管的各极之间也存在极间电容，分别用 C_{GS}、C_{GD}、C_{DS} 表示，通常 C_{GS}、C_{GD} 约为 $1\sim3$pF，C_{DS} 约为 $0.1\sim1$pF。极间电容越小，管子的高频特性和开关特性越好。

3．极限参数

（1）漏极最大允许电流 I_{DM}：I_{DM} 是场效应管正常工作时漏极电流的上限值。

（2）漏极最大耗散功率 P_{DM}：P_{DM} 取决于管子的允许温升，同 BJT 一样，P_{DM} 确定后，也可在输出特性曲线上画出最大功耗线，从而确定管子的安全工作区。

（3）击穿电压：$U_{(BR)DS}$ 是指 u_{DS} 增大到使 i_D 急剧增加，发生雪崩击穿时的 u_{DS} 值。管子使用时不能超过此值。$U_{(BR)GS}$ 是指使 JFET 内的两个 PN 结反向击穿时所加的 u_{GS} 值。

6.5　Protel 仿真分析

例 6-4　如图 6.34 所示电路中，用直流工作点分析测试三极管各级电流和电位，判断三极管工作状态。

解：在原理图编辑器中完成原理图的设计，将三极管的各级电流和电位作为测试点，进行直流工作点分析，仿真结果如图 6.35 所示。

在直流工作的分析结果中，通过对晶体管三个电极电位的比较，可以看出，图 6.34(a) 电路的发射结和集电结均正向偏置，处于饱和状态；图 6.34(b) 电路发射结和集电结电压均反向偏置，且各电极电流约等于零，处于截止状态；图 6.34(c) 电路发射结正向偏置，集电结反向偏置，处于放大状态。

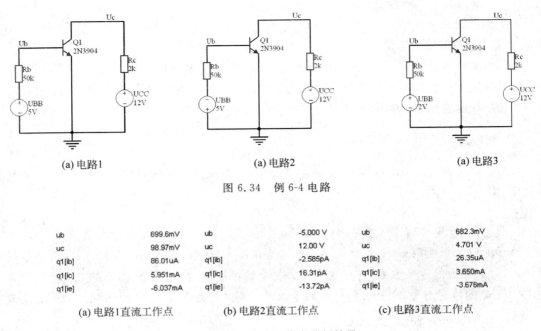

(a) 电路1　　　　　　　　(a) 电路2　　　　　　　　(a) 电路3

图 6.34　例 6-4 电路

ub	699.6mV	ub	−5.000 V	ub	682.3mV
uc	98.97mV	uc	12.00 V	uc	4.701 V
q1[ib]	86.01uA	q1[ib]	−2.585pA	q1[ib]	26.35uA
q1[ic]	5.951mA	q1[ic]	16.31pA	q1[ic]	3.650mA
q1[ie]	−6.037mA	q1[ie]	−13.72pA	q1[ie]	−3.676mA

(a) 电路1直流工作点　　　(b) 电路2直流工作点　　　(c) 电路3直流工作点

图 6.35　直流工作点分析结果

6.6　本章小结

1．半导体的基本知识

本征半导体中的载流子是电子-空穴对,常温下电子-空穴对数目很少,本征半导体导电能力很差,但本征半导体具有热敏特性和光敏特性。

在本征半导体中掺入杂质会大大提高其导电能力。杂质半导体有 N 型半导体和 P 型半导体,N 型半导体中的多子是自由电子,少子是空穴;P 型半导体中的多子是空穴,少子是自由电子。

PN 结具有单向导电特性,即 PN 结加正向电压时处于导通状态,呈现低阻特性;PN 结加反向电压时处于截止状态,呈现高阻特性。

2．半导体二极管

二极管的内部结构就是一个 PN 结,因此二极管也具有单向导电特性。二极管正向偏置时存在死区电压 U_T,只有正向电压大于二极管的死区电压 U_T 时,二极管才正式导通;二极管反向偏置时,存在反向击穿电压 U_{BR},当二极管的反向电压小于 U_{BR} 时,二极管处于截止状态,当二极管的反向电压大于 U_{BR} 时,二极管反向击穿,反向电流急剧增大。

二极管的主要参数有最大整流电流 I_F、最高反向工作电压 U_R、反向电流 I_R、最高工作频率 f_M。

3. 半导体三极管

半导体三极管具有电流放大作用,即 $I_C = \beta I_B$,三极管各级电流关系为 $I_E = I_B + I_C = (1+\beta)I_B$。三极管的输入特性与二极管的正向特性相似;三极管的输出特性分为放大区、饱和区和截止区三个工作区,三极管作放大使用时工作在放大区,作开关使用时工作在饱和区和截止区。

三极管处于放大状态的条件是:发射结正向偏置,集电结反向偏置。对于 NPN 型三极管,应满足 $U_C > U_B > U_E$,对于 PNP 型三极管,应满足 $U_C < U_B < U_E$。

三极管的极限参数有集电极最大允许电流 I_{CM}、集电极最大允许耗散功率 P_{CM}、反向击穿电压 $U_{(BR)CEO}$。三极管安全工作时,应使 $i_C < I_{CM}$,$p_C < P_{CM}$,$u_{CE} < U_{(BR)CEO}$。

4. 场效应晶体管

场效应晶体管有结型场效应管(JFET)和绝缘栅型场效应管(MOS)。

JFET 有 N 沟道和 P 沟道两种类型,结型场效应管都属于耗尽型场效应管,工作时所加电压应使 JFET 内两个 PN 结均反向偏置。

绝缘栅型场效应管也有 N 沟道和 P 沟道两种类型,另外按照 $u_{GS} = 0$ 时是否存在导电沟道,又可分为增强型和耗尽型两种。

场效应管属于电压控制器件,它是靠栅-源电压 u_{GS} 来控制漏极电流 i_D,即 $i_D = g_m u_{GS}$。

习题

6-1 判断下列说法是否正确,用"√"或"×"填入括号中。

(1) 因为 P 型半导体中的多数载流子是空穴,因此它带正电。 (   )

(2) 将一块 N 型半导体和一块 P 型半导体放到一起,可以形成 PN 结。 (   )

(3) 稳压二极管两端加反向电压就能起到稳压作用。 (   )

(4) 漂移运动是少数载流子在内电场作用下形成的。 (   )

(5) 半导体三极管的集电极电流仅由多数载流子的扩散运动形成。 (   )

(6) 场效应管是一种电压控制器件,由漏-源电压 u_{DS} 控制漏极电流 i_D。 (   )

(7) 场效应管只靠一种载流子导电。 (   )

(8) 当 $u_{GS} = 0$ 时,增强型场效应管可以工作在恒流区。 (   )

(9) 当 $u_{GS} = 0$ 时,耗尽型场效应管可以工作在恒流区。 (   )

6-2 选择正确答案填空。

(1) PN 结加正向电压时,空间电荷区_____,此时电流由_____形成;PN 结加反向电压时,空间电荷区_____,此时电流由_____形成。

    A. 扩散运动   B. 漂移运动   C. 变宽   D. 变窄

(2) 稳压二极管正常工作时应在特性曲线的_____区。

    A. 正向导通   B. 反向截止   C. 反向击穿

(3) 晶体三极管工作在放大区的条件是_____,工作在饱和区的条件是_____,工作在截止区的条件是_____。

    A. 发射结正向偏置,集电结反向偏置

    B. 发射结、集电结均正向偏置

    C. 发射结、集电结均反向偏置

(4) 温度升高时,二极管的反向电流将_____。

    A. 增大   B. 不变   C. 减小

(5) 某工作在放大区的三极管,当 I_B 从 $20\mu A$ 增大到 $30\mu A$ 时,I_C 从 $1mA$ 增大到 $2mA$,则它的 β 值为_____。

    A. 50   B. 100   C. 200

(6) P 沟道结型场效应管工作时,应在栅-源极间加_____,漏-源极间加_____,N 沟道增强型 MOS 管工作时,应在栅-源极间加_____,漏-源极间加_____。

    A. 正向电压   B. 反向电压

6-3   在如图 6.36 所示各电路中,判断二极管的工作状态,并计算输出电压 u_o。(设图 6.36 中二极管为均理想二极管,导通压降为零)

6-4   在如图 6.37 所示电路中,已知 $u_i=5\sin\omega t\,V$,判断二极管的工作状态,并画出输出电压 u_o 的波形。(设二极管导通压降为零。)

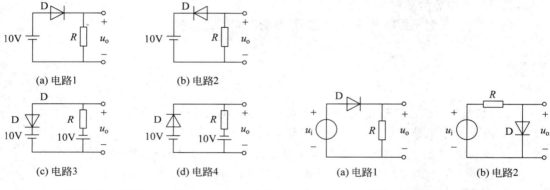

图 6.36   习题 6-3 电路   图 6.37   习题 6-4 电路

6-5   在如图 6.38 所示电路中,已知 $u_i=10\sin\omega t\,V$,判断二极管的工作状态,并画出输出电压 u_o 的波形。(设二极管导通压降为零。)

6-6   如图 6.39 所示为处于放大状态的两只三极管,已知三极管的各级电流大小和方向,分别判断两只三极管的类型(NPN 或 PNP),确定三个电极的名称,求出电流放大系数。

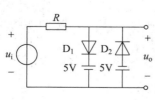

图 6.38   习题 6-5 电路

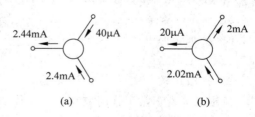

图 6.39   习题 6-6 图

6-7　如图 6.40 所示各三极管均处于放大状态,已知三极管的各极电位,分别判断各三极管的类型(NPN 或 PNP),确定三个电极的名称,并说明是硅管还是锗管。

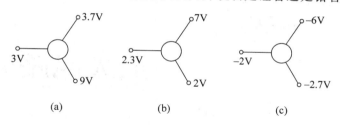

图 6.40　习题 6-7 图

6-8　已知三极管的各极电位如图 6.41 所示,分别判断各三极管的工作状态(放大、饱和或截止)。

6-9　已知某场效应管的转移特性曲线如图 6.42 所示,问其 I_{DSS} 是多少? $u_{GS} = -3V$ 是它的什么参数? 该场效应管是 JFET 还是 MOS 管,N 沟道还是 P 沟道,增强型还是耗尽型?

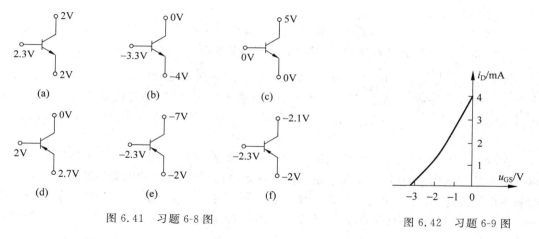

图 6.41　习题 6-8 图

图 6.42　习题 6-9 图

6-10　如图 6.43 所示为四只场效应管的转移特性,判断它们属于哪种类型的场效应管?(JFET 还是 MOSFET,N 沟道还是 P 沟道,增强型还是耗尽型?)

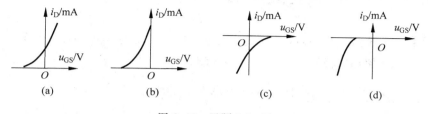

图 6.43　习题 6-10 图

第7章
放大电路分析

本章学习目标

- 掌握共发射极基本放大电路的分析方法；
- 掌握工作点稳定电路的组成、工作原理及分析方法；
- 了解共集、共基电路的电路特点及分析方法；
- 了解多级放大电路的极间耦合方式、零点漂移的概念及性能指标的计算；
- 了解放大电路频率特性的概念；
- 掌握 OCL、OTL 功率放大电路的组成及工作原理；
- 了解集成运算放大器的组成、符号及电压传输特性。

放大器可以将微弱的电信号(电压、电流、电功率)不失真地进行放大。例如扩音机可以将微弱的声音信号放大,首先声音经过话筒变成微弱的电信号,经过由晶体管组成的放大器,将直流电源供给的能量转换成较强的电信号,然后经过扬声器还原成放大了的声音信号。

在放大过程中,输出信号能量的增加实际上是由直流电源提供的。放大器只是利用晶体管的能量控制作用,在输入微弱电信号的情况下,将直流电源供给的能量转换为较强的电信号输出。因此,放大作用的实质是一种能量控制作用。本章主要介绍三极管、场效应管构成的不同组态放大电路的分析方法、放大电路的频率特性、功率放大电路的分析以及集成运放的基本知识。

7.1 共发射极基本放大电路

三极管具有电流放大作用,因此组成放大电路的核心器件是半导体三极管。下面以共发射极电路为例介绍放大电路的组成及工作原理。

7.1.1 共发射极基本放大电路的组成

共发射极基本放大电路如图 7.1(a)所示,它是由双电源供电的基本放大电路,其中 U_{BB} 经过 R_b 为三极管发射结提供正向偏置电压,U_{CC} 经过 R_c 为三极管的集电结提供反向偏置电压。为使电路简便,通常采用单电源供电,将 R_b 直接接至 U_{CC},并在电路中省去电源符号,用电位的高低表示,如图 7.1(b)所示。

在图 7.1 中,u_i 是输入电压,加在三极管的基极和发射极之间,u_o 是输出电压,取自三

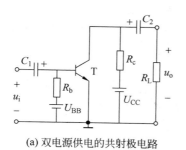 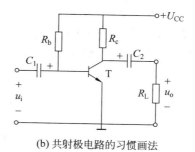

(a) 双电源供电的共射极电路　　　　　(b) 共射极电路的习惯画法

图 7.1　共发射极基本放大电路的组成

极管的集电极和发射极之间。通常将基极与发射极所在回路称为输入回路,将集电极与发射极所在回路称为输出回路。由于发射极是输入和输出回路的公共端,因而称为共发射极放大电路,简称共射极放大电路。

放大电路的核心器件是三极管,用符号 T 表示,担负着放大作用。三极管处于放大状态时要保证发射结正向偏置,集电结反向偏置;直流电源 U_{CC} 的作用是为三极管提供偏置电压,另外直流电源还为放大电路提供能源,以保证放大电路能将微弱的电压信号放大。

R_b 称为基极偏置电阻,其值很大,通常为几十至几百千欧。R_c 称为集电极负载电阻,其值通常为几千欧至几十千欧,R_c 的作用是将三极管的电流放大作用转换为电压放大。

电解电容 C_1、C_2 称为耦合电容或隔直电容,它起着隔断直流的作用,但交流信号可以通过。电路中电解电容的极性不能接反。

R_L 为负载电阻,输出电压 u_o 取自 R_L 两端。

7.1.2　放大电路的工作原理

1. 静态工作点

在如图 7.1(b)所示放大电路中,输入信号 $u_i = 0$ 时放大电路的工作状态称为静态,静态时三极管各极电流和电压值通常用 I_{BQ}、I_{CQ}、U_{BEQ}、U_{CEQ} 表示,称为静态工作点 Q。在近似分析中,常将 U_{BEQ} 作为已知量。通常硅管的 U_{BEQ} 为 $0.6 \sim 0.8V$,可取 $0.7V$;锗管的 U_{BEQ} 为 $0.1 \sim 0.3V$,可取 $0.2V$。

根据图 7.1(b)所示放大电路列输入回路和输出回路电压方程

$$\begin{cases} U_{CC} = I_{BQ}R_b + U_{BEQ} \\ U_{CC} = I_{CQ}R_c + U_{CEQ} \end{cases} \tag{7-1}$$

由此可得计算静态工作点 Q 的表达式

$$I_{BQ} = \frac{U_{CC} - U_{BEQ}}{R_b} \tag{7-2}$$

$$I_{CQ} = \beta I_{BQ} \tag{7-3}$$

$$U_{CEQ} = U_{CC} - I_{CQ}R_c \tag{7-4}$$

2. 晶体管各极电流和电压波形

在如图 7.1(b)所示放大电路中,当输入端有交流信号 u_i 输入时,放大电路的工作状态称为动态。u_i 的作用首先在基极回路产生动态电流 i_b,因而集电极回路也产生动态电流 $i_c = \beta i_b$,i_c 流过集电极电阻 R_c,在 R_c 上产生变化的电压,从而使三极管的管压降产生相应的变化。其放大作用及电路中电流、电压波形如图 7.2 所示。

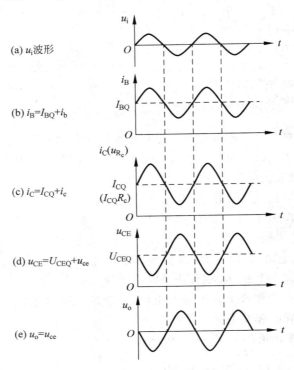

(a) u_i 波形

(b) $i_B = I_{BQ} + i_b$

(c) $i_C = I_{CQ} + i_c$

(d) $u_{CE} = U_{CEQ} + u_{ce}$

(e) $u_o = u_{ce}$

图 7.2　共发射极基本放大电路的电流与电压波形

图 7.2(a)为交流输入信号 u_i 的波形,当 u_i 作用于电路时,三极管的基极电流是在直流分量 I_{BQ} 的基础上叠加由 u_i 作用产生的交流分量 i_b,如图 7.2(b)所示;集电极电流是在 I_{CQ} 的基础上叠加其交流分量 $i_c = \beta i_b$,其波形如图 7.2(c)所示;集电极电流 i_c 在集电极电阻 R_c 上产生与 i_c 成线性关系的交流电压 u_{R_c},u_{R_c} 波形与 7.2(c)相似;而三极管的管压降 $u_{CE} = U_{CC} - u_{R_c}$,其波形如图 7.2(d)所示;$u_{CE}$ 的交流分量 u_{ce} 就是输出电压 u_o,如图 7.2(e)所示。可以看出,在共射极基本放大电路中,输出电压 u_o 与输入电压 u_i 相位相反。

7.1.3　直流通路和交流通路

放大电路的工作状态有静态和动态之分。静态时电路中电压与电流均为直流量,因此静态时通常从直流通路分析。有交流输入信号时的工作状态称为动态,动态时应从交流通路来分析。因此在分析放大电路之前,首先应分清放大电路的直流通路和交流通路。

1. 直流通路

直流通路是指直流电流流通的路径。由于放大电路中存在着电抗元件,因此在直流通路中电容等效为开路,电感等效为短路;交流信号源在直流通路中取零值,但内阻保留。图 7.1(b)放大电路的直流通路如图 7.3(a)所示。直流通路用来分析放大电路的静态工作点。

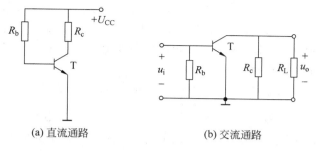

(a) 直流通路   (b) 交流通路

图 7.3 共射极放大电路的直流通路和交流通路

2. 交流通路

交流通路是指交流电流流通的路径。画交流通路时大容量电容(如耦合电容)对交流信号的容抗可忽略不计,在交流通路中按短路处理;对于直流电源,画交流通路时不考虑直流电源的作用,若电源内阻忽略不计,画交流通路时将直流电源也视为短路。图 7.1(b)放大电路的交流通路如图 7.3(b)所示。交流通路用于分析放大电路的动态性能指标。

7.2 共发射极放大电路的分析

对放大电路的分析包括静态分析和动态分析。静态分析的主要任务是计算静态工作点 Q。动态分析的主要任务是计算放大电路的动态指标,包括电压放大倍数、输入电阻、输出电阻等。

7.2.1 静态分析

1. 图解法静态分析

静态工作点的计算方法有两种:一是解析法计算静态工作点,二是图解法确定静态工作点。在 7.1.2 小节中介绍的由公式(7-2)~(7-4)计算静态工作点的方法称为解析法,本小节主要介绍图解法确定静态工作点。

三极管的各级电流和电压关系可以用其输入、输出特性曲线表示。图解法确定静态工作点时,对于输入回路的 I_{BQ} 通常还是用公式(7-2)求得,对于输出回路的 I_{CQ}、U_{CEQ},通常是在输出特性曲线上作直流负载线,直流负载线与 $I_B = I_{BQ}$ 所在输出特性曲线的交点即为静态工作点 Q。

由于 I_C 与 U_{CE} 一方面满足输出特性曲线,即 $i_C = f(u_{CE})\Big|_{i_B=常数}$,另一方面在图 7.3(a) 所示直流通路中 I_C 与 U_{CE} 又满足关系式:$U_{CE} = U_{CC} - I_C R_c$,即 I_{CQ} 与 U_{CEQ} 的值可以通过以下两个方程式确定:

$$\begin{cases} i_C = f(u_{CE})\Big|_{i_B=常数} \\ U_{CE} = U_{CC} - I_C R_c \end{cases}$$

其中 $U_{CE} = U_{CC} - I_C R_c$ 是一条直线方程,称为直流负载线方程,因此图解法确定静态工作点,就是在输出特性曲线上作出直流负载线,二者的交点即为静态工作点 Q。

若已知三极管的输出特性曲线如图 7.4(a)所示,其中 I_{BQ} 的值可由公式(7-2)求出,其所对应的输出特性曲线已确定。下面在输出特性曲线上作直流负载线,对于直线方程 $U_{CE} = U_{CC} - I_C R_c$,只需确定两点即可。

$$\begin{cases} 令 I_C = 0, \quad 得 U_{CE} = U_{CC} \quad (M \text{ 点}) \\ 令 U_{CE} = 0, \quad 得 I_C = U_{CC}/R_c \quad (N \text{ 点}) \end{cases}$$

连接 M、N 两点即可得直流负载线,如图 7.4(b)所示。直流负载线的斜率为 $-1/R_c$,直流负载线与 I_{BQ} 所在输出特性曲线的交点为静态工作点 Q。Q 点所对应的纵坐标和横坐标分别为 I_{CQ} 和 U_{CEQ}。

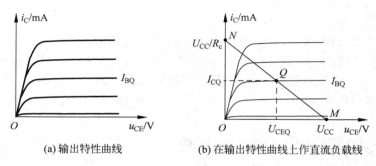

(a) 输出特性曲线　　　　(b) 在输出特性曲线上作直流负载线

图 7.4　图解法确定静态工作点

例 7-1　在图 7.5(a)所示共发射极放大电路中,已知三极管的 $U_{BE} = 0.7\text{V}$,$\beta = 50$,$R_b = 280\text{k}\Omega$,$R_c = 3\text{k}\Omega$,$U_{CC} = 12\text{V}$,三极管的输出特性曲线如图 7.5(b)所示,分别用解析法和图解法计算静态工作点。

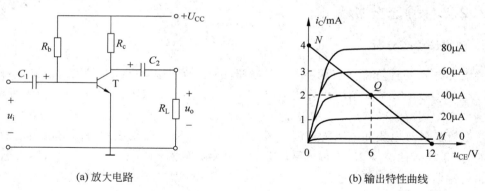

(a) 放大电路　　　　　　(b) 输出特性曲线

图 7.5　例 7-1 电路图

解:

(1) 用解析法计算静态工作点

$$I_{BQ} = \frac{U_{CC} - U_{BEQ}}{R_b} = \frac{12 - 0.7}{280 \times 10^3} \approx 0.04\text{mA} = 40\mu A$$

$$I_{CQ} = \beta I_{BQ} = 50 \times 0.04\text{mA} = 2\text{mA}$$

$$U_{CEQ} = U_{CC} - I_{CQ}R_c = 12 - 2 \times 3 = 6\text{V}$$

（2）图解法计算静态工作点

由直流负载线方程 $U_{CE}=U_{CC}-I_CR_c$ 作直流负载线，代入已知数据得 $U_{CE}=12-3I_c$。令 $I_c=0$，得 $U_{CE}=12V$，在输出特性曲线上确定 M 点；再令 $U_{CE}=0$，得 $I_c=12/3=4mA$，在输出特性曲线上确定 N 点，连接 MN 得直流负载线，如图 7.5（b）所示。

由于已经由公式计算出 $I_{BQ}=40\mu A$，因此直流负载线与 $I_{BQ}=40\mu A$ 曲线的交点为静态工作点 Q，由 Q 点所对应的坐标可得

$$I_{CQ}=2mA,\quad U_{CEQ}=6V$$

综上所述，确定静态工作点的方法有两种：用解析法确定静态工作点，计算方法简单准确；用图解法计算静态工作点，作图比较麻烦，准确性差，但可以直观地看到静态工作点的位置，有助于放大电路的动态分析，特别是对于非线性失真的分析。

2. 电路参数对静态工作点的影响

（1）R_b 对 Q 点的影响

讨论 R_b 对 Q 点影响时，设 R_c 和 U_{CC} 为固定值。由静态工作点的计算公式

$$I_{BQ}=\frac{U_{CC}-U_{BEQ}}{R_b},\quad I_{CQ}=\beta I_{BQ},\quad U_{CEQ}=U_{CC}-I_{CQ}R_c$$

可知，R_b 改变，对 I_{BQ}、I_{CQ}、U_{CEQ} 都有影响。若 R_b 减小，则 $I_{BQ}\uparrow\rightarrow I_{CQ}\uparrow\rightarrow U_{CEQ}\downarrow$。但 R_b 改变对直流负载线没有影响，其静态工作点 Q 的位置变化如图 7.6（a）所示。

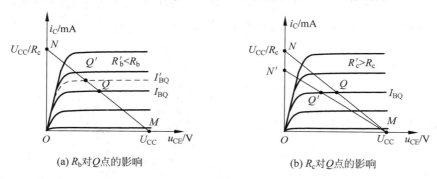

(a) R_b 对 Q 点的影响　　　　(b) R_c 对 Q 点的影响

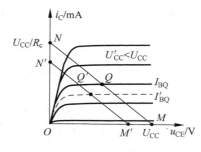

(c) U_{CC} 对 Q 点的影响

图 7.6　电路参数变化对 Q 点的影响

（2）R_c 对 Q 点的影响

由静态工作点的计算公式可知，R_c 改变，对 I_{BQ}、I_{CQ} 没有影响，但对 U_{CEQ} 有影响。若 R_c

增大,则 U_{CEQ} 减小。

R_c 改变对直流负载线的影响如图 7.6(b)所示,若 R_c 增大,则直流负载线的 N 点位置下移,但 M 点位置不变,Q 点左移。

(3) U_{CC} 对 Q 点的影响

由静态工作点的计算公式可知,U_{CC} 改变,对 I_{BQ}、I_{CQ}、U_{CEQ} 都有影响。

U_{CC} 改变对直流负载线的影响如图 7.6(c)所示,若 U_{CC} 减小,则 N 点下移,M 点左移,直流负载线向左下方平移,Q 点变化如图 7.6(c)所示。

在放大电路的实际调试中,通常都是通过改变 R_b 来改变静态工作点的。

7.2.2　动态分析

放大电路的动态分析主要是计算电压放大倍数、输入电阻和输出电阻,以及分析放大电路的非线性失真等性能指标。动态是指放大电路有输入信号时的状态,此时放大电路的各级电流和电压值不再是稳定的直流量,而包含了变化的交流成分,因而称为动态。

放大电路的动态分析有两种方法:图解法和微变等效电路法。

1. 图解法动态分析

动态分析应从交流通路来分析,为分析方便将图 7.3(b)所示放大电路的交流通路重画于图 7.7(a)中,其中的 $R_L' = R_c // R_L$。在交流信号的作用下,三极管工作点的移动不再沿着直流负载线移动,而是按交流负载线移动,因此图解法动态分析的首要任务是作交流负载线。

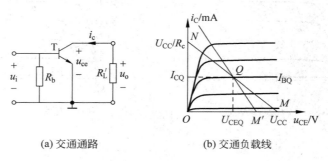

(a) 交通通路　　　　　　(b) 交通负载线

图 7.7　图解法动态分析

由图 7.7(a)的交流通路可知,三极管的 i_c 与 u_{ce} 之间的关系为

$$u_{ce} = -R_L' i_c \tag{7-5}$$

式(7-5)中,$u_{ce} = u_{CE} - U_{CEQ}$,$i_c = i_C - I_{CQ}$。直流负载线的斜率为 $-1/R_c$,而交流负载线的斜率为 $-1/R_L'$,由于 $R_L' = R_c // R_L < R_c$,因此通常情况下交流负载线比直流负载线陡直。

交流负载线也经过静态工作点 Q,因为当输入信号的瞬时值为零时,其电路状态与静态时相同。因此过 Q 点作斜率为 $-1/R_L'$ 的直线,即得交流负载线。

也可以通过下面方法确定交流负载线,由于交流负载线过 Q 点,因此再确定出一点,连接该点与静态工作点 Q 即可获得交流负载线。常用的方法是求交流负载线与横轴的截距 OM',由图 7.7(b)可得

$$OM' = U_{CEQ} + R'_L I_{CQ} \tag{7-6}$$

因此,只要确定了 M' 点的坐标,连接 M' 和 Q 点即可得交流负载线。

例 7-2　在例 7-1 共发射极放大电路中,$R_L = 3\text{k}\Omega$,电路的静态工作点 Q 已求出,三极管的输出特性曲线如图 7.8 所示,作交流负载线。若输入交流电压 u_i 后,使基极电流在静态值 I_{BQ} 的基础上叠加上 $i_b = 20\sin\omega t\ \mu A$,求此时的 i_C、u_{CE}。

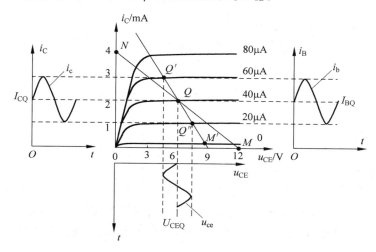

图 7.8　例 7-2 图

解:作交流负载线,由式(7-6)求交流负载线与横轴截距

$$OM' = U_{CEQ} + R'_L I_{CQ} = 6 + 1.5 \times 2 = 9\text{V} \quad (R'_L = R_c // R_L = 1.5\text{k}\Omega)$$

连接 $M'Q$ 点即得交流负载线。

若输入交流电压 u_i 使基极电流在 I_{BQ} 的基础上叠加上 $i_b = 20\sin\omega t\ \mu A$,即

$$i_B = I_{BQ} + i_b = 40\mu A + 20\sin\omega t\ \mu A$$

由图 7.8 可见,当 i_B 以静态值 $40\mu A$ 为基础在 $60 \sim 20\mu A$ 范围内变化时,工作点沿着交流负载线以 Q 点为基础在 Q' 至 Q'' 范围内移动。由此可得 i_C 的变化范围为

$$i_C = I_{CQ} + i_c = 2 + 1\sin\omega t\ \text{mA}$$

即 i_C 以静态值 2mA 为基础在 $3 \sim 1\text{mA}$ 的范围内变化。同样可得 u_{CE} 的变化范围

$$u_{CE} = u_{CEQ} + u_{ce} = 6 - 1.5\sin\omega t\ \text{V}$$

即 u_{CE} 以静态值 6V 为基础在 $4.5 \sim 7.5\text{V}$ 的范围内变化。上式中负号表示 u_{CE} 的交流成分 u_{ce} 与输入电压 u_i 相位相反。

2. 图解法分析放大电路的非线性失真

对于放大电路的要求是使输出电压尽可能的大,但由于三极管是非线性半导体器件,如果静态工作点选择不合适或输入电压太大,都会使输出波形产生失真。这种失真是由三极管的非线性引起的,因而称为非线性失真。非线性失真又分为截止失真和饱和失真。

(1) 截止失真

如果静态工作点设置偏低,靠近截止区。则在输入信号的负半周,三极管的工作状态会进入截止区,从而引起 i_b、i_c、u_{ce} 的波形发生失真,这种失真称为截止失真,如图 7.9 所示。

对于 NPN 三极管共发射极放大电路,截止失真时,输出电压 u_{ce} 的顶部发生失真。

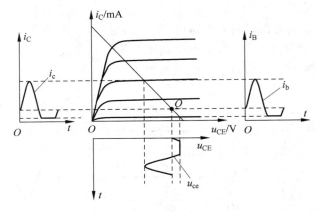

图 7.9　截止失真

(2) 饱和失真

如果静态工作点设置偏高,靠近饱和区。则在输入信号的正半周,三极管的工作状态会进入饱和区,从而引起 i_c、u_{ce} 的波形发生失真,这种失真称为饱和失真,如图 7.10 所示。对于 NPN 三极管共发射极放大电路,饱和失真时,输出电压 u_{ce} 的底部发生失真。

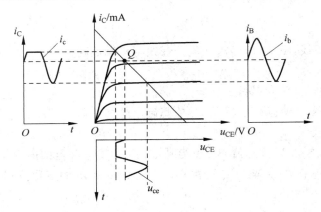

图 7.10　饱和失真

由于三极管放大电路存在着非线性失真,因此在放大电路输出电压不发生失真的情况下,输出电压的最大幅值称为放大电路的最大不失真输出电压幅值 U_{OMAX}(或用最大不失真输出电压峰-峰值 U_{OPP} 表示)。

最大不失真输出电压幅值是指工作点确定的情况下,逐渐增大输入信号,三极管尚未进入饱和区和截止区时,所获得的最大输出电压幅值。

在图 7.11 中,显然,不发生饱和失真时输出电压的最大幅值为 $U_{cem}=U_{CEQ}-U_{CES}$;不发生截止失真时输出电压的最大幅值为 $I_{CQ}R'_L$。通常选二者之中较小的一个

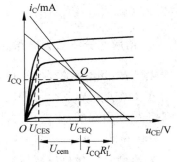

图 7.11　最大不失真输出电压幅值

作为最大不失真输出电压幅值。

　　用图解法进行动态分析,可以直观地看到三极管各级电流与电压的波形关系,可以形象地分析由于三极管的非线性引起的失真,但它不适于放大电路交流特性的分析,如计算电压放大倍数、输入电阻、输出电阻等。对于放大电路交流特性的分析,通常采用微变等效电路法。

3. 微变等效电路法动态分析

　　(1) 三极管的微变等效电路

　　在介绍放大电路的微变等效电路之前,先介绍三极管的微变等效电路。所谓"微变",是指"输入、输出信号都比较小",即三极管工作在小信号条件下,在此条件下讨论三极管的等效电路。

　　三极管的共发射极接法如图 7.12(a)所示,它由输入回路和输出回路两部分组成。输入回路中 i_b 与 u_{be} 的关系满足输入特性曲线,如图 7.12(b)所示。输出回路中 i_c 与 u_{ce} 的关系满足输出特性曲线,如图 7.12(c)所示。讨论三极管的等效电路要从它的特性曲线着手。

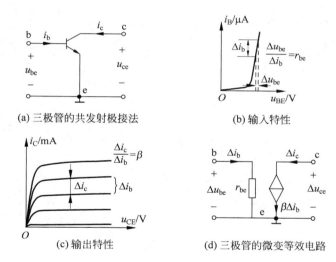

图 7.12　三极管微变等效电路的导出

　　① 输入回路的等效

　　由图 7.12(b)可以看出,当输入信号 u_{be} 的变化很小时,i_b 的变化也很小,这时输入特性曲线上工作点附近的一小段曲线近似为一条直线,即 Δi_b 与 Δu_{be} 的关系近似为线性关系。因此三极管的输入回路可以用一个电阻 r_{be} 来等效,如图 7.12(d)所示。r_{be} 称为三极管输入端的交流等效电阻,其值为

$$r_{be} = \frac{\Delta u_{be}}{\Delta i_b} \tag{7-7}$$

　　r_{be} 是一个非线性电阻,在小信号条件下,可近似认为 r_{be} 是一个线性电阻。常温下 r_{be} 的近似估算公式为

$$r_{be} = r'_{bb} + (1+\beta)\,\frac{26\text{mV}}{I_{EQ}(\text{mA})}\Omega \tag{7-8}$$

式中 r'_{bb} 是基区体电阻,通常低频管的 $r'_{bb} = 300\Omega$。当 $I_{EQ} = 1\sim 2\text{mA}$ 时,小功率三极管的 $r_{be} \approx 1\text{k}\Omega$ 左右。

② 输出回路的等效

三极管工作在放大状态时,输出回路的 i_c 只受 i_b 的控制,而与 u_{ce} 无关,因此可以认为 i_c 具有恒流特性,因此输出回路可以等效为一个受基极电流 i_b 控制的恒流源 $\Delta i_c = \beta \Delta i_b$,如图 7.12(d)所示。

(2) 微变等效电路分析法

采用微变等效电路分析法,要先作出放大电路的微变等效电路。作放大电路的微变等效电路时,首先画出放大电路的交流通路,然后再将交流通路中的三极管用三极管的微变等效电路代替。共发射极放大电路如图 7.13(a)所示,其交流通路如图 7.13(b)所示,将图 7.13(b)中的三极管用其微变等效电路代替,得放大电路的微变等效电路,如图 7.13(c)所示。

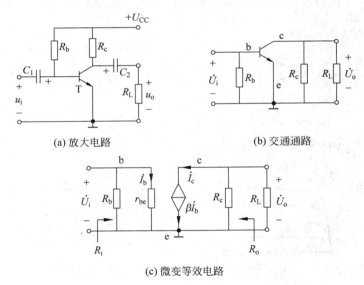

(a) 放大电路　　　　　　　(b) 交通通路

(c) 微变等效电路

图 7.13　放大电路的微变等效电路

下面由放大电路的微变等效电路计算放大电路的动态性能指标。

① 电压放大倍数 $\dot{A}_u$

电压放大倍数是指输出电压相量 $\dot{U}_o$ 与输入电压相量 $\dot{U}_i$ 之比。由图 7.13(c)可知

$$\dot{A}_u = \frac{\dot{U}_o}{\dot{U}_i} = \frac{-\dot{I}_c R'_L}{\dot{I}_b r_{be}} = -\beta \frac{R'_L}{r_{be}} \tag{7-9}$$

式中 $R'_L = R_c /\!/ R_L$,"一"号表示输出电压与输入电压相位相反。

电压放大倍数与三极管的参数 β、r_{be} 有关,与电路参数 R_c 及 R_L 有关,当放大电路不接负载($R_L = \infty$)时,放大电路的电压放大倍数称为空载电压放大倍数,其值为

$$\dot{A}_u = -\beta \frac{R_c}{r_{be}} \qquad (7\text{-}10)$$

比较式(7-9)、(7-10)可以看出,接上负载后电压放大倍数比空载时电压放大倍数下降了。

② 输入电阻 R_i

放大电路的输入端要和信号源相连,因此对于信号源来说,放大电路就相当于一个负载,这个负载电阻的大小就是放大电路的输入电阻。如图7.14所示,输入电阻是指从放大器输入端看进去的等效电阻,定义为输入电压有效值 U_i 与输入端电流有效值 I_i 之比

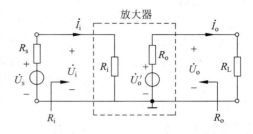

图7.14 放大器的输入电阻和输出电阻

$$R_i = \frac{U_i}{I_i} \qquad (7\text{-}11)$$

输入电阻 R_i 的大小反映了放大电路从信号源获得电压或电流的大小,R_i 越大,表明放大电路从信号源获得的电压越大(信号源内阻 R_s 上的电压越小),输入电流就越小;如果希望从信号源获得较大的电压,则希望输入电阻越大越好;反之,如果希望从信号源获得较大的电流,则希望输入电阻越小越好。

从图7.13(c)可以看出共发射极放大电路的输入电阻为

$$R_i = R_b // r_{be} \qquad (7\text{-}12)$$

当 $R_b \gg r_{be}$ 时,有

$$R_i \approx r_{be} \qquad (7\text{-}13)$$

③ 输出电阻 R_o

放大电路的输出端接负载 R_L,对于负载来说,放大器相当于一个有内阻的信号源,这个内阻就是放大器的输出电阻,如图7.14所示。即输出电阻就是从放大器的输出端看进去的戴维南等效电阻。

求输出电阻的方法有两种:一种是将信号源短路($U_s=0$),保留其内阻 R_s,将负载开路($R_L=\infty$),在放大器的输出端外加一电压源电压 U,由此会产生一电流 I,测出电压 U 和电流 I 的值,可得输出电阻为

$$R_o = \frac{U}{I} \qquad (7\text{-}14)$$

另一种方法是测出放大电路空载时的输出电压 U_o',再测出放大器接上负载 R_L 时的输出电压 U_o,在图7.14中,因为

$$U_o = \frac{R_L}{R_L + R_o} U_o' \qquad (7\text{-}15)$$

由上式可得输出电阻为

$$R_o = \left(\frac{U_o'}{U_o} - 1 \right) R_L \qquad (7\text{-}16)$$

由图7.14还可以看出,当负载 R_L 开路时,放大器的输出电压 $U_o=U_o'$,当放大器接上负载后,输出电压

$$U_o = U_o' - I_o R_o \qquad (7\text{-}17)$$

式(7-17)说明,放大器接上负载后,输出电压减小(即放大倍数降低)了,这是由于 R_o 的存在,使输出电流在输出电阻上产生了电压降。

当输出电阻 $R_o = 0$ 时,不论放大器是否接负载,输出电压 $U_o = U'_o$。因此输出电阻是衡量放大器带负载能力的一个重要指标。通常输出电阻越小,接上负载后电压放大倍数降低的越少,说明放大器的带负载能力越强。

对于共发射极放大电路,由图 7.13(c) 可以看出,其输出电阻为

$$R_o = r_{ce} // R_c \approx R_c \tag{7-18}$$

式中 r_{ce} 是三极管的输出电阻,其数值很大,因此与 R_c 并联时可忽略不计。

例 7-3 在图 7.15(a) 所示共发射极放大电路中,三极管为硅管,求:

(1) 电压放大倍数 $\dot{A}_u$。

(2) 输入电阻 R_i、输出电阻 R_o。

(3) 当信号源内阻 $R_s = 500\Omega$ 时,求输出电压 u_o 对信号源电压 u_s 的放大倍数。

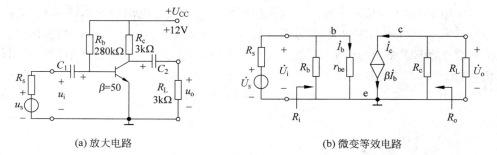

(a) 放大电路   (b) 微变等效电路

图 7.15 例 7-3 电路

解:

(1) 画出放大电路的微变等效电路,如图 7.15(b) 所示。先求 r_{be},

$$I_{BQ} = \frac{U_{CC} - 0.7}{R_b} = \frac{12 - 0.7}{280} \text{mA} \approx 40\mu\text{A}$$

$$r_{be} = 300 + (1+\beta)\frac{26\text{mV}}{I_{EQ}(\text{mA})} = 300 + (1+\beta)\frac{26\text{mV}}{(1+\beta)I_{BQ}\text{mA}}$$

$$= 300 + \frac{26\text{mV}}{0.04\text{mA}} = 950\Omega$$

$$R'_L = R_c // R_L = 3//3 = 1.5\text{k}\Omega$$

$$\dot{A}_u = -\beta\frac{R'_L}{r_{be}} = -50 \times \frac{1.5}{0.95} \approx -79$$

(2) 输入电阻 R_i、输出电阻 R_o。

$$R_i = R_b // r_{be} = 280 // 0.95 \approx 0.95\text{k}\Omega$$

$$R_o \approx R_c = 3\text{k}\Omega$$

(3) 输出电压 u_o 对信号源电压 u_s 的放大倍数用 $\dot{A}_{us}$ 表示

$$\dot{A}_{us} = \frac{\dot{U}_o}{\dot{U}_s} = \frac{\dot{U}_o}{\dot{U}_i} \times \frac{\dot{U}_i}{\dot{U}_s} = -\beta\frac{R'_L}{r_{be}} \times \frac{R_i}{R_i + R_s} \approx -\beta\frac{R'_L}{r_{be}} \times \frac{r_{be}}{r_{be} + R_s} = -\beta\frac{R'_L}{r_{be} + R_s}$$

$$= -50 \times \frac{1.5}{0.95 + 0.5} \approx -52$$

7.3　工作点稳定电路

当温度升高时会引起三极管参数的变化(如 $I_{CEO}\uparrow$、$\beta\uparrow$ 等),这些参数的变化最终都会导致 I_C 升高。因为电路工作时三极管会发热,所以,即使静态工作点选得合适,也会因温度升高导致 I_C 升高使工作点上移,严重时会发生饱和失真。因此对于放大电路来说,稳定静态工作点是非常重要的,下面介绍一种工作点稳定的典型电路——射极偏置电路。

射极偏置电路如图 7.16(a)所示。其直流通路如图 7.16(b)所示。

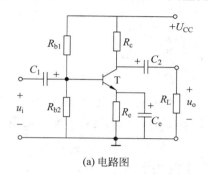
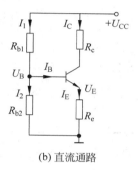

(a) 电路图　　　　　　　　　　(b) 直流通路

图 7.16　射极偏置电路

1. 电路特点

(1) U_B 电位固定

由图 7.16(b)直流通路可知,当满足条件 $I_2 \gg I_B$ 时,有

$$I_1 = I_2 + I_B \approx I_2$$

因此有

$$U_B \approx \frac{R_{b2}}{R_{b1} + R_{b2}} U_{CC} \tag{7-19}$$

由此可知 U_B 与三极管的参数无关,只与直流电源、电阻等电路参数有关,因此可以认为 U_B 不受温度影响,其电位固定。

(2) 存在直流电流负反馈

由于 U_B 电位固定,而 $U_E = U_B - U_{BE}$,因此 U_E 电位固定,则集电极电流

$$I_C \approx I_E = \frac{U_E}{R_e} = \frac{U_B - U_{BE}}{R_e} \tag{7-20}$$

可认为集电极电流 I_C 近似不变,此时 I_C 与三极管的参数(I_{CEO}、β 等)几乎无关,因此 I_C 不再受温度影响。

该电路中的发射极电阻 R_e 是直流负反馈电阻,由于存在直流电流负反馈,因此该电路具有稳定静态工作点的作用。该电路稳定静态工作点的过程如下:

$$T\uparrow \rightarrow I_C(I_E)\uparrow \rightarrow U_E\uparrow \rightarrow U_{BE}\downarrow \rightarrow I_B\downarrow \rightarrow I_C\downarrow$$

为保证该电路能满足稳定静态工作点的条件,并兼顾其他性能指标,通常取

$$I_2 = (5 \sim 10)I_B \qquad (7\text{-}21)$$
$$U_B = (5 \sim 10)U_{BE} \qquad (7\text{-}22)$$

2. 静态分析

由图 7.16(b)中直流通路以及电路特点,可以推出该电路计算静态工作点的公式为

$$\begin{cases} U_{BQ} \approx \dfrac{R_{b2}}{R_{b1} + R_{b2}} U_{CC} \\[2mm] I_{CQ} \approx I_{EQ} = \dfrac{U_{BQ} - U_{BEQ}}{R_e} \\[2mm] I_{BQ} = I_{CQ}/\beta \\[2mm] U_{CEQ} \approx U_{CC} - I_{CQ}(R_c + R_e) \end{cases} \qquad (7\text{-}23)$$

3. 动态分析

射极偏置电路的交流微变等效电路如图 7.17 所示。下面通过该等效电路计算电路的电压放大倍数、输入电阻和输出电阻。

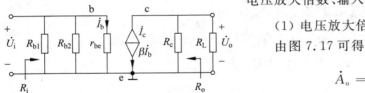

图 7.17　射极偏置电路的交流微变等效电路

(1) 电压放大倍数 $\dot{A}_u$

由图 7.17 可得

$$\dot{A}_u = \frac{\dot{U}_o}{\dot{U}_i} = -\beta \frac{R'_L}{r_{be}} \qquad (7\text{-}24)$$

可见,该电路放大倍数的计算公式与基本共射极电路相同。这是因为射极偏置电路由于发射极电阻两边并联了电容 C_e,C_e 对交流信号可视为短路,因此该电路对交流信号不存在反馈,只存在直流反馈,直流反馈可以稳定静态工作点。

(2) 输入电阻 R_i 和输出电阻 R_o。

由图 7.17 可得输入、输出电阻分别为

$$R_i = R_{b1} // R_{b2} // r_{be} \qquad (7\text{-}25)$$
$$R_o \approx R_c \qquad (7\text{-}26)$$

例 7-4　在图 7.16(a)所示射极偏置电路中,已知 $R_{b1} = 20\text{k}\Omega$,$R_{b2} = 10\text{k}\Omega$,$R_c = 2\text{k}\Omega$,$R_e = 2\text{k}\Omega$,$R_L = 3\text{k}\Omega$,$U_{CC} = 12\text{V}$,三极管的 $U_{BE} = 0.7\text{V}$,$\beta = 50$,求:

(1) 静态工作点 Q;

(2) 电压放大倍数;

(3) 输入电阻和输出电阻。

解:

(1) 直流通路如图 7.16(b)所示,由式(7-23)计算静态工作点

$$U_{BQ} \approx \frac{R_{b2}}{R_{b1} + R_{b2}} U_{CC} = \frac{10}{20 + 10} \times 12 = 4\text{V}$$

$$I_{CQ} \approx I_{EQ} = \frac{4 - 0.7}{2} = 1.65\text{mA}$$

$$I_{BQ} = \frac{1.65}{50}\text{mA} = 33\mu\text{A}$$

$$U_{\text{CEQ}} \approx U_{\text{CC}} - I_{\text{CQ}}(R_{\text{c}} + R_{\text{e}}) = 12 - 1.65(2+2) = 5.4\text{V}$$

（2）电压放大倍数

$$r_{\text{be}} = 300 + (1+\beta)\frac{26\text{mV}}{I_{\text{EQ}}(\text{mA})} = 300 + 51 \times \frac{26}{1.65} \approx 1.1\text{k}\Omega$$

$$R'_{\text{L}} = R_{\text{c}}//R_{\text{L}} = \frac{2 \times 3}{2+3} = 1.2\text{k}\Omega$$

$$\dot{A}_{\text{u}} = -\beta\frac{R'_{\text{L}}}{r_{\text{be}}} = -50 \times \frac{1.2}{1.1} \approx -55$$

（3）输入电阻和输出电阻

$$R_{\text{i}} = R_{\text{b1}}//R_{\text{b2}}//r_{\text{be}} = 20//10//1.1 \approx 0.94\text{k}\Omega$$

$$R_{\text{o}} \approx R_{\text{c}} = 2\text{k}\Omega$$

例 7-5　在如图 7.18(a)所示放大电路中，已知 $R_{\text{b1}} = 20\text{k}\Omega$，$R_{\text{b2}} = 10\text{k}\Omega$，$R_{\text{c}} = 2\text{k}\Omega$，$R_{\text{e1}} = 0.5\text{k}\Omega$，$R_{\text{e2}} = 1.5\text{k}\Omega$，$R_{\text{L}} = 3\text{k}\Omega$，$U_{\text{CC}} = 12\text{V}$，三极管的 $U_{\text{BE}} = 0.7\text{V}$，$\beta = 50$，求：

（1）画出直流通路并计算静态工作点；

（2）画出交流微变等效电路；

（3）电压放大倍数；

（4）输入电阻和输出电阻。

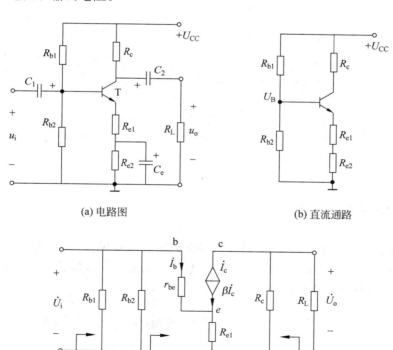

(a) 电路图　　　　　　　　　　　(b) 直流通路

(b) 交流微变等效电路

图 7.18　例 7-5 电路

解:

(1) 图 7.18(a)所示放大电路的直流通路如图 7.18(b)所示,静态工作点

$$U_{BQ} \approx \frac{R_{b2}}{R_{b1}+R_{b2}}U_{CC} = \frac{10}{20+10} \times 12 = 4V$$

$$I_{CQ} \approx = \frac{U_{BQ}-U_{BEQ}}{R_{e1}+R_{e2}} = \frac{4-0.7}{2} = 1.65mA$$

$$I_{BQ} = \frac{1.65}{50}mA = 33\mu A$$

$$U_{CEQ} \approx U_{CC} - I_{CQ}(R_C+R_{e1}+R_{e2}) = 12 - 1.65(2+0.5+1.5) = 5.4V$$

(2) 交流微变等效电路如图 7.18(c)所示。

(3) 电压放大倍数

$$r_{be} = 300 + (1+\beta)\frac{26mV}{I_{EQ}(mA)} = 300 + 51 \times \frac{26}{1.65}\Omega \approx 1.1k\Omega$$

$$\dot{A}_u = \frac{\dot{U}_o}{\dot{U}_i} = -\frac{\beta\dot{I}_bR'_L}{\dot{I}_br_{be}+(1+\beta)\dot{I}_bR_{e1}} = -\frac{\beta R'_L}{r_{be}+(1+\beta)R_{e1}}$$

$$= -\frac{50\times(2//3)}{1.1+(1+50)0.5} \approx -2.3$$

(4) 输入电阻和输出电阻。

$$R_i = R_{b1}//R_{b2}//R'_i$$

$$R'_i = \frac{U_i}{I_b} = \frac{I_br_{be}+(1+\beta)I_bR_{e1}}{I_b} = r_{be}+(1+\beta)R_{e1}$$

$$R_i = R_{b1}//R_{b2}//R'_i = R_{b1}//R_{b2}//[r_{be}+(1+\beta)R_{e1}]$$

$$= 20//10//[1.1+51\times0.5] = 5.33k\Omega$$

$$R_o \approx R_c = 2k\Omega$$

由此电路的直流通路可以看出,R_{e1} 和 R_{e2} 具有直流负反馈的作用,可以稳定静态工作点。从交流微变等效电路可以看出 R_{e1} 还是交流负反馈电阻,与图 7.16(a)所示电路相比,该电路使电压放大倍数降低了,但是增大了输入电阻。

7.4　其他类型放大电路

前面介绍的放大电路为共发射极接法,即交流信号从基极输入,从集电极输出,发射极为公共端。放大电路中三极管的接法共有三种,除了共发射极接法还有共集电极和共基极接法,本节介绍其他两种类型的放大电路。

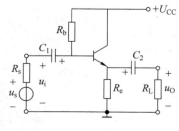

图 7.19　射极输出器

7.4.1　共集电极放大电路

1. 电路结构

共集电极放大电路如图 7.19 所示。它的信号从基极输入,从发射极输出,集电极是交流信号通路的公共端。由于输出信号取自发射极,因此该电路也称为射极输出器。

2．静态分析

画出射极输出器的直流通路，如图 7.20(a)所示。由直流通路的输入回路可列出如下 KVL 方程

$$U_{CC} = I_B R_b + U_{BE} + I_E R_e$$
$$U_{CC} - U_{BE} = I_B R_b + (1+\beta) I_B R_e$$

因此得静态工作点的计算公式如下

$$\begin{cases} I_{BQ} = \dfrac{U_{CC} - U_{BE}}{R_b + (1+\beta) R_e} \\[2mm] I_{CQ} \approx \beta I_{BQ} \\[2mm] U_{CEQ} = U_{CC} - I_{EQ} R_e \approx U_{CC} - I_{CQ} R_e \end{cases} \tag{7-27}$$

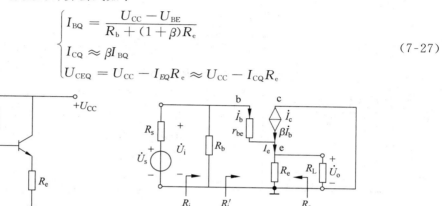

(a) 直流通路　　　　　　　(b) 交流微变等效电路

图 7.20　射极输出器的直流通路与交流微变等效电路

3．动态分析

画出放大电路的交流微变等效电路，如图 7.20(b)所示。由交流微变等效电路可见，集电极直接接地，输入电压 $\dot{U}_i$ 加在基极 b 与地之间，输出电压 $\dot{U}_o$ 取自发射极 e 与地之间，集电极是输入和输出回路的公共端，因此该电路为共集电极电路。下面由交流微变等效电路计算放大电路的动态性能指标。

(1) 电压放大倍数 $\dot{A}_u$

由图 7.20(b)可知，输出电压为

$$\dot{U}_o = \dot{I}_e R'_L = (1+\beta) \dot{I}_b R'_L$$

其中

$$R'_L = R_e // R_L$$

输入电压为

$$\dot{U}_i = \dot{I}_b r_{be} + \dot{I}_e R'_L = \dot{I}_b r_{be} + (1+\beta) \dot{I}_b R'_L = \dot{I}_b [r_{be} + (1+\beta) R'_L]$$

因此得电压放大倍数为

$$\dot{A}_u = \frac{(1+\beta) \dot{I}_b R'_L}{\dot{I}_b [r_{be} + (1+\beta) R'_L]} = \frac{(1+\beta) R'_L}{r_{be} + (1+\beta) R'_L} \tag{7-28}$$

通常情况下，$(1+\beta) R'_L \gg r_{be}$，所以射极输出器的电压放大倍数 $A_u \approx 1$，且略小于 1。

　　另外式(7-28)中放大倍数的计算公式为正值,说明 U_o 与 U_i 同相,这与共发射极放大电路正好相反。即可以认为发射极 e 上信号电压与基极 b 上输入信号同相,集电极 c 上信号电压与基极 b 上输入信号反相。

　　由于射极输出器的电压放大倍数约等于1,且输入、输出电压同相位,表明输出电压 U_o 跟随输入电压 U_i 的变化,因此该电路也称为射极跟随器。

　　(2) 输入电阻

　　由图 7.20(b)可知

$$R_i = R_b // R_i'$$

$$R_i' = \frac{U_i}{I_b} = r_{be} + (1+\beta)R_L'$$

$$R_i = R_b // R_i' = R_b // [r_{be} + (1+\beta)R_L'] \tag{7-29}$$

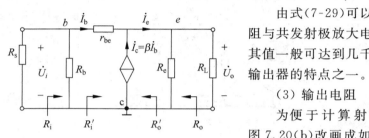

　　由式(7-29)可以看出,射极输出器的输入电阻与共发射极放大电路的输入电阻 r_{be} 相比很大,其值一般可达到几千欧至几百千欧,这也是射极输出器的特点之一。

　　(3) 输出电阻

　　为便于计算射极输出器的输出电阻,将图 7.20(b)改画成如图 7.21 所示形式。求输出电阻时将信号源 U_s 短路,但保留内阻 R_s。

图 7.21　求射极输出器 R_o 的微变等效电路

　　由图 7.21 可以看出

$$R_o = R_e // R_o'$$

$$R_o' = -\frac{U_o}{I_e} = -\frac{-I_b(r_{be} + R_s // R_b)}{(1+\beta)I_b} = \frac{r_{be} + (R_s // R_b)}{1+\beta} = \frac{r_{be} + R_s'}{1+\beta} \quad (R_s' = R_s // R_b)$$

因此得

$$R_o = R_e // R_o' = R_e // \left(\frac{r_{be} + R_s'}{1+\beta} \right) \tag{7-30}$$

　　由式(7-30)可以看出,射极输出器的输出电阻很小,通常其值约为几十至几百欧。

4. 电路特点

由前面对射极输出器的动态分析可知,射极输出器具有如下特点:

(1) 输入电阻高;

(2) 输出电阻低;

(3) 电压放大倍数约等于1,且输入、输出电压同相。

由于射极输出器具有如上特点,因此在电子电路中应用非常广泛。利用其输入电阻高的特点,可以用作多级放大电路的输入级,R_i 越高,U_i 越接近于 U_s。利用其输出电阻低的特点,可作为多级放大电路的输出级,R_o 越低,放大电路的带负载能力越强。利用其输入电阻高、输出电阻低的特点,可作为多级放大电路的中间级,起到缓冲的作用。

　　例 7-6　射极输出器电路如图 7.19 所示。其中三极管的 $U_{BE}=0.7$V,$\beta=50$,$r_{be} \approx 1$kΩ,$R_s=600$Ω,$R_b=200$kΩ,$R_e=4$kΩ,$R_L=6$kΩ,$U_{CC}=12$V,求:

（1）静态工作点 Q；

（2）电压放大倍数；

（3）输入电阻和输出电阻。

解：

（1）由图 7.20(a)直流通路，可得静态工作点

$$I_{BQ} = \frac{U_{CC} - U_{BE}}{R_b + (1+\beta)R_e} = \frac{12 - 0.7}{200 + 51 \times 4} \approx 0.028 \text{mA} = 28\mu\text{A}$$

$$I_{CQ} = \beta I_{BQ} = 50 \times 0.028 = 1.4\text{mA}$$

$$U_{CEQ} = U_{CC} - I_{CQ}R_e = 12 - 1.4 \times 4 = 6.4\text{V}$$

（2）由式(7-28)计算电压放大倍数

$$R'_L = R_e // R_L = 4//6 = \frac{4 \times 6}{4 + 6} = 2.4\text{k}\Omega$$

$$\dot{A}_u = \frac{(1+\beta)R'_L}{r_{be} + (1+\beta)R'_L} = \frac{51 \times 2.4}{1 + 51 \times 2.4} = 0.992 \approx 1$$

（3）输入电阻和输出电阻

$$R_i = R_b // [r_{be} + (1+\beta)R'_L] = 200//(1 + 51 \times 2.4) = 76.3\text{k}\Omega$$

$$R'_s = R_s // R_b = 0.6\text{k}\Omega // 200\text{k}\Omega \approx 0.6\text{k}\Omega$$

$$R_o = R_e // \frac{r_{be} + R'_s}{1 + \beta} = 4// \frac{1 + 0.6}{51} \approx 0.031\text{k}\Omega = 31\Omega$$

7.4.2　共基极放大电路

1．电路结构

共基极放大电路如图 7.22 所示。它的信号从三极管的发射极输入，集电极输出，基极是交流信号通路的公共端，因此称为共基极放大电路。图中 R_{b1}、R_{b2} 是基极偏置电阻，为使交流通路基极接地，在基极加一电容 C_b。

2．静态分析

画出共基极放大电路的直流通路，如图 7.23(a)所示。其直流通路与图 7.16(b)所示射极偏置电路的直流通路相同，其静态工作点的计算也与射极偏置电路的静态工作点计算式相同，这里不再赘述。

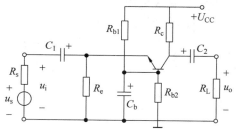

图 7.22　共基极放大电路

3．动态分析

画出共基极放大电路的交流微变等效电路，如图 7.23(b)所示。由交流微变等效电路可见，基极交流接地，输入电压 $\dot{U}_i$ 加在发射极 e 与地之间，输出电压 $\dot{U}_o$ 加在集电极 c 与地之间，基极是输入和输出回路的公共端，因此该电路称为共基极电路。下面由交流微变等效电路计算放大电路的动态性能指标。

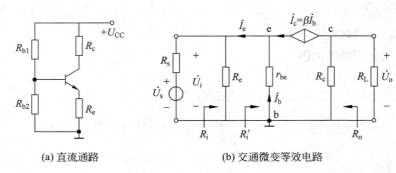

（a）直流通路　　　　　　（b）交通微变等效电路

图 7.23　共基极放大电路的直流通路及交流微变等效电路

（1）电压放大倍数 $\dot{A}_u$

由图 7.23(b)可知，输出电压为

$$\dot{U}_o = -\dot{I}_c R'_L$$

其中

$$R'_L = R_c // R_L$$

输入电压为

$$\dot{U}_i = -\dot{I}_b r_{be}$$

因此得电压放大倍数

$$\dot{A}_u = \frac{\dot{U}_o}{\dot{U}_i} = \beta \frac{R'_L}{r_{be}} \tag{7-31}$$

由式(7-31)可见，共基极电路与共发射极电路的电压放大倍数相同，但相差一个负号，说明共基极放大电路的输入、输出电压同相位。

（2）输入电阻

由图 7.23(b)可知

$$R_i = R_e // R'_i$$

$$R'_i = \frac{U_i}{-I_e} = \frac{-I_b r_{be}}{-(1+\beta)I_b} = \frac{r_{be}}{1+\beta}$$

故

$$R_i = R_e // R'_i = R_e // \frac{r_{be}}{1+\beta} \tag{7-32}$$

由式(7-32)可以看出，共基极电路的输入电阻很小，一般为几欧至几十欧。

（3）输出电阻

由图 7.23(b)可以看出

$$R_o \approx R_c \tag{7-33}$$

由式(7-33)可以看出，共基极电路与共发射极电路的输出电阻计算式相同。

7.4.3　三种组态放大电路的比较

三种组态放大电路的比较见表 7.1。

表 7.1 三种组态放大电路的比较

分析计算	共发射极电路		共集电极电路（射极输出器）	共基极电路
	基本放大电路	射极偏置电路		
电路图				
静态工作点	$I_{BQ} = \dfrac{U_{CC} - U_{BEQ}}{R_b}$ $I_{CQ} = \beta I_{BQ}$ $U_{CEQ} = U_{CC} - I_{CQ}R_C$	$U_{BQ} \approx \dfrac{R_{b2}}{R_{b1}+R_{b2}}U_{CC}$ $I_{CQ} \approx I_{EQ} = \dfrac{U_{BQ}-U_{BEQ}}{R_e}$ $I_{BQ} = \dfrac{I_{CQ}}{\beta}$ $U_{CEQ} \approx U_{CC} - I_{CQ}(R_c + R_e)$	$I_{BQ} = \dfrac{U_{CC}-U_{BEQ}}{R_b+(1+\beta)R_e}$ $I_{CQ} = \beta I_{BQ}$ $U_{CEQ} \approx U_{CC} - I_{CQ}R_e$	$U_{BQ} \approx \dfrac{R_{b2}}{R_{b1}+R_{b2}}U_{CC}$ $I_{CQ} \approx I_{EQ} = \dfrac{U_{BQ}-U_{BEQ}}{R_e}$ $I_{BQ} = \dfrac{I_{CQ}}{\beta}$ $U_{CEQ} \approx U_{CC} - I_{CQ}(R_c + R_e)$
电压放大倍数 A_u	$\dot{A}_u = -\beta\dfrac{R'_L}{r_{be}}$ $R'_L = R_c // R_L$ $\dot{U}_o$ 与 $\dot{U}_i$ 反相	有 C_e 时 $\dot{A}_u = -\beta\dfrac{R'_L}{r_{be}}$ 无 C_e 时 $\dot{A}_u = \dfrac{\dot{U}_o}{\dot{U}_i} = -\dfrac{\beta R'_L}{r_{be}+(1+\beta)R_{e1}}$ $R'_L = R_c // R_L$ $\dot{U}_o$ 与 $\dot{U}_i$ 反相	$\dot{A}_u = \dfrac{(1+\beta)R'_L}{r_{be}+(1+\beta)R'_L} \approx 1$ $R'_L = R_e // R_L$ $\dot{U}_o$ 与 $\dot{U}_i$ 同相	$\dot{A}_u = \beta\dfrac{R'_L}{r_{be}}$ $R'_L = R_c // R_L$ $\dot{U}_o$ 与 $\dot{U}_i$ 同相

输入电阻 R_i	$R_i = R_b // r_{be} \approx r_{be}$
	（中）
	约 1kΩ
		有 C_e 时 $R_i = R_{b1}//R_{b2}//r_{be}$
		（中）约 1kΩ
		无 C_e 时
		$R_i = R_{b1}//R_{b2}//[r_{be}+(1+\beta)R_e]$
		（高）
		约几千至几十千欧
			$R_i = R_b // [r_{be}+(1+\beta)R'_L]$
			（高）
			约几十千至几百千欧
				$R_i = R_e // \dfrac{r_{be}}{1+\beta}$
				（低）
				约几至几十欧

输出电阻 R_o	$R_o \approx R_c$ （高） 约几千至几十千欧	$R_o \approx R_c$ （高） 约几千至几十千欧	$R_o = R_e // \dfrac{r_{be}+R'_s}{1+\beta}$ $R'_s = R_s // R_b$ （低） 约几至几十欧	$R_o \approx R_c$ （高） 约几千至几十千欧

7.5 场效应管放大电路

场效应管与晶体管一样,可以实现能量的控制,构成放大电路。由场效应管组成的放大电路也有三种组态:共源极电路、共漏极电路和共栅极电路。由于共栅极电路应用较少,因此,本节主要介绍共源极和共漏极电路的分析。

7.5.1 场效应管的偏置电路及静态分析

场效应管在放大电路中要使其工作在放大区(恒流区),必须为其设置合适的静态工作点。通常对于增强型场效应管,要使栅-源电压大于其开启电压 U_T;对于耗尽型场效应管,可以采用自给偏压电路;另外还有一种适合各类场效应管的分压式偏置电路。

1. 增强型 MOS 管的偏置电路

如图 7.24(a)所示为 N 沟道增强型 MOS 管组成的共源极放大电路,其直流通路如图 7.24(b)所示。为使 MOS 管工作在放大区,输入回路所加的电压 U_{GG} 应大于管子的开启电压 U_T;输出回路电压 U_{DD} 应使管子的漏-源电压大于预夹断电压。另外电阻 R_d 的作用与共射极放大电路中 R_C 的作用相同,即将漏极电流 i_D 的变化转换成漏-源电压 u_{DS} 的变化,实现电压放大作用。

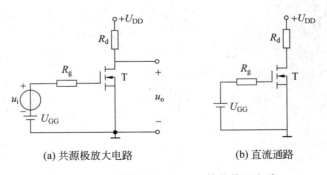

(a) 共源极放大电路   (b) 直流通路

图 7.24 N 沟道增强型 MOS 管的偏置电路

静态时,由于栅-源极之间是绝缘的,因此栅极电流为 0,所以有

$$U_{GSQ} = U_{GG} \tag{7-34}$$

然后根据增强型场效应管的漏极电流方程,可以求得漏极电流

$$I_{DQ} = I_{DO}\left(\frac{U_{GSQ}}{U_T} - 1\right)^2 \tag{7-35}$$

再根据电路的输出回路电压方程,可以求得管压降

$$U_{DSQ} = U_{DD} - I_{DQ}R_d \tag{7-36}$$

2. 自给偏压电路

如图 7.25(a)所示为 N 沟道结型场效应管组成的共源极放大电路,它是靠源极电阻 R_s 上的压降为栅-源极之间提供反向偏压,故称为自给偏压电路。

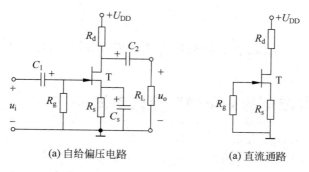

(a) 自给偏压电路　　　　(a) 直流通路

图 7.25　N 沟道 JFET 的自给偏压电路

静态时，直流通路如图 7.25(b)所示，由于栅极电流为 0，所以电阻 R_g 上电压为 0，因此有

$$U_{GSQ} = -I_{DQ}R_s \tag{7-37}$$

由 N 沟道结型场效应管的漏极电流方程，可得

$$I_{DQ} = I_{DSS}\left(1 - \frac{U_{GSQ}}{U_P}\right)^2 \tag{7-38}$$

将式(7-37)、(7-38)联立，可求得 I_{DQ} 和 U_{GSQ}，再根据输出回路电压方程，求得管压降

$$U_{DSQ} = U_{DD} - I_{DQ}(R_d + R_s) \tag{7-39}$$

3. 分压式偏置电路

如图 7.26(a)所示为 N 沟道增强型 MOS 管构成的分压式偏置电路，这种偏置电路适合于任何类型的场效应管，其直流通路如图 7.26(b)所示。它靠 R_{g1} 和 R_{g2} 对电源 U_{DD} 的分压为栅极提供直流电位，故称分压式偏置电路。

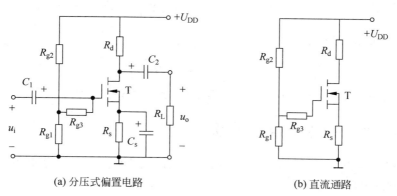

(a) 分压式偏置电路　　　　(b) 直流通路

图 7.26　N 沟道增强型 MOS 管的分压式偏置电路

静态时，由于栅极电流为 0，所以电阻 R_{g3} 上电压为 0，因此栅极电位为

$$U_{GQ} = \frac{R_{g1}}{R_{g1} + R_{g2}}U_{DD} \tag{7-40}$$

源极电位为

$$U_{SQ} = I_{DQ}R_s \tag{7-41}$$

因此得栅-源电压为

$$U_{GSQ} = \frac{R_{g1}}{R_{g1} + R_{g2}} U_{DD} - I_{DQ} R_s \qquad (7\text{-}42)$$

将式(7-42)与(7-35)N沟道增强型场效应管的电流方程联立,可求得 I_{DQ} 和 U_{GSQ} ,再根据式(7-39)可求得管压降 U_{DSQ} 。

7.5.2　场效应管的简化微变等效电路

场效应管及其简化微变等效电路如图7.27所示,其中图7.27(a)、(b)分别为N沟道结型场效应管和增强型 MOS 管的共源极接法,由于场效应管的栅-源间输入电阻很高,可达 10^9 以上,因此可认为栅-源极间近似为开路;另外场效应管工作在恒流区时漏极电流仅由栅-源电压控制,因此,场效应管的漏-源极间可等效为一个受栅-源电压控制的电流源,其简化微变等效电路如图7.27(c)所示。

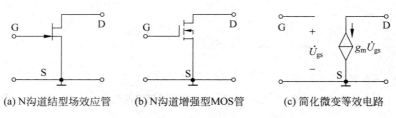

(a) N沟道结型场效应管　　(b) N沟道增强型MOS管　　(c) 简化微变等效电路

图 7.27　场效应管的交流微变等效电路

根据场效应管的电流方程可以求出低频跨导 g_m ,对于结型场效应管有

$$g_m = \left.\frac{\partial i_d}{\partial u_{GS}}\right|_{U_{DS}=\text{常数}} = \left.\frac{2I_{DSS}}{-U_P}\left(1 - \frac{U_{GS}}{U_P}\right)\right|_{U_{DS}=\text{常数}} = -\frac{2}{U_P}\sqrt{I_{DSS} i_D} \qquad (7\text{-}43)$$

在交流小信号情况下,可用 I_{DQ} 近似代替 i_D ,因此有

$$g_m \approx -\frac{2}{U_P}\sqrt{I_{DSS} I_{DQ}} \qquad (7\text{-}44)$$

同样,对于增强型 MOS 管有

$$g_m \approx \frac{2}{U_T}\sqrt{I_{DO} I_{DQ}} \qquad (7\text{-}45)$$

可以看出,跨导 g_m 不仅与管子自身参数有关,还与静态工作点有关。

7.5.3　共源极放大电路的动态分析

如图7.26(a)所示分压式偏置共源极放大电路的交流微变等效电路如图7.28所示,下面分析该电路的电压放大倍数、输入电阻和输出电阻的计算。

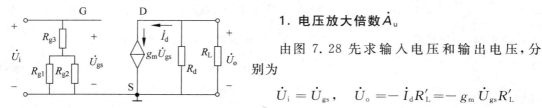

图 7.28　分压式偏置电路的交流微变等效电路

1. 电压放大倍数 $\dot{A}_u$

由图7.28先求输入电压和输出电压,分别为

$$\dot{U}_i = \dot{U}_{gs}, \qquad \dot{U}_o = -\dot{I}_d R_L' = -g_m \dot{U}_{gs} R_L'$$

式中 $R_L' = R_d // R_L$,因此可得

$$\dot{A}_\mathrm{u} = \frac{\dot{U}_\mathrm{o}}{\dot{U}_\mathrm{i}} = -g_\mathrm{m} R_\mathrm{L}' \tag{7-46}$$

2. 输入电阻 R_i

由图 7.28 可得输入电阻为

$$R_\mathrm{i} = R_\mathrm{g3} + (R_\mathrm{g1} /\!/ R_\mathrm{g2}) \tag{7-47}$$

由前面的分析可以看出,电阻 R_g3 与放大电路的静态工作点以及电压放大倍数均无关,其作用就是提高放大电路的输入电阻,通常 R_g3 取值较大,约几百千欧到几十兆欧。而 R_g1 和 R_g2 主要用来确定静态工作点,它们的取值不宜过大。

3. 输出电阻 R_o

由图 7.28 可得输出电阻

$$R_\mathrm{o} \approx R_\mathrm{d} \tag{7-48}$$

例 7-7 共源极放大电路如图 7.29(a)所示。已知 $U_\mathrm{DD} = 12\mathrm{V}$,$U_\mathrm{GG} = 4\mathrm{V}$,$I_\mathrm{DO} = 2\mathrm{mA}$,$U_\mathrm{T} = 2\mathrm{V}$,$R_\mathrm{g} = 1\mathrm{M\Omega}$,$R_\mathrm{d} = 3\mathrm{k\Omega}$,求

(1) 静态工作点 Q;

(2) 电压放大倍数、输入电阻和输出电阻。

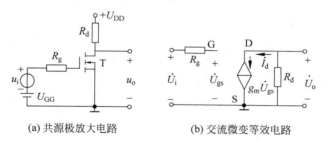

(a) 共源极放大电路   (b) 交流微变等效电路

图 7.29 例 7-7 电路

解:

(1) 根据式(7-34)～(7-36)可得

$$U_\mathrm{GSQ} = U_\mathrm{GG} = 4\mathrm{V}$$

$$I_\mathrm{DQ} = I_\mathrm{DO}\left(\frac{U_\mathrm{GSQ}}{U_\mathrm{T}} - 1\right)^2 = 2\left(\frac{4}{2} - 1\right)^2 = 2\mathrm{mA}$$

$$U_\mathrm{DSQ} = U_\mathrm{DD} - I_\mathrm{DQ} R_\mathrm{d} = 12 - 2\times 3 = 6\mathrm{V}$$

(2) 根据式(7-45)求低频跨导

$$g_\mathrm{m} \approx \frac{2}{U_\mathrm{T}}\sqrt{I_\mathrm{DO} I_\mathrm{DQ}} = \frac{2}{2}\sqrt{2\times 2} \approx 2\mathrm{mS}$$

作图 7.29(a)电路的简化微变等效电路,如图 7.29(b)所示,由此求电压放大倍数

$$\dot{A}_\mathrm{u} = \frac{\dot{U}_\mathrm{o}}{\dot{U}_\mathrm{i}} = -g_\mathrm{m} R_\mathrm{d} = -2\times 3 \approx -6$$

输入电阻

$$R_\mathrm{i} = \infty$$

输出电阻

$$R_o \approx R_d = 3k\Omega$$

7.5.4 共漏极放大电路的动态分析

共漏极放大电路又称为源极输出器,其电路如图 7.30(a)所示,交流微变等效电路如图 7.30(b)所示。它类似于 BJT 的射极输出器。

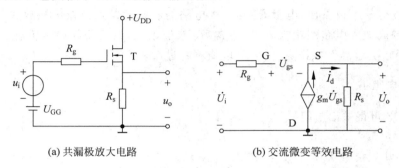

(a) 共漏极放大电路　　　　(b) 交流微变等效电路

图 7.30　共漏极放大电路及其等效电路

共漏极放大电路的静态工作点可按下式估算:

$$\begin{cases} U_{GSQ} = U_{GG} - I_{DQ}R_s \\ I_{DQ} = I_{DO}\left(\dfrac{U_{GSQ}}{U_T} - 1\right)^2 \\ U_{DSQ} = U_{DD} - I_{DQ}R_s \end{cases} \tag{7-49}$$

由图 7.30(b)电路可得输出电压和输入电压分别为

$$\dot{U}_o = \dot{I}_d R_s = g_m \dot{U}_{gs} R_s, \quad \dot{U}_i = \dot{U}_{gs} + \dot{I}_d R_s = \dot{U}_{gs} + g_m \dot{U}_{gs} R_s$$

因而得电压放大倍数为

$$\dot{A}_u = \frac{\dot{U}_o}{\dot{U}_i} = \frac{g_m R_s}{1 + g_m R_s} \tag{7-50}$$

输入电阻为

$$R_i = \infty \tag{7-51}$$

计算输出电阻时将输入端短路,在输出端加一交流电压 U_o,由此产生一电流 I_o,如图 7.31 所示,根据$R_o = U_o/I_o$ 可得输出电阻。

由图 7.31 可得

$$R_o = \frac{U_o}{I_o} = \frac{U_o}{\dfrac{U_o}{R_s} + g_m U_o} = \frac{1}{\dfrac{1}{R_s} + g_m} = R_s // \frac{1}{g_m}$$

$$\tag{7-52}$$

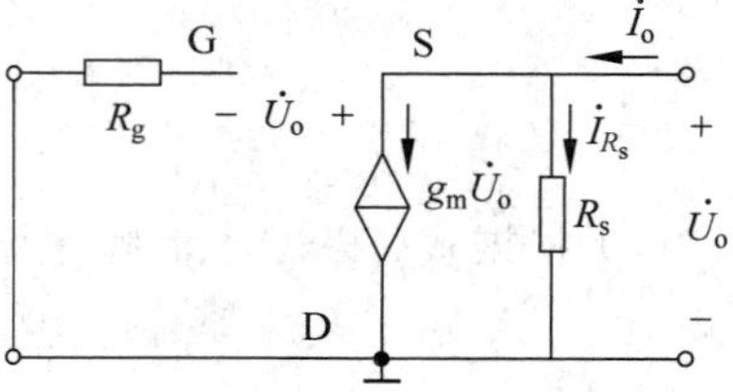

图 7.31　求共漏极放大电路输出电阻

从上面的分析可以看出,共漏极放大电路的特点与共集电极放大电路相似,共漏极放大电路的输入电阻远大于共集电路的输入电阻,但其输出电阻比共集电路的大,因此电压跟随作用比共集电路差。

7.6　多级放大电路

在实际的电压放大电路中,通常要求其电压放大倍数很大,即有足够的电压输出;要求其输入电阻大,以保证从信号源获得较大的电压;要求其输出电阻小,以提高电路的带负载能力。以上介绍的任何一种单管放大电路都难以满足上述性能要求,因此实际电路中常选择多个基本放大电路合理连接后构成多级放大电路。

本节介绍多级放大电路的级间耦合方式、零点漂移的概念以及多级放大电路的分析方法。

7.6.1　多级放大电路概述

1. 多级放大电路的耦合方式

多级放大电路级与级之间的连接称为级间耦合。多级放大电路的级间耦合方式有三种:直接耦合、阻容耦合、变压器耦合。多级放大电路的级间耦合方式见图7.32所示。

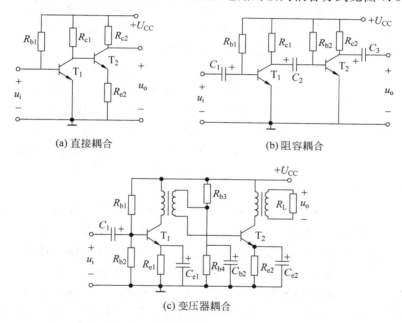

(a) 直接耦合

(b) 阻容耦合

(c) 变压器耦合

图 7.32　多级放大电路的耦合方式

直接耦合是前后级直接相连,这种耦合方式简单,通常用于集成放大器中,但直接耦合时前后级的直流通路直接相连,因此静态工作点互相牵连。阻容耦合和变压器耦合由于前后级直流通路各自独立,因此静态工作点互不影响,常用于分立元件放大器中。

2. 多级放大电路前后级间关系

在多级放大电路中,无论采用哪一种耦合方式,前后级电路之间都具有如下关系。

(1) 前级电路可以看作是后级电路的信号源,后级电路可以看作是前级电路的负载,前级电路的输出电压等于后级电路的输入电压,即 $u_{o1} = u_{i2}$,如图 7.33 所示。

(2)前级电路的输出电阻相当于后级电路输入端所接信号源的内阻。

(3)后级电路的输入电阻就是前级电路的负载电阻。

多级放大电路的前后级电路关系如图 7.33 所示。

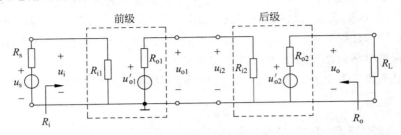

图 7.33　多级放大电路前后级间关系

3.直接耦合放大电路中的零点漂移现象

放大电路的输入信号为零时,其输出电压也应该为零或为某一固定值。但由于某种

图 7.34　输出电压的零点漂移

原因,如电源电压波动、元件老化以及半导体器件对温度的敏感性等,都会导致放大电路在输入为零时,输出电压偏离了预定值,这种现象称为零点漂移,简称零漂,如图 7.34 所示。

在产生零点漂移的诸多因素中,因温度的影响造成零点漂移的现象最为普遍,因此零点漂移也称为温漂。在多级放大电路中,如果采用阻容耦合方式,那么由于耦合电容的隔直作用,零点漂移现象都被限制在本级之内,对输出端的影响不大。如果采用直接耦合方式,由于各级的静态工作点互相影响,前一级的静态工作点 Q 发生变化,会影响到后面各级 Q 点的变化,由于各级的放大作用,会使输出端产生很大的变化。

放大电路产生零点漂移后,会导致输出端无法区分哪些是有用信号电压,哪些是漂移电压,严重时零点漂移会将有用信号淹没,使放大电路不能正常工作。在多级放大电路中,第一级产生的零点漂移对输出端的影响最大。因此为了抑制零点漂移,多级放大电路的第一级通常采用差动放大电路。关于差动放大电路将在第 8 章介绍。

零点漂移的大小不能简单地以输出电压的大小来衡量,因为放大电路的放大倍数越高,输出漂移就越大,同时对输入信号的放大能力也越大。因此衡量零漂的大小通常是将输出漂移电压折合到输入端,即用输出漂移电压除以放大电路的电压放大倍数,得到输入等效漂移电压。这样折合后,输入等效漂移电压越大,说明放大电路的零点漂移越严重。例如某放大电路 A 输出端的零漂电压为 1V,电压放大倍数为 100,折合到输入端的漂移电压为 1/100＝0.01V;某放大电路 B 输出端的零漂电压为 5V,电压放大倍数为 1000,折合到输入端的漂移电压为 5/1000＝0.005V。比较 A、B 两个放大电路,电路 A 的零点漂移更为严重。

7.6.2　多级放大电路的分析

多级放大电路的静态工作点可以根据其直流通路分析求得。下面主要介绍多级放大电路的动态分析。

1. 电压放大倍数 $\dot{A}_u$

以两级放大电路为例,如图 7.33 所示,其电压放大倍数为

$$\dot{A}_u = \frac{\dot{U}_o}{\dot{U}_i} = \frac{\dot{U}_{o1}}{\dot{U}_i} \times \frac{\dot{U}_o}{\dot{U}_{i2}} = \dot{A}_{u1} \times \dot{A}_{u2} \qquad (7\text{-}53)$$

上述结果可以推广到 n 级放大电路,其总的电压放大倍数为

$$\dot{A}_u = \dot{A}_{u1} \times \dot{A}_{u2} \times \cdots \times \dot{A}_{un} \qquad (7\text{-}54)$$

在计算多级放大电路电压放大倍数时,要注意前后级间的关系,特别是计算前级电路放大倍数时,要注意后级电路的输入电阻为前级的负载电阻。

2. 输入电阻 R_i 和输出电阻 R_o

由图 7.33 可以看出,多级放大电路的输入电阻 R_i 就是第一级电路的输入电阻,即 $R_i = R_{i1}$。多级放大电路的输出电阻 R_o 就是最后一级电路的输出电阻,即 $R_o = R_{o2}$。

例 7-8　两级放大电路如图 7.35 所示。其中三极管的 $U_{BE} = 0.7V$,$U_{CC} = 20V$,求:

(1) 各级电路的静态工作点 Q;

(2) 画出交流微变等效电路;

(3) 各级放大电路的输入电阻和输出电阻;

(4) 多级放大电路总的电压放大倍数 $\dot{A}_u$。

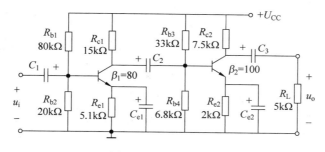

图 7.35　例 7-8 电路

解:

(1) 因为两级放大电路之间为阻容耦合方式,所以各级静态工作点各自独立,可以单独计算。

第一级:

$$U_{B1} = \frac{R_{b2}}{R_{b1} + R_{b2}} U_{CC} = \frac{20}{80 + 20} \times 20 = 4V$$

$$I_{CQ1} \approx I_{EQ1} = \frac{U_{B1} - U_{BE1}}{R_{e1}} = \frac{4 - 0.7}{5.1} = 0.65mA$$

$$I_{BQ1} = \frac{I_{CQ1}}{\beta_1} = \frac{0.65}{80}mA \approx 8.1\mu A$$

$$U_{CEQ1} = U_{CC} - I_{CQ1}(R_{c1} + R_{e1}) = 20 - 0.65 \times (15 + 5.1) \approx 6.9V$$

第二级：

$$U_{B2} = \frac{R_{b4}}{R_{b3} + R_{b4}} U_{CC} = \frac{6.8}{33 + 6.8} \times 20 \approx 3.42V$$

$$I_{CQ2} \approx I_{EQ2} = \frac{U_{B2} - U_{BE2}}{R_{e2}} = \frac{3.42 - 0.7}{2} \approx 1.36mA$$

$$I_{BQ2} = \frac{I_{CQ2}}{\beta_2} = \frac{1.36}{100} mA = 13.6\mu A$$

$$U_{CEQ2} = U_{CC} - I_{CQ2}(R_{c2} + R_{e2}) = 20 - 1.36 \times (7.5 + 2) \approx 7.1V$$

(2) 放大电路的交流微变等效电路如图 7.36 所示。

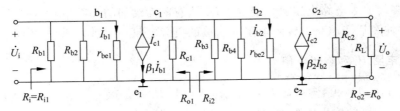

图 7.36　图 7.35 电路的微变等效电路

(3) 第一级电路的 R_{i1} 和 R_{o1}：

$$r_{be1} = 300 + (1 + \beta_1) \frac{26}{I_{E1}} = 300 + 81 \times \frac{26}{0.65} \Omega = 3.54k\Omega$$

$$R_{i1} = R_{b1} // R_{b2} // r_{be1} = 80 // 20 // 3.54 \approx 2.9k\Omega$$

$$R_{o1} = R_{c1} = 15k\Omega$$

第二级电路的 R_{i2} 和 R_{o2}：

$$r_{be2} = 300 + (1 + \beta_2) \frac{26}{I_{E2}} = 300 + 101 \times \frac{26}{1.36} \Omega = 2.2k\Omega$$

$$R_{i2} = R_{b3} // R_{b4} // r_{be2} = 33 // 6.8 // 2.2 \approx 1.58k\Omega$$

$$R_{o2} = R_{c2} = 7.5k\Omega$$

(4) 计算总的电压放大倍数之前,先计算各级电路的电压放大倍数。

第一级的电压放大倍数 $\dot{A}_{u1}$：

计算第一级电路的放大倍数时,要考虑到第二级电路的输入电阻就是第一级电路的负载电阻,因此有

$$R'_{L1} = R_{C1} // R_{i2} = 15 // 1.58 = 1.43k\Omega$$

$$\dot{A}_{u1} = -\beta_1 \frac{R'_{L1}}{r_{be1}} = -80 \times \frac{1.43}{3.54} \approx -32$$

第二级的电压放大倍数 $\dot{A}_{u2}$：

$$R'_{L2} = R_{C2} // R_L = 7.5 // 5 = 3k\Omega$$

$$\dot{A}_{u2} = -\beta_2 \frac{R'_{L2}}{r_{be2}} = -100 \times \frac{3}{2.2} \approx -136$$

两级总的电压放大倍数 A_u：

$$\dot{A}_u = \dot{A}_{u1} \times \dot{A}_{u2} = (-32) \times (-136) = 4352$$

7.7 放大电路的频率特性

在前面讨论放大电路的放大倍数时,都是假设输入信号为单一频率的正弦信号,并将电路中的所有耦合电容和旁路电容都视为对此交流信号短路,将三极管的极间电容视为开路。但在实际的放大电路中,输入信号大多含有多种频率成分(如语音信号),当输入信号的频率改变时,电路中电抗元件的电抗值会随着信号频率的改变而发生变化,因此放大电路对不同频率的信号具有不同的放大能力,即电压放大倍数会随着输入信号频率的改变而有所不同,电路放大倍数与频率之间的函数关系称为放大电路的频率响应或频率特性。

频率特性是衡量放大电路对不同频率信号放大能力的一项重要指标。

7.7.1 频率特性的基本概念

1. 频率特性的概念

放大电路的频率特性可用放大倍数与频率之间的函数关系来表示,即

$$\dot{A}_{\mathrm{u}}(f) = \frac{\dot{U}_{\mathrm{o}}}{\dot{U}_{\mathrm{i}}} = |A_{\mathrm{u}}(f)| \angle \varphi(f) \tag{7-55}$$

式中$|A_{\mathrm{u}}(f)|$称为幅频特性,表示电压放大倍数的幅值与频率之间的关系;$\varphi(f)$称为相频特性,表示电压放大倍数的相位与频率的关系。

某单级阻容耦合共射极放大电路的频率特性曲线如图 7.37 所示,其中图 7.37(a)为幅频特性曲线,图 7.37(b)为相频特性曲线。

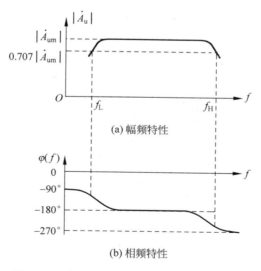

(a) 幅频特性

(b) 相频特性

图 7.37 单级阻容耦合放大电路的频率特性

由图 3.37(a)幅频特性曲线可以看出,当频率低于 f_{L} 时,放大倍数明显下降,这是由于放大电路中耦合电容、旁路电容对于低频信号所表现出的容抗较大,不可忽略的缘故。当频率高于 f_{H} 时,放大倍数也会下降,这是由于三极管极间电容的影响,对于高频信号来说不

可以视为开路。

图 7.37(a)中的 A_{um} 为放大电路在中频区工作时的电压放大倍数,称为中频电压放大倍数。当电压放大倍数 A_u 下降到中频电压放大倍数 A_{um} 的 0.707 倍时,所对应的两个频率值分别称为下限截止频率 f_L 和上限截止频率 f_H。放大电路的通频带表示为

$$f_{BW} = f_H - f_L \qquad (7-56)$$

通频带表示放大电路能够正常放大信号的频率范围,它也是放大电路的重要性能指标之一。

由图 7.37(b)的相频特性曲线可以看出,输出电压 U_o 与输入电压 U_i 的相位差(相移)在中频区为 $-180°$,在低频区超前中频区,最大时相位差接近 $+90°$;在高频区滞后中频区,最大时相位差接近 $-90°$。

2. 波特图

波特图又称对数频率特性,它由对数幅频特性和对数相频特性两部分组成。它们的横轴采用对数刻度 $\lg f$,但仍标注为 f。幅频特性的纵轴采用 $20\lg|\dot{A}_u|$ 表示,称为增益,单位是分贝(dB)。相频特性的纵轴仍采用线性刻度 $\varphi(f)$ 表示。

图 7.37 所示单级阻容耦合放大电路频率特性的波特图如图 7.38 所示。

由于 $20\lg 0.707 \approx -3\text{dB}$,因此在波特图中,对应于 f_L 和 f_H 处的增益下降了 3dB。

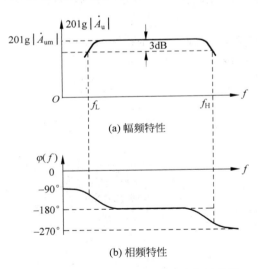

(a) 幅频特性

(b) 相频特性

图 7.38 单级阻容耦合放大电路的波特图

7.7.2 简单 RC 电路的频率特性

为便于理解放大电路高频和低频时的频率特性,下面分别介绍低通 RC 电路和高通 RC 电路的频率特性。放大电路的高频特性和低频特性可以用低通 RC 电路和高通 RC 电路的频率特性来模拟。

1. RC 低通电路的频率特性

RC 低通电路如图 7.39 所示。所谓低通电路就是低频信号容易通过,高频信号不容易通过的电路。由图 7.39 可知,该电路的电压放大倍数为

$$\dot{A}_u = \frac{\dot{U}_o}{\dot{U}_i} = \frac{\frac{1}{j\omega C}}{\frac{1}{j\omega C} + R} = \frac{1}{1 + j\omega RC} \tag{7-57}$$

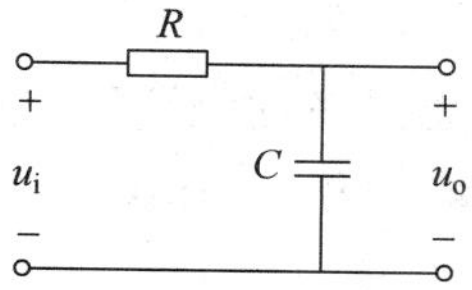

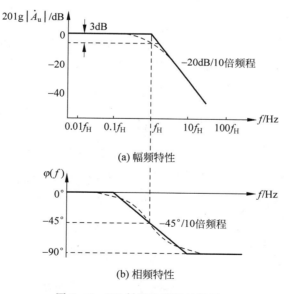

图 7.39 RC 低通电路

令

$$f_H = \frac{1}{2\pi RC} = \frac{1}{2\pi\tau} \tag{7-58}$$

式中 $\tau = RC$,是图 7.39 中电路的时间常数,由此式(7-57)可以进一步写成

$$\dot{A}_u = \frac{1}{1 + j\frac{f}{f_H}} \tag{7-59}$$

由式(7-59)可得图 7.39 电路的幅频特性和相频特性分别为

$$|\dot{A}_u| = \frac{1}{\sqrt{1 + (f/f_H)^2}} \tag{7-60}$$

$$\varphi = -\arctan(f/f_H) \tag{7-61}$$

根据式(7-60)、(7-61)可以画出图 7.39 电路频率响应的波特图,如图 7.40 所示。

(a) 幅频特性

(b) 相频特性

图 7.40 RC 低通电路的波特图

由式(7-60)、(7-61)以及 RC 低通电路的幅频特性和相频特性可以看出:(1)当 $f \ll f_H$ 时,$|\dot{A}_u| \approx 1$,$20\lg|\dot{A}_u| \approx 0\text{dB}$,因此幅频特性的波特图是一条与横轴平行的零分贝直线;$\varphi \approx 0°$,相频特性的波特图是一条 0° 的直线。(2)当 $f = f_H$ 时,$|\dot{A}_u| = 1/\sqrt{2}$,$20\lg|\dot{A}_u| = $

-3dB, $\varphi \approx -45°$。(3)当 $f \gg f_\text{H}$ 时,$|\dot{A}_\text{u}| \approx f_\text{H}/f$,$20\lg|\dot{A}_\text{u}| \approx 20\lg(f_\text{H}/f)$,即 f 每增大 10 倍,增益下降 20dB,此时幅频特性的波特图是一条斜率为 $-20\text{dB}/10$ 倍频程的直线;$\varphi \rightarrow -90°$,相频特性的波特图是一条 $-90°$ 的直线。

图 7.40(a)中的幅频特性是用两条直线构成的折线近似表示的,其中 f_H 就是它的上限截止频率,由于 f_H 对应于两条直线的交点,也称为转折频率,两条折线处的虚线表示实际的幅频特性,在实际应用中用折线近似就可以了。

图 7.40(b)中的相频特性是由三条直线构成的折线表示的,当 $f \ll f_\text{H}$ ($f < 0.1f_\text{H}$)时,φ 是一条 0° 的直线;当 $f \gg f_\text{H}$ ($f > 10f_\text{H}$)时,φ 是一条 $-90°$ 的直线;当 $0.1f_\text{H} < f < 10f_\text{H}$ 时,相频特性是一条斜率为 $-45°/10$ 倍频程的直线。

2. RC 高通电路的频率特性

RC 高通电路如图 7.41 所示。所谓高通电路就是高频信号容易通过,低频信号不容易通过的电路。由图 7.41 可知,RC 高通电路的电压放大倍数为

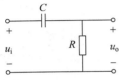

图 7.41 RC 高通电路

$$\dot{A}_\text{u} = \frac{\dot{U}_\text{o}}{\dot{U}_\text{i}} = \frac{R}{R + \frac{1}{\text{j}\omega C}} = \frac{1}{1 - \text{j}\frac{1}{\omega RC}} \qquad (7\text{-}62)$$

令

$$f_\text{L} = \frac{1}{2\pi RC} = \frac{1}{2\pi\tau} \qquad (7\text{-}63)$$

则式(7-62)可以进一步写成

$$\dot{A}_\text{u} = \frac{1}{1 - \text{j}\frac{f_\text{L}}{f}} \qquad (7\text{-}64)$$

由式(7-64)可得图 7.41 电路的幅频特性和相频特性分别为

$$|\dot{A}_\text{u}| = \frac{1}{\sqrt{1 + (f_\text{L}/f)^2}} \qquad (7\text{-}65)$$

$$\varphi = \arctan(f_\text{L}/f) \qquad (7\text{-}66)$$

根据式(7-65)、(7-66)可以画出图 7.41 电路频率响应的波特图,如图 7.42 所示。

由式 RC 高通电路的幅频特性和相频特性可以看出:(1)当 $f \gg f_\text{L}$ 时,$|\dot{A}_\text{u}| \approx 1$,$20\lg|\dot{A}_\text{u}| \approx 0\text{dB}$,幅频特性的波特图是一条与横轴平行的零分贝直线;$\varphi \approx 0°$,相频特性的波特图是一条 0° 的直线。(2)当 $f = f_\text{L}$ 时,$|\dot{A}_\text{u}| = 1/\sqrt{2}$,$20\lg|\dot{A}_\text{u}| = -3\text{dB}$,$\varphi \approx 45°$。(3)当 $f \ll f_\text{L}$ 时,$|\dot{A}_\text{u}| \approx f/f_\text{L}$,$20\lg|\dot{A}_\text{u}| \approx 20\lg(f/f_\text{L})$,即 f 每增大 10 倍,增益增大 20dB,此时幅频特性的波特图是一条斜率为 $20\text{dB}/10$ 倍频程的直线;$\varphi \rightarrow +90°$,相频特性的波特图是一条 90° 的直线。

在图 7.42(a)中 f_L 是下限截止频率,也称为转折频率。图 7.42(b)中,当 $f \gg f_\text{L}$ ($f > 10f_\text{L}$)时,φ 是一条 0° 的直线;当 $f \ll f_\text{L}$ ($f < 0.1f_\text{L}$)时,φ 是一条 90° 的直线;当 $0.1f_\text{L} < f < 10f_\text{L}$ 时,相频特性是一条斜率为 $-45°/10$ 倍频程的直线。

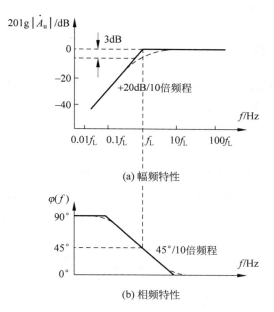

(a) 幅频特性

(b) 相频特性

图 7.42 RC 高通电路的波特图

7.7.3 三极管的频率参数

由于三极管是由两个 PN 结构成的,而 PN 结具有电容效应,如图 7.43 所示。当信号频率不太高时,结电容容抗较大,可视为开路,因此结电容不会影响到电路的电压放大倍数。当频率较高时,结电容的容抗减小,由于结电容的分流作用使得集电极电流 i_c 减小,因而三极管的电流放大系数 β 降低,使放大电路的电压放大倍数降低。

三极管的 β 随频率 f 变化的函数表达式为

$$\dot{\beta} = \frac{\beta_o}{1 + \mathrm{j}\dfrac{f}{f_\beta}} \tag{7-67}$$

式中 β_o 是低频时共发射极电流放大系数,由式(7-67)可得 $\dot{\beta}$ 的幅频特性为

$$|\dot{\beta}| \frac{\beta_o}{\sqrt{1 + \left(\dfrac{f}{f_\beta}\right)^2}} \tag{7-68}$$

其幅频特性曲线如图 7.44 所示。

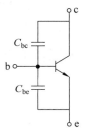

图 7.43 三极管的极间电容

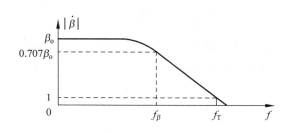

图 7.44 β 的幅频特性

由图可见,频率升高,$|\dot{\beta}|$值下降。其中三极管的几个频率参数如下。

1. 共发射极截止频率 f_β

当 $|\dot{\beta}|$ 值下降到 β_0 的 0.707 倍时所对应的频率称为共发射极截止频率 f_β,如图 7.44 所示。当 $f<f_\beta$ 时,β 近似为常数。

2. 特征频率 f_T

当 $|\dot{\beta}|$ 值下降到 1 时所对应的频率称为三极管的特征频率 f_T,如图 7.44 所示。当 $f<f_T$ 时,$\beta>1$,三极管具有电流放大作用;当 $f>f_T$ 时,$\beta<1$,三极管失去电流放大作用。

将 $f=f_T$ 时 $|\dot{\beta}|=1$,代入式(7-68),可得特征频率 f_T 与截止频率 f_β 的关系

$$1 = \frac{\beta_0}{\sqrt{1+\left(\frac{f_T}{f_\beta}\right)^2}} \tag{7-69}$$

通常,$f_T \gg f_\beta$ 所以上式可简化为

$$f_T \approx \beta_0 f_\beta \tag{7-70}$$

3. 共基极截止频率 f_α

共基极电流放大系数 $\dot{\alpha}$ 与共发射极电流放大系数 $\dot{\beta}$ 的关系是

$$\dot{\alpha} = \frac{\dot{\beta}}{1+\dot{\beta}} \tag{7-71}$$

将式(7-67)代入式(7-71)得

$$\dot{\alpha} = \frac{\frac{\beta_0}{1+\beta_0}}{1+\mathrm{j}\frac{f}{(1+\beta_0)f_\beta}} \tag{7-72}$$

令

$$\dot{\alpha} = \frac{\alpha_0}{1+\mathrm{j}\frac{f}{f_\alpha}} \tag{7-73}$$

则 $\dot{\alpha}$ 的幅频特性可表示为

$$|\dot{\alpha}| = \frac{\alpha_0}{\sqrt{1+\left(\frac{f}{f_\alpha}\right)^2}} \tag{7-74}$$

式中使 $|\dot{\alpha}|$ 值下降到 α_0 的 0.707 倍时所对应的频率 f_α 称为三极管的共基极截止频率。

对比式(7-73)和式(7-72),可得

$$f_\alpha = (1+\beta_0)f_\beta \tag{7-75}$$

由于 $\beta_0 \gg 1$,$(1+\beta_0) \approx \beta_0$,因此可得 f_α、f_T、f_β 三者之间的关系为

$$f_\alpha \approx f_T = \beta_0 f_\beta \tag{7-76}$$

由式(7-76)可以看出,$f_\alpha \gg f_\beta$,说明共基极接法的频率响应比共发射极接法的频率响应

要好。

7.7.4 多级放大电路的频率特性

在多级放大电路中,总的电压放大倍数是各级电压放大倍数的乘积,即

$$\dot{A}_u = \dot{A}_{u1} \cdot \dot{A}_{u2} \cdots \dot{A}_{un} \tag{7-77}$$

幅频特性和相频特性分别为

$$20\lg|\dot{A}_u| = 20\lg|\dot{A}_{u1}| + 20\lg|\dot{A}_{u2}| + \cdots + 20\lg|\dot{A}_{un}| \tag{7-78}$$

$$\varphi = \varphi_1 + \varphi_2 + \cdots + \varphi_n \tag{7-79}$$

式(7-78)和(7-79)说明,多级放大电路的对数增益等于各级放大电路的增益之和;总的相位也等于各级放大电路的相位之和。因此在绘制多级放大电路幅频特性和相频特性的波特图时,只要将各级电路的波特图画在同一坐标系中,将各级特性在同一横坐标上所对应的纵坐标值叠加起来即可。

图 7.45 是一个两级放大电路的波特图,并且图中两个单级放大电路的频率特性相同,即 $A_{um1} = A_{um2}$,$f_{L1} = f_{L2}$,$f_{H1} = f_{H2}$,$\varphi_1 = \varphi_2$。

由图 7.45(a)的幅频特性可见,两级放大电路与单级相比,总的电压增益提高了,但通频带变窄了。为了综合考察增益和带宽这两方面的性能,引入一个新的参数——增益带宽积,定义为中频区电压增益与通频带的乘积。当放大电路中的晶体管选定后,该电路的增益带宽积基本不变,即增益增大多少倍,带宽就变窄多少倍。

由图 7.45(b)的相频特性可见,两级放大电路与单级相比,总的输出电压 U_o 与输入电压 U_i 的相移扩大了,为 $\varphi = 2\varphi_1$。输出电压 U_o 在低频区比在中频区相位超前,相位差为 $+\Delta\varphi$,最大时接近 $+180°$;在高频区比在中频区相位滞后,相位差为 $-\Delta\varphi$,最大时接近 $-180°$。

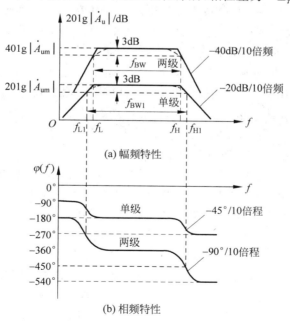

图 7.45 两级放大电路的波特图

7.8　功率放大电路

　　一个实际的多级放大电路通常包括输入级、中间级和输出级三部分,其中输出级与负载相连,因此输出级的主要任务是输出足够大的功率以便推动像扬声器、电动机之类的功率负载。这种能够为负载提供足够大功率的放大电路称为功率放大电路,简称功放。

7.8.1　功率放大电路概述

1. 功率放大电路的特点

　　由于功率放大电路的主要任务是向负载输出足够大的功率,因此功率放大电路与电压放大电路相比,电压放大倍数并不是主要考虑的指标,其主要性能指标是最大输出功率 P_{om} 和效率 η,因此功放电路应具有如下特点。

　　(1) 输出功率要足够大。

　　功率放大电路在输入正弦波信号且输出波形不失真的情况下,负载上能够获得的最大交流功率称为最大输出功率 P_{om}。为了保证输出功率足够大,要求功放电路的输出电压和电流足够大,因此功放管通常工作在极限状态下,所以要根据极限参数的要求选择功放管。

　　(2) 效率要高。

　　功率放大电路是将直流电源的能量转化为输出信号的能量。因此对功放电路还要考虑其转换效率,提高电路的效率可以在相同输出功率的条件下,减小能量损耗,减小电源容量,降低成本。

　　(3) 非线性失真要小。

　　为使输出功率大,功放三极管的电压和电流都工作在大信号状态。由于三极管是非线性器件,信号幅度较大时容易造成非线性失真,因此提高输出功率和减小非线性失真是一对矛盾,在使用中要根据具体的使用场合兼顾这两方面的指标。

　　(4) 考虑功放管的散热和保护问题。

　　功放三极管工作在大信号状态,其电压 u_{CE}、电流 i_{C} 值都较大,三极管的管耗也较大。因此在选择功放管时要注意这些值不要超过它们的极限参数。另外功放管的管耗较大,会导致 PN 结的结温升高,当结温超过允许值时会导致管子烧毁。因此功放管一般安装在散热器上,以保护管子安全工作,获得大的输出功率。

　　总之,对于功率放大电路要研究的主要问题是,在不超过功放管极限参数的情况下,如何获得尽可能大的输出功率,减小非线性失真,提高效率。在分析功率放大电路时,由于功放管工作在大信号状态下,小信号等效电路分析法不再适用,通常采用图解法分析。

2. 功率放大电路的类型

　　在功率放大电路中,根据功放管静态工作点位置(或者说功放管在输入信号一个周期内导通时间)的不同,可将功放电路分为甲类、乙类、甲乙类等类型。

　　(1) 甲类功放

　　甲类功放的静态工作点设置在放大区,如图 7.46(a)所示,三极管在输入信号的一个周期内都处于导通状态,三极管的这种工作状态称为甲类工作状态,对应的功放电路称为甲类功放。前面介绍的电压放大电路中,三极管都处于甲类工作状态。

甲类功放可以得到不失真的输出波形,但甲类功放在静态时也要消耗电源功率,当有输入信号时,才会使其中一部分转化为有用功率输出,因此甲类功放的效率较低,理想情况下,甲类功放的最高效率也只能达到 50%。

（2）乙类功放

乙类功放的静态工作点设置在截止区,如图 7.46(b)所示。三极管在输入信号的一个周期内只有半周导通,为保证输出为完整的正弦波形,可以采用两个三极管组成互补对称式功放电路,但波形会产生交越失真。

乙类功放由于静态时电流为零,静态功耗也近似为零,因此乙类功放的效率较高,理想情况下理论值可达 78.5%。

（3）甲乙类功放

甲乙类功放静态工作点的设置使三极管在静态时处于微弱导通状态,如图 7.46(c)所示。甲乙类功放在静态时偏置电流较小,因此在输出功率、管耗和效率等性能指标上与乙类近似。甲乙类功放也采用两个三极管组成的互补对称式结构,由于静态时三极管处于微弱导通状态,消除了交越失真,因此是一种较为实用的功放电路。

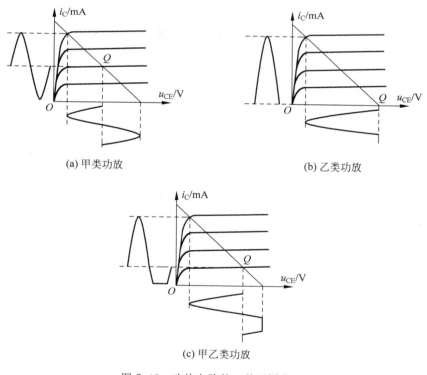

(a) 甲类功放　　　　　　　　　　　(b) 乙类功放

(c) 甲乙类功放

图 7.46　功放电路的三种不同类型

7.8.2　双电源互补对称功率放大电路

双电源互补对称功率放大电路又称为无输出电容电路,简称为 OCL(Output Capacitor

Less)电路。其电路如图7.47(a)所示,它由两只三极管组成,一只为NPN型,一只为PNP型,但它们具有完全对称的特性。

1. 工作原理

静态时,$u_i = 0$,由于电路上下完全对称,因而 $u_o = 0$。由于 $U_{BE1} = U_{BE2} = 0$,故两只三极管都处于截止状态,电路的静态功耗等于零,两只三极管都在乙类工作状态。

动态时,在输入信号 u_i 的正半周,当 u_i 大于三极管的导通电压时,T_1 导通,T_2 截止,此时电路由直流电源 $+U_{CC}$ 供电,电流从 $+U_{CC}$ 经 T_1 的 c、e 和 R_L 至地,u_o 跟随 u_i 变化,其最大值可接近 $+U_{CC}$;在 u_i 的负半周,情况正好相反,T_1 截止,T_2 导通,此时电路由直流电源 $-U_{CC}$ 供电,电流从地经 R_L 和 T_2 至 $-U_{CC}$。因此在输入信号的整个周期内,u_o 均跟随 u_i 变化,由于两只三极管完全对称,且在输入信号的正负半周轮流导通,因而称为互补对称电路,在负载上得到的输出电压 u_o 是一个正负对称的完整波形,如图7.47(b)所示。

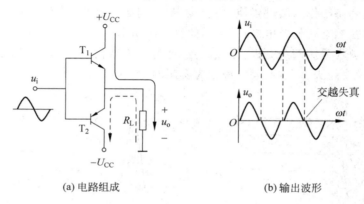

(a) 电路组成　　　　　　　　(b) 输出波形

图 7.47　OCL 电路

在图7.47(a)电路中,由于静态工作点设置在截止区,而三极管的输入特性存在死区,因此只有当输入电压 u_i 大于三极管的导通电压时,两只三极管才轮流导通,u_i 小于三极管的导通电压时,两只三极管均截止,此时 $u_o = 0$,因此输出电压会产生失真,这种失真称为交越失真,如图7.47(b)所示。

2. 分析计算

(1) 输出功率 P_o。

在图7.47(a)所示电路中,负载 R_L 上获得的输出功率 P_o 为

$$P_o = \frac{U_o^2}{R_L} = \frac{\left(\dfrac{U_{om}}{\sqrt{2}}\right)^2}{R_L} = \frac{U_{om}^2}{2R_L} \tag{7-80}$$

式中 U_o 和 U_{om} 分别为输出正弦电压的有效值和幅值。

如果忽略三极管的饱和管压降 U_{CES},则负载上可获得的最大输出电压幅值为 $U_{om(max)} = U_{CC} - U_{CES} \approx U_{CC}$,因此最大不失真输出功率为

$$P_{om} = \frac{(U_{CC} - U_{CES})^2}{2R_L} \approx \frac{U_{CC}^2}{2R_L} \tag{7-81}$$

（2）直流电源供给的功率 P_V

由于在输入电压的一个周期内，每个电源只提供半个周期的电流，因此在一个周期内流过每个电源的电流 I_C 为

$$I_C = \frac{1}{2\pi}\int_0^\pi \frac{U_{om}}{R_L}(\sin\omega t)\,\mathrm{d}\omega t = \frac{1}{\pi}\cdot\frac{U_{om}}{R_L} \tag{7-82}$$

两个电源提供的功率为

$$P_V = 2U_{CC}I_C = \frac{2}{\pi}\cdot\frac{U_{CC}U_{om}}{R_L} \tag{7-83}$$

当输出电压的幅值达到最大时，$U_{om}\approx U_{CC}$，则两个电源提供的最大功率为

$$P_V \approx \frac{2U_{CC}^2}{\pi R_L} \tag{7-84}$$

（3）效率 η

$$\eta = \frac{P_o}{P_V} = \frac{\dfrac{U_{om}^2}{2R_L}}{\dfrac{2U_{CC}U_{om}}{\pi R_L}} = \frac{\pi}{4}\cdot\frac{U_{om}}{U_{CC}} \tag{7-85}$$

当 $U_{om}\approx U_{CC}$ 时，电路的效率达到最大

$$\eta_m = \frac{P_{om}}{P_V} = \frac{\pi}{4} = 78.5\% \tag{7-86}$$

（4）功放管的选择

选择功放管时，要使功放管的工作电压、电流及管耗不能超过它们的极限参数。图 7.47(a) 电路中两只功放管的总管耗为

$$P_T = P_V - P_o = \frac{2U_{CC}U_{om}}{\pi R_L} - \frac{U_{om}^2}{2R_L} \tag{7-87}$$

当 $\dfrac{\mathrm{d}P_T}{\mathrm{d}U_{om}}=0$ 时，即 $U_{om}=\dfrac{2U_{CC}}{\pi}\approx 0.6U_{CC}$ 时管耗最大，此时两管的最大管耗为

$$P_{Tm} = \frac{2U_{CC}^2}{\pi^2 R_L} \tag{7-88}$$

由式（7-81）和（7-88）可得两只三极管的最大管耗与最大输出功率之间的关系为

$$P_{Tm} = 0.4P_{om} \tag{7-89}$$

则电路中，单管的最大管耗为

$$P_{Tm} = 0.2P_{om} \tag{7-90}$$

式（7-90）常用作选择功放管的依据。根据以上分析，在选择功放管时，其极限参数应满足

$$U_{(BR)CEO} > 2U_{CC} \tag{7-91}$$

$$I_{CM} > \frac{U_{CC}}{R_L} \tag{7-92}$$

$$P_{CM} > 0.2P_{om} \tag{7-93}$$

例 7-9 乙类功放电路如图 7.47(a) 所示，设 $U_{CC}=12V$，$R_L=8\Omega$，输入正弦信号 u_i 时，若忽略饱和管压降，计算（1）最大输出功率 P_{om}；（2）每个功放管的最大管耗 P_{Tm}；（3）选择功放管。

解:

(1) 最大输出功率

$$P_{om} = \frac{U_{CC}^2}{2R_L} = \frac{12^2}{2 \times 8} = 9W$$

(2) 每个功放管的最大管耗

$$P_{Tm} = 0.2P_{om} = 0.2 \times 9 = 1.8W$$

(3) 选择功放管应使功放管的极限参数满足

$$U_{(BR)CEO} > 2U_{CC} = 24V$$

$$I_{CM} > \frac{U_{CC}}{R_L} = \frac{12}{8} = 1.5A$$

$$P_{CM} > P_{Tm} = 1.8W$$

3. 消除交越失真的 OCL 电路

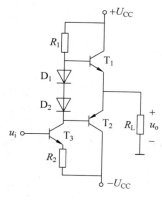

图 7.48　消除交越失真
的 OCL 电路

在图 7.47(a)所示 OCL 电路中,产生交越失真的原因是由于静态工作点设置在截止区。因此消除交越失真的方法是为放大电路设置合适的静态工作点,图 7.48 为消除交越失真的 OCL 电路,利用 D_1、D_2 的正向压降为两个功放管 T_1、T_2 提供静态偏置电压,使 T_1、T_2 在静态时处于临界导通状态。由于电路中的三极管工作在甲乙类状态,因此这种电路又称为甲乙类互补对称功率放大电路。

静态时,$U_{BE1} + U_{BE2} = U_{D1} + U_{D2}$,因而 T_1、T_2 处于临界导通状态,当输入正弦信号时,至少有一只功放管导通,从而消除了交越失真。图 7.48 中所示电路为两级放大电路,T_3 为前置放大级,为共射级电路,第二级是 T_1、T_2 组成的互补对称电路。

图 7.48 虽然是甲乙类功放电路,但由于静态时的静态电流很小,工作状态接近乙类,因此在计算其动态指标时可以近似按乙类放大电路的计算方法来处理。

7.8.3　单电源互补对称功率放大电路

前面介绍的双电源互补对称功率放大电路需要两个独立电源,这给使用上带来不便,所以实际电路中常采用单电源供电,单电源互补对称功率放大电路如图 7.49 所示。电路中只有一个电源 $+U_{CC}$ 供电,输出端接入了一个电容 C,该电路又称为无输出变压器电路,简称 OTL(Output Transformer Less)电路。

静态时,调节各电阻使两个功放管的发射极电位 $U_E = U_{CC}/2$,由于 D_1、D_2 给 T_1、T_2 提供静态偏置电压,使两管处于临界导通状态,因而此电路工作状态为甲乙类。电容 C 值较大,当 $R_L C$ 足够大时,电容电压 U_C 代替负电源为 T_2 供电。

动态时,由于三极管 T_3 的倒相作用,在 u_i 的负半周,T_1

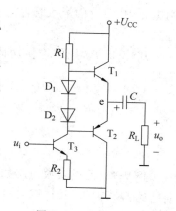

图 7.49　OTL 电路

导通，T_2 截止，电流从 $+U_{CC}$ 经 T_1、电容 C、负载 R_L 到地，电容 C 充电；在 u_i 的正半周，T_2 导通，T_1 截止，电流从电容 C 的"+"极经 T_2、地、负载 R_L 到电容 C 的"—"极，电容 C 放电。当时间常数 $R_L C$ 足够大时，可近似认为放电过程中电容电压保持不变，因此电容 C 起到了双电源电路中负电源的作用。

在 OTL 电路中，由于负载上最大输出电压的幅值为 $U_{om(max)}=U_{CC}/2-U_{CES}\approx U_{CC}/2$，因此依照 OCL 互补对称电路的分析计算方法，可得到 OTL 电路中最大输出功率、效率和管耗等参数的计算公式，只需将 OCL 电路计算公式中的 U_{CC} 用 $U_{CC}/2$ 代替即可。

7.9　集成运算放大器简介

运算放大器简称运放，是一种高放大倍数的多级直接耦合放大器。集成电路是把晶体管、元件和导线制作在一块微小的半导体芯片上，能实现一定功能的电子电路。集成电路又分为模拟集成电路和数字集成电路。集成运算放大器是发展最早、使用广泛的一种模拟集成电路，当它外接适当的反馈电路时，能完成加法、减法、微分、积分等数学运算，因而被称为运算放大器。目前集成运放的应用已远远超过运算的范畴，它在通信、控制和测量等设备中都得到了广泛的应用。

7.9.1　集成运算放大器的框图及符号

1. 集成运放的原理框图

典型集成运放的原理框图如图 7.50 所示。它由四部分组成：输入级、中间级、输出级和偏置电路。

图 7.50　集成运放的组成框图

集成运放的输入级又称为前置级，要求输入电阻高，放大倍数高，抑制温漂能力强，因此运放的输入级通常采用差动放大电路；中间级要求具有足够大的放大倍数，通常采用有源负载的共发射极放大电路；输出级又称为功放级，要求输出电阻小，带负载能力强，通常采用互补对称功率放大电路。

2. 集成运放的外形及符号

通用型集成运放 F007 的封装方式有金属圆外壳封装和双列直插式封装，其外形和引脚排列如图 7.51 所示。对于金属圆外壳封装的集成运放，将引脚面向自己，外壳突出处的引脚为 8 脚，其余按顺时针方向从 1～7 顺序排列。对于双列直插式封装，将引脚朝下，正面的半圆形标记左边的第一引脚为引脚 1，其他按逆时针方向从 2～8 顺序排列。

集成运放的电路符号如图 7.52 所示，它有两个输入端和一个输出端。集成运放还有其

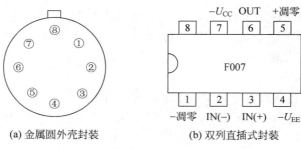

(a) 金属圆外壳封装　　　(b) 双列直插式封装

图 7.51　集成运放的外形及引脚排列

他端子,如电源端、调零端等,这些对于讨论运放的输出与输入之间的关系影响不大,因此在电路符号中省略掉。图中 u_- 为反相输入端,u_+ 为同相输入端,u_o 为输出端。当输入信号 u_i 从 u_- 端与地之间输入时,则输出电压 u_o 与输入电压 u_i 极性相反,即

$$u_o = -Au_i \tag{7-94}$$

式中 A 称为集成运放的开环(无反馈)电压放大倍数。当输入电压 u_i 从 u_+ 端与地之间输入时,则输出电压 u_o 与输入电压 u_i 极性相同,即

$$u_o = Au_i \tag{7-95}$$

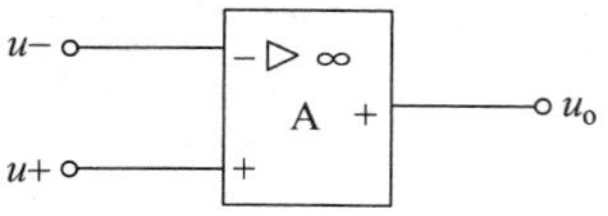

如果在运放的反相输入端和同相输入端同时分别输入电压 u_- 和 u_+,则

$$u_o = A(u_+ - u_-) = Au_i \tag{7-96}$$

图 7.52　集成运放的电路符号　此时 $u_i = u_+ - u_-$,这种输入方式称为差模输入。

7.9.2　集成运放的电压传输特性

当集成运放采用差模输入方式时,其输出电压 u_o 与输入电压 u_i 之间的关系曲线称为电压传输特性曲线,如图 7.53 所示。

由图 7.53 可见,集成运放的电压传输特性有两个区域:线性区和非线性区(又称为饱和区)。在线性区,u_o 与 u_i 之间的关系为一条直线,直线的斜率为运放的开环电压放大倍数 A;在非线性区,运放的输出电压为 $+U_{om}$ 与 $-U_{om}$,其值接近于为运放供电的直流电源电压 $\pm U_{CC}$。

由于集成运放的开环电压放大倍数很高,可达几十万倍,因此要使运放工作在线性区,其输入信号必须很小。在实际应用中,运放的输入端即使没有输入信号,由于零点漂移的存在,也会使运放的输出达到饱和值,因此运放线性应用时必须加负反馈。

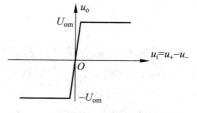

图 7.53　集成运放的电压传输特性

7.9.3　集成运放的主要性能指标

1. 开环差模电压放大倍数 A_{ud}

A_{ud} 是指运放工作在线性区,且无外加反馈情况下的差模电压放大倍数,即 $A_{ud} = \dfrac{\Delta U_o}{\Delta(U_+ - U_-)}$。通常用分贝表示,称为开环差模增益,其分贝数为 $20\lg|A_{ud}|$。

2. 共模抑制比 K_{CMR}

K_{CMR} 是指运放的开环差模放大倍数 A_{ud} 与共模放大倍数 A_{uc} 之比，即 $K_{\text{CMR}} = \left| \dfrac{A_{\text{ud}}}{A_{\text{uc}}} \right|$。或用分贝表示为 $20\lg \left| \dfrac{A_{\text{ud}}}{A_{\text{uc}}} \right|$。

3. 差模输入电阻 R_{id}

差模输入电阻 R_{id} 是指从差模输入信号两端向运放看进去的电阻，其值越大，从信号源索取的电流越小。F007C 的 R_{id} 大于 $2\text{M}\Omega$。

4. 输入失调电压 U_{IO} 及温漂 $\Delta U_{\text{IO}}/\Delta T$

由于差动输入级的不完全对称，在输入为零时，输出有可能不为零。输入失调电压 U_{IO} 是指使输出电压为零时在输入端加的补偿电压。U_{IO} 越小，表明电路的对称性越好。

输入失调电压随温度而变化，比值 $\Delta U_{\text{IO}}/\Delta T$ 称为失调电压温漂，它是衡量运放温漂的重要参数，其值越小，表明运放的温漂越小。

5. 输入失调电流 I_{IO} 及温漂 $\Delta I_{\text{IO}}/\Delta T$

输入失调电流 I_{IO} 是指运放的输出电压为零时，两个输入端静态电流的差值，即 $I_{\text{IO}} = |I_{\text{B1}} - I_{\text{B2}}|$，输入失调电流也随温度变化，比值 $\Delta I_{\text{IO}}/\Delta T$ 称为失调电流温漂。

6. 输入偏置电流 I_{IB}

输入偏置电流 I_{IB} 是指运放输入级差动放大管的基极偏置电流的平均值，即 $I_{\text{IB}} = \frac{1}{2}(I_{\text{B1}} + I_{\text{B2}})$。输入偏置电流越小，信号源内阻对运放静态工作点的影响越小。

7. 最大差模输入电压 U_{Idmax}

最大差模输入电压 U_{Idmax} 是指允许加在运放两输入端电压的最大值，超过此值，运放输入级差放三极管中某一侧发射结将被反向击穿。运放中 NPN 型管的 b-e 间耐压值只有几伏，而横向 PNP 管的 b-e 间耐压可达几十伏。

8. 最大共模输入电压 U_{Icmax}

最大共模输入电压 U_{Idmax} 是指运放在正常放大差模信号的条件下所允许输入的最大共模信号电压。使用时运放的共模输入电压不能超过此值，U_{Icmax} 值是指运放在作电压跟随器使用时，使输出电压产生 1% 跟随误差时的共模输入电压幅值。

9. 开环带宽 f_{BW}（或称为 −3dB 带宽）

开环带宽 f_{BW} 是指开环差模增益下降 3dB 时对应的频率 f_{H}。由于集成运放中的晶体管很多，再加上电路中补偿电容的作用，因此 f_{H} 很低，通用型运放只有几赫兹到几百赫兹。

10. 单位增益带宽 f_{BWG}

单位增益带宽 f_{BWG} 是指开环差模增益下降到 0dB 时对应的信号频率 f_T。f_T 与 f_H 的关系为 $f_T = A_{ud} \times f_H$,由于运放的 A_{ud} 很大,因此 f_T 很大。

11. 转换速率 S_R

转换速率 S_R 是指运放输入大信号时,放大电路输出电压对时间的最大变化速率,即

$$S_R = \frac{du_o(t)}{dt}\bigg|_{max}$$,它表示运放对高速变化输入信号的响应速度,通常要求运放输入信号变化的速率不能超过此值,否则会出现失真。

7.10 Protel 仿真分析

例 7-10 电路原理图如图 7.54 所示,设置直流电压源(VSRC)的 Value = 15V,正弦电压源(VSIN)的 Amplitude = 10mV,Frequency = 10kHz。对该电路进行以下仿真分析:(1)运行直流工作点分析,求静态工作点;(2)运行瞬态扫描分析观察输入、输出波形;(3)运行交流小信号分析,求电路的幅频特性曲线;(4)运行参数扫描分析,观察集电极电阻 R_3 取不同值时对输出波形的影响。

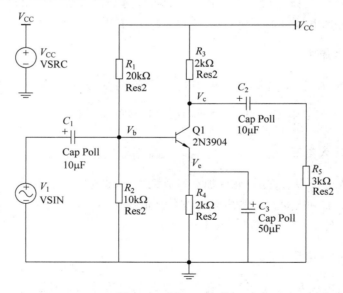

图 7.54 例 7-10 电路

解:

(1)直流工作点分析仿真结果如图 7.55 所示。

(2)瞬态特性仿真分析

运行瞬态扫描分析时,在常规设置页中选择 vb、vc 作为测试点,瞬态分析仿真结果如图 7.56 所示。从波形可以看出,此电路实现了信号的无失真放大。

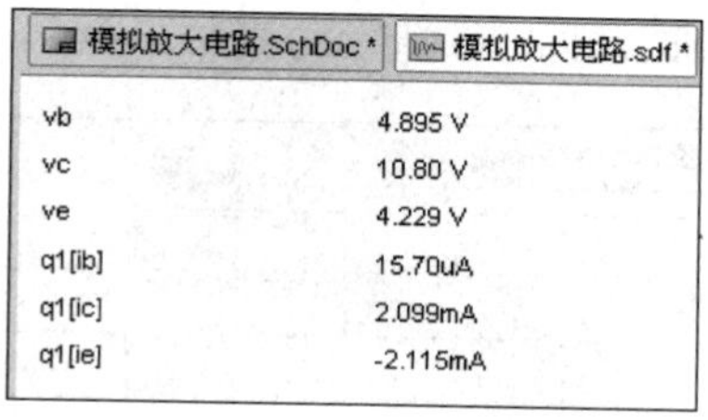

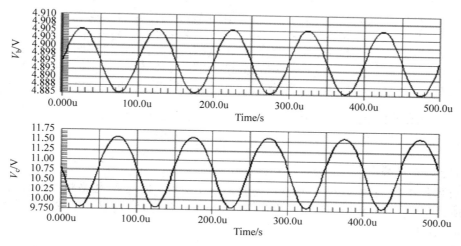

图 7.55 直流工作点分析结果

图 7.56 瞬态分析仿真结果

（3）交流小信号分析

在常规设置页中将 vc 作为测试信号。仿真分析设置对话框中选中 AC Small Signal Analysis，交流小信号分析的设置如图 7.57 所示。

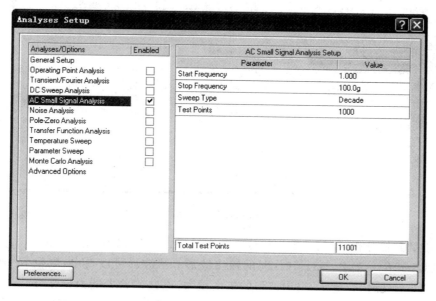

图 7.57 交流小信号分析的仿真参数设置

运行交流小信号分析,得到如图 7.58 所示仿真结果。

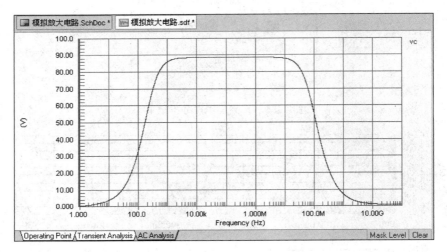

图 7.58 交流小信号分析仿真结果

(4) 参数扫描分析

在仿真分析设置对话框中选中 Parameter Sweep,对放大电路进行参数扫描,在 Parameter Sweep 设置页中将集电极电阻 R_3 作为主扫描参数,观察电阻 R_3 变化对输出波形的影响,具体参数的设置如图 7.59 所示。

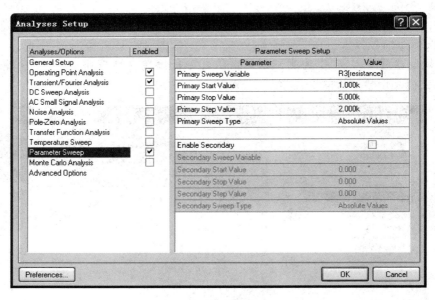

图 7.59 参数扫描分析的仿真参数设置

运行参数扫描分析,得到参数扫描分析仿真结果,如图 7.60 所示。图中 vc_p1、vc_p2、vc_p3 分别表示 $R_3 = 1\text{k}\Omega$、$3\text{k}\Omega$、$5\text{k}\Omega$ 时的输出波形。从波形可以看出,电阻 R_3 越小,输出波形幅度越小;反之 R_3 越大,输出波形的幅度越大,电路的放大能力越强,但 R_3 太大时容易产生饱和失真。因此,利用参数扫描分析可以确定电路中某一元件的最佳参数值。

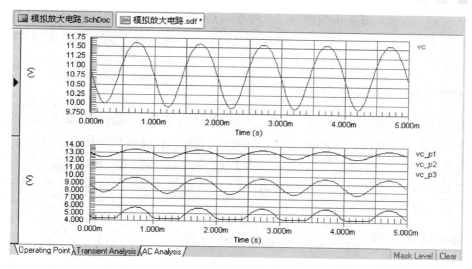

图 7.60　参数扫描分析结果

7.11　本章小结

1．三极管放大电路

三极管放大电路有共发射极放大电路、共集电极放大电路、共基极放大电路。放大电路的分析包括静态分析和动态分析，静态分析的主要任务是确定静态工作点，放大电路的静态分析方法有图解法和解析法；动态分析的重要任务是计算放大电路的动态指标，动态分析有图解法和微变等效电路法，计算电压放大倍数、输入和输出电阻时通常采用微变等效电路法，分析非线性失真通常采用图解法。

2．场效应管放大电路

场效应管组成放大电路时要保证其工作在恒流区，场效应管的直流偏置电路有自给偏压电路和分压式偏置电路等。场效应管放大电路的分析方法与三极管放大电路的分析方法相同，动态分析通常采用微变等效电路法，电路的接法也有共源极、共漏极和共栅极三种。

3．功率放大电路

功率放大电路按功放管静态工作点的设置方式不同可以分为甲类功放、乙类功放和甲乙类功放。

甲类功放由于三极管静态工作点设置在放大区，因此通常采用一只三极管构成单管功放电路；乙类功放管的静态工作点设置在截止区，甲乙类功放管的静态工作点设置在放大区靠近截止区，因此它们通常采用双管构成互补对称功率放大电路。互补对称功放电路有双电源互补对称功率放大电路（OCL电路）和单电源互补对称功率放大电路（OTL电路）。

4．多级放大电路

多级放大电路的耦合方式有三种：直接耦合、阻容耦合和变压器耦合。

多级放大电路的电压放大倍数等于各级电压放大倍数的乘积,但计算每一级电压放大倍数时要考虑前后级之间的关系。多级放大电路的输入电阻等于第一级电路的输入电阻；输出电阻等于最末级电路的输出电阻。

5. 放大电路的频率响应

放大电路对不同频率的信号具有不同的放大能力,电路放大倍数与频率之间的函数关系称为放大电路的频率特性。放大电路的频率特性包括幅频特性和相频特性,幅频特性表示电压放大倍数的幅值与频率之间的关系；相频特性表示电压放大倍数的相位与频率的关系。

放大电路的频率特性可用频率特性曲线表示,如果频率特性曲线的坐标采用对数坐标,则为对数频率特性,又称为波特图。

6. 集成运算放大器

运算放大器是一种高放大倍数的多级直接耦合放大器。其电路由四部分组成：输入级、中间级、输出级和偏置电路。集成运放电路的特点是：输入电阻高,输出电阻低,电压放大倍数趋于无穷大,共模抑制比趋于无穷大。

集成运放有两个工作区域：线性区和非线性区。在线性区满足 $u_o = Au_i$；在非线性区,运放的输出电压为 $+U_{om}$ 或 $-U_{om}$。

习题

7-1　试判断图 7.61 电路中放大电路能否正常地放大交流信号？如不能放大,请改正。设所有电容对交流信号可视为短路。

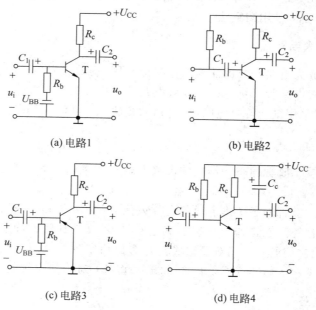

(a) 电路1　　　　　　　　　(b) 电路2

(c) 电路3　　　　　　　　　(d) 电路4

图 7.61　习题 7-1 电路

7-2 画出图 7.62 所示各电路的直流通路和交流通路。（假设对交流信号电容视为短路,变压器为理想变压器）

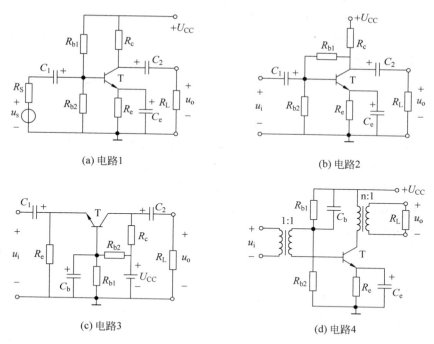

(a) 电路1 (b) 电路2

(c) 电路3 (d) 电路4

图 7.62 习题 7-2 电路

7-3 共发射极基本放大电路和三极管（硅管）的输出特性曲线如图 7.63 所示。

（1）作直流负载线,确定静态工作点 Q;

（2）分别说明当 R_b 减小、R_c 增大这两种情况下,直流负载线和 Q 点的变化情况;

（3）作放大电路的交流负载线,若忽略三极管的饱和管压降,计算最大不失真输出电压幅值 U_{om};

（4）若加入输入信号 u_i,并使 u_i 不断增大,输出电压首先出现何种失真? 如何消除这种失真?

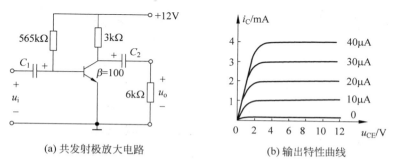

(a) 共发射极放大电路 (b) 输出特性曲线

图 7.63 习题 7-3 电路

7-4 共发射极放大电路与习题 7-3 相同。

（1）用公式法计算静态工作点 Q;

(2) 作交流微变等效电路;

(3) 计算电压放大倍数 $\dot{A}_u$、输入电阻 R_i、输出电阻 R_o;

(4) 求放大电路不接负载时的电压放大倍数。

7-5 共发射极基本放大电路如图7.64所示,已知晶体管的 $U_{BE}=0.7\text{V}$,求:

(1) 静态工作点 Q;

(2) 作交流微变等效电路;

(3) 输入电阻 R_i、输出电阻 R_o;

(4) 当信号源内阻 $R_s=500\Omega$ 时,电压放大倍数 $\dot{A}_{us}$。

7-6 射极偏置电路如图7.65所示,已知晶体管的 $U_{BE}=0.7\text{V}$,$\beta=80$,求:

(1) 静态工作点 Q;

(2) 作交流微变等效电路;

(3) 电压放大倍数 $\dot{A}_u$;

(4) 输入电阻 R_i 和输出电阻 R_o。

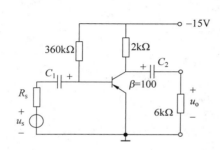

图 7.64 习题 7-5 电路

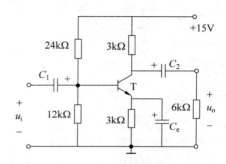

图 7.65 习题 7-6 电路

7-7 射极偏置电路如图7.66所示,已知晶体管的 $U_{BE}=0.7\text{V}$,$\beta=60$,求:

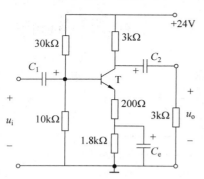

图 7.66 习题 7-7 电路

(1) 静态工作点 Q;

(2) 作交流微变等效电路;

(3) 电压放大倍数 $\dot{A}_u$;

(4) 输入电阻 R_i 和输出电阻 R_o。

7-8 射极输出器电路如图7.67所示,已知晶体管的 $U_{BE}=0.7\text{V}$,$\beta=100$,求

(1) 静态工作点 Q;

(2) 作交流微变等效电路;

(3) 电压放大倍数 $\dot{A}_u$;

(4) 输入电阻 R_i 和输出电阻 R_o。

7-9 共基极放大电路如图7.68所示,已知晶体管的 $U_{BE}=0.7\text{V}$,$\beta=50$,求:

(1) 静态工作点 Q;

(2) 作交流微变等效电路;

（3）电压放大倍数$\dot{A}_u$；

（4）输入电阻R_i和输出电阻R_o。

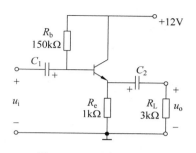

图 7.67 习题 7-8 电路

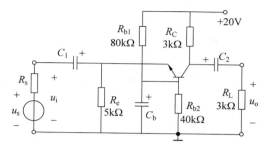

图 7.68 习题 7-9 电路

7-10 场效应管直流偏置电路如图 7.69 所示，已知场效应管的 $I_{DSS}=3\text{mA}$，$U_P=-3\text{V}$，求：（1）静态工作点；（2）跨导 g_m。

7-11 场效应管放大电路如图 7.70 所示，已知 $U_{DD}=12\text{V}$，$U_{GG}=3\text{V}$，$R_g=10\text{M}\Omega$，$R_d=10\text{k}\Omega$，场效应管的 $I_{DO}=2\text{mA}$，$U_T=2\text{V}$，求：（1）静态工作点 Q；（2）$\dot{A}_u$、R_i 和 R_o。

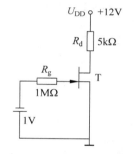

图 7.69 习题 7-10 电路

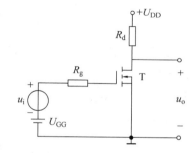

图 7.70 习题 7-11 电路

7-12 场效应管放大电路如图 7.71 所示，已知 $U_{DD}=12\text{V}$，$R_{g1}=R_{g2}=1\text{M}\Omega$，$R_s=3\text{k}\Omega$，$R_L=6\text{k}\Omega$，场效应管的 $I_{DO}=2\text{mA}$，$U_T=2\text{V}$，求：（1）静态工作点 Q；（2）$\dot{A}_u$、R_i 和 R_o。

7-13 多级放大电路的耦合方式有几种？各自有哪些主要特点？

7-14 什么是零点漂移？零点漂移产生的原因是什么？

7-15 有两个直接耦合放大电路，其中 A 电路的电压放大倍数是 1000，温度从 20℃ 变化到 30℃ 时，输出漂移电压为 5V；B 电路的电压放大倍数是 10 000，温度从 20℃ 变化到 30℃ 时，输出漂移电压为 10V。问那个放大电路的零漂小，为什么？

7-16 两级放大电路如图 7.72 所示，问

（1）两级放大电路之间为何种耦合方式？

（2）设各级电路静态工作点设置合适，画出该电路的交流微变等效电路，写出 $\dot{A}_u$、R_i 和 R_o 的表达式。

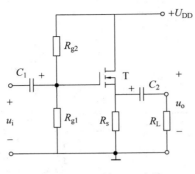

图 7.71　习题 7-12 电路

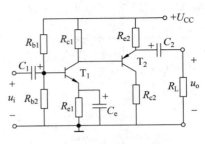

图 7.72　习题 7-16 电路

7-17　阻容耦合两级放大电路如图 7.73 所示,已知晶体管的 $U_{BE} = 0.7V$, $\beta_1 = \beta_2 = 60$,求

(1) 各级放大电路的静态工作点 Q;

(2) 作交流微变等效电路;

(3) 各级电路的输入电阻 R_i 和输出电阻 R_o;

(4) 各级电压放大倍数和两级总的电压放大倍数。

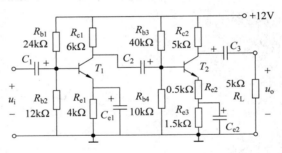

图 7.73　习题 7-17 电路

7-18　什么是放大电路的频率特性? 什么是通频带?

7-19　放大电路的电压放大倍数 $\dot{A}_u$ 在什么频区接近常数? 在高频区和低频区导致电压放大倍数下降的原因分别是什么?

7-20　某放大电路的电压放大倍数是 1000,若换算为电压增益是多少? 若某放大电路的电压增益是 40dB,则换算为电压放大倍数是多少倍?

7-21　功放管有哪三种工作状态? 如何区分这三种工作状态? 画出这三种工作状态下静态工作点的位置和与之相对应的工作波形。

7-22　甲类功放输入信号幅度越小失真越小;而乙类功放则相反,信号越小失真反而越明显,这是为什么?

7-23　何谓交越失真? 如何克服交越失真?

7-24　双电源互补对称功率放大电路如图 7.74 所示,设 $U_{CC} = 12V$, $R_L = 16\Omega$,输入信号 u_i 为正弦波,求:

(1) 忽略晶体管的饱和管压降的情况下,负载上可以获得的最大功率 P_{om};

(2) 每个晶体管的最大管耗,并选择功放管;

（3）这种电路会产生何种失真？如何消除这种失真？

7-25 单电源互补对称功率放大电路如图 7.75 所示，设 $U_{CC}=12\text{V}$，$R_L=8\Omega$，输入信号为正弦波，若负载上的电流为 $i_o=0.5\cos\omega t\,\text{A}$，求：

（1）负载上可以获得的功率 P_o；

（2）直流电源供给的功率 P_V 和电路的效率 η；

（3）每个功放管的管耗。

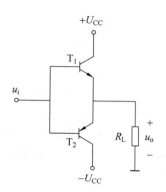
图 7.74 习题 7-24 电路

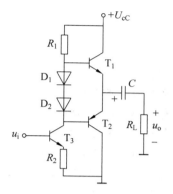
图 7.75 习题 7-25 电路

第8章
负反馈放大电路

本章学习目标

- 理解反馈的基本概念,包括正反馈和负反馈、交流反馈和直流反馈、电压反馈和电流反馈、串联反馈和并联反馈;
- 了解负反馈放大电路的方框图及负反馈放大电路的一般表达式;
- 掌握四种组态负反馈放大电路的判断方法及对放大电路性能的影响;
- 掌握深度负反馈放大电路电压放大倍数的近似估算。

在实际的放大电路中,通常都引入了不同类型的负反馈,以改善放大电路的性能指标。本章从反馈的概念和分类入手,介绍四种组态的负反馈放大电路及其判断方法,讨论不同类型负反馈对放大电路性能的影响,最后介绍深度负反馈放大电路放大倍数的近似估算。

8.1　反馈的基本概念

8.1.1　反馈的定义

反馈就是将放大电路输出量(电压或电流)的一部分或全部通过反馈网络送回到放大电路的输入端。反馈放大电路的方框图如图 8.1 所示。

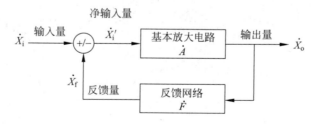

图 8.1　反馈放大电路方框图

反馈放大电路是由基本放大电路和反馈网络构成的闭环电路,通常将引入反馈的放大电路称为闭环放大电路,没有引入反馈的放大电路称为开环放大电路。

图 8.1 中,$\dot{A}$ 是基本放大电路的放大倍数,也称为开环放大倍数,其值为放大电路的输出量与净输入量(基本放大电路的输入量)之比,即 $\dot{A} = \dfrac{\dot{X}_o}{\dot{X}'_i}$;反馈放大电路的放大倍数用 $\dot{A}_f$

表示,也称为闭环放大倍数,其值为闭环放大电路的输出量与输入量之比,即 $\dot{A}_f=\dfrac{\dot{X}_o}{\dot{X}_i}$;$\dot{F}$ 称

为反馈系数,它等于反馈量与输出量之比,即 $\dot{F}=\dfrac{\dot{X}_f}{\dot{X}_o}$。图 8.1 中的净输入量是输入量与反馈

量叠加的结果,即 $\dot{X}_i'=\dot{X}_i\pm\dot{X}_f$。

8.1.2　反馈的类型及判断方法

1. 正反馈和负反馈

按反馈的极性可以将反馈分为正反馈和负反馈。正反馈的反馈信号使净输入信号增大($\dot{X}_i'=\dot{X}_i+\dot{X}_f$),电路的放大倍数增大,多用于振荡电路;负反馈的反馈信号使净输入信号减小($\dot{X}_i'=\dot{X}_i-\dot{X}_f$),电路的放大倍数减小,多用于改善放大电路的性能。

正、负反馈的判断就是看反馈量是使净输入信号 $\dot{X}_i'$ 增大还是减小,使 $\dot{X}_i'$ 增大是正反馈,使 $\dot{X}_i'$ 减小是负反馈。通常采用的方法是瞬时极性法,首先假设输入信号的某一瞬时极性为正,然后逐级推出电路中其他有关节点信号的瞬时极性,再看反馈回来的反馈量的极性,如果反馈信号的瞬时极性使净输入信号增大,则为正反馈;反之,如果反馈信号的瞬时极性使净输入信号减小,则为负反馈。下面以图 8.2 为例进行讨论。

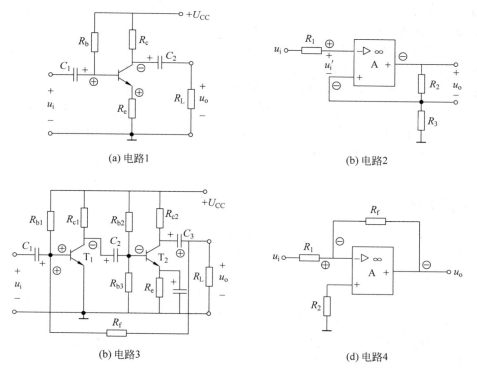

(a) 电路1　　　　(b) 电路2

(b) 电路3　　　　(d) 电路4

图 8.2　反馈极性的判断

在图 8.2(a)中,设输入信号的瞬时极性为"+",由它引起的电路中三极管集电极瞬时极性为"－",发射极瞬时极性为"+",即反馈元件 R_e 上端瞬时极性为"+",它使三极管的净输入信号 U_{be} 减小,因此电路引入的是负反馈。

在图 8.2(b)中,设电路输入端的瞬时极性为"+",由于输入信号从运放的反相输入端输入,故运放的输出端瞬时极性为"－",经 R_2、R_3 构成的反馈网络反馈到运放同相输入端的瞬时极性为"－",它使净输入信号 u_i' 增大,因此电路引入的是正反馈。

在图 8.2(c)中,设晶体管 T_1 输入端瞬时极性为"+",经 T_1 倒相,其集电极瞬时极性为"－",此极性经 T_2 的基极输入,再经 T_2 倒相后,使 T_2 集电极瞬时极性为"+",它经 R_f 反馈到 T_1 的基极,使三极管的净输入信号增大,因此电路引入的是正反馈。

在图 8.2(d)中,设运放反相输入端的瞬时极性为"+",则运放的输出端瞬时极性为"－",经 R_f 反馈到运放反相输入端的瞬时极性为"－",它使净输入信号减小,因此电路引入的是负反馈。

用瞬时极性法判断反馈极性时,若反馈信号 $\dot{X}_f$ 与输入信号 $\dot{X}_i$ 在同一输入端,则 $\dot{X}_f$ 与 $\dot{X}_i$ 极性相同时为正反馈,相反时为负反馈;若反馈信号 $\dot{X}_f$ 与输入信号 $\dot{X}_i$ 在不同的输入端,则 $\dot{X}_f$ 与 $\dot{X}_i$ 极性相同时为负反馈,相反时为正反馈。

2. 直流反馈和交流反馈

按照反馈量的交、直流性质,可将反馈分为直流反馈和交流反馈。反馈量是直流量的称为直流反馈,直流反馈用于稳定静态工作点;反馈量是交流量的称为交流反馈,交流反馈用于改善放大电路的动态性能。有时放大电路中交、直流反馈同时存在。

判断交、直流反馈的方法是作出放大电路的直流通路和交流通路,如果在直流通路中存在反馈,则为直流反馈;如果在交流通路中存在反馈,则为交流反馈。

图 8.3(a)所示为射极偏置电路,其直流通路如图 8.3(b)所示,图中 R_{e1}、R_{e2} 构成直流负反馈网络,它可以将集电极电流的变化转换为 U_E 的变化来影响晶体管的 U_{BE},从而抑制集电极电流发生变化,起到稳定静态工作点的作用。射极偏置电路的交流通路如图 8.3(c)所示,图中 R_{e2} 被电容 C_e 旁路后,只有 R_{e1} 起交流负反馈的作用,它将输出回路的动态集电极电流转换为动态电压来影响输入回路的动态电压和电流。

3. 电压反馈和电流反馈

在反馈放大电路中,按反馈信号在输出端取样对象的不同,可分为电压反馈和电流反馈。如果反馈信号的取样对象是输出电压,则称为电压反馈;如果反馈信号的取样对象是输出电流,则称为电流反馈。

判断电压反馈和电流反馈的方法是:将输出端短路,即 $U_o=0$,如果反馈信号不存在,则为电压反馈;如果反馈信号仍然存在,则为电流反馈。

也可以按电路结构来判断电压反馈和电流反馈。如果反馈信号 $\dot{X}_f$ 与输出信号 $\dot{X}_o$ 连同一输出端,则为电压反馈;连在不同端,则为电流反馈。

图 8.2(a)、(b)电路中,若将输出端短路,则反馈信号仍然存在,并且反馈信号和输出端连在不同端上,因此为电流反馈。图 8.2(c)、(d)电路中,若将输出端短路,反馈信号消失,

并且反馈信号和输出信号连在同一端上,因此为电压反馈。

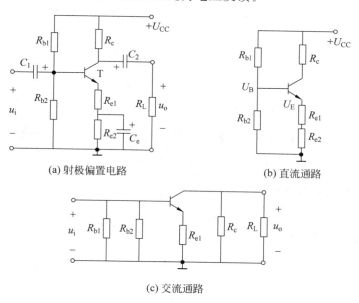

图 8.3　放大电路中的直流反馈与交流反馈

4. 串联反馈和并联反馈

按照反馈网络在输入端的连接方式分类,可将反馈分为串联反馈和并联反馈。

串联反馈的反馈网络串接在输入回路,反馈信号与输入信号是以电压的形式相叠加,即 $U_i'=U_i\pm U_f$,从电路结构上看,串联反馈的反馈信号 $\dot{X}_f$ 与输入信号 $\dot{X}_i$ 接在不同输入端上;并联反馈的反馈网络并接在输入回路,反馈信号与输入信号是以电流的形式相叠加,即 $I_i'=I_i\pm I_f$;从电路结构上看,并联反馈的反馈信号 $\dot{X}_f$ 与输入信号 $\dot{X}_i$ 接在同一输入端上。

图 8.2(a)、(b)电路中,反馈信号与输入信号接在不同输入端,为串联反馈;图 8.2(c)、(d)电路中,反馈信号与输入信号接在同一输入端,为并联反馈。

8.2　交流负反馈的四种组态

在负反馈放大电路中,根据反馈网络在输出端取样对象的不同可以分为电压反馈和电流反馈,根据反馈信号在输入端的连接方式不同可以分为串联反馈和并联反馈。因此负反馈放大电路可以分为四种组态:电压串联负反馈、电压并联负反馈、电流串联负反馈、电流并联负反馈。本节首先介绍负反馈放大电路的一般表达式,然后分析四种组态负反馈放大电路的增益表达式。

8.2.1　负反馈放大电路的一般表达式

负反馈放大电路的方框图如图 8.4 所示。

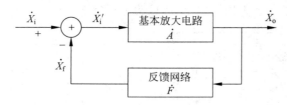

图 8.4　负反馈放大电路的方框图

图 8.4 中 $\dot{X}_i$、$\dot{X}_i'$、$\dot{X}_o$、$\dot{X}_f$ 分别表示输入信号、净输入信号、输出信号和反馈信号,它们可以是电压也可以是电流。输入端的"⊕"表示 $\dot{X}_i$ 和 $\dot{X}_f$ 在此叠加,"+"、"−"表示 $\dot{X}_i$、$\dot{X}_f$ 叠加后与净输入信号 $\dot{X}_i'$ 之间的关系为

$$\dot{X}_i' = \dot{X}_i - \dot{X}_f \tag{8-1}$$

基本放大电路的开环放大倍数为

$$\dot{A} = \frac{\dot{X}_o}{\dot{X}_i'} \tag{8-2}$$

反馈网络的反馈系数为

$$\dot{F} = \frac{\dot{X}_f}{\dot{X}_o} \tag{8-3}$$

负反馈放大电路的闭环放大倍数为

$$\dot{A}_f = \frac{\dot{X}_o}{\dot{X}_i} \tag{8-4}$$

由式(8-1)~(8-4)可以推出闭环放大倍数 $\dot{A}_f$ 与开环放大倍数 $\dot{A}$ 之间的关系为

$$\dot{A}_f = \frac{\dot{X}_o}{\dot{X}_i} = \frac{\dot{X}_o}{\dot{X}_i' + \dot{X}_f} = \frac{\dot{A}\,\dot{X}_i'}{\dot{X}_i' + \dot{F}\,\dot{X}_o} = \frac{\dot{A}\,\dot{X}_i'}{\dot{X}_i' + \dot{A}\,\dot{F}\,\dot{X}_i'}$$

由此得负反馈放大电路的一般表达式为

$$\dot{A}_f = \frac{\dot{A}}{1 + \dot{A}\dot{F}} \tag{8-5}$$

式中 $(1+\dot{A}\dot{F})$ 称为反馈深度,当电路引入负反馈时,$(1+\dot{A}\dot{F}) > 1$,表明引入负反馈后放大电路的闭环放大倍数是开环放大倍数的 $1/(1+\dot{A}\dot{F})$,即引入反馈后,放大倍数减小了。

在电路引入了深度负反馈的情况下,有 $\dot{A}\dot{F} \gg 1$,因此深度负反馈放大电路的一般表达式为

$$\dot{A}_f \approx \frac{1}{\dot{F}} \tag{8-6}$$

式(8-6)说明,在深度负反馈条件下,闭环放大倍数仅取决于反馈系数,与开环放大倍数无关,由于反馈网络为无源网络,受环境温度的影响很小,因而闭环放大倍数的稳定性很高。

如果在负反馈放大电路中发现 $(1+\dot{A}\dot{F}) < 1$,则有 $\dot{A}_f > \dot{A}$,即引入反馈后,放大倍数增

大了,说明电路中引入了正反馈。当 $1+\dot{A}\dot{F}=0$ 时,说明电路在输入为零时就有输出,这时电路产生了自激振荡。

下面针对四种组态负反馈放大电路的放大倍数和反馈系数加以分析。

8.2.2　电压串联负反馈

电压串联负反馈放大电路的方框图如图 8.5 所示。

串联负反馈的反馈网络是串接在输入回路中的,因此在输入端反馈信号与输入信号是以电压的形式叠加的。

电压负反馈可以稳定输出电压 $\dot{U}_o$,如果由于某种原因使输出电压 $\dot{U}_o$ 减小时,则反馈信号 $\dot{U}_f$ 也随之减小,结果使净输入电压 $\dot{U}'_i=\dot{U}_i-\dot{U}_f$ 增大,导致 $\dot{U}_o$ 增大,故电压负反馈稳定输出电压。

电压串联负反馈使输出电压稳定,并且反馈信号以电压的形式与输入信号叠加,故基本放大电路的电压放大倍数(开环电压放大倍数)为

$$\dot{A}_u = \frac{\dot{U}_o}{\dot{U}'_i}$$

反馈系数为

$$\dot{F}_u = \frac{\dot{U}_f}{\dot{U}_o}$$

闭环电压放大倍数为

$$\dot{A}_{uf} = \frac{\dot{A}_u}{1+\dot{A}_u\dot{F}_u} \tag{8-7}$$

说明电压串联负反馈放大电路的闭环电压放大倍数是开环电压放大倍数的 $1/(1+\dot{A}_u\dot{F}_u)$。

例 8-1　判断如图 8.6 所示放大电路的反馈组态。

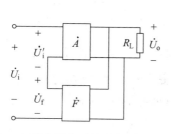

图 8.5　电压串联负反馈放大电路的方框图

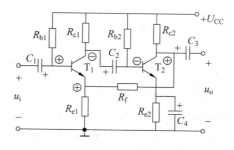

图 8.6　例 8-1 电路

解: 先用瞬时极性法判断电路的反馈极性。设输入端瞬时极性为(+),经 T_1 倒相后 T_1 集电极瞬时极性为(-),再经 T_2 倒相使 T_2 集电极瞬时极性为(+),此(+)极性经 R_f 反馈到 T_1 发射极,使 T_1 管的净输入信号 U_{be} 减小,电路引入的是负反馈。

从输出端看,反馈信号和输出信号接在同一电极上,是电压反馈,或者将输出端短路 $U_o=0$,由于反馈电压取自输出电压的一部分,为电阻 R_{e1} 上的电压,因此反馈电压也为零,

反馈信号不存在,因此为电压反馈。从输入端看,反馈信号与输入信号接在 T_1 的不同端上,因此是串联反馈。

所以此电路的反馈组态为电压串联负反馈。

8.2.3　电压并联负反馈

电压并联负反馈放大电路的方框图如图 8.7 所示。

并联负反馈的反馈网络是并接在输入回路中的,因此在输入端反馈信号与输入信号是以电流的形式叠加的。

电压串联负反馈使输出电压稳定,并且反馈信号以电流的形式与输入信号叠加,故基本放大电路的放大倍数(开环放大倍数)为

$$\dot{A}_r = \frac{\dot{U}_o}{\dot{I}'_i} \quad (\text{电阻量纲})$$

反馈系数为

$$\dot{F}_g = \frac{\dot{I}_f}{\dot{U}_o} \quad (\text{电导量纲})$$

闭环放大倍数为

$$\dot{A}_{rf} = \frac{\dot{A}_r}{1 + \dot{A}_r \dot{F}_g} \tag{8-8}$$

例 8-2　判断如图 8.8 所示放大电路的反馈组态。

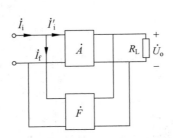

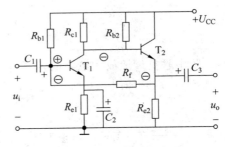

图 8.7　电压并联负反馈放大电路的方框图　　　图 8.8　例 8-2 电路

解：先用瞬时极性法判断电路的反馈极性。设输入端瞬时极性为(＋),由此得 T_1 集电极瞬时极性为(－), T_2 发射极瞬时极性为(－),此(－)极性经 R_f 反馈到 T_1 输入端基极,使净输入信号减小,因此电路引入的是负反馈。

从输出端看,反馈信号和输出信号接在 T_2 的同一电极上,是电压反馈。从输入端看,反馈信号与输入信号接在 T_1 的同一电极上,因此是并联反馈。

所以此电路的反馈组态为电压并联负反馈。

8.2.4　电流串联负反馈

电流串联负反馈放大电路的方框图如图 8.9 所示。

电流负反馈可以稳定输出电流 $\dot{I}_o$，如果由于某种原因使输出电流 $\dot{I}_o$ 减小时，则输出电压 $\dot{U}_o$ 也减小，反馈信号 $\dot{U}_f$ 也随之减小，结果使净输入电压 $\dot{U}_i' = \dot{U}_i - \dot{U}_f$ 增大，导致 $\dot{I}_o$ 增大，故电流负反馈稳定输出电流。

电流串联负反馈使输出电流稳定，并且反馈信号以电压的形式与输入信号叠加，故基本放大电路的放大倍数（开环放大倍数）为

$$\dot{A}_g = \frac{\dot{I}_o}{\dot{U}_i'} \text{（电导量纲）}$$

反馈系数为

$$\dot{F}_r = \frac{\dot{U}_f}{\dot{I}_o} \text{（电阻量纲）}$$

闭环放大倍数为

$$\dot{A}_{gf} = \frac{\dot{A}_g}{1 + \dot{A}_g \dot{F}_r} \tag{8-9}$$

例 8-3 判断如图 8.10 所示放大电路的反馈组态。

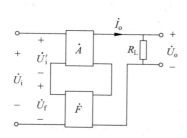

图 8.9 电流串联负反馈放大电路的方框图

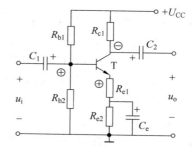

图 8.10 例 8-3 电路

解：先用瞬时极性法判断电路的反馈极性。设输入端瞬时极性为（＋），则 T_1 集电极瞬时极性为（－），T_1 发射极瞬时极性为（＋），交流反馈的反馈元件是 R_{e1}，使 T_1 管的净输入信号 U_{be} 减小，故电路引入的是负反馈。

从输出端看，反馈信号和输出信号接在不同的电极上，是电流反馈。从输入端看，反馈信号与输入信号接在不同电极上，因此是串联反馈。

所以此电路的反馈组态为电流串联负反馈。

8.2.5　电流并联负反馈

电流并联负反馈放大电路的方框图如图 8.11 所示。

电流并联负反馈稳定输出电流，并且反馈信号以电流的形式与输入信号叠加，故基本放大电路的电流放大倍数（开环电流放大倍数）为

$$\dot{A}_i = \frac{\dot{I}_o}{\dot{I}_i'}$$

反馈系数为

$$\dot{F}_i = \frac{\dot{I}_f}{\dot{I}_o}$$

闭环电流放大倍数为

$$\dot{A}_{if} = \frac{\dot{A}_i}{1 + \dot{A}_i \dot{F}_i} \tag{8-10}$$

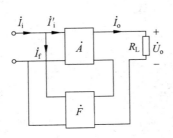

图 8.11　电流并联负反馈放大电路的方框图

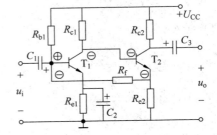

图 8.12　例 8-4 电路

例 8-4　判断如图 8.12 所示放大电路的反馈组态。

解：先用瞬时极性法判断电路的反馈极性。设输入端瞬时极性为(＋)，由此得 T_1 集电极瞬时极性为(－)，T_2 发射极瞬时极性为(－)，此(－)极性经 R_f 反馈到 T_1 输入端基极，使净输入信号减小，故电路引入的是负反馈。

从输出端看，反馈信号和输出信号接在不同电极上，是电流反馈。从输入端看，反馈信号与输入信号接在同一电极上，因此是并联反馈。

所以此电路的反馈组态为电流并联负反馈。

综上所述，以上四种不同组态的负反馈放大电路，其放大倍数具有不同的量纲，有电压放大倍数、电流放大倍数、互阻放大倍数、互导放大倍数。因此不能将放大倍数都认为是电压放大倍数，在区分这四种不同的放大倍数时，应加上不同的下标。同样四种不同组态的反馈系数量纲也不同。表 8.1 列出了四种组态负反馈放大电路的各物理量含义及其表示方法。

表 8.1　四种负反馈放大电路中的各物理量

反 馈 组 态	电压串联	电压并联	电流串联	电流并联
输入量 $\dot{X}_i$、$\dot{X}_i'$、$\dot{X}_f$	$\dot{U}_i$、$\dot{U}_i'$、$\dot{U}_f$	$\dot{I}_i$、$\dot{I}_i'$、$\dot{I}_f$	$\dot{U}_i$、$\dot{U}_i'$、$\dot{U}_f$	$\dot{I}_i$、$\dot{I}_i'$、$\dot{I}_f$
输出量 $\dot{X}_o$	$\dot{U}_o$	$\dot{U}_o$	$\dot{I}_o$	$\dot{I}_o$
开环放大倍数 $\dot{A} = \dfrac{\dot{X}_o}{\dot{X}_i'}$	$\dot{A}_u = \dfrac{\dot{U}_o}{\dot{U}_i'}$	$\dot{A}_r = \dfrac{\dot{U}_o}{\dot{I}_i'}$	$\dot{A}_g = \dfrac{\dot{I}_o}{\dot{U}_i'}$	$\dot{A}_i = \dfrac{\dot{I}_o}{\dot{I}_i'}$
反馈系数 $\dot{F} = \dfrac{\dot{X}_f}{\dot{X}_o}$	$\dot{F}_u = \dfrac{\dot{U}_f}{\dot{U}_o}$	$\dot{F}_g = \dfrac{\dot{I}_f}{\dot{U}_o}$	$\dot{F}_r = \dfrac{\dot{U}_f}{\dot{I}_o}$	$\dot{F}_i = \dfrac{\dot{I}_f}{\dot{I}_o}$
闭环放大倍数 $\dot{A}_f = \dfrac{\dot{X}_o}{\dot{X}_i} = \dfrac{\dot{A}}{1 + \dot{A}\dot{F}}$	$\dot{A}_{uf} = \dfrac{\dot{A}_u}{1 + \dot{A}_u \dot{F}_u}$	$\dot{A}_{rf} = \dfrac{\dot{A}_r}{1 + \dot{A}_r \dot{F}_g}$	$\dot{A}_{gf} = \dfrac{\dot{A}_g}{1 + \dot{A}_g \dot{F}_r}$	$\dot{A}_{if} = \dfrac{\dot{A}_i}{1 + \dot{A}_i \dot{F}_i}$

8.3 负反馈对放大电路性能的影响

放大电路中引入负反馈会导致放大倍数的下降,但引入负反馈后可以改善放大电路的性能,如可以使放大倍数稳定、改变输入电阻和输出电阻、展宽频带、减小非线性失真等。下面分别进行介绍。

8.3.1 提高放大倍数的稳定性

在实际的放大电路中,由于种种原因(例如环境温度变化、负载变化、电源电压波动),会使放大电路的放大倍数发生变化。引入负反馈后,可以提高放大倍数的稳定性,特别是在深度负反馈放大电路中,放大倍数的计算公式如式(8-6),表明放大倍数的大小与基本放大电路无关,仅取决于反馈系数 $\dot{F}$,而反馈网络一般由性能比较稳定的无源线性元件构成,因此放大倍数比较稳定。

通常用放大倍数的相对变化量 $\dfrac{\mathrm{d}A_f}{A_f}$ 来衡量其稳定性,在中频段,式(8-5)可以改写成

$$A_f = \frac{A}{1+AF} \tag{8-11}$$

将式(8-11)对 A 求导,得

$$\frac{\mathrm{d}A_f}{\mathrm{d}A} = \frac{1}{(1+AF)^2}$$

即

$$\mathrm{d}A_f = \frac{\mathrm{d}A}{(1+AF)^2}$$

由此得闭环电压放大倍数的相对变化量为

$$\frac{\mathrm{d}A_f}{A_f} = \frac{\dfrac{\mathrm{d}A}{(1+AF)^2}}{\dfrac{A}{1+AF}} = \frac{1}{1+AF} \cdot \frac{\mathrm{d}A}{A} \tag{8-12}$$

式中 $\dfrac{\mathrm{d}A}{A}$ 表示开环放大倍数的相对变化量,表明引入负反馈后,闭环放大倍数的稳定性比无反馈时提高了 $(1+AF)$ 倍,并且反馈深度 $(1+AF)$ 越大,放大倍数的稳定性越高。

例如,某放大电路的 $A=1000$,反馈系数 $F=0.1$,如果由于某种原因使 A 变化了 10%,即 $\dfrac{\mathrm{d}A}{A}=10\%$,则由式(8-12)可得,$\dfrac{\mathrm{d}A_f}{A_f} = \dfrac{1}{1+AF} \cdot \dfrac{\mathrm{d}A}{A} = \dfrac{1}{1+1000\times0.1}\times10\% \approx 0.1\%$,即基本放大电路的放大倍数变化了 10%,负反馈放大电路的放大倍数仅变化了 0.1%。

8.3.2 改变输入电阻和输出电阻

1. 负反馈对输入电阻的影响

负反馈对输入电阻的影响,与反馈网络在放大电路输入回路的连接方式有关,与输出回

路的连接方式无关。

(1) 串联负反馈使输入电阻增大

串联负反馈放大电路的方框图如图 8.13 所示。图中 R_i 为无反馈时的输入电阻,又称为开环输入电阻,其值为

$$R_i = \frac{U_i'}{I_i} \tag{8-13}$$

R_{if} 为引入反馈后的输入电阻,又称为闭环输入电阻。由图 8.13 可以看出,闭环输入电阻 R_{if} 应该等于开环输入电阻 R_i 与反馈网络的输入电阻之和,显然其值大于开环输入电阻 R_i。

由图 8.13 可以推出闭环输入电阻的表达式为

$$R_{if} = \frac{U_i}{I_i} = \frac{U_i' + U_f}{I_i} = \frac{U_i' + AFU_i'}{I_i} = (1 + AF)\frac{U_i'}{I_i}$$

所以得

$$R_{if} = (1 + AF)R_i \tag{8-14}$$

由式(8-14)可以看出,引入串联负反馈后,输入电阻增大到原来的 $(1+AF)$ 倍。

(2) 并联负反馈使输入电阻减小

并联负反馈放大电路的方框图如图 8.14 所示。图中的开环输入电阻为

$$R_i = \frac{U_i}{I_i'} \tag{8-15}$$

由图 8.14 可以看出,引入反馈后的闭环输入电阻 R_{if} 应该等于开环输入电阻 R_i 与反馈网络输入电阻的并联,显然其值小于开环输入电阻 R_i。

由图 8.14 可以推出闭环输入电阻的表达式为

$$R_{if} = \frac{U_i}{I_i} = \frac{U_i}{I_i' + I_f} = \frac{U_i}{I_i' + AFI_i'} = \frac{1}{1+AF} \cdot \frac{U_i}{I_i'}$$

所以得

$$R_{if} = \frac{1}{1+AF} \cdot R_i \tag{8-16}$$

由式(8-16)可以看出,引入并联负反馈后,输入电阻减小到原来的 $1/(1+AF)$。

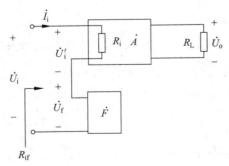

图 8.13　串联负反馈的输入电阻

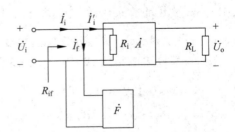

图 8.14　并联负反馈的输入电阻

2. 负反馈对输出电阻的影响

负反馈对输出电阻的影响,与反馈网络在放大电路输出端的连接方式有关,与输入回路

的连接方式无关。

（1）电压负反馈使输出电阻减小

电压负反馈可以稳定输出电压，使之趋于恒压源，因而输出电阻很小。可以证明引入电压负反馈后的闭环输出电阻与开环输出电阻之间的关系为

$$R_{of} = \frac{1}{1+AF} \cdot R_o \tag{8-17}$$

（2）电流负反馈使输出电阻增大

电流负反馈可以稳定输出电流，使之趋于恒流源，因而输出电阻很大。可以证明引入电流负反馈后的闭环输出电阻与开环输出电阻之间的关系为

$$R_{of} = (1+AF)R_o \tag{8-18}$$

负反馈对输入、输出电阻的影响如表8.2所示，其理想情况下的数值如括号内所示。

表 8.2　负反馈放大电路中的输入电阻和输出电阻

反馈组态	电压串联	电压并联	电流串联	电流并联
输入电阻 R_i	大（→∞）	小（→0）	大（→∞）	小（→0）
输出电阻 R_o	小（→0）	小（→0）	大（→∞）	大（→∞）

8.3.3　减小非线性失真和抑制干扰、噪声

由于放大电路中存在非线性半导体器件，所以即使输入信号 X_i 为正弦波，输出也不一定是正弦波，会产生一定的非线性失真。引入反馈后，非线性失真会减小。

如图8.15(a)所示，当输入信号 X_i 为正弦波时，由于放大电路的非线性，使输出波形变成了正半周大、负半周小的失真波形。加了负反馈后，如图8.15(b)所示，输出端的失真波形经过反馈网络反馈到输入端，反馈信号也是正半周大、负半周小的失真波形，与输入波形叠加后，使得净输入信号波形为正半周小、负半周大，此信号经放大电路放大后，使输出波形的正、负半周趋于对称，校正了基本放大电路的非线性失真。

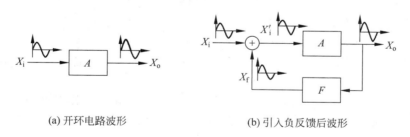

(a) 开环电路波形　　　　(b) 引入负反馈后波形

图 8.15　负反馈减小非线性失真

需要指出的是，负反馈只能减小由电路内部原因引起的非线性失真，如果是输入信号本身引起的失真，负反馈则不起作用。可以证明，加了负反馈以后，放大电路的非线性失真近似减小到原来的 $1/(1+AF)$。

同样道理，引入负反馈也可以抑制放大电路自身产生的干扰和噪声。但对于混在输入信号中的干扰和噪声，负反馈不起作用。

8.3.4　扩展频带

由放大电路的频率特性可知,在阻容耦合放大电路中,由于耦合电容和旁路电容的存

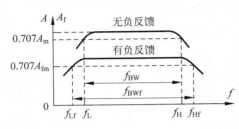

图 8.16　负反馈扩展放大电路的频带

在,会导致低频区电压放大倍数的下降并产生相移;由于晶体管极间电容和分布电容的存在,会导致高频区电压放大倍数的下降并产生相移。而放大电路中加入负反馈能提高放大倍数的稳定性,因而对于任何原因引起的放大倍数下降,负反馈都能起到稳定作用,使高频区和低频区放大倍数下降的程度减轻,相应放大电路的通频带就展宽了,如图 8.16 所示。

由图 8.16 可见,无反馈时,放大电路的通频带为 $f_{BW} = f_H - f_L$,引入负反馈后,放大电路的通频带为 $f_{BWf} = f_{Hf} - f_{Lf}$,通频带变宽了。可以证明,$f_{BW}$ 与 f_{BWf} 之间的关系为

$$f_{BWf} = (1 + AF)f_{BW} \tag{8-19}$$

即引入负反馈后通频带比原来展宽了 $(1 + AF)$ 倍。同时负反馈使上限截止频率也扩展了 $(1 + AF)$ 倍,使下限截止频率下降为原来的 $1/(1 + AF)$,即

$$f_{Hf} = (1 + AF)f_H \tag{8-20}$$

$$f_{Lf} = \frac{f_L}{(1 + AF)} \tag{8-21}$$

可见,放大电路中引入负反馈后,放大电路的下限截止频率、上限截止频率和通频带的变化都与反馈深度 $(1 + AF)$ 有关,由于放大电路的闭环放大倍数也下降了 $(1 + AF)$ 倍,因此负反馈放大电路的增益带宽积不变,即

$$A_f \times f_{BWf} = \frac{A}{(1 + AF)} \times (1 + AF)f_{BW} = A \times f_{BW}$$

说明放大电路频带的展宽是以放大倍数的降低为代价的。

综上所述,放大电路中引入负反馈后,可以改善电路的性能。根据以上负反馈对放大电路性能的影响,可以总结出放大电路中引入负反馈的原则:

(1) 若要稳定直流量(静态工作点),应该引入直流负反馈。

(2) 若要改善电路的动态性能,应引入交流负反馈。

(3) 若要稳定输出电压,减小输出电阻,应引入电压负反馈;若要稳定输出电流,增大输出电阻,应引入电流负反馈。

(4) 若要增大输入电阻,应引入串联负反馈;若要减小输入电阻,应引入并联负反馈。

放大电路性能的改善情况都与反馈深度 $(1 + AF)$ 有关,反馈深度越深,对放大电路性能的改善程度越好,但放大电路性能的改善是以牺牲放大倍数为代价的。

8.4　深度负反馈放大电路的分析计算

前面的式(8-6)给出了深度负反馈放大电路放大倍数的公式为 $\dot{A}_f \approx \dfrac{1}{\dot{F}}$,即深度负反馈放大电路的放大倍数仅与反馈深度 $\dot{F}$ 有关。通常的放大电路大多引入深度负反馈,因此分

析负反馈放大电路的重点就是将反馈网络从电路中分离出来,求出反馈系数$\dot{F}$,然后求出放大倍数$\dot{A}_f$。本节针对不同组态的深度负反馈放大电路介绍放大倍数的计算方法。

8.4.1 深度负反馈放大电路放大倍数的近似估算

深度负反馈放大电路的放大倍数仅与反馈深度$\dot{F}$有关,根据$\dot{F}$定义$\dot{F}=\dfrac{\dot{X}_f}{\dot{X}_o}$,代入式(8-6)得

$$\dot{A}_f \approx \frac{1}{\dot{F}} = \frac{\dot{X}_o}{\dot{X}_f} \tag{8-22}$$

再根据$\dot{A}_f$的定义$\dot{A}_f=\dfrac{\dot{X}_o}{\dot{X}_i}$,可以得出

$$\dot{X}_f \approx \dot{X}_i \tag{8-23}$$

可见,深度负反馈的实质就是在近似分析中忽略净输入量$\dot{X}'_i$。

对于不同的反馈组态,式(8-23)的含义不同,当电路引入深度串联负反馈时,认为净输入量$\dot{U}'_i$可以忽略,即$\dot{U}'_i\approx0$,式(8-23)可写成

$$\dot{U}_f \approx \dot{U}_i \tag{8-24}$$

当电路引入深度并联负反馈时,认为净输入量$\dot{I}'_i$可以忽略,即$\dot{I}'_i\approx0$,式(8-23)可写成

$$\dot{I}_f \approx \dot{I}_i \tag{8-25}$$

另外,深度负反馈时,由于基本放大电路的电压放大倍数很大,因此对于深度并联负反馈也满足$\dot{U}'_i\approx0$。

根据式(8-22)~(8-25)就可以计算四种不同组态负反馈放大电路的放大倍数$\dot{A}_f$。但对于不同的反馈组态,$\dot{A}_f$的含义不同,如表8-1所示。在实际电路中,常常需要计算电压放大倍数,因此除了电压串联负反馈以外,其他组态的负反馈放大电路,均需要经过转换,才能算出电压放大倍数。下面针对不同组态负反馈放大电路,介绍电压放大倍数的计算方法。

8.4.2 电压串联负反馈电路

例 8-5 电压串联负反馈放大电路如图 8.17 所示,若 $R_f=10\text{k}\Omega$,$R_{e1}=100\Omega$,计算电路的闭环电压放大倍数。

解: 由于是电压串联负反馈,因此有$\dot{U}_f\approx\dot{U}_i$。由图 8.17 可见,输出电压$\dot{U}_o$经 R_f 和 R_{e1}分压后,反馈至输入端的反馈电压为 R_{e1} 上的电压$\dot{U}_f$,即

$$\dot{U}_f = \frac{R_{e1}}{R_{e1} + R_f} \dot{U}_o$$

则

$$\dot{A}_{uf} = \frac{\dot{U}_o}{\dot{U}_i} \approx \frac{\dot{U}_o}{\dot{U}_f} = \frac{R_{e1} + R_f}{R_{e1}} \tag{8-26}$$

代入已知数据得

$$\dot{A}_{uf} = \frac{0.1 + 10}{0.1} = 101$$

例 8-6　如图 8.18 所示为运放组成的电压串联负反馈放大电路,若 $R_f = 100\text{k}\Omega$, $R_2 = 10\text{k}\Omega$,计算电路的闭环电压放大倍数。

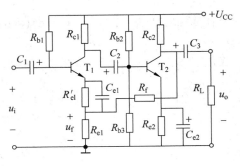

图 8.17　例 8-5 电路

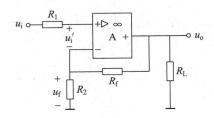

图 8.18　例 8-6 电路

解:串联负反馈有 $\dot{U}_f \approx \dot{U}_i$。由图 8.18 可见,输出电压 $\dot{U}_o$ 经 R_f 和 R_2 分压后,反馈至输入端的反馈电压为 R_2 上的电压 $\dot{U}_f$,反馈系数为

$$\dot{F}_u = \frac{\dot{U}_f}{\dot{U}_o} = \frac{R_2}{R_2 + R_f} \tag{8-27}$$

闭环电压放大倍数为

$$\dot{A}_{uf} = \frac{1}{\dot{F}_u} = \frac{R_2 + R_f}{R_2} = \frac{10 + 100}{10} = 11$$

8.4.3　电压并联负反馈电路

例 8-7　如图 8.19 所示为电压并联负反馈放大电路,若 $R_f = 300\text{k}\Omega$, $R_s = 12\text{k}\Omega$,计算电路的闭环电压放大倍数。

解:输入端为并联负反馈,因此有 $\dot{I}_f \approx \dot{I}_i$,且 $\dot{U}_i' \approx 0$,因此有

$$\dot{U}_o = -\dot{I}_f R_f, \qquad \dot{U}_s = \dot{I}_i R_s$$

闭环放大电路的源电压放大倍数为

$$\dot{A}_{usf} = \frac{\dot{U}_o}{\dot{U}_s} = \frac{-\dot{I}_f R_f}{\dot{I}_i R_s} = -\frac{R_f}{R_s} \tag{8-28}$$

代入已知数据得

$$\dot{A}_{usf} = -\frac{300}{12} = -25$$

例 8-8　如图 8.20 所示为运放组成的电压并联负反馈放大电路,若 $R_f = 100\text{k}\Omega$, $R_1 = 10\text{k}\Omega$,计算电路的闭环电压放大倍数。

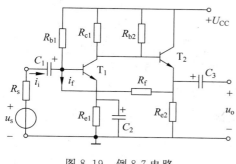

图 8.19　例 8-7 电路

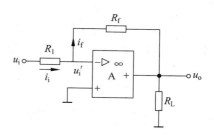

图 8.20　例 8-8 电路

解：输入端为并联负反馈，有 $\dot{I}_{\mathrm{f}} \approx \dot{I}_{\mathrm{i}}$，且 $\dot{U}_{\mathrm{i}}' \approx 0$，于是有

$$\dot{U}_{\mathrm{o}} = -\dot{I}_{\mathrm{f}} R_{\mathrm{f}}, \quad \dot{U}_{\mathrm{i}} = \dot{I}_{\mathrm{i}} R_1 \approx \dot{I}_{\mathrm{f}} R_1$$

闭环放大电路的电压放大倍数为

$$\dot{A}_{\mathrm{uf}} = \frac{\dot{U}_{\mathrm{o}}}{\dot{U}_{\mathrm{i}}} = \frac{-\dot{I}_{\mathrm{f}} R_{\mathrm{f}}}{\dot{I}_{\mathrm{f}} R_1} = -\frac{R_{\mathrm{f}}}{R_1} \tag{8-29}$$

代入已知数据得

$$\dot{A}_{\mathrm{uf}} = -\frac{100}{10} = -10$$

由式（8-26）～（8-29）可见，深度电压负反馈电路的电压放大倍数与负载电阻无关，说明在一定程度上可以将电路的输出端看作一个恒压源。

8.4.4　电流串联负反馈电路

例 8-9　如图 8.21 所示为电流串联负反馈放大电路，若 $R_{\mathrm{f}} = 10\mathrm{k}\Omega$，$R_{\mathrm{e}1} = 1\mathrm{k}\Omega$，$R_{\mathrm{e}3} = 100\Omega$，$R_{\mathrm{c}3} = 3\mathrm{k}\Omega$，$R_{\mathrm{L}} = 3\mathrm{k}\Omega$，计算电路的闭环电压放大倍数。

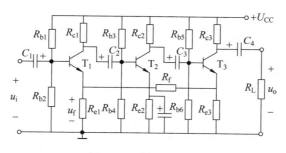

图 8.21　例 8-9 电路

解：输入端为串联负反馈，有 $\dot{U}_{\mathrm{f}} \approx \dot{U}_{\mathrm{i}}$，由图 8.20 可见，在 $R_{\mathrm{e}1}$、R_{f}、$R_{\mathrm{e}3}$ 组成的电阻网络中，反馈电压 $\dot{U}_{\mathrm{f}}$ 取自 $R_{\mathrm{e}1}$，因此有

$$\dot{U}_{\mathrm{f}} \approx \frac{R_{\mathrm{e}3} R_{\mathrm{e}1}}{R_{\mathrm{e}1} + R_{\mathrm{f}} + R_{\mathrm{e}3}} \dot{I}_{\mathrm{c}3}$$

而

$$\dot{I}_{c3} = -\frac{\dot{U}_o}{R'_L}, \quad R'_L = R_{e3} /\!/ R_L$$

于是有

$$\dot{U}_f \approx -\frac{R_{e3}R_{e1}}{R_{e1}+R_f+R_{e3}} \cdot \frac{\dot{U}_o}{R'_L}$$

因此电路的闭环电压放大倍数为

$$\dot{A}_{uf} = \frac{\dot{U}_o}{\dot{U}_i} \approx \frac{\dot{U}_o}{\dot{U}_f} = -\frac{R_{e1}+R_f+R_{e3}}{R_{e3}R_{e1}}R'_L \qquad (8\text{-}30)$$

代入已知数据得

$$\dot{A}_{uf} = -\frac{1+10+0.1}{1\times0.1}\times1.5 = -166.5$$

例 8-10　如图 8.22 所示为运放组成的电流串联负反馈放大电路,若 $R_f = 2\text{k}\Omega$, $R_L = 10\text{k}\Omega$,计算电路的闭环电压放大倍数。

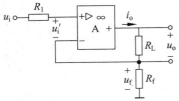

图 8.22　例 8-10 图

解:输入端为串联负反馈,有 $\dot{U}_f \approx \dot{U}_i$, $\dot{U}'_i \approx 0$,由于运放的输入电阻较大,因此运放两输入端的电流近似为零。

因此由图可得反馈电压 $\dot{U}_f$ 为

$$\dot{U}_f = \dot{I}_o R_f$$

电路的闭环电压放大倍数为

$$\dot{A}_{uf} = \frac{\dot{U}_o}{\dot{U}_i} \approx \frac{\dot{U}_o}{\dot{U}_f} = \frac{\dot{I}_o R_L}{\dot{I}_o R_f} = \frac{R_L}{R_f} \qquad (8\text{-}31)$$

代入已知数据得

$$\dot{A}_{uf} = \frac{10}{2} = 5$$

8.4.5　电流并联负反馈电路

例 8-11　如图 8.23 所示为电流并联负反馈放大电路,若 $R_s = 5.1\text{k}\Omega$, $R_L = 5\text{k}\Omega$, $R_{c2} = 5\text{k}\Omega$, $R_{e2} = 2\text{k}\Omega$, $R_f = 6.8\text{k}\Omega$,求电路的闭环电压放大倍数。

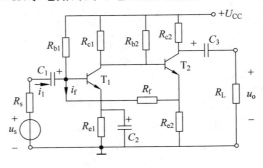

图 8.23　例 8-11 图

解：输入端为并联负反馈，有 $\dot{I}_f \approx \dot{I}_i$，且 $\dot{U}'_i \approx 0$，于是有

$$\dot{U}_s \approx \dot{I}_i R_s$$

$$\dot{I}_f \approx -\frac{R_{e2}}{R_{e2}+R_f}\dot{I}_{c2} \quad \rightarrow \quad \dot{I}_{c2} \approx -\frac{R_{e2}+R_f}{R_{e2}}\dot{I}_f$$

而

$$\dot{U}_o = -\dot{I}_{c2}R'_L \quad (R'_L = R_{c2}//R_L)$$

闭环放大电路的电压放大倍数为

$$\dot{A}_{usf} = \frac{\dot{U}_o}{\dot{U}_s} = \frac{-\dot{I}_{c2}R'_L}{\dot{I}_i R_s} = -\frac{R'_L}{\dot{I}_i R_s}\cdot\left(-\frac{R_{e2}+R_f}{R_{e2}}\dot{I}_f\right) = \frac{R_{e2}+R_f}{R_s R_{e2}}R'_L \qquad (8\text{-}32)$$

代入已知数据得

$$\dot{A}_{uf} = \frac{2+6.8}{5.1\times2}\times2.5 = 2.2$$

例 8-12　如图 8.24 所示为运放组成的电流并联负反馈放大电路，若 $R_1 = 2\text{k}\Omega$，$R_f = 10\text{k}\Omega$，$R_2 = 5\text{k}\Omega$，$R_L = 2\text{k}\Omega$，求电路的闭环电压放大倍数。

解：输入端为并联负反馈，有 $\dot{I}_f \approx \dot{I}_i$，且 $\dot{U}'_i \approx 0$，于是有

$$\dot{U}_i \approx \dot{I}_i R_1$$

$$\dot{I}_f = -\frac{R_2}{R_f+R_2}\dot{I}_o \quad \rightarrow \quad \dot{I}_o = -\frac{R_f+R_2}{R_2}\dot{I}_f$$

而

$$\dot{U}_o = \dot{I}_o R_L$$

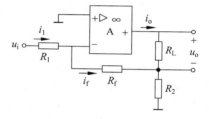

图 8.24　例 8-12 图

闭环放大电路的电压放大倍数为

$$\dot{A}_{uf} = \frac{\dot{U}_o}{\dot{U}_i} = \frac{\dot{I}_o R_L}{\dot{I}_i R_1} = \frac{R_L}{\dot{I}_i R_1}\cdot\left(-\frac{R_f+R_2}{R_2}\right)\dot{I}_f = -\frac{R_f+R_2}{R_1 R_2}R_L \qquad (8\text{-}33)$$

代入已知数据得

$$\dot{A}_{uf} = -\frac{10+5}{2\times5}\times2 = -3$$

　　由式(8-30)～(8-33)可见，深度电流负反馈电路的电压放大倍数与负载电阻成线性关系，因此在一定程度上可以将输出端看作为恒流源。

　　综上所述，求解深度负反馈放大电路电压放大倍数的一般步骤如下：

　　(1) 判断反馈组态。

　　(2) 确定反馈网络，求出反馈量 $\dot{X}_f$（输入端为串联反馈时有 $\dot{U}_f \approx \dot{U}_i$，$\dot{U}'_i \approx 0$；输入端为并联反馈时 $\dot{I}_f \approx \dot{I}_i$，$\dot{I}'_i \approx 0$）。

　　(3) 利用 $\dot{A}_{uf} = \dfrac{\dot{U}_o}{\dot{U}_i} \approx \dfrac{\dot{U}_o}{\dot{U}_f}$ 计算闭环电压放大倍数。

　　总之，正确判断交流负反馈的组态是估算放大倍数的前提，而正确确定反馈网络是正确

估算电压放大倍数的保障。

8.5　Protel 仿真分析

分别对无反馈放大电路和引入负反馈后的放大电路进行交流小信号分析,观察其放大倍数、通频带的变化。

例 8-13　无反馈放大电路如图 8.25 所示,对电路进行交流小信号分析。

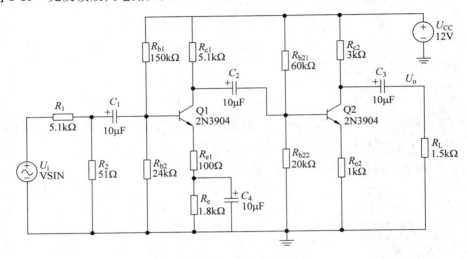

图 8.25　例 8-13 电路

解:绘制原理图并进行交流小信号分析,得到输出电压 U_o 与频率的关系,如图 8.26 所示。

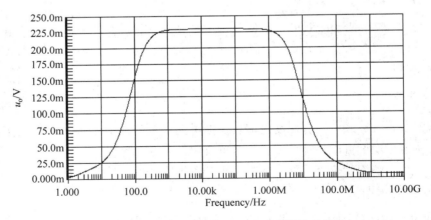

图 8.26　无反馈放大电路的交流小信号分析

例 8-14　引入反馈后的放大电路如图 8.27 所示,对电路进行交流小信号分析。

解:图 8.27 中引入了电压串联负反馈。运行交流小信号分析,结果如图 8.28 所示。

比较图 8.26 和图 8.28 可以看出,放大电路中引入了电压串联负反馈以后,放大倍数变小了,频带展宽了。

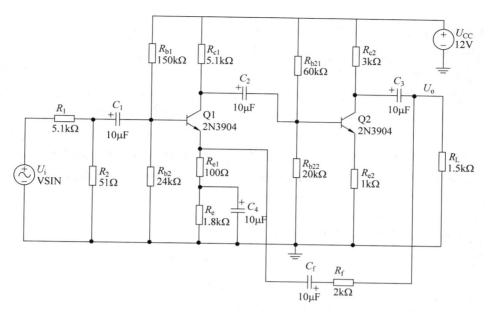

图 8.27 例 8-14 电路

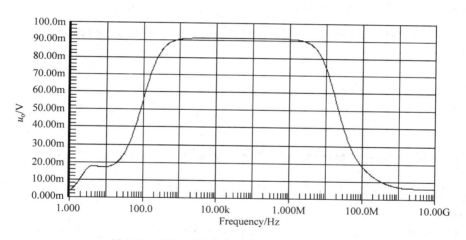

图 8.28 引入反馈放大电路的交流小信号分析

8.6 本章小结

1. 反馈的概念及分类

反馈就是将放大电路输出量(电压或电流)的一部分或全部通过反馈网络送回到放大电路的输入端。反馈放大电路是由基本放大电路和反馈网络构成的闭环电路,引入反馈的放大电路称为闭环放大电路,没有引入反馈的放大电路称为开环放大电路。

按照反馈极性的不同,可将反馈分为正反馈和负反馈,判别正、负反馈的方法采用瞬时极性法。

按反馈的交、直流性质不同,可将反馈分为直流反馈和交流反馈,判别方法是分别看其直流通路和交流通路中是否存在反馈。

按反馈信号在输出端取样对象的不同,可以分为电压反馈和电流反馈,判别方法有两种:①将输出端短路,如果反馈信号不存在,则为电压反馈,如果反馈信号仍然存在,则为电流反馈;②看反馈信号与输出信号是否连在同一输出端,在同一端的为电压反馈,不在同一端的为电流反馈。

按反馈网络在输入端的连接方式不同,可以分为串联反馈和并联反馈,判别方法是看反馈信号与输入信号是否连接在同一输入端,在同一端的为并联反馈,不在同一端的为串联反馈。

2. 负反馈放大电路的一般表达式

$$\dot{A}_{\mathrm{f}} = \frac{\dot{A}}{1 + \dot{A}\dot{F}}$$

式中 $1 + \dot{A}\dot{F}$ 称为反馈深度,当 $1 + \dot{A}\dot{F} > 1$ 时,引入的是负反馈,当 $1 + \dot{A}\dot{F} < 1$ 时,引入的是正反馈,如果 $1 + \dot{A}\dot{F} = 0$,则电路没有输入时就有输出,电路产生自激振荡。

当 $1 + \dot{A}\dot{F} \gg 1$ 时,为深度负反馈,深度负反馈放大电路的放大倍数为

$$\dot{A}_{\mathrm{f}} \approx \frac{1}{\dot{F}} = \frac{\dot{X}_{\circ}}{\dot{X}_{\mathrm{f}}}$$

并且有

$$\dot{X}_{\mathrm{i}} \approx \dot{X}_{\mathrm{f}}$$

3. 交流负反馈放大电路的四种组态及对电路性能的影响

交流负反馈的四种组态为:电压串联负反馈、电压并联负反馈、电流串联负反馈、电流并联负反馈。

放大电路中引入负反馈可以提高放大倍数的稳定性,减小非线性失真和抑制干扰、噪声,展宽频带,改变输入电阻和输出电阻。

串联负反馈使输入电阻增大,并联负反馈使输入电阻减小。电压负反馈稳定输出电压,使输出电阻减小;电流负反馈稳定输出电流,使输出电阻增大。

4. 深度负反馈放大电路电压放大倍数的估算方法

(1) 判断反馈组态。

(2) 确定反馈网络,求出反馈量 $\dot{X}_{\mathrm{f}}$(输入端为串联反馈时有 $\dot{U}_{\mathrm{f}} \approx \dot{U}_{\mathrm{i}}$,$\dot{U}_{\mathrm{i}}' \approx 0$;输入端为并联反馈时为 $\dot{I}_{\mathrm{f}} \approx \dot{I}_{\mathrm{i}}$,$\dot{I}_{\mathrm{i}}' \approx 0$)。

(3) 利用 $\dot{A}_{\mathrm{uf}} = \dfrac{\dot{U}_{\circ}}{\dot{U}_{\mathrm{i}}} \approx \dfrac{\dot{U}_{\circ}}{\dot{U}_{\mathrm{f}}}$ 计算闭环电压放大倍数。

习题

8-1 判断下列说法是否正确,在相应的括号内用"√"表示正确,用"×"表示错误。

① 在输入量不变的情况下,若引入反馈后使净输入量减小,则引入的是负反馈。

( )

② 电压反馈稳定输出电压,使输出电阻增大。 ( )

③ 直流负反馈是指直接耦合放大电路中所引入的负反馈。 ( )

④ 交流负反馈是指交流通路中的负反馈。 ( )

⑤ 放大电路中引入负反馈后可以展宽频带,放大倍数不变。 ( )

⑥ 负反馈可以减小任何原因引起的干扰和噪声。 ( )

8-2 选择合适的答案填空

A. 交流负反馈　　　　B. 直流负反馈　　　　C. 电压负反馈

D. 电流负反馈　　　　E. 串联负反馈　　　　F. 并联负反馈

① 要稳定电路的静态工作点,应引入_____。

② 要抑制放大电路的干扰和噪声,展宽频带,应引入_____。

③ 为了稳定放大电路的输出电压,应引入_____。

④ 为了稳定放大电路的输出电流,应引入_____。

⑤ 要增大输出电阻,应引入_____。

⑥ 要减小输入电阻,应引入_____。

⑦ 为了使放大电路的输入端从信号源获得较大的输入电压时,应引入_____。

8-3 选择合适的反馈组态填空

A. 电压串联负反馈　　　　B. 电压并联负反馈

C. 电流串联负反馈　　　　D. 电流并联负反馈

① 为从电压信号源获得较大的电压,并增大电路的带负载能力,应引入_____。

② 为实现电压—电流转换,应引入_____。

③ 为增大从电流信号源索取的电流并增大带负载能力,应引入_____。

④ 要实现电流—电流转换,应引入_____。

8-4 判断如图 8.29 所示各放大电路的级间反馈组态。

8-5 负反馈放大电路如图 8.30 所示。(1)指出极间反馈元件,并判断属于哪种反馈组态;(2)若要求放大电路稳定输出电压,应如何改接 R_f? 在电路中画出改接的反馈元件,并说明反馈组态。

8-6 某电压串联负反馈放大电路,闭环电压放大倍数为 $A_{uf}=100$,如果开环电压放大倍数 A_u 变化 10% 时,要求闭环电压放大倍数的变化不超过 0.1%,求开环电压放大倍数 A_u 和反馈系数 F。

8-7 某阻容耦合放大电路在无反馈时,中频段电压放大倍数为 $A_u=1000$,$f_L=50Hz$,$f_H=3kHz$。如果引入负反馈后,反馈系数 $F=0.1$,求引入负反馈后的 A_{uf}、f_{Lf}、f_{Hf}。

8-8 负反馈放大电路如图 8.31 所示。

(1) 判断反馈属于哪种组态,并说明该反馈对输入电阻和输出电阻的影响;

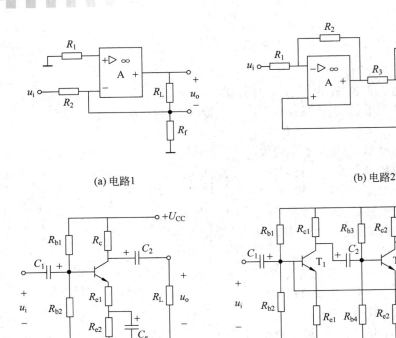

(a) 电路1　　　　　　　(b) 电路2

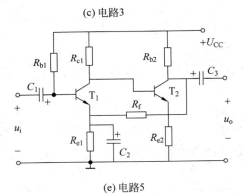

(c) 电路3

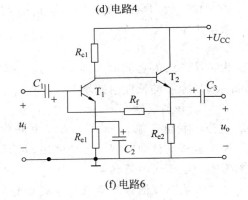

(d) 电路4

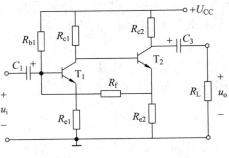

(e) 电路5　　　　　　　(f) 电路6

图 8.29　习题 8-4 电路

图 8.30　习题 8-5 电路

（2）写出深度负反馈闭环电压放大倍数$\dot{A}_{usf}$的表达式。

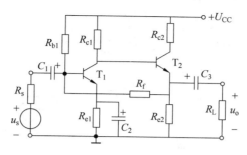

图 8.31 习题 8-8 电路

8-9 运放组成的负反馈放大电路如图 8.32 所示。

（1）判断反馈类型，并说明该反馈对输入电阻和输出电阻的影响；

（2）写成深度负反馈时的反馈系数和闭环电压放大倍数的表达式。

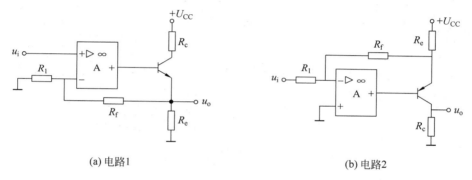

(a) 电路1   (b) 电路2

图 8.32 习题 8-9 电路

8-10 负反馈放大电路如图 8.33 所示，已知 $R_s=1\text{k}\Omega$，$R_f=6\text{k}\Omega$，$R_{c2}=3\text{k}\Omega$，$R_{e2}=3\text{k}\Omega$，$R_L=6\text{k}\Omega$。

（1）判断反馈类型，并说明该反馈对输入电阻和输出电阻的影响；

（2）计算深度负反馈的闭环电压放大倍数$\dot{A}_{uf}$。

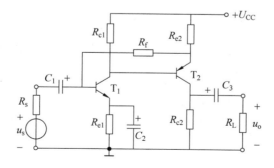

图 8.33 习题 8-10 电路

8-11 运放组成的负反馈放大电路如图 8.34 所示，已知 $R_L=5\text{k}\Omega$，$R_f=2\text{k}\Omega$。

（1）判断反馈类型，并说明该反馈对输入电阻和输出电阻的影响；

（2）计算深度负反馈的闭环电压放大倍数$\dot{A}_{uf}$。

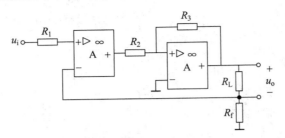

图 8.34 习题 8-11 电路

8-12 负反馈放大电路如图 8.35 所示。

（1）指出反馈元件，判断反馈组态；

（2）深度负反馈时，计算反馈系数和闭环电压放大倍数。

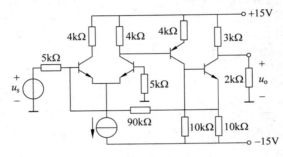

图 8.35 习题 8-12 电路

第9章
集成运算放大器及其应用

本章学习目标

- 掌握差动放大电路的电路结构、工作原理及计算方法;
- 了解理想集成运放工作在线性区和非线性区的特点;
- 掌握由集成运放组成的基本运算电路的分析方法;
- 了解集成运放组成的有源滤波器的工作原理;
- 掌握电压比较器的工作原理、门限电压的计算以及电压传输特性。

集成运算放大器的输入级通常采用差动放大电路,本节从介绍差动放大电路开始,然后介绍理想运放工作在线性区和非线性区的特点,在此基础上介绍运放的应用电路,包括运算电路、有源滤波器和电压比较器。

9.1 差动放大电路

9.1.1 基本差动放大电路

1. 电路组成及工作原理

典型的差动放大电路如图 9.1 所示,它由两个单管共射极放大电路组成,两部分电路具有相同的电路参数,两个晶体管的特性参数也完全一致,即电路结构完全对称。电路有两个信号输入端,输入信号分别从两个晶体管的基极输入,输出信号从两管的集电极之间取出,$u_o = u_{c1} - u_{c2}$,这种输入、输出方式称为双端输入、双端输出。由于两管的发射极带有公共的发射极电阻 R_e,因此这种电路也称为长尾式差动放大电路。

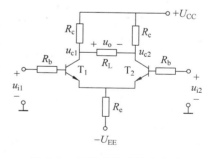

图 9.1　长尾式差动放大电路

静态时,$u_{i1} = u_{i2} = 0$,由于电路结构完全对称,两个三极管的集电极电位相等,$U_{C1} = U_{C2}$,因此输出电压 $u_o = U_{C1} - U_{C2} = 0$。当温度变化时,两管的集电极电位同时产生零点漂移,其变化量也完全相同,因此输出电压仍为零,即差动放大电路能有效抑制零点漂移。

动态时,如果两个输入端的输入信号大小相等,极性相同,即 $u_{i1} = u_{i2}$,这样的信号称为共模信号。由于电路结构完全对称,共模输入信号使两个晶体管中各极电流和电压发生相同的变化,两个三极管的集电极电位变化量也相同,$\Delta u_{C1} = \Delta u_{C2}$,因此输出电压仍为零。零点漂移可以等效为在两个输入端输入了共模信号,因此抑制共模信号与抑制零点漂移的原理相同。通常一些干扰信号都是以共模信号的形式出现的。

如果两个输入端的输入信号大小相等,极性相反,即 $u_{i1} = -u_{i2}$,这样的信号称为差模信号,这时两个晶体管集电极电位的变化量也是大小相等,极性相反,即 $\Delta u_{C1} = -\Delta u_{C2}$,因此输出电压 $u_o = \Delta u_{C1} - \Delta u_{C2} = 2\Delta u_{C1}$。

可见,差动放大电路只对差模信号具有放大作用,对共模信号无放大作用。即只有两个输入端电位有"差值"时,输出才有"变动",因此称为"差动"放大电路。

2. 静态工作点的计算

图 9.1 所示差动放大电路的直流通路如图 9.2 所示。静态时,$u_{i1} = u_{i2} = 0$,由于电路结构对称,因此晶体管各极电流和电位相同,即 $I_{B1} = I_{B2} = I_B$,$I_{C1} = I_{C2} = I_C$,$I_{E1} = I_{E2} = I_E$,发射极电阻 R_E 上的电流为 $2I_E$,$U_{C1} = U_{C2} = U_C$。

列输入回路电压方程,有

$$U_{EE} = I_B R_b + U_{BE} + 2I_E R_e \tag{9-1}$$

通常 $\beta \gg 1$,电阻 R_b 通常为信号源内阻,其值很小,因此 $I_E R_e \gg I_B R_b$,所以有

$$I_{CQ} \approx I_{EQ} \approx \frac{U_{EE} - U_{BE}}{2R_e} \tag{9-2}$$

由此得

$$I_{BQ} = I_{CQ}/\beta, \quad U_{CEQ} = U_{CC} - I_{CQ}R_c - U_{EQ}$$

由于 $I_B R_b$ 值很小,可忽略不计,则有 $U_{EQ} = -U_{BEQ}$,因此

$$U_{CEQ} \approx U_{CC} - I_{CQ}R_c + U_{BEQ} \tag{9-3}$$

由式(9-2)可以看出,差动放大电路只要选择合适的电源 U_{EE} 和发射极电阻 R_e 就可以确定晶体管的静态电流 I_{CQ},由于 U_{EE} 和 R_e 的参数稳定,因此差动放大电路的静态工作点比较稳定。

3. 输入共模信号时电路分析

如图 9.3 所示为差动放大电路输入共模信号时的情况,即两输入端信号大小相同,极性相同,$u_{i1} = u_{i2} = u_{ic}$,u_{ic} 表示共模信号。

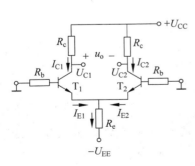

图 9.2 直流通路

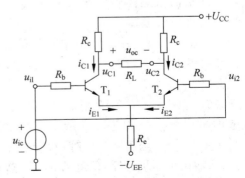

图 9.3 差动放大电路输入共模信号

输入共模信号时,由于电路参数对称,因此共模信号在两部分电路中产生的电压和电流的变化量都相同,$\Delta i_{C1} = \Delta i_{C2}$,$\Delta u_{C1} = \Delta u_{C2}$,输出电压 $u_o = u_{C1} - u_{C2} = (U_{C1} + \Delta u_{C1}) - (U_{C2} + \Delta u_{C2}) = 0$。可见,差动放大电路对共模信号无放大作用。

实际电路中,差动放大电路不可能达到真正理想的对称,为了衡量电路对共模信号的抑制能力,引入共模电压放大倍数这一性能指标,用 A_{uc} 表示,定义为输出电压与共模输入电压之比,即

$$A_{uc} = \frac{u_{oc}}{u_{ic}} \tag{9-4}$$

式中 u_{oc} 是共模输出电压,A_{uc} 越小表明电路的对称性越好,对共模信号及温漂的抑制能力越强。理想情况下差动放大电路的 $A_{uc} = \dfrac{u_{C1} - u_{C2}}{u_{ic}} = 0$。

4. 输入差模信号时电路分析

如图 9.4(a)所示为差动放大电路输入差模信号时的情况,即两输入端信号大小相同,极性相反,$u_{i1} = -u_{i2} = u_{id}/2$,$u_{id}$ 表示差模信号。

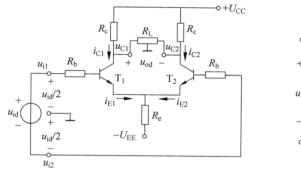
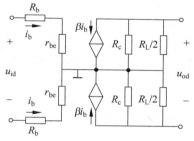

(a) 输入差模信号   (b) 交流微变等效电路

图 9.4 差动放大电路输入差模信号

在差模信号的作用下,由于两边电路完全对称,因此有 $i_{E1} = -i_{E2}$,流过电阻 R_e 的电流为零,因此两管的发射极电位 u_e 在差模信号作用下为零,相当于交流接地。负载电阻 R_L 的中点电位也为零,相当于交流接地。如图 9.4(b)所示为差动放大电路输入差模信号时的交流微变等效电路。

输入差模信号时的电压放大倍数称为差模电压放大倍数,用 A_{ud} 表示,定义为

$$A_{ud} = \frac{u_{od}}{u_{id}} \tag{9-5}$$

式中 u_{od} 是差模输出电压,由图 9.4(b)可以计算出差模电压放大倍数

$$A_{ud} = \frac{-2\beta i_b \left(R_c // \dfrac{R_L}{2}\right)}{2i_b(R_b + r_{be})} = -\frac{\beta\left(R_c // \dfrac{R_L}{2}\right)}{(R_b + r_{be})} \tag{9-6}$$

可见,差动放大电路的电压放大能力与单管共射极放大电路相同,但差动放大电路是通过牺牲一个管子的放大倍数,换来了抑制电路零点漂移的效果。

差动放大电路对差模信号的放大能力以及对共模信号的抑制能力,通常用共模抑制比来衡量,用 K_{CMR} 表示,它定义为

$$K_{CMR} = \left| \frac{A_{ud}}{A_{uc}} \right| \tag{9-7}$$

对于差动放大电路来说,K_{CMR} 越大,表明电路对差模信号的放大能力越大,同时对共模信号的抑制能力越强。图 9.1 所示差动放大电路,在电路参数理想对称的情况下,$K_{CMR} = \infty$。

根据输入电阻的定义,由图 9.4(b)可得输入电阻为

$$R_{id} = 2(R_b + r_{be}) \tag{9-8}$$

由图 9.4(b)可得输出电阻为

$$R_o = 2R_c \tag{9-9}$$

5. 输入一般信号时电路分析

如果差动放大电路的输入信号既不是共模信号,也不是差模信号,即 $u_{i1} \neq u_{i2}$,此时可将输入信号看作是一对共模信号和一对差模信号共同作用于差动放大电路输入端。其中的差模输入电压等于两者之差值,即

$$u_{id} = u_{i1} - u_{i2} \tag{9-10}$$

每个输入端的差模信号为

$$u_{id1} = -u_{id2} = \frac{1}{2}u_{id} = \frac{1}{2}(u_{i1} - u_{i2}) \tag{9-11}$$

共模输入电压等于二者之平均值,即

$$u_{ic} = \frac{u_{i1} + u_{i2}}{2} \tag{9-12}$$

由式(9-11)和(9-12)可得

$$u_{i1} = u_{ic} + u_{id1}$$
$$u_{i2} = u_{ic} - u_{id1}$$

按照叠加原理,可得输出电压为

$$u_o = A_{ud}u_{id} + A_{uc}u_{ic} \tag{9-13}$$

例 9-1   在如图 9.1 所示电路中,已知差模电压放大倍数 $A_{ud} = -300$,共模抑制比为 2000,两输入端电压分别为 $U_{i1} = 5V$,$U_{i2} = 5.01V$,求输出电压的大小。

解:电路的共模电压放大倍数为

$$A_{uc} = \frac{A_{ud}}{K_{CMR}} = -\frac{300}{2000} = -0.15$$

输出电压为

$$u_o = A_{ud}u_{id} + A_{uc}u_{ic} = -300 \times (5 - 5.01) - 0.15 \times \left(\frac{5 + 5.01}{2} \right)$$
$$= 3 - 0.75 = 2.25(V)$$

9.1.2 差动放大电路的输入、输出方式

差动放大电路有两个输入端、两个输出端。输入端的输入方式可以是双端输入,也可以是单端输入;输出端的输出方式可以是双端输出,也可以是单端输出。因此差动放大电路

的输入、输出方式共有四种：双端输入、双端输出，双端输入、单端输出，单端输入、双端输出，单端输入、单端输出。图 9.1 所示电路为双端输入、双端输出电路，下面介绍其他三种输入、输出方式电路。

1. 双端输入、单端输出

如图 9.5 所示电路为双端输入、单端输出电路，单端输出是指输出信号从任意一个输出端与地之间取出。

由图 9.5 可见，采用单端输出时，由于输出电压只从 T_1 管的集电极与地之间取出，所以输出电压只有双端输出的一半，因此得差模电压放大倍数为

$$A_{ud} = -\frac{1}{2}\frac{\beta(R_c//R_L)}{R_b + r_{be}} \qquad (9\text{-}14)$$

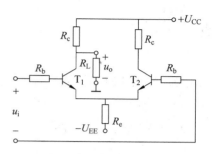

图 9.5 双端输入、单端输出电路

如果输出电压从 T_2 管的集电极与地之间取出，则差模电压放大倍数为正，其大小同式(9-14)，只需将其中的负号去掉即可。

如图 9.5 所示电路的共模电压放大倍数为

$$A_{uc} = \frac{u_{oc}}{u_{ic}} = -\frac{\beta(R_c//R_L)}{R_b + r_{be} + (1+\beta)2R_e} \qquad (9\text{-}15)$$

由上式可见，发射极电阻 R_e 越大，共模电压放大倍数就越小，电路抑制共模信号的能力就越强。R_e 对共模信号起到了负反馈的作用，为提高 R_e 的值，通常在差动放大电路中，用恒流源代替发射极电阻 R_e，形成恒流源差动放大电路。

图 9.5 的差模输入电阻为

$$R_{id} = 2(R_b + r_{be}) \qquad (9\text{-}16)$$

输出电阻为

$$R_{od} \approx R_c \qquad (9\text{-}17)$$

2. 单端输入、双端输出

如图 9.6(a)所示电路为单端输入、双端输出电路，单端输入是指输入信号加在任意一个输入端与地之间，另外一个输入端接地。

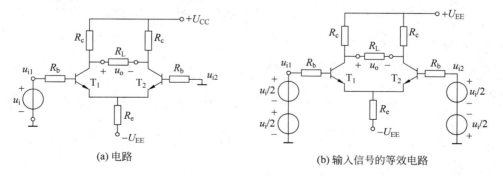

(a) 电路　　　　　　　　　　　　(b) 输入信号的等效电路

图 9.6 单端输入、双端输出电路

采用单端输入时,可将输入信号 u_i 分解为两个信号源的串联,其值为 $u_i/2$,两个信号源极性相同;在接地的输入端也可以等效为两个信号源的串联,其值仍为 $u_i/2$,两个信号极性相反,如图 9.6(b)所示。可见,此时两个输入端分别获得了差模信号和共模信号。其值分别为

$$u_{id} = u_{id1} - u_{id2} = 2u_{id1} = u_i \tag{9-18}$$

$$u_{ic} = u_{ic1} = u_{ic2} = \frac{u_i}{2} \tag{9-19}$$

由此可见,采用单端输入时,在输入端输入差模信号的同时也存在着共模输入信号,因此,输出电压是差模输入电压和共模输入电压共同作用的结果,其值为

$$u_o = A_{ud}u_{id} + A_{uc}u_{ic} = A_{ud}u_i + A_{uc}\frac{u_i}{2} \tag{9-20}$$

当忽略电路对共模信号的放大作用时,单端输入就等效为双端输入的情况,因此单端输入、双端输出与双端输入、双端输出电路动态参数的分析计算完全相同,这里不再赘述。

3. 单端输入、单端输出

如图 9.7 所示电路为单端输入、单端输出电路,由前面的分析可知,它可以等效为双端输入、单端输出电路。

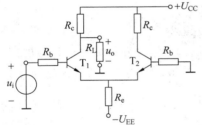

图 9.7　单端输入、单端输出电路

采用这种接法时,可以根据在不同输出端输出信号,得到输出电压与输入电压的同相或反相关系。

综上所述,差动放大电路采用双端输出时,其差模电压放大倍数与单管基本放大电路相同,共模电压放大倍数的理想值为零,输出电阻为 $2R_c$;采用单端输出时,其差模电压放大倍数是基本放大电路电压放大倍数的一半,共模电压放大倍数的大小与发射极电阻 R_e 有关,输出电阻为 R_c。不管采用哪一种输入、输出方式,差动放大电路的差模输入电阻均相等。表 9.1 列出了差动放大电路四种不同输入、输出方式的动态指标。

表 9.1　差动放大电路四种输入、输出方式的动态指标

各 项 指 标	输入、输出方式			
	双端输入、双端输出	双端输入、单端输出	单端输入、双端输出	单端输入、单端输出
差模电压放大倍数 A_{ud}	$-\dfrac{\beta R_L'}{(R_b + r_{be})}$ $R_L' = R_c // (R_L/2)$	$-\dfrac{1}{2}\dfrac{\beta R_L'}{R_b + r_{be}}$ $R_L' = R_c // R_L$	$-\dfrac{\beta R_L'}{(R_b + r_{be})}$ $R_L' = R_c // (R_L/2)$	$-\dfrac{1}{2}\dfrac{\beta R_L'}{R_b + r_{be}}$ $R_L' = R_c // R_L$
共模电压放大倍数 A_{uc}	理想值 $A_{uc} = 0$	$-\dfrac{\beta R_L'}{R_b + r_{be} + (1+\beta)2R_e}$ $R_L' = R_c // R_L$	理想值 $A_{uc} = 0$	$-\dfrac{\beta R_L'}{R_b + r_{be} + (1+\beta)2R_e}$ $R_L' = R_c // R_L$
共模抑制比 K_{CMR}	理想值 $K_{CMR} = \infty$	$\dfrac{R_b + r_{be} + (1+\beta)2R_e}{2(R_b + r_{be})}$	理想值 $K_{CMR} = \infty$	$\dfrac{R_b + r_{be} + (1+\beta)2R_e}{2(R_b + r_{be})}$
差模输入电阻 R_{id}	$2(R_b + r_{be})$	$2(R_b + r_{be})$	$2(R_b + r_{be})$	$2(R_b + r_{be})$
输出电阻 R_o	$2R_c$	R_c	$2R_c$	R_c

9.1.3 恒流源差动放大电路

在前面介绍的长尾式差动放大电路中,发射极电阻 R_e 越大,共模电压放大倍数就越小,电路对共模信号的抑制能力就越强。但 R_e 的增大,会导致 R_e 上的直流压降增大,在保证管子静态电流不变的情况下,就需要增大 U_{EE} 的值,这是不合理的。因此,在 U_{EE} 合理取值的情况下,既能保证管子有合适的静态电流,又能使电路具有较强的抑制共模信号的能力,通常用恒流源取代发射极电阻 R_e。如图 9.8(a)所示电路为恒流源差动放大电路。由于理想恒流源的内阻趋于无穷,因此可以认为这种电路的共模电压放大倍数为零。图 9.8(b)是实际电路之一。

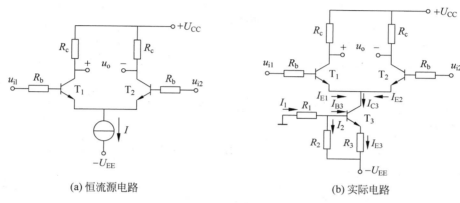

(a) 恒流源电路   (b) 实际电路

图 9.8 恒流源差动放大电路

图 9.8(b)中,静态时,R_1、R_2、R_3 和 T_3 组成工作点稳定电路,电路参数应满足 $I_2 \gg I_{B3}$,因此有 $I_1 \approx I_2$,则电阻 R_2 上的电压为

$$U_{R2} \approx \frac{R_2}{R_1 + R_2}U_{EE} \qquad (9\text{-}21)$$

则 T_3 管的集电极电流为

$$I_{C3} \approx I_{E3} = \frac{U_{R2} - U_{BE3}}{R_3} \qquad (9\text{-}22)$$

式(9-22)表明,当 U_{BE3} 的变化忽略不计时,T_3 管集电极电流 I_{C3} 基本不受温度影响。并且电路的动态信号不会作用到 T_3 管的基极或发射极,因此电流 I_{C3} 可认为是一恒定电流,T_1 和 T_2 管发射极所接电路可等效为一个恒流源。T_1、T_2 管发射极静态电流为

$$I_{EQ1} = I_{EQ2} = \frac{I_{C3}}{2} \qquad (9\text{-}23)$$

理想情况下,恒流源内阻为无穷大,相当于在 T_1 和 T_2 管发射极接了一个无穷大的电阻,因此该电路的共模电压放大倍数 $A_{uc} = 0$,共模抑制比 $K_{CMR} = \infty$。

恒流源电路在不高的电源电压 U_{EE} 作用下,为差动放大电路提供了合适的静态工作点,同时又大大增强了共模负反馈作用,增强了电路抑制共模信号的能力。

在实际的差动放大电路中很难做到两部分电路完全对称,因此常用一阻值很小的电位器加在两只管子的发射极之间,如图 9.9 中所示,图中 R_W 为调零电位器。R_W 对电路的动

态参数(A_{ud}、R_i 等)均会产生影响,这一点读者可自行分析。

例 9-2 差动放大电路如图 9.1 所示,已知 $R_b = 1\text{k}\Omega$,$R_c = 10\text{k}\Omega$,$R_e = 8\text{k}\Omega$,$R_L = 5\text{k}\Omega$,$U_{CC} = U_{EE} = 12\text{V}$,晶体管的 $U_{BE} = 0.7\text{V}$,$\beta = 100$,$r_{be} = 1\text{k}\Omega$,计算

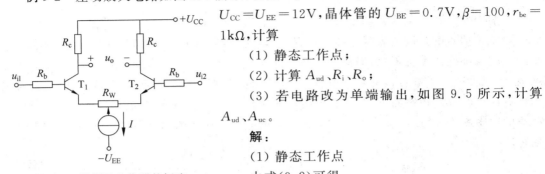

图 9.9 带调零电位器的恒流源差动放大电路

(1) 静态工作点;

(2) 计算 A_{ud}、R_i、R_o;

(3) 若电路改为单端输出,如图 9.5 所示,计算 A_{ud}、A_{uc}。

解:

(1) 静态工作点

由式(9-2)可得

$$I_{CQ} \approx I_{EQ} \approx \frac{U_{EE} - U_{BE}}{2R_e} = \frac{12 - 0.7}{2 \times 8} = 0.7(\text{mA})$$

由此得

$$I_{BQ} = \frac{I_{CQ}}{\beta} = \frac{0.7}{100} = 0.007(\text{mA})$$

由式(9-3)得

$$U_{CEQ} \approx U_{CC} - I_{CQ}R_c + U_{BEQ} = 12 - 0.7 \times 10 + 0.7 = 5.7(\text{V})$$

(2) 由式(9-6),得差模电压放大倍数为

$$A_{ud} = -\frac{\beta\left(R_c // \dfrac{R_L}{2}\right)}{(R_b + r_{be})} = -\frac{100(10//2.5)}{1+1} = -100$$

由式(9-8)和(9-9),得输入电阻和输出电阻为

$$R_{id} = 2(R_b + r_{be}) = 2(1+1) = 4(\text{k}\Omega)$$

$$R_o = 2R_c = 2 \times 10 = 20(\text{k}\Omega)$$

(3) 电路改为单端输出时,由式(9-14)得差模电压放大倍数

$$A_{ud} = -\frac{1}{2}\frac{\beta(R_c//R_L)}{R_b + r_{be}} = -\frac{1}{2} \times \frac{100(10//5)}{1+1} = -83.3$$

由式(9-15)得共模电压放大倍数

$$A_{uc} = -\frac{\beta(R_c//R_L)}{R_b + r_{be} + (1+\beta)2R_e} = -\frac{100(10//5)}{1 + 1 + (1+100)2 \times 8} = -0.21$$

9.2 理想集成运算放大器

9.2.1 理想集成运放的电路模型

集成运放是具有高放大倍数、高输入电阻和低输出电阻的多级直接耦合放大器。一般通用型集成运放的开环差模放大倍数可达几十万倍,差模输入电阻为几兆欧,差模输出电阻为几百欧。在实际应用中,在保证所需要精度的前提下,通常将运放理想化,所谓理想化就是将运放的各项性能指标理想化,理想运放的各项性能指标如下:

（1）开环差模电压放大倍数 $A_{ud}{\rightarrow}\infty$；

（2）差模输入电阻 $R_{id}{\rightarrow}\infty$；

（3）输出电阻 $R_o{\rightarrow}0$；

（4）共模抑制比 $K_{CMR}{\rightarrow}\infty$；

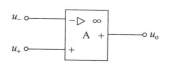

图 9.10　理想运放的电路符号

（5）输入偏置电流，输入失调电压，失调电流及温漂均为零。

理想运算放大器的电路符号如图 9.10 所示。

9.2.2　理想集成运放的特点

理想运放的电压传输特性如图 9.11 所示。它仍然有两个工作区：线性区和非线性区。

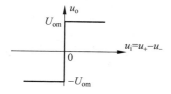

图 9.11　理想运放的电压
传输特性

只是线性区直线的斜率为无穷大，与纵轴重合，表明运放的开环差模电压放大倍数为无穷大。由理想运放的电压传输特性以及理想运放的性能指标，可以得出理想运放工作在线性区和非线性区的特点。

1. 理想运放工作在线性区的特点

理想运放在线性区工作时，u_o 与 u_i 之间的关系满足 $u_o = A_{ud}(u_+ - u_-) = A_{ud}u_i$，并且理想运放的开环差模电压放大倍数 $A_{ud}{\rightarrow}\infty$。因此可得如下理想运放工作在线性区的两个特点。

（1）输入端"虚短"，即

$$u_+ = u_- \qquad\qquad (9\text{-}24)$$

这是因为理想运放 $A_{ud}{\rightarrow}\infty$，而运放的输出电压为有限值，不超过 $\pm U_{CC}$，因此有 $u_i = 0$，即 $u_+ = u_-$。表明运放的反相输入端和同相输入端电位相等，如同短路一样，因此称为"虚短"。

（2）输入端"虚断"，即

$$i_+ = i_- = 0 \qquad\qquad (9\text{-}25)$$

由于运放两输入端虚短，即 $u_i = 0$，并且理想运放的差模输入电阻 $R_i{\rightarrow}\infty$，因此流入运放两个输入端的电流等于 0，即运放的反向输入端与同向输入端之间相当于断路，因此称为"虚断"。

"虚短"和"虚断"这两条性质是分析理想运放线性应用电路的重要依据。

2. 理想运放工作在非线性区的特点

理想运放在开环状态下，或引入正反馈时工作在非线性区。由理想运放的电压传输特性可以得出理想运放工作在非线性区的特点如下。

（1）当 $u_+ > u_-$ 时，$u_o = +U_{om}$；当 $u_+ < u_-$ 时，$u_o = -U_{om}$。即输出电压只有两个取值 $+U_{om}$ 或 $-U_{om}$，它们的值接近 $\pm U_{CC}$。

（2）理想运放在非线性区工作时，因为其差模输入电阻 $R_i{\rightarrow}\infty$，因此流入运放两个输入端的电流仍等于 0，即 $i_+ = i_- = 0$。

9.3 运算电路

集成运放外接适当的负反馈元件能构成各种数学运算电路,包括比例运算、加、减、乘、除、积分、微分运算等。在运算电路中,是以输入电压作为自变量,以输出电压作为函数,当输入电压变化时,输出电压将按一定的数学规律变化。因此集成运放构成运算电路时工作在线性区,它是在深度负反馈条件下,利用反馈网络来实现各种数学运算的。

9.3.1 比例运算电路

比例运算电路的输出电压和输入电压之间存在比例关系。根据输入信号输入方式的不同,比例运算电路有三种形式:反相比例运算电路、同相比例运算电路和差动比例运算电路。

1. 反相比例运算电路

反相比例运算电路如图 9.12 所示。输入电压 u_i 经电阻 R_1 接到运放反相输入端,输出

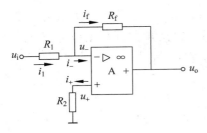

图 9.12　反相比例运算电路

电压经 R_f 也加到反相输入端,构成电压并联负反馈。同相输入端经过平衡电阻 R_2 接地,为保证运放输入级差动放大电路的良好对称性,通常取 $R_2 = R_1 // R_f$。

根据运放工作在线性区的特点,输入端"虚断",$i_+ = i_- = 0$,因此流过电阻 R_2 上的电流为 0。又由于输入端"虚短",所以 $u_- = u_+ = 0$,即反相输入端和同相输入端均为地电位,称为"虚地"。因此电阻 R_1 和 R_f 上电流相等,即

$$i_1 = i_f \qquad (9\text{-}26)$$

$$\frac{u_i - u_-}{R_1} = \frac{u_- - u_o}{R_f}$$

将 $u_- = 0$ 代入上式中,得

$$u_o = -\frac{R_f}{R_1} u_i \qquad (9\text{-}27)$$

式(9-27)表明输出电压与输入电压成反比例关系,比例系数 $-R_f/R_1$ 就是反相比例运算电路的电压放大倍数,负号表示 u_o 与 u_i 反相。根据 R_f 和 R_1 所取数值的不同,比例系数可以是大于、等于或小于 1 的任意数值。

电路的输出电阻 $R_o = 0$,因此电路的带负载能力很强。由于 $u_- = 0$,因此输入电阻

$$R_i = R_1 \qquad (9\text{-}28)$$

由上式可知,在反相比例运算电路中,输入电阻较小,因此对输入端信号源的负载能力有一定要求。由于运放两输入端"虚地",$u_- = u_+ = 0$,所以它的共模输入电压为零,因此对运放的共模抑制比要求比较低,这是反相比例运算电路的突出优点。

2. 同相比例运算电路

将反相比例运算电路中加在两输入端的输入信号和地交换后,就得到同相比例运算电路,如图 9.13 所示。为保证运放输入级差动放大电路的对称性,仍取 $R_2 = R_1 // R_f$。负反馈电阻 R_f 从输出端加到反相输入端,构成电压串联负反馈。

根据运放工作在线性区"虚短"和"虚断"的特点有

$$\begin{cases} u_- = u_+ = u_i \\ i_1 = i_f \end{cases} \tag{9-29}$$

$$\frac{0 - u_-}{R_1} = \frac{u_- - u_o}{R_f}$$

$$u_o = \left(1 + \frac{R_f}{R_1}\right)u_- = \left(1 + \frac{R_f}{R_1}\right)u_+ \tag{9-30}$$

将式(9-29)代入上式中,得

$$u_o = \left(1 + \frac{R_f}{R_1}\right)u_i \tag{9-31}$$

式(9-31)表明输出电压与输入电压成正比例关系,u_o 与 u_i 同相,比例系数是大于或等于 1 的数值。

由式(9-31)可以看出,当 $R_f = 0$ 或 $R_1 = \infty$ 时,有 $u_o = u_i$,即 $A_{uf} = 1$,此时输出电压跟随输入电压的变化,这种电路称为电压跟随器,其电路如图 9.14 所示。

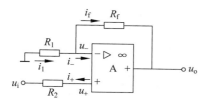

图 9.13　同相比例运算电路

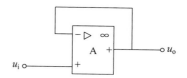

图 9.14　电压跟随器电路

在同相比例运算电路中,由于引入了电压串联负反馈,因此输入电阻很高,可达 $1000\text{M}\Omega$ 以上,输出电阻很小,约为 0。由于运放两输入端电位 $u_- = u_+ = u_i$,即同相比例运算电路的输入端存在共模信号,因此对运放的共模抑制比要求较高,限制了它的应用,这是它的主要缺点。

3. 差动比例运算电路

差动比例运算电路如图 9.15 所示,输入电压 u_{i1}、u_{i2} 分别通过电阻 R_1、R_2 加在运放的两个输入端,为保证运放输入级电路对称,取 $R_1 = R_2$,$R_3 = R_f$。

输出电压 u_o 与 u_{i1}、u_{i2} 的关系可用叠加定理来求,即

$$u_o = u_{o1} + u_{o2}$$

式中 u_{o1} 是 u_{i1} 单独作用($u_{i2} = 0$)时的输出电压,u_{o2} 是

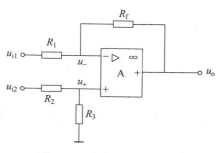

图 9.15　差动比例运算电路

u_{i2} 单独作用($u_{i1}=0$)时的输出电压。根据前面对反相和同相比例运算电路的分析,可得

$$u_{o1} = -\frac{R_f}{R_1}u_{i1}, \quad u_{o2} = \left(1+\frac{R_f}{R_1}\right)u_-$$

由图 9.15 可以看出,当 u_{i2} 单独作用($u_{i1}=0$)时,有

$$u_- = u_+ = \frac{R_3}{R_2+R_3}u_{i2}$$

因此得

$$u_{o2} = \left(1+\frac{R_f}{R_1}\right)\frac{R_3}{R_2+R_3}u_{i2}$$

将 $R_1=R_2,R_3=R_f$ 代入上式,得

$$u_{o2} = \frac{R_f}{R_1}u_{i2}$$

因此得输出电压 u_o 与 u_{i1}、u_{i2} 的关系为

$$u_o = \frac{R_f}{R_1}(u_{i2}-u_{i1}) \tag{9-32}$$

　　输出电压与两个输入电压的差值成比例关系,实现了差动比例运算。此电路也可以完成两输入信号的差运算,当 $R_1=R_f$ 时,有 $u_o = u_{i2} - u_{i1}$。

　　例 9-3　电路如图 9.16 所示,已知 $u_o = -40u_i$,其余参数如图中所示,求电阻 R_3 的值。

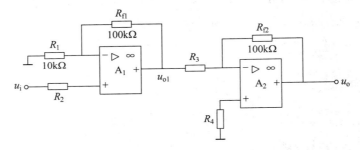

图 9.16　例 9-3 电路

　　解:由图 9.16 可知,运放 A_1 构成同相比例运算电路,A_2 构成反相比例运算电路,因此有

$$u_{o1} = \left(1+\frac{R_{f1}}{R_1}\right)u_i = \left(1+\frac{100}{10}\right)u_i = 11u_i$$

$$u_o = -\frac{R_{f2}}{R_3}u_{o1} = -\frac{100\text{k}\Omega}{R_3}\times 11u_i = -40u_i$$

由此得 $R_3 = 27.5\text{k}\Omega$。

9.3.2　加减运算电路

　　当多个信号同时作用于集成运放的某一输入端时,可实现输入信号的加法运算,加法运算电路分为反相加法运算电路和同相加法运算电路。当多个信号同时作用于集成运放的反相输入端和同相输入端时,可实现加减运算。下面分别介绍反相加法运算电路、同相加法运算电路以及加减运算电路。

1. 反相加法运算电路

反相加法运算电路如图 9.17 所示，多个输入信号同时作用于运放的反相输入端，其中平衡电阻 $R_4 = R_1 // R_2 // R_3 // R_f$。

根据"虚短"和"虚断"的特点，可得

$$i_f = i_1 + i_2 + i_3$$

$$-\frac{u_o}{R_f} = \frac{u_{i1}}{R_1} + \frac{u_{i2}}{R_2} + \frac{u_{i3}}{R_3}$$

因此得

$$u_o = -\left(\frac{R_f}{R_1}u_{i1} + \frac{R_f}{R_2}u_{i2} + \frac{R_f}{R_3}u_{i3} \right) \tag{9-33}$$

式（9-33）表明，输出电压等于输入电压按不同比例求和。这种电路的特点与反相比例运算电路相同，可以通过改变某一输入端的输入电阻，改变电路的比例关系。当 $R_1 = R_2 = R_3 = R_f$ 时，有 $u_o = -(u_{i1} + u_{i2} + u_{i3})$，实现了真正的反相求和运算。输入端输入信号的个数也可以根据需要增减。

2. 同相加法运算电路

同相加法运算电路如图 9.18 所示，多个输入信号同时作用于运放的同相输入端，为保证运放输入级电路的对称，应满足反相输入端的总电阻与同相输入端的总电阻相等，即 $R_- = R_+$，其中 $R_- = R // R_f$，$R_+ = R_1 // R_2 // R_3 // R_4$。

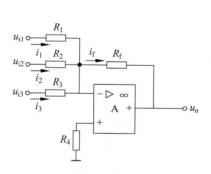

图 9.17　反相加法运算电路

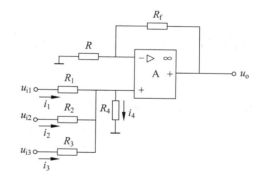

图 9.18　同相加法运算电路

根据"虚短"和"虚断"的特点，可得

$$i_1 + i_2 + i_3 = i_4$$

$$\frac{u_{i1} - u_+}{R_1} + \frac{u_{i2} - u_+}{R_2} + \frac{u_{i3} - u_+}{R_3} = \frac{u_+}{R_4}$$

将上式整理后得

$$u_+ = R_+ \left(\frac{u_{i1}}{R_1} + \frac{u_{i2}}{R_2} + \frac{u_{i3}}{R_3} \right) \tag{9-34}$$

式中 $R_+ = R_1 // R_2 // R_3 // R_4$，将式（9-34）代入（9-30）得

$$u_o = \left(1 + \frac{R_f}{R} \right) R_+ \left(\frac{u_{i1}}{R_1} + \frac{u_{i2}}{R_2} + \frac{u_{i3}}{R_3} \right) = \left(\frac{R + R_f}{RR_f} \right) R_f R_+ \left(\frac{u_{i1}}{R_1} + \frac{u_{i2}}{R_2} + \frac{u_{i3}}{R_3} \right)$$

$$= R_f \times \frac{R_+}{R_-}\left(\frac{u_{i1}}{R_1} + \frac{u_{i2}}{R_2} + \frac{u_{i3}}{R_3}\right)$$

由于 $R_+ = R_-$，因而得

$$u_o = \left(\frac{R_f}{R_1}u_{i1} + \frac{R_f}{R_2}u_{i2} + \frac{R_f}{R_3}u_{i3}\right) \tag{9-35}$$

式(9-35)只有在满足 $R_+ = R_-$ 时才成立，因此当改变某一路的电阻时，其他电阻也必须改变，以满足 $R_+ = R_-$ 的关系。另外，由于该电路共模信号较大，因此同相加法运算电路远不如反相加法运算电路应用广泛。

3. 加减运算电路

如果有多个输入信号同时作用于运放的两个输入端，则可以构成加减运算电路，如图 9.19 所示为四个输入信号的加减运算电路，其中两个输入信号加在反相输入端，两个输入信号加在同相输入端。为保持运放输入端对称，电路中电阻应满足 $R_1//R_2//R_f = R_3//R_4//R_5$。

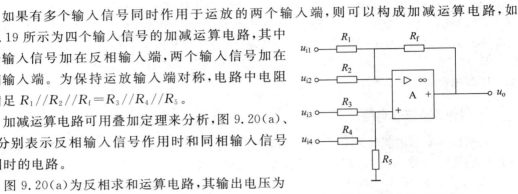

图 9.19 加减运算电路

加减运算电路可用叠加定理来分析，图 9.20(a)、(b)分别表示反相输入信号作用时和同相输入信号作用时的电路。

图 9.20(a)为反相求和运算电路，其输出电压为

$$u_{o1} = -\left(\frac{R_f}{R_1}u_{i1} + \frac{R_f}{R_2}u_{i2}\right)$$

图 9.20(b)为同相求和运算电路，其输出电压为

$$u_{o2} = \left(\frac{R_f}{R_3}u_{i3} + \frac{R_f}{R_4}u_{i4}\right)$$

因此，当所有输入信号同时作用时的输出电压为

$$u_o = u_{o1} + u_{o2} = \left(\frac{R_f}{R_3}u_{i3} + \frac{R_f}{R_4}u_{i4} - \frac{R_f}{R_1}u_{i1} - \frac{R_f}{R_2}u_{i2}\right) \tag{9-36}$$

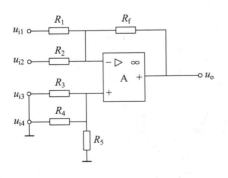

(a) 反相输入信号作用时电路

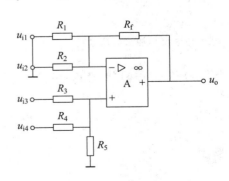

(b) 同相输入信号作用时电路

图 9.20 用叠加定理分析加减运算电路

例 9-4 设计一个运算电路,要求输出电压与输入电压的运算关系式满足 $u_o = (5u_{i1} - 4u_{i2} - 2u_{i3})$。

解:由已知的运算关系式可知,该电路为加减运算电路,其中输入信号 u_{i1} 从运放的同相端输入,u_{i2} 和 u_{i3} 从反相端输入,电路如图 9.21 所示。

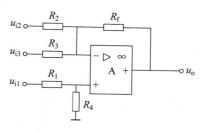

图 9.21 例 9-4 电路

选取负反馈电阻 $R_f = 100\text{k}\Omega$,当电阻满足 $R_1 // R_4 = R_2 // R_3 // R_f$ 时,有

$$u_o = \left(\frac{R_f}{R_1}u_{i1} - \frac{R_f}{R_2}u_{i2} - \frac{R_f}{R_3}u_{i3} \right)$$

根据运算关系式,$R_f/R_1 = 5$,$R_f/R_2 = 4$,$R_f/R_3 = 2$,可得 $R_1 = 20\text{k}\Omega$,$R_2 = 25\text{k}\Omega$,$R_3 = 50\text{k}\Omega$。

又因为 $R_1 // R_4 = R_2 // R_3 // R_f$,得 R_4 的阻值为

$$\frac{1}{R_4} = \frac{1}{R_2} + \frac{1}{R_3} + \frac{1}{R_f} - \frac{1}{R_1} = \frac{1}{25} + \frac{1}{50} + \frac{1}{100} - \frac{1}{20} = \frac{1}{50}$$

$$R_4 = 50\text{k}\Omega$$

9.3.3 积分和微分运算电路

积分和微分互为逆运算,集成运放采用电阻和电容作为反馈网络时,可以实现这两种运算电路。积分和微分运算电路广泛应用于波形的产生、变换以及仪器仪表之中。

1. 积分运算电路

积分运算电路如图 9.22 所示。根据集成运放工作在线性区时"虚短"和"虚断"的性质,有 $u_- = u_+ = 0$,即运放反相端"虚地";并且有 $i_1 = i_C$。根据电容器上电压、电流的关系

$$i_C = C\frac{du_C}{dt} = -C\frac{du_o}{dt}$$

可得

$$\frac{u_i}{R_1} = -C\frac{du_o}{dt}$$

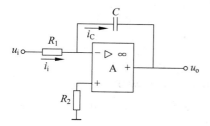

图 9.22 积分运算电路

$$u_o = -\frac{1}{R_1C}\int u_i dt \qquad (9\text{-}37)$$

当求解 $t_1 \sim t_2$ 时间段的积分值时

$$u_o = -\frac{1}{R_1C}\int_{t_1}^{t_2} u_i dt + u_o(t_1) \qquad (9\text{-}38)$$

式中 $u_o(t_1)$ 为积分起始时刻的输出电压,即积分运算的初始值。积分的终值是 t_2 时刻的输出电压。

当输入电压 u_i 为常量时,有

$$u_o = -\frac{1}{R_1C}u_i(t_2 - t_1) + u_o(t_1) \qquad (9\text{-}39)$$

当输入 u_i 为阶跃电压,并设 $t=0$ 时刻电容电压的初始值为零时,此时输出电压随输入

电压变化的波形如图 9.23(a)所示。如果输入 u_i 为方波,则输出电压随输入电压变化的波形如图 9.23(b)所示。

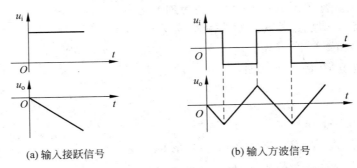

(a)输入接跃信号 　　　　　　　　　　 (b)输入方波信号

图 9.23　积分运算电路在不同输入下的输出波形

2. 微分运算电路

微分是积分的逆运算,将积分电路反相输入端的电阻 R_1 和电容 C 交换位置,则得到微分运算电路,如图 9.24 所示。根据运放输入端"虚短"和"虚断"的性质,有 $u_- = u_+ = 0$,即运放反相端"虚地";并且有 $i_1 = i_C$。因此

$$-\frac{u_o}{R_1} = C \frac{\mathrm{d}u_i}{\mathrm{d}t}$$

$$u_o = -R_1 C \frac{\mathrm{d}u_i}{\mathrm{d}t} \qquad (9-40)$$

可见输出电压与输入电压的微分成正比。

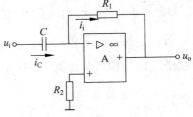

图 9.24　微分运算电路

9.4　有源滤波器

滤波器的作用是允许一定频率范围内的信号通过,并阻止其他频率的信号通过。以无源元件(R、L、C 等)构成的滤波器称为无源滤波器,以集成运放和 R、L、C 构成的滤波器称为有源滤波器。滤波器中的集成运放工作在线性区。

9.4.1　滤波器的分类

按照滤波器的工作频带不同,可以分为低通滤波器、高通滤波器、带通滤波器、带阻滤波器。通常将能通过的信号频率范围称为通带,将受阻或衰减的信号频率范围称为阻带,通带到阻带之间的临界频率称为截止频率。

设滤波器的截止频率为 f_o,如果低于 f_o 的信号可以通过,高于 f_o 的信号被衰减,这样的滤波器称为低通滤波器;反之,如果高于 f_o 的信号可以通过,低于 f_o 的信号被衰减,这样的滤波器称为高通滤波器。

设滤波器低频段的截止频率为 f_{oL},高频段的截止频率为 f_{oH},如果频率为 $f_{oL} \sim f_{oH}$ 的信号可以通过,频率低于 f_{oL} 或高于 f_{oH} 的信号被衰减的滤波器称为带通滤波器;反之,如果

频率低于 f_{oL} 和高于 f_{oH} 的信号可以通过,频率为 $f_{\text{oL}} \sim f_{\text{oH}}$ 之间的信号被衰减的滤波器称为带阻滤波器。

上述四种滤波器的理想幅频特性如图 9.25 所示。

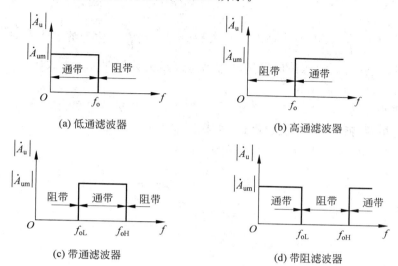

(a) 低通滤波器　　　　　　　　　(b) 高通滤波器

(c) 带通滤波器　　　　　　　　　(d) 带阻滤波器

图 9.25　各种滤波器的理想幅频特性

9.4.2　低通滤波器

由运放构成的一阶低通滤波器电路如图 9.26(a)所示。输入信号经过 RC 无源滤波网络接到运放的同相输入端。

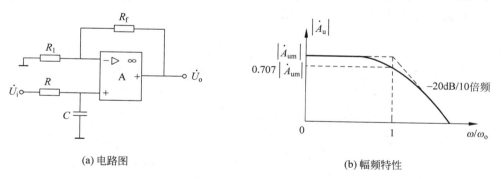

(a) 电路图　　　　　　　　　　(b) 幅频特性

图 9.26　一阶低通滤波器

根据同相比例运算电路输出电压与输入电压的关系,有

$$\dot{U}_{\text{o}} = \left(1 + \frac{R_{\text{f}}}{R_1}\right)\dot{U}_{+}$$

而

$$\dot{U}_{+} = \frac{\dfrac{1}{j\omega C}}{R + \dfrac{1}{j\omega C}}\dot{U}_{\text{i}} = \frac{1}{1 + j\omega RC}\dot{U}_{\text{i}}$$

所以电压放大倍数为

$$\dot{A}_{u} = \left(1 + \frac{R_f}{R_1}\right)\frac{1}{1 + j\omega RC} = \frac{\dot{A}_{um}}{1 + j\frac{\omega}{\omega_o}} \tag{9-41}$$

式中$\dot{A}_{um} = \left(1 + \frac{R_f}{R_1}\right)$,称为通带电压放大倍数;$\omega_o = \frac{1}{RC}$,称为滤波器的通带截止角频率,如果需要改变滤波器的截止角频率,只需调整RC的数值即可。由式(9-41)可以画出该电路的幅频特性,如图9.26(b)所示。

由幅频特性可见,当$\omega > \omega_o$时,幅频特性以-20dB/10倍频速率衰减,衰减太慢,与低通滤波器的理想幅频特性相差甚远。因此,可在一阶滤波电路的基础上,再增加一级RC电路,构成二阶滤波电路,常用的二阶低通滤波电路如图9.27所示。

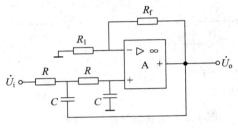

图9.27　二阶低通滤波器

9.4.3　高通滤波器

高通滤波器与低通滤波器具有对偶关系,将图9.26(a)电路中的电阻和电容位置互换,就得到一阶高通滤波器,如图9.28(a)所示。

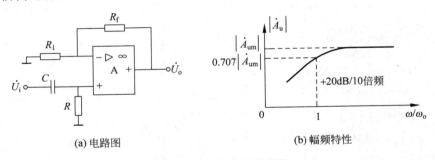

(a) 电路图　　　　　　　　　(b) 幅频特性

图9.28　一阶高通滤波器

电路输出电压为

$$\dot{U}_o = \left(1 + \frac{R_f}{R_1}\right)\dot{U}_+$$

$$\dot{U}_+ = \frac{R}{R + \frac{1}{j\omega C}}\dot{U}_i = \frac{1}{1 + \frac{1}{j\omega RC}}\dot{U}_i$$

电压放大倍数为

$$\dot{A}_{u} = \left(1 + \frac{R_f}{R_1}\right)\frac{1}{1 + \frac{1}{\mathrm{j}\omega RC}} = \frac{\dot{A}_{um}}{1 - \mathrm{j}\dfrac{\omega_o}{\omega}} \tag{9-42}$$

由式(9-42)可以画出一阶高通滤波器的幅频特性,如图 9.28(b)所示。与低通滤波器相似,一阶高通滤波器的幅频特性曲线在低频处衰减太慢,因此也可以增加一级 RC 电路,构成二阶滤波电路,二阶高通滤波电路如图 9.29 所示。

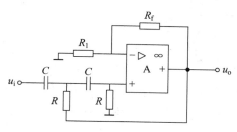

图 9.29 二阶高通滤波器

9.4.4 带通滤波器和带阻滤波器

1. 带通滤波器

将一个低通滤波器和一个高通滤波器"串联"就构成带通滤波器,其电路组成原理如图 9.30(a)所示。$\omega > \omega_{oH}$ 的信号被低通滤波器滤掉,$\omega < \omega_{oL}$ 的信号被高通滤波器滤掉,从滤波器输出的信号频率为 $\omega_{oL} < \omega < \omega_{oH}$,显然带通滤波器必须满足条件:$\omega_{oL} < \omega_{oH}$。带通滤波器的典型电路如图 9.30(b)所示。

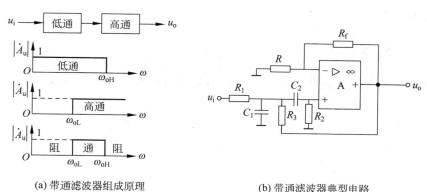

(a) 带通滤波器组成原理 (b) 带通滤波器典型电路

图 9.30 带通滤波器

2. 带阻滤波器

将一个低通滤波器和一个高通滤波器"并联"就构成带阻滤波器,其电路组成原理如图 9.31(a)所示。$\omega > \omega_{oL}$ 的信号被低通滤波器滤掉,$\omega < \omega_{oH}$ 的信号被高通滤波器滤掉,滤波器不能通过的信号频率为 $\omega_{oL} < \omega < \omega_{oH}$,显然带阻滤波器也必须满足条件:$\omega_{oL} < \omega_{oH}$。带阻滤波器的典型电路如图 9.31(b)所示。

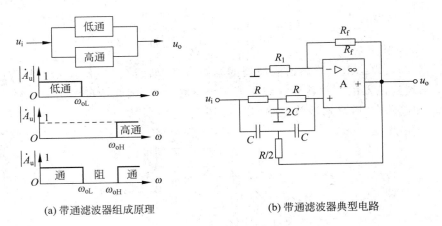

(a) 带通滤波器组成原理　　　　(b) 带通滤波器典型电路

图 9.31　带阻滤波器

9.5　电压比较器

电压比较器是将输入的模拟电压信号和基准电压相比较,并以输出的高电平和低电平表示比较的结果。它广泛应用于各种报警电路,并在自动控制、电子测量、鉴幅、模/数转换以及各种非正弦波形的产生和变换电路中具有广泛应用。

电压比较器电路中的集成运放工作在开环或正反馈状态,是集成运放的非线性应用电路。集成运放非线性应用时,输出电压只有两种可能的结果:当 $u_- > u_+$ 时,$u_o = -U_{om}$(低电平);当 $u_+ > u_-$ 时,$u_o = +U_{om}$(高电平)。本节介绍典型电压比较器的电路组成、工作原理及电压传输特性。

9.5.1　简单的电压比较器

简单的电压比较器电路如图 9.32(a)所示,输入信号 u_i 接在集成运放的反相输入端,同相输入端接参考电压 U_{REF},运放工作在开环状态。

由理想运放工作在非线性区的特点可知:当 $u_i > U_{REF}$ 时,$u_o = -U_{om}$;当 $u_i < U_{REF}$ 时,$u_o = +U_{om}$。其电压传输特性如图 9.32(b)所示。

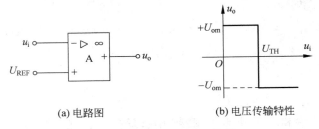

(a) 电路图　　　　　　　(b) 电压传输特性

图 9.32　简单的电压比较器

使输出电压从一个电平跳变到另一个电平时所对应的输入电压值称为阈值电压或门限电压,用 U_{TH} 表示。门限电压通常由输出电压 u_o 转换的临界条件 $u_- = u_+$ 求出。

在简单的电压比较器中，$U_{TH}=U_{REF}$。门限电压 U_{TH} 的值可正可负，也可以为零，当 $U_{TH}=0$ 时的电压比较器称为过零比较器。

例 9-5　简单的电压比较器电路如图 9.32(a)所示，输入正弦电压 $u_i=10\sin\omega t$，分别画出当 $U_{REF}=0$ 和 $U_{REF}=5V$ 时的电压传输特性以及输入、输出电压波形。

解：当 $U_{TH}=U_{REF}=0$ 时，若 $u_i>0$，则 $u_o=-U_{om}$；若 $u_i<0$，则 $u_o=+U_{om}$。电压传输特性和输入、输出电压波形如图 9.33 所示。

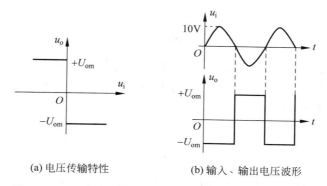

(a) 电压传输特性　　　　(b) 输入、输出电压波形

图 9.33　$U_{REF}=0$ 时的电压传输特性和输入、输出电压波形

当 $U_{TH}=U_{REF}=5$ 时，若 $u_i>5V$，则 $u_o=-U_{om}$；若 $u_i<5V$，则 $u_o=+U_{om}$。电压传输特性和输入、输出电压波形如图 9.34 所示。

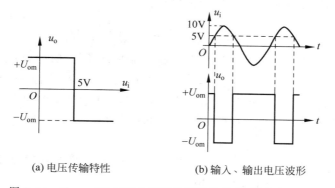

(a) 电压传输特性　　　　(b) 输入、输出电压波形

图 9.34　$U_{REF}=5V$ 时的电压传输特性和输入、输出电压波形

9.5.2　滞回电压比较器

简单的电压比较器结构简单，灵敏度高，但抗干扰能力差，当输入信号因干扰的作用在阈值电压附近发生变化时，将造成输出电压在高、低电平之间反复跃变。在实际应用中，这种过高的灵敏度可能会造成执行机构的误动作，产生不利后果。滞回电压比较器能克服简单电压比较器抗干扰能力差的缺点。

反相输入滞回电压比较器电路如图 9.35(a)所示。输入信号加在运放反相输入端，输出电压 u_o 经过电阻 R_1、R_2 接到运放同相输入端，形成正反馈，u_o 与参考电压 U_{REF} 共同作用决定门限电压 U_{TH}。R_3 为限流电阻，与双向稳压管 D_z 组成限幅电路，将输出电压钳制在 $\pm U_z$。

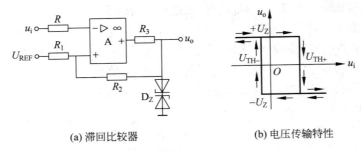

(a) 滞回比较器　　　　　　　(b) 电压传输特性

图 9.35　反相输入滞回比较器

下面根据理想运放非线性应用的特点：输入端"虚断"以及输出电压发生跃变的临界条件 $u_- = u_+$，推导门限电压 U_{TH} 的大小。门限电压应该是使运放同相输入端和反相输入端电位相等时的输入电压值。

由叠加定理得

$$u_+ = \frac{R_2}{R_1 + R_2}U_{REF} + \frac{R_1}{R_1 + R_2}u_o \tag{9-43}$$

当满足 $u_- = u_+$ 时，所求得的 u_i 就是门限电压，此电路中 $u_i = u_- = u_+$。上式中输出电压 u_o 的取值有两个，当 $u_o = +U_Z$ 时，得

$$U_{TH+} = \frac{R_2}{R_1 + R_2}U_{REF} + \frac{R_1}{R_1 + R_2}U_Z \tag{9-44}$$

U_{TH+} 称为上限门限电压。当 $u_o = -U_Z$ 时，得

$$U_{TH-} = \frac{R_2}{R_1 + R_2}U_{REF} - \frac{R_1}{R_1 + R_2}U_Z \tag{9-45}$$

U_{TH-} 称为下限门限电压。滞回比较器的电压传输特性如图 9.35(b)所示。

由电压传输特性可知，当输出电压 $u_o = +U_Z$ 时，此时对应的门限电压为 U_{TH+}，只有在 $u_i = U_{TH+}$ 并略高于 U_{TH+} 时，输出电压 u_o 才从 $+U_Z$ 翻转到 $-U_Z$；当输出电压 $u_o = -U_Z$ 时，此时对应的门限电压为 U_{TH-}，只有在 $u_i = U_{TH-}$ 并略低于 U_{TH-} 时，输出电压 u_o 才从 $-U_Z$ 翻转到 $+U_Z$。

上下门限电压的值可以通过调节参考电压 U_{REF} 来改变，两个门限电压的差值称为门限宽度(或称回差电压)，用 ΔU_{TH} 表示，其值为

$$\Delta U_{TH} = U_{TH+} - U_{TH-} = \frac{2R_1}{R_1 + R_2}U_Z \tag{9-46}$$

门限宽度表示滞回比较器抗干扰能力的强弱，门限宽度越宽，抗干扰能力越强，同时灵敏度越低。输入电压中的干扰信号必须大于门限电压时，才会造成输出电压的翻转，因此滞回电压比较器克服了简单电压比较器抗干扰能力差的缺点。

例 9-6　滞回电压比较器电路如图 9.35(a)所示，已知 $R_1 = 10\text{k}\Omega, R_2 = 20\text{k}\Omega, U_{REF} = 3\text{V}, U_Z = 6\text{V}$，输入正弦电压 $u_i = 6\sin\omega t$ 时，画出该电路的电压传输特性和输出电压波形。

解：由式(9-44)、(9-45)计算两个门限电压的数值

$$U_{TH+} = \frac{20}{10 + 20} \times 3 + \frac{10}{10 + 20} \times 6 = 4(\text{V})$$

$$U_{TH-} = \frac{20}{10 + 20} \times 3 - \frac{10}{10 + 20} \times 6 = 0(\text{V})$$

滞回电压比较器的电压传输特性如图 9.36(a)所示,输出电压随输入电压变化的波形如图 9.36(b)所示。

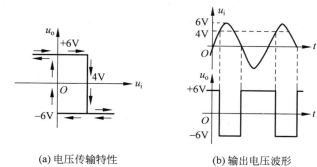

(a) 电压传输特性　　　　　(b) 输出电压波形

图 9.36　例 9-6 波形

例 9-7　滞回电压比较器电路如图 9.37 所示,已知稳压管的稳定电压 $U_Z = 6\text{V}$,$R_1 = 10\text{k}\Omega$,$R_2 = 20\text{k}\Omega$,$U_{REF} = 3\text{V}$,求该电路的门限电压。

解:此电路为同相输入滞回电压比较器。根据理想运放非线性应用时"虚断"的性质,有 $u_- = U_{REF}$。当 $u_- = u_+$ 时,输出电压发生跃变。根据叠加定理,求解门限电压的表达式为

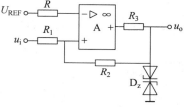

图 9.37　例 9-7 电路

$$u_+ = U_{REF} = \frac{R_2}{R_1 + R_2} u_i + \frac{R_1}{R_1 + R_2} u_o$$

解出上式中的 u_i,得

$$u_i = \frac{R_1 + R_2}{R_2} U_{REF} - \frac{R_1}{R_2} u_o$$

当 $u_o = -U_Z$ 时,得上限门限电压

$$U_{TH+} = \frac{R_1 + R_2}{R_2} U_{REF} + \frac{R_1}{R_2} U_Z \qquad (9\text{-}47)$$

当 $u_o = +U_Z$ 时,得下限门限电压

$$U_{TH-} = \frac{R_1 + R_2}{R_2} U_{REF} - \frac{R_1}{R_2} U_Z \qquad (9\text{-}48)$$

将已知数据代入(9-47)、(9-48)得

$$U_{TH+} = \frac{10 + 20}{20} \times 3 + \frac{10}{20} \times 6 = 7.5(\text{V})$$

$$U_{TH-} = \frac{10 + 20}{20} \times 3 - \frac{10}{20} \times 6 = 1.5(\text{V})$$

9.6　Protel 仿真分析

例 9-8　仿真电路原理图如图 9.38 所示。

(1) 对电路进行直流工作点分析和瞬态分析,观察 V_i、V_o 波形。

(2) 进行直流扫描分析,选择 V_i 作为主扫描信号源,设置扫描起始值为 −3V,终止值为

3V,扫描步长为 10mV,观察 V_o 随 V_i 的变换情况。

（3）进行交流小信号分析,将 V_o 作为扫描测试点,设置扫描起始频率为 1Hz,终止频率为 1GHz,采用对数扫描方式,扫描测试点数为 100,观察 V_o 的频率特性曲线。

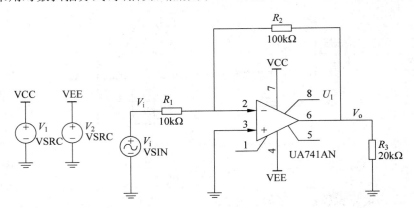

图 9.38　例 9-8 电路

解: 绘制原理图,按题目要求进行仿真分析,得到仿真结果如图 9.39 所示。

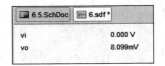

(a)直流工作点分析结果

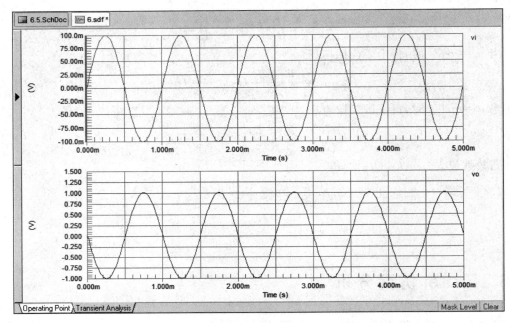

(b)瞬态分析结果

图 9.39　例 9-8 电路仿真结果

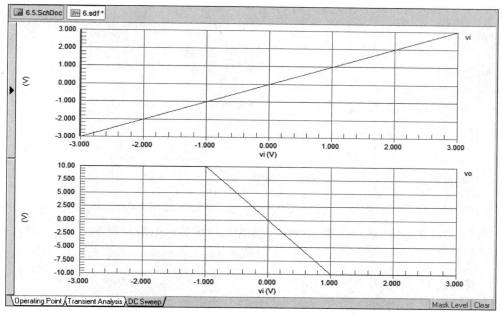

(c) 直流扫描分析结果

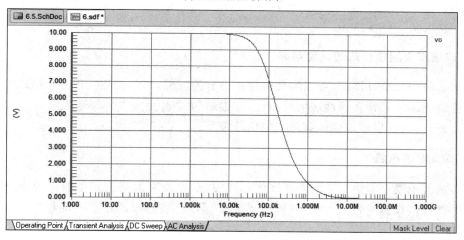

(d) 交流小信号分析结果

图 9.39 （续）

9.7 本章小结

1. 差动放大电路

本章介绍了长尾式差动放大电路和恒流源差动放大电路,重点介绍了长尾式差动放大电路不同输入、输出方式下的分析计算。

（1）差动放大电路采用双端输入时，静态工作点的计算

$$I_{CQ} \approx I_{EQ} \approx \frac{U_{EE} - U_{BE}}{2R_e}$$

$$I_{BQ} = I_{CQ}/\beta$$

$$U_{CEQ} \approx U_{CC} - I_{CQ}R_c + U_{BEQ}$$

（2）双端输出时，差模电压放大倍数、共模电压放大倍数、输出电阻

$$A_{ud} = -\frac{\beta\left(R_c // \frac{R_L}{2}\right)}{(R_b + r_{be})}, \quad A_{uc} = 0(理想值), \quad R_o = 2R_c$$

（3）单端输出时，差模电压放大倍数、共模电压放大倍数、输出电阻

$$A_{ud} = -\frac{1}{2}\frac{\beta(R_c//R_L)}{R_b + r_{be}}, \quad A_{uc} = \frac{\beta(R_c//R_L)}{R_b + r_{be} + (1+\beta)2R_e}, \quad R_o = R_c$$

（4）无论哪种输入、输出方式，差动放大电路的差模输入电阻均相等

$$R_i = 2(R_b + r_{be})$$

2. 理想集成运放的特点

理想运放工作在线性区的特点：①"虚短"$u_- = u_+$；②"虚断"$i_- = i_+ = 0$。

理想运放工作在非线性区的特点：① 当 $u_- > u_+$ 时，$u_o = -U_{om}$，当 $u_+ > u_-$ 时，$u_o = +U_{om}$；②"虚断"$i_- = i_+ = 0$。

3. 理想集成运放组成的运算电路

理想运放引入负反馈后，可以实现对模拟信号的比例、加法、减法、积分和微风等数学运算。根据理想运放工作在线性区的特点——"虚短"和"虚断"，学会对运放组成的运算电路进行分析和计算，求出输出电压和输入电压的关系。

4. 有源滤波电路

有源滤波电路一般由 RC 网络和集成运放组成，组成有源滤波器中的集成运放工作在线性区。滤波器按幅频特性分类，有低通滤波器、高通滤波器、带通滤波器和带阻滤波器四种类型。

5. 电压比较器

电压比较器是运放的非线性应用电路，根据理想运放工作在非线性区的特点，电压比较器的输出只有两种可能的状态：高电平和低电平。电压比较器可以将模拟信号转换成数字信号。

电压比较器输出电压和输入电压的关系通常用电压传输特性来描述。电压传输特性具有三个要素：①输出高、低电平，它由运放输出电压的最大值和限幅电路决定；②门限电压，是使运放同相输入端和反相输入端电位相等时的输入电压值；③输入电压达到门限电压时，输出电压的跃变方向，它取决于输入信号是作用于运放的同相输入端还是反相输入端。

本章介绍了简单的电压比较器和滞回电压比较器。简单的电压比较器只有一个门限电

压,这种比较器的灵敏度高,抗干扰能力差;滞回电压比较器对应于两个不同的输出状态有两个门限电压,它克服了简单电压比较器抗干扰能力差的缺点。

习题

9-1 差动放大电路抑制零点漂移的原理是什么?用什么指标来衡量其抑制零点漂移的能力?

9-2 差动放大电路采用双端输出方式和单端输出方式时,其共模放大倍数和共模抑制比有何不同?

9-3 长尾式差动放大电路中,发射极电阻 R_e 的作用是什么?

9-4 差动放大电路如图 9.40 所示,设两只晶体管特性相同,$\beta=100$,$U_{BE}=0.7V$,$r_{be}=1k\Omega$,输入直流信号为 $u_{i1}=10mV$,$u_{i2}=30mV$,求:(1)静态工作点;(2)共模输入电压和差模输入电压;(3)估算差模电压放大倍数 A_{ud} 和共模电压放大倍数 A_{uc};(4)差模输出电压和共模输出电压。

9-5 差动放大电路如图 9.41 所示,设两只晶体管特性相同,$\beta=60$,$r_{be}=1k\Omega$,求:(1)差模电压放大倍数 A_{ud} 和共模电压放大倍数 A_{uc};(2)共模抑制比;(3)差模输入电阻和输出电阻。

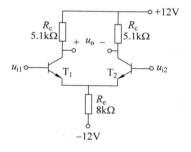
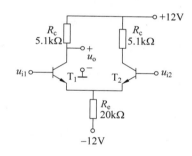

图 9.40 习题 9-4 电路   图 9.41 习题 9-5 电路

9-6 理想集成运放工作在线性区和非线性区时有什么重要特点?

9-7 集成运放组成运算电路时工作在什么区域?组成有源滤波电路时工作在什么区域?组成电压比较器电路时工作在什么区域?

9-8 电路如图 9.42 所示,当输入电压 $u_i=0.5V$ 时,如果输出电压为 $u_o=-5V$,求电路中电阻 R_1 和 R_2 的值,并计算电路的输入电阻和输出电阻。

9-9 运放组成的两级放大电路如图 9.43 所示,说明这两级电路分别能完成什么运算,写出输出电压与输入电压之间的关系式。

9-10 在如图 9.44 所示各电路中,写出输出电压与输入电压之间的运算关系式。

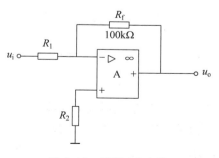

图 9.42 习题 9-8 电路

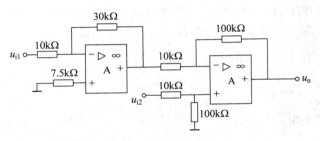

图 9.43 习题 9-9 电路

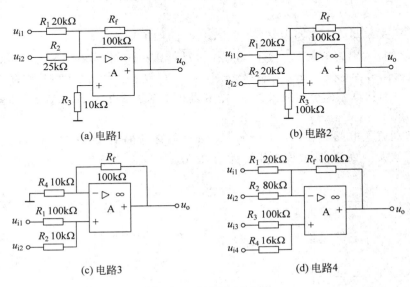

(a) 电路1

(b) 电路2

(c) 电路3

(d) 电路4

图 9.44 习题 9-10 电路

9-11 在如图 9.45 所示各电路中,推导输出电压与输入电压之间的函数关系式。

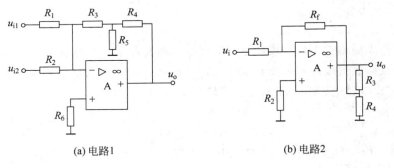

(a) 电路1

(b) 电路2

图 9.45 习题 9-11 电路

9-12 用集成运放设计能完成下列运算关系的电路,并计算出各电阻的阻值,括号中反馈电阻和电容的值是给定的。

(1) $u_o = -(u_{i1} + 2u_{i2} + 5u_{i3})(R_f = 100\text{k}\Omega)$

(2) $u_o = 2u_{i1} + 2.5u_{i2} - 5u_{i3}(R_f = 200\text{k}\Omega)$

（3）$u_o = -100\int u_i dt (C_f = 0.1\mu F)$

9-13　在如图 9.46(a)所示电路中,已知输入信号 u_i 的波形如图 9.46(b)所示,写出输出电压 u_o 表达式,如果 $t=0$ 时,$u_o = 5V$,对应 u_i 画出输出电压 u_o 的波形。

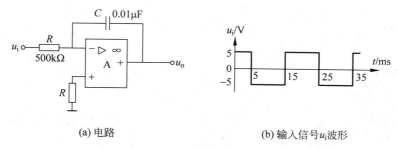

　　(a)电路　　　　　　　　　　　　　(b)输入信号u_i波形

图 9.46　习题 9-13 电路

9-14　在如图 9.47 所示电路中,推导各电路的电压放大倍数,并说明它们是哪种类型的滤波器,并定性画出其幅频特性。

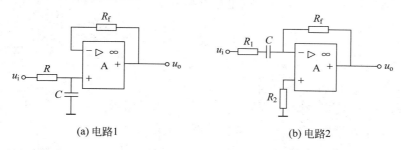

　　(a)电路1　　　　　　　　　　　　　(b)电路2

图 9.47　习题 9-14 电路

9-15　在如图 9.48 电路中,推导电路输出电压与输入电压的函数关系式,并说明它属于哪种类型的滤波器(设 $R_1C_1 > R_2C_2$)。

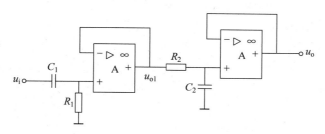

图 9.48　习题 9-15 电路

9-16　电压比较器如图 9.49 所示。稳压管的稳定电压为 $U_Z = 6V$,正向管压降为 0.7V,输入电压为 $u_i = 10\sin\omega t$ V,$U_{REF} = 3V$,画出电压传输特性和输出电压 u_o 的波形。

9-17　如图 9.50 所示电路中,已知 $U_Z = 6V$,$U_{REF} = 3V$,求该电路的门限电压,并画出电压传输

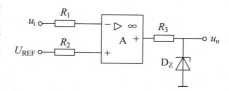

图 9.49　习题 9-16 电路

特性。

9-18　迟滞电压比较器如图 9.51 所示,已知运放的最大输出电压为 $U_{om}=\pm 12V$,求该电路的门限电压,并画出电压传输特性。

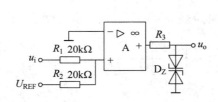

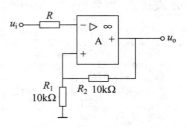

图 9.50　习题 9-17 电路　　　　　　　　图 9.51　习题 9-18 电路

9-19　如图 9.52 所示电路中,稳压管的稳定电压 $U_Z=6V$,$U_{REF}=9V$,求该电路的门限电压,并画出电压传输特性。

9-20　如图 9.53 所示电路中,已知 $U_Z=6V$,求该电路的门限电压,画出电压传输特性。当输入正弦电压 $u_i=10\sin\omega t$ 时,画出输出电压波形。

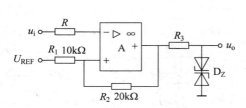

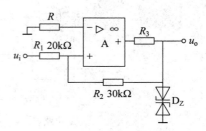

图 9.52　习题 9-19 电路　　　　　　　　图 9.53　习题 9-20 电路

第10章

波形产生电路

本章学习目标

- 掌握正弦波振荡电路的组成和振荡原理;
- 掌握 RC 桥式正弦波振荡电路的组成、工作原理;
- 理解 LC 正弦波振荡电路组成、工作原理和性能特点;
- 了解非正弦波振荡电路的组成、工作原理、波形分析和主要参数。

波形产生电路是指在无外加输入信号的情况下,能自动产生一定频率和一定振幅的交流信号。按输出波形的不同,可以分为正弦波产生电路和非正弦波产生电路。本章首先介绍正弦波产生电路的组成和振荡条件,介绍 RC 正弦波振荡电路和 LC 正弦波振荡电路的选频特性、振荡频率和起振条件。然后介绍非正弦波产生电路,包括矩形波、三角波和锯齿波产生电路,介绍它们的组成、工作原理和振荡周期的计算。

10.1 正弦波产生电路

正弦波产生电路能产生正弦波输出,它是在放大电路的基础上加上正反馈而形成的,它是各类波形发生器和信号源的核心电路。正弦波产生电路也称为正弦波振荡电路或正弦波振荡器。

10.1.1 产生正弦波振荡的条件

在图 10.1 中,先将开关 S 接在 1 端,此时在放大电路的输入端接正弦电压 $\dot{U}_i$,$\dot{U}_i$ 经过放大电路和反馈网络后,在 2 端得到一个同频率的正弦电压 $\dot{U}_f$,如果 $\dot{U}_f$ 与输入信号 $\dot{U}_i$ 完全相等,则将开关 S 倒向 2 端,放大电路的输出信号 $\dot{U}_o$ 仍与原来相同。此时电路未加任何输入信号,却在输出端得到了一个正弦波输出电压。也就是说,放大电路产生了正弦波振荡。由此可知,放大电路产生正弦波振荡的条件为

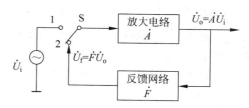

图 10.1 正弦波振荡的条件

$$\dot{U}_f = \dot{U}_i \tag{10-1}$$

因为
$$\dot{U}_f = \dot{F}\dot{U}_o = \dot{F}\dot{A}\dot{U}_i = \dot{U}_i$$

所以产生正弦波振荡的条件也可表示为
$$\dot{A}\dot{F} = 1 \tag{10-2}$$

上式可以分别用幅度平衡条件和相位平衡条件来表示。

(1) 幅度平衡条件:
$$|\dot{A}\dot{F}| = 1 \tag{10-3}$$

(2) 相位平衡条件:
$$\varphi_A + \varphi_f = \pm 2n\pi \quad (n = 0,1,2,\cdots) \tag{10-4}$$

相位平衡条件意味着振荡电路的反馈网络必须是正反馈。

幅度平衡条件 $|\dot{A}\dot{F}| = 1$ 是表示振荡电路维持正弦波稳幅振荡时的条件。但若要求振荡电路能够自行起振,在振荡开始时必须满足起振条件
$$|\dot{A}\dot{F}| > 1 \tag{10-5}$$

电路起振后,由于环路增益大于1,因此振荡幅度逐渐增大,当振荡幅度达到一定值时,由于电路中非线性元件的限制,使 $|\dot{A}\dot{F}|$ 值逐步下降,最后达到 $|\dot{A}\dot{F}| = 1$,此时振荡电路处于稳幅振荡状态,输出电压的幅度达到稳定。

10.1.2 正弦波振荡电路的组成

正弦波振荡电路通常由以下四部分组成。

(1) 放大电路:保证电路能够在起振到动态平衡的过程中使电路获得一定幅值的输出量。

(2) 正反馈网络:使电路满足相位平衡条件,以反馈信号作为放大电路的输入信号。

(3) 选频网络:选择某单一频率满足振荡条件,使输出为单一频率的正弦波信号。根据选频网络所用元件的类型,一般可以把正弦波振荡电路分为 RC 正弦波振荡电路、LC 正弦波振荡电路、石英晶体正弦波振荡电路。

(4) 稳幅电路:稳幅是指"起振→增幅→等幅"的振荡建立过程,也就是从 $|\dot{A}\dot{F}| > 1$ 到达 $|\dot{A}\dot{F}| = 1$(稳定)的过程。稳幅电路是使输出信号幅值稳定的电路,通常采用非线性元件来自动调节反馈的强弱以维持输出电压恒定。

在实际应用中,通常放大和稳幅"合二为一",选频和正反馈"合二为一"。判断一个电路是否为正弦波振荡器,首先看其电路是否由上述四部分组成,然后判断它能否产生振荡,通常采用下述方法:

(1) 判断放大电路能否正常工作,即是否有合适的静态工作点,且动态信号是否能够输入、输出和放大。

(2) 判断电路是否满足相位平衡条件,即反馈网络是否为正反馈。相位平衡条件是判断振荡电路能否振荡的基本条件,可用瞬时极性判断方法。

(3) 判断电路是否满足幅度平衡条件,欲使振荡电路能自行起振,必须满足 $|\dot{A}\dot{F}| > 1$ 的幅度条件。达到稳幅振荡后,须满足 $|\dot{A}\dot{F}| = 1$。

10.1.3 RC 正弦波振荡电路

采用 RC 选频网络构成的振荡电路称为 RC 正弦波振荡器,它适用于低频振荡,一般用于产生 1Hz~1MHz 的低频信号。本小节介绍最具典型性的 RC 桥式正弦波振荡电路。

1. 电路原理图

RC 桥式正弦波振荡电路如图 10.2 所示,RC 串并联网络是正反馈网络,同时也是振荡电路中的选频网络。R_1 和 R_f 负反馈网络构成了同向比例放大电路。RC 正反馈支路与 R_1、R_f 负反馈支路正好构成一个四臂电桥,电桥的对角线顶点分别接到了运放的两个输入端,因此称为桥式振荡电路。

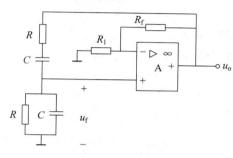

图 10.2 RC 桥式振荡电路

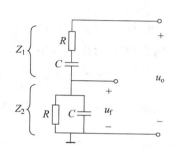

图 10.3 RC 串并联网络

2. RC 串并联网络的选频特性

RC 串并联网络如图 10.3 所示。RC 串联支路的阻抗用 Z_1 表示,RC 并联支路的阻抗用 Z_2 表示,则有

$$Z_1 = R + \frac{1}{j\omega C}, \quad Z_2 = R // \frac{1}{j\omega C} = \frac{R}{1 + j\omega RC}$$

反馈网络的反馈系数为

$$\dot{F} = \frac{\dot{U}_f}{\dot{U}_o} = \frac{Z_2}{Z_1 + Z_2} = \frac{\dfrac{R}{1 + j\omega RC}}{\left(R + \dfrac{1}{j\omega C}\right) + \dfrac{R}{1 + j\omega RC}}$$

将上式整理后得

$$\dot{F} = \frac{\dot{U}_f}{\dot{U}_o} = \frac{1}{3 + j\left(\omega RC - \dfrac{1}{\omega RC}\right)} = \frac{1}{3 + j\left(\dfrac{\omega}{\omega_o} - \dfrac{\omega_o}{\omega}\right)} \tag{10-6}$$

其中

$$\omega_o = \frac{1}{RC}$$

由式(10-6)可得 RC 串并联网络的幅频特性和相频特性分别为

$$|\dot{F}| = \frac{1}{\sqrt{3^2 + \left(\dfrac{\omega}{\omega_o} - \dfrac{\omega_o}{\omega}\right)^2}} \tag{10-7}$$

$$\varphi_f = -\arctan\frac{\left(\dfrac{\omega}{\omega_o} - \dfrac{\omega_o}{\omega}\right)}{3} \tag{10-8}$$

由式(10-7)、(10-8)可知,当

$$\omega = \omega_o = \frac{1}{RC} \quad \text{或} \quad f = f_o = \frac{1}{2\pi RC} \tag{10-9}$$

时,$|\dot{F}|$ 达到最大值 $\dfrac{1}{3}$,相移 $\varphi_f = 0$。其频率特性曲线如图 10.4 所示。

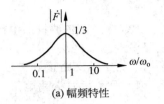

(a) 幅频特性

3. 振荡频率和起振条件

(1) 振荡频率

在如图 10.2 所示 RC 桥式正弦波振荡电路中,由于放大电路采用的是同相比例运算电路,因此放大电路的相移为 $\varphi_a = 0$。由 RC 串并联电路的选频特性可知,当 $\omega = \omega_o = \dfrac{1}{RC}$ 时,选频电路的相移为 $\varphi_f = 0$,此时满足相位平衡条件

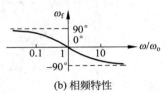

(b) 相频特性

图 10.4　RC 串并联网络的频率特性曲线

$$\varphi_a + \varphi_f = 2n\pi$$

所以只有 $\omega = \omega_o$ 的信号才满足相位平衡条件,ω_o 称为振荡角频率,电路的振荡频率为

$$f_o = \frac{1}{2\pi RC} \tag{10-10}$$

(2) 起振条件

为使振荡电路产生振荡,还应满足起振条件 $|\dot{A}\dot{F}| > 1$。而图 10.3 所示 RC 串并联网络的反馈系数 $\dot{F}$,即反馈信号与输出信号之比,在 $\omega = \omega_o$ 时达到最大值 1/3。同相比例运算电路的放大倍数为

$$\dot{A} = 1 + \frac{R_f}{R_1}$$

因此 RC 桥式正弦波振荡电路的起振条件为

$$\dot{A} = 1 + \frac{R_f}{R_1} > 3 \tag{10-11}$$

即

$$R_f > 2R_1 \tag{10-12}$$

可见,只要满足式(10-11)或(10-12)就可以产生振荡。起振时,由于电路中存在噪声,其中也包括 $\omega = \omega_o$ 的频率成分。这些噪声信号经过放大,再经过正反馈的选频网络,使输出幅度越来越大,最后由于电路中非线性元件的限制,使振荡幅度自动稳定下来。起振时,$\dot{A} = 1 + \dfrac{R_f}{R_1}$ 略大于 3,达到稳幅振荡时 $\dot{A} = 1 + \dfrac{R_f}{R_1} = 3$。

4. 稳幅措施

稳幅可以采用非线性元件,如热敏电阻、半导体二极管和稳压管、场效应管等,来自动稳

定输出电压的幅度。

在 RC 桥式振荡电路中,采用热敏电阻稳幅通常有两种方法。一是用一个具有负温度系数的热敏电阻来代替 R_f。当输出电压增大时,流过 R_f 上的电流增大,即温度升高,R_f 的阻值减小,放大电路的增益下降,使输出电压下降。反之,当输出电压下降时,通过热敏电阻的自动调节作用,也会使输出电压自动增大。二是采用正温度系数的电阻代替 R_1,也可以实现自动稳幅。

采用二极管稳幅的电路如图 10.5(a)所示,图中在 R_f 两端并联两只二极管 D_1、D_2 用来稳定振荡器的输出 u_o。当输出幅度较小时,流过二极管的电流也较小,设相应的工作点位置在 A、B 处,如图 10.5(b)所示,此时二极管的等效电阻(直线 AB 的斜率倒数)较大,相应的放大电路增益也较大。当振荡达到一定幅度后,流过二极管的电流增大,设工作点位置到达 C、D 处,此时二极管的等效电阻减小,增益下降,达到稳幅的目的。

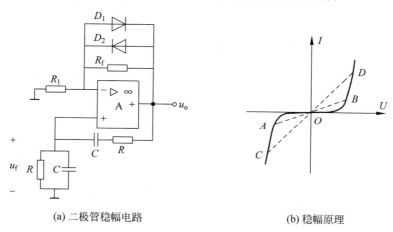

(a) 二极管稳幅电路   (b) 稳幅原理

图 10.5 采用二极管稳幅的 RC 正弦波振荡电路

例 10-1 RC 正弦波振荡电路如图 10.2 所示,其中 $R = 1\text{k}\Omega$,$C = 0.1\text{F}$,$R_1 = 10\text{k}\Omega$,问 R_f 为多大时电路才能起振? 振荡频率是多少?

解:电路的起振条件为

$$\dot{A} = 1 + \frac{R_f}{R_1} > 3 \quad 即 \quad R_f > 2R_1$$

因此当 $R_f > 2R_1 = 20\text{k}\Omega$ 时电路才能起振,振荡频率为

$$f_o = \frac{1}{2\pi RC} = \frac{1}{2 \times 3.14 \times 1 \times 10^3 \times 0.1 \times 10^{-6}} \approx 1.59\text{kHz}$$

10.1.4 LC 正弦波振荡电路

LC 正弦波振荡电路通常用来产生频率在 1MHz 以上的高频信号。其电路构成与 RC 正弦波振荡电路相似,包括放大电路、正反馈网络、选频网络和稳幅电路。这里的选频网络是由 LC 并联回路构成的,因而称为 LC 正弦波振荡电路。

常见的 LC 正弦波振荡电路有变压器反馈式、电感三点式、电容三点式三种。它们都是采用 LC 并联回路构成选频网络,下面先介绍 LC 并联回路的选频特性。

1. LC 并联回路的选频特性

如图 10.6(a)所示电路是一个 LC 并联电路,考虑到实际 LC 并联网络存在损耗,因此用电阻 R 表示回路的等效损耗电阻,如图 10.6(b)所示。电路由电流 $\dot{I}$ 激励。

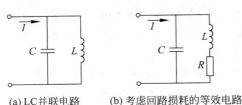

(a) LC并联电路　　(b) 考虑回路损耗的等效电路

图 10.6　LC 并联回路

LC 并联回路的等效阻抗为

$$Z = \dfrac{\dfrac{1}{j\omega C}(R+j\omega L)}{\dfrac{1}{j\omega C}+(R+j\omega L)}$$

通常 $R\ll j\omega L$,因此有

$$Z \approx \dfrac{\dfrac{1}{j\omega C}(j\omega L)}{R+j\left(\omega L-\dfrac{1}{\omega C}\right)} = \dfrac{\dfrac{L}{C}}{R+j\left(\omega L-\dfrac{1}{\omega C}\right)} \tag{10-13}$$

由式(10-13)可见,当 $\omega L=\dfrac{1}{\omega C}$ 时,电路的阻抗最大,且为纯电阻性,因此可得谐振角频率和谐振频率分别为

$$\omega_\circ = \dfrac{1}{\sqrt{LC}} \tag{10-14}$$

$$f_\circ = \dfrac{1}{2\pi\sqrt{LC}} \tag{10-15}$$

谐振时电路的等效阻抗称为谐振阻抗,用符号 $Z_\circ$ 表示,其值为

$$Z_\circ = \dfrac{L}{CR} \tag{10-16}$$

在 LC 谐振回路中,为评价谐振回路损耗的大小,常引入品质因数 Q,它定义为回路谐振时的感抗(或容抗)与回路等效损耗电阻 R 之比,即

$$Q = \dfrac{\omega_\circ L}{R} = \dfrac{1}{\omega_\circ CR} = \dfrac{1}{R}\sqrt{\dfrac{L}{C}} \tag{10-17}$$

将式(10-17)代入式(10-16),可得谐振阻抗

$$Z_\circ = \dfrac{L}{CR} = Q\omega_\circ L = \dfrac{Q}{\omega_\circ C} = Q\sqrt{\dfrac{L}{C}} \tag{10-18}$$

一般 LC 谐振回路的 Q 值在几十到几百范围内,Q 值愈大,回路的损耗愈小,谐振阻抗值愈大,电路的选频特性就愈好。

LC 并联回路谐振时的输入电流为

$$\dot{I} = \dfrac{\dot{U}}{Z_\circ} = \dfrac{\dot{U}}{Q\omega_\circ L}$$

而流过电感和电容的电流为

$$|\dot{I}_L| \approx |\dot{I}_C| = \dfrac{U}{\omega_\circ L} = Q|\dot{I}| \tag{10-19}$$

由于 $Q \gg 1$，所以 $|\dot{I}_L| \approx |\dot{I}_C| \gg |\dot{I}|$，说明谐振时 LC 并联回路的电流比输入电流大得多。

综上所述，谐振时 LC 并联回路的阻抗最大，且为纯电阻性，电路的相移也为零。因此可以画出 LC 并联回路的幅频特性和相频特性曲线，如图 10.7 所示。

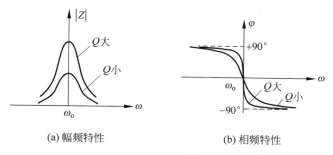

(a) 幅频特性   (b) 相频特性

图 10.7　LC 并联电路的幅频特性和相频特性

2. 变压器反馈式 LC 正弦波振荡电路

变压器反馈式 LC 正弦波振荡电路如图 10.8 所示。图中正弦波振荡电路由放大、选频和反馈部分等组成。选频网络由 LC 并联电路组成，反馈由变压器绕组 L_2 来实现。因此称为变压器反馈式振荡电路。

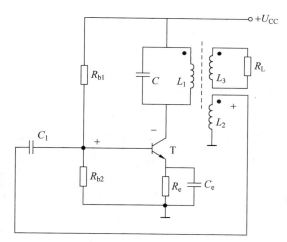

图 10.8　变压器反馈式 LC 正弦波振荡电路

首先分析电路是否满足振荡的相位平衡条件，用瞬时极性法来判断。在放大电路输入端（即反馈信号的引入处）假设一个输入信号的瞬时极性，如果反馈信号的瞬时极性与输入信号的瞬时极性一致，则为正反馈，满足相位平衡条件。在如图 10.8 所示电路中，假设三极管的基极瞬时极性为"＋"，则集电极电位与基极反相，为"－"极性，再根据变压器的同名端可以判断出 L_2 绕组上端瞬时极性为"＋"，即反馈电压 $\dot{U}_f$ 与输入电压 $\dot{U}_i$ 同相。因此电路满足相位平衡条件。

从相位平衡条件的分析过程中可以看出，只有谐振频率为 f_o 的信号，才满足振荡的相位平衡条件，所以该电路的振荡频率就是 LC 回路的谐振频率，即

$$f_{\text{o}} = \frac{1}{2\pi \sqrt{LC}} \tag{10-20}$$

振荡电路的起振条件是 $\dot{U}_f > \dot{U}_i$,通过调整反馈线圈的匝数可以改变反馈信号的强度,以使正反馈的幅度条件得以满足。可以证明,振荡电路的起振条件为

$$\beta > \frac{r_{\text{be}}RC}{M} \tag{10-21}$$

式中 M 为绕组 N_1 和 N_2 之间的互感,R 是折合到谐振回路中的等效损耗电阻。

3. 三点式 LC 正弦波振荡电路

三点式正弦波振荡电路有电感三点式和电容三点式两种,它们都是以 LC 回路为选频网络,在谐振回路中有三个引出端,分别接到三极管的 e、b、c 三个电极上,因此称为三点式振荡电路。

电感三点式 LC 正弦波振荡电路如图 10.9 所示。电感线圈 L_1 和 L_2 是一个线圈,②点是中间抽头,电感线圈的三个引出端分别接到了三极管的三个电极上,因此称为电感三点式振荡电路。

图 10.9 中反馈电压取自 L_2 两端,反馈信号接至三极管的发射极,因此放大电路为共基极接法。用瞬时极性法可以判断,电路满足相位平衡条件。

电感三点式正弦波振荡电路的振荡频率为

$$f_{\text{o}} = \frac{1}{2\pi \sqrt{L'C}} \tag{10-22}$$

其中 L' 是谐振回路的等效电感,其值为

$$L' = L_1 + L_2 + 2M \tag{10-23}$$

电容三点式 LC 正弦波振荡电路如图 10.10 所示。它用两个电容 C_1 和 C_2 作为谐振回路电容,将 C_1、C_2 的公共端和另外两端分别接到三极管的三个电极上,构成电容三点式振荡电路。

电路中反馈电压取自电容 C_2 两端的电压,反馈信号加到三极管的基极,集电极输出,因此放大电路为共射极接法。用瞬时极性法判断,电路满足相位平衡条件。

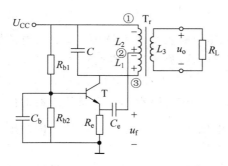

图 10.9 电感三点式 LC 正弦波振荡电路

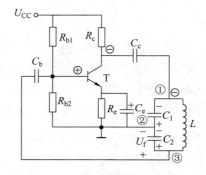

图 10.10 电容三点式振荡电路

电容三点式正弦波振荡电路的振荡频率为

$$f_{\circ} = \frac{1}{2\pi \sqrt{LC'}}$$

(10-24)

其中 C' 是谐振回路的等效电容,其值为

$$C' = \frac{C_1 C_2}{C_1 + C_2}$$

(10-25)

4. 石英晶体振荡电路

(1) 石英晶体的基本特性和等效电路

将二氧化硅晶体按照一定的方向切割成薄晶片并将两个对应的表面抛光,涂覆银层,作为两个电极引出引脚,加以封装,就构成了石英晶体谐振器。其结构示意图和符号如图 10.11 所示。

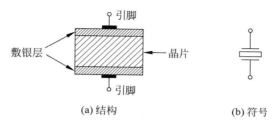

(a) 结构   (b) 符号

图 10.11 石英晶体谐振器的结构和符号

若在石英晶片的两极加上一个电场,晶片将会产生机械变形。相反,若在晶片上施加机械压力,则在晶片相应的方向上会产生一定的电场,这种物理现象称为压电效应。因此,当在晶片的两极加上交变电压时,晶片将会产生机械变形振动,同时晶片的机械振动又会产生交变电场。在一般情况下,晶片的机械振动的振幅和交变电场的振幅都非常小,只有在外加交变电压的频率为某一特定频率时,振幅才会突然增加,比一般情况下的振幅要大得多,这种现象称为压电谐振,这和 LC 回路的谐振现象十分相似,因此,石英晶体又称为石英晶体谐振器,上述特定频率称为晶体的固有频率或谐振频率。

石英晶体谐振器的等效电路如图 10.12(a)所示。其中 C_0 为晶体的静电电容,当晶体不振动时,可以将它看成一个平行板电容器。其值一般约为几个皮法到几十皮法。当晶体振动时,有一个机械振动的惯性,用电感 L 来等效,一般 L 值为几十毫亨到几百亨。晶片的弹性用电容 C 来等效,C 值很小,约为 $10^{-2} \sim 10^{-1}\text{pF}$。晶片振动时,因磨擦而造成的损耗则用电阻 R 来等效,它的数值约为 100Ω。由于晶片的等效电感 L 很大,而等效电容 C 很小,电阻 R 也小,因此回路的品质因数 Q 很大,可达 $10^4 \sim 10^6$,再加上晶片本身的固有频率只与晶片的几何尺寸有关,所以很稳定,而且可做得很精确。因此,利用石英晶体谐振器组成振荡电路,可获得很高的频率稳定性。

从石英晶体谐振器的等效电路可以看出,石英晶体有两个谐振频率。一个是 L、C、R 串联支路发生串联谐振时的谐振频率 f_s,其值为

$$f_s = \frac{1}{2\pi \sqrt{LC}}$$

(10-26)

发生串联谐振时,L、C、R 串联支路的等效阻抗最小,等于电阻 R。

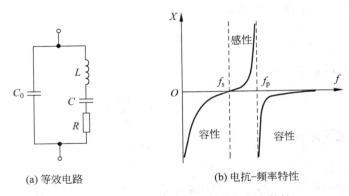

(a) 等效电路　　　　　　(b) 电抗-频率特性

图 10.12　石英晶体的等效电路和频率特性

当电路的频率大于 f_s 时，L、C、R 串联支路呈感性，因此可以与并联电容 C_o 发生并联谐振，并联谐振频率为

$$f_p = \frac{1}{2\pi\sqrt{L\dfrac{CC_o}{C+C_o}}} = f_s\sqrt{1+\frac{C}{C_o}} \tag{10-27}$$

由于 $C \ll C_o$，因此 f_s 和 f_p 两个频率非常接近。根据以上分析，可以画出石英晶体的电抗-频率特性曲线，如图 10.12(b)所示。由图可见，频率在 f_s 和 f_p 之间，石英晶体呈现感性，而在此之外石英晶体呈现容性。

（2）石英晶体振荡电路

石英晶体振荡电路的形式是多样的，但其基本电路只有两类，即并联型石英晶体振荡电路和串联型石英晶体振荡电路。前者的工作频率在 f_s 和 f_p 之间，利用晶体作为一个电感来组成振荡电路；后者工作频率在串联谐振频率 f_s 处，利用阻抗最小且为纯阻性的特性来组成振荡电路。

图 10.13 为并联型石英晶体振荡电路。此时石英晶体的阻抗呈感性，与电容构成三点式电路，电路的振荡频率在 f_s 和 f_p 之间，由于 $C_o \gg C$，可以认为振荡频率 $f_o \approx f_p \approx f_s$。

图 10.14 为串联型石英晶体振荡电路，电路的工作频率为 f_s，此时晶体阻抗最小且为纯阻性，相移为零。R_f 用来调节正反馈的反馈量，若阻值太大，则反馈量太小，电路不能起振；若阻值太小，则反馈量太大，容易使输出波形发生失真。

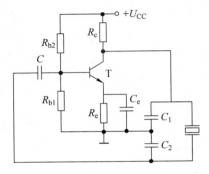

图 10.13　并联型石英晶体振荡电路

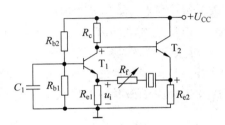

图 10.14　串联型石英晶体振荡电路

10.2 非正弦波产生电路

在实际电路中除了常见的正弦波外,还有矩形波、三角波、锯齿波等非正弦波。本节主要讲述模拟电路中常用的矩形波、三角波、锯齿波三种波形产生电路的组成、工作原理和主要参数计算。

10.2.1 矩形波产生电路

矩形波产生电路是一种能自动产生方波或矩形波的非正弦信号发生器,其电路由滞回电压比较器和 RC 积分电路组成,如图 10.15(a)所示为方波产生电路。

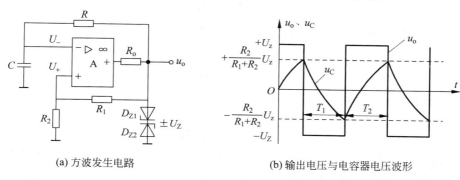

(a) 方波发生电路   (b) 输出电压与电容器电压波形

图 10.15 方波产生电路及其电压波形

1. 方波产生电路的工作原理

在图 10.15(a)中,电路的输出电压经 RC 反馈到运放的反向输入端,反向输入端电位 $U_- = u_C$。输出端通过限流电阻 R_o 和稳压管 D_{Z1}、D_{Z2} 对输出限幅,使输出电压 $u_o = \pm U_Z$。运放的同相输入端电位由 u_o 经 R_1 和 R_2 分压后得到,电路引入了正反馈,同相输入端电位为

$$U_+ = \frac{R_2}{R_1 + R_2} u_o = \frac{R_2}{R_1 + R_2} (\pm U_Z) \tag{10-28}$$

电路在电源接通瞬间,U_- 和 U_+ 必然存在差别,从而使输出电压为 $+U_Z$ 或 $-U_Z$,输出电压的值是随机产生的。设 $t=0$ 时电源接通,电容电压初始值为零,且输出电压为 $u_o = +U_Z$,此时同相输入端电位为

$$U_+ = \frac{R_2}{R_1 + R_2} U_Z$$

输出电压经电阻 R 为电容 C 充电,使反向输入端电位 $U_- = u_C$ 逐渐上升,当 $U_- = u_C$ 上升到 U_+ 再略高一点时,输出电压由 $+U_Z$ 翻转为 $-U_Z$。

当 $u_o = -U_Z$ 时,运放同相输入端电位改变为

$$U_+ = -\frac{R_2}{R_1 + R_2} U_Z$$

此时电容 C 经电阻 R 放电，使反向输入端电位 $U_- = u_C$ 逐渐下降，当 $U_- = u_C$ 下降到 U_+ 再略低一点时，输出电压由 $-U_Z$ 再次翻转为 $+U_Z$。电容器重复刚才的充电过程，如此周而复始，产生振荡，输出波形为矩形波，电容电压 u_C 及输出电压 u_o 的波形如图 10.15(b) 所示。

2. 振荡周期的计算

由图 10.15(b) 可以看出，在 $T_1 = T/2$ 时间内，电容电压是以初始值 $+\dfrac{R_2}{R_1 + R_2}U_Z$ 向稳态值 $-U_Z$ 方向变化，根据求解动态电路的三要素法，可得电容电压 u_C 随时间变化的规律为

$$u_C(t) = -U_Z + \left(\frac{R_2}{R_1 + R_2}U_Z + U_Z \right) e^{-\frac{t}{RC}} \tag{10-29}$$

当 $t = T/2$ 时，将 $u_C(t) = -\dfrac{R_2}{R_1 + R_2}U_Z$ 代入上式，得

$$-\frac{R_2}{R_1 + R_2}U_Z = -U_Z + \left(\frac{R_2}{R_1 + R_2}U_Z + U_Z \right) e^{-\frac{T}{2RC}}$$

由上面方程求解出 T，可得

$$T = 2RC\ln\left(1 + 2\frac{R_2}{R_1} \right) \tag{10-30}$$

可见，改变 R、C 或 R_1、R_2 均可改变振荡周期。如果图 10.15(a) 电路中的充电时间常数和放电时间常数不相等，则 $T_1 \neq T_2$，输出为矩形波。

3. 占空比可调的矩形波电路

显然，为了改变输出方波的占空比，应改变电容器 C 的充电和放电时间常数。利用二极管的单向导电性可以引导充电电流和放电电流流经不同的通路，从而改变电容器 C 的充电和放电时间常数。占空比可调的矩形波电路如图 10.16 所示。

在如图 10.16 所示电路中，电容 C 充电时，充电电流经电位器的下半部 R_{W2}、二极管 D_2、R；电容 C 放电时，放电电流经 R、二极管 D_1、电位器的上半部 R_{W1}。通过调节电位器 R_W 可以改变电容 C 的充放电时间常数，这样就得到了占空比可调的矩形波电路。

电路对电容充电时，时间常数是

$$\tau_{充} = (R_{W2} + r_{D2} + R)C$$

对电容放电时，时间常数是

$$\tau_{放} = (R_{W1} + r_{D1} + R)C$$

式中 r_{D1} 和 r_{D2} 是二极管 D_1、D_2 的正向导通电阻。

通过计算可得电路的占空比为

$$D = \frac{T_2}{T} = \frac{R_{W2} + r_{D2} + R}{R_W + r_{D1} + r_{D2} + 2R} \tag{10-31}$$

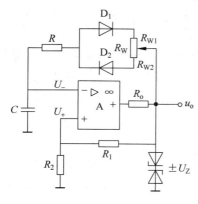

图 10.16　占空比可调的矩形波电路

10.2.2 三角波产生电路

三角波产生电路如图 10.17 所示。它是由滞回电压比较器和积分电路闭环组合而成的。集成运放 A_1 组成滞回比较器，A_2 组成积分电路。

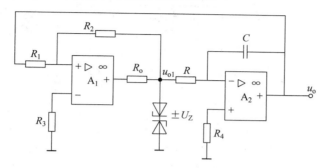

图 10.17 三角波产生电路

在如图 10.17 所示电路中，运放 A_1 的同相输入端电位 U_+ 由 u_{o1} 和 u_o 共同决定，根据叠加定理可以写出 U_+ 的表达式为

$$U_+ = \frac{R_1}{R_1 + R_2} u_{o1} + \frac{R_2}{R_1 + R_2} u_o \tag{10-32}$$

当滞回比较器在 $U_- = U_+ = 0$ 时，使输出 u_{o1} 发生翻转，此时对应的 u_o 为比较器的门限电压，因此可求出比较器的两个门限电压分别为

$$U_{TH1} = -\frac{R_1}{R_2} U_Z \quad (u_{o1} = +U_Z \text{ 时}) \tag{10-33}$$

$$U_{TH2} = \frac{R_1}{R_2} U_Z \quad (u_{o1} = -U_Z \text{ 时}) \tag{10-34}$$

若电路在 $t = 0$ 时接通，设电容电压初始值为零，且电压比较器的输出 $u_{o1} = +U_Z$，则 u_{o1} 经过电阻 R 为电容 C 充电。由于运放 A_2 的反向输入端"虚地"，所以电容的充电电流 $i_{充} = \frac{U_Z}{R}$，电容恒流充电，使得 $u_o = -u_C$ 线性下降，当 u_o 下降到 $U_{TH1} = -\frac{R_1}{R_2} U_Z$ 再略低一点时，u_{o1} 从 $+U_Z$ 跳变到 $-U_Z$，相应的比较器门限电压也变为 $U_{TH2} = \frac{R_1}{R_2} U_Z$。$u_{o1}$ 变为 $-U_Z$ 后，电容 C 通过电阻 R 恒流放电，使得 u_o 线性上升，当 u_o 上升到 U_{TH2} 再略高一点时，u_{o1} 又从 $-U_Z$ 跳变到 $+U_Z$，电容再次充电，如此周而复始，产生振荡，由于充、放电时间常数相同，因此输出 u_o 为三角波。

电路的输出 u_{o1} 和 u_o 的波形如图 10.18 所示。u_{o1} 是方波，u_o 是三角波。

从 A_2 的积分电路可以求出振荡周期，由于输出电压从 U_{TH1} 上升到 U_{TH2} 所用的时间是 $T/2$，因此可得

$$\frac{1}{RC} \int_0^{T/2} U_Z dt = 2U_{TH2}$$

将式(10-34)代入上式，得振荡周期为

$$T = \frac{4RCR_1}{R_2} \tag{10-35}$$

对于三角波产生电路,通常可以先通过调节电阻 R_1、R_2 改变输出电压的幅值;然后再通过调节 R、C,使输出频率满足要求。

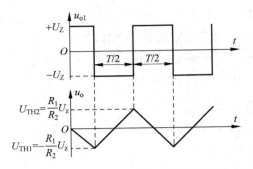

图 10.18　三角波产生电路的输出波形

10.2.3　锯齿波产生电路

如果在三角波产生电路中,有意识地使积分电容充电和放电的时间常数相差悬殊,那么输出电压上升和下降的斜率就会相差很多,从而得到锯齿波。

锯齿波产生电路如图 10.19 所示,显然为了获得锯齿波,应改变积分器的充、放电时间常数。

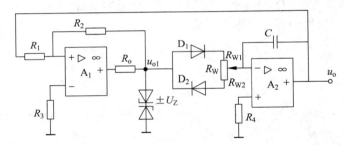

图 10.19　锯齿波产生电路

电路利用二极管的单向导电性,使积分电路中充电和放电的回路不同。通过调节电位器 R_w 可以改变充、放电时间常数,从而使输出为锯齿波,如图 10.20 所示。

锯齿波产生电路的振荡周期为 $T=T_1+T_2$,电容的充电时间为

$$T_1 = \frac{2R_1}{R_2}(R_{W1} + r_{D1})C \tag{10-36}$$

电容的放电时间为

$$T_2 = \frac{2R_1}{R_2}(R_{W2} + r_{D2})C \tag{10-37}$$

因而得电路的振荡周期为

$$T = \frac{2R_1}{R_2}(r_{D1} + r_{D2} + R_w)C \tag{10-38}$$

式中 r_{D1}、r_{D2} 分别为二极管 D_1、D_2 导通时的电阻。

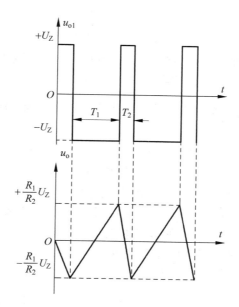

图 10.20 锯齿波产生电路的输出波形

10.3 本章小结

1. 正弦波产生电路

产生正弦波振荡的条件是 $\dot{A}\dot{F}=1$，它包括幅度平衡条件和相位平衡条件，分别为

(1) 幅度平衡条件：$|\dot{A}\dot{F}|=1$。

(2) 相位平衡条件：$\varphi_{A}+\varphi_{f}=\pm 2n\pi(n=0,1,2,\cdots)$，相位平衡条件要求振荡电路的反馈网络必须是正反馈。

振荡电路在起振时应满足起振条件：$|\dot{A}\dot{F}|>1$。判断振荡电路是否满足相位平衡条件可以通过瞬时极性法判断反馈网络引入的是否为正反馈。

正弦波振荡电路由四部分组成：放大电路、正反馈网络、选频网络、稳幅电路。

正弦波振荡电路根据选频网络的不同，可分为 RC 正弦波振荡电路、LC 正弦波振荡电路和石英晶体正弦波振荡电路。RC 桥式正弦波振荡电路的振荡频率为 $f=f_{o}=\dfrac{1}{2\pi RC}$。LC 正弦波振荡电路有变压器反馈式、电感三点式和电容三点式振荡电路，变压器反馈式振荡电路的谐振频率为 $f_{o}=\dfrac{1}{2\pi\sqrt{LC}}$；电感三点式正弦波振荡电路的振荡频率为 $f_{o}=\dfrac{1}{2\pi\sqrt{L'C}}$，其中 $L'=L_{1}+L_{2}+2M$；电容三点式正弦波振荡电路的振荡频率为 $f_{o}=\dfrac{1}{2\pi\sqrt{LC'}}$，其中 $C'=\dfrac{C_{1}C_{2}}{C_{1}+C_{2}}$。

2. 非正弦波产生电路

非正弦波产生电路有矩形波产生电路、三角波产生电路和锯齿波产生电路。

矩形波产生电路由滞回电压比较器和 RC 积分电路组成。方波产生电路的振荡周期为 $T=2RC\ln\left(1+2\dfrac{R_2}{R_1}\right)$，采用占空比可调的矩形波产生电路时，电路的占空比为

$$D=\frac{T_2}{T}=\frac{R_{\mathrm{W2}}+r_{\mathrm{D2}}+R}{R_{\mathrm{W}}+r_{\mathrm{D1}}+r_{\mathrm{D2}}+2R}$$

三角波产生电路由滞回电压比较器和积分电路闭环组合而成。当滞回电压比较器的输出分别为 $+U_{\mathrm{Z}}$、$-U_{\mathrm{Z}}$ 时，对应有两个门限电平，电路中的电容 C 不断地被充电和放电，电容电压线性上升和下降，当电容电压达到比较器门限电压时，输出波形发生跳变。滞回比较器输出波形为矩形波，积分电路输出波形为三角波。

如果在三角波产生电路中，利用二极管的单向导电性，使积分电路中充电和放电的回路不同，从而控制积分电容充电和放电的时间常数不同，则可从积分电路的输出端得到锯齿波形。

习题

10-1　正弦波振荡电路由哪几部分组成？如果没有选频网络，输出信号会有什么特点？

10-2　判断下列说法是否正确，用"√"或"×"表示判断结果。

(1) 正弦波振荡电路维持振荡的幅度条件是 $|\dot{A}\dot{F}|=1$。　　　　　　　　　　　　　　（　　）

(2) 只要电路引入了正反馈，就一定会产生正弦波振荡。　　　　　　　　　　（　　）

(3) 如果电路中引入了负反馈，就不可能产生正弦波振荡。　　　　　　　　　（　　）

(4) 非正弦波振荡电路与正弦波振荡电路的振荡条件完全相同。　　　　　　　（　　）

(5) 当集成运放工作在非线性区时，输出电压不是高电平，就是低电平。　　　（　　）

(6) 电路只要满足 $|\dot{A}\dot{F}|=1$，就一定会产生正弦波振荡。　　　　　　　　　　（　　）

10-3　在如图 10.21 所示各电路中，判断电路是否满足振荡的相位条件，如不满足请加以改正。要求不能改变放大电路的基本接法（共射、共基、共集）。

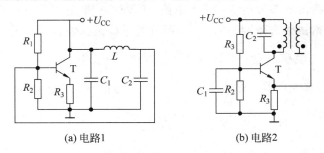

(a) 电路1　　　　　　　　　(b) 电路2

图 10.21　习题 10-3 电路

10-4　选择下面一个答案填入空内，只需填入 A、B 或 C。

A. 容性　　　　　　B. 阻性　　　　　　C. 感性

（1）LC 并联网络在谐振时呈_____，在信号频率大于谐振频率时电路呈_____，在信号频率小于谐振频率时电路呈_____。

（2）当信号频率 $f = f_0$ 时，RC 串并联网络呈_____。

10-5 RC 桥式正弦波振荡电路如图 10.22 所示，要使电路能产生振荡，试求：

（1）R'_w 的下限值；

（2）振荡频率的调节范围。

10-6 在图 10.23 所示 RC 桥式正弦波振荡电路中，稳压管 D_z 起稳幅作用，其稳定电压 $\pm U_z = \pm 6V$。试估算：

（1）输出电压不失真情况下的有效值；

（2）振荡频率 f_0。

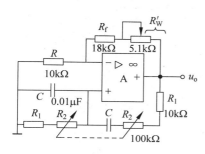

图 10.22 习题 10-5 电路

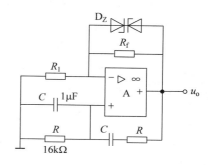

图 10.23 习题 10-6 电路

10-7 在如图 10.24 所示电路中，问

（1）为使电路产生正弦波振荡，标出集成运放两输入端的"＋"和"－"，并说明电路是哪种正弦波振荡电路。

（2）若 R_1 短路，则电路将产生什么现象？

（3）若 R_1 断路，则电路将产生什么现象？

（4）若 R_F 短路，则电路将产生什么现象？

（5）若 R_F 断路，则电路将产生什么现象？

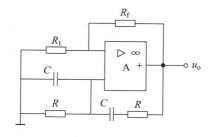

图 10.24 习题 10-7 电路

10-8 在如图 10.25 所示各电路中，标出各电路中变压器的同名端，使之满足正弦波振荡的相位条件。

10-9 判断如图 10.26 所示各电路是否满足正弦波振荡的相位平衡条件。

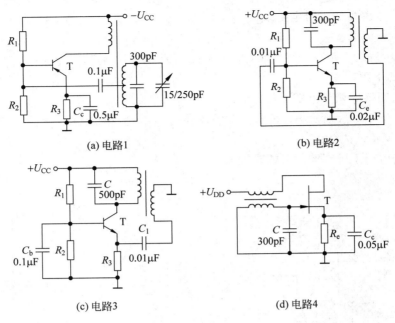

(a) 电路1　　　　　　　　(b) 电路2

(c) 电路3　　　　　　　　(d) 电路4

图 10.25　习题 10-8 电路

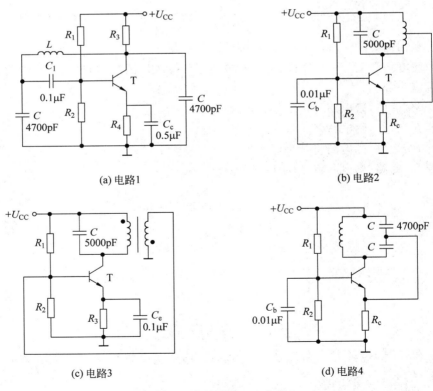

(a) 电路1　　　　　　　　(b) 电路2

(c) 电路3　　　　　　　　(d) 电路4

图 10.26　习题 10-9 电路

10-10　对如图 10.26 所示电路中不满足相位平衡条件的加以改正,使之有可能产生正弦波振荡。

10-11　分别指出如图 10.27 所示各电路的选频网络、正反馈网络和负反馈网络,并说明电路是否满足正弦波振荡的相位条件。

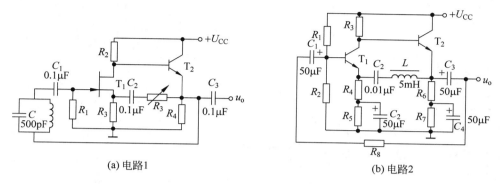

(a) 电路1　　　　　　　　　　　　　　　　(b) 电路2

图 10.27　习题 10-11 电路

10-12　波形发生电路如图 10.28 所示,设振荡周期为 T,在一个周期内 $u_{o1} = U_Z$ 的时间为 T_2,则占空比为 T_2 / T;在电路某一参数变化时,其余参数不变。选择①增大、②不变、③减小填入空内。

当 R_1 增大时,u_{o1} 的占空比将_____,振荡频率将_____,u_o 的幅值将_____;若 R_w 的滑动端向上移动,则 u_{o1} 的占空比将_____,振荡频率将_____,u_o 的幅值将_____;若 R_w 的滑动端向下移动,则 u_{o1} 的占空比将_____,振荡频率将_____,u_o 的幅值将_____。

10-13　在如图 10.28 所示电路中,已知 R_w 的滑动端在最上端,试分别定性画出 R_w 的滑动端在最上端和在最下端时 u_{o1} 和 u_o 的波形。

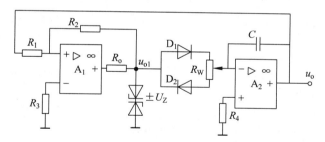

图 10.28　习题 10-12 电路

第11章

直流稳压电源

本章学习目标

- 掌握整流、滤波电路的工作原理及分析计算方法;
- 掌握稳压管稳压电路的稳压原理及分析计算;
- 掌握串联型稳压电路的组成及稳压原理。

直流稳压电源可以将电网交流电压(220V 或 380V,50Hz)变换成稳定的直流电压,它是电子设备的重要组成部分。直流稳压电源由四部分电路组成,如图 11.1 所示。

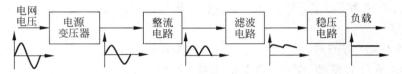

图 11.1 直流稳压电源的组成框图

电源变压器将电网电压变换为整流电路所需要的交流电压;整流电路将交流电压变换成单向脉动的直流电压;滤波电路将单向脉动的直流电压变换成比较平滑的直流电压;稳压电路使输出电压在电网电压波动或负载变化时均保持稳定。

本章介绍整流电路、滤波电路以及常用的稳压管稳压电路、串联型稳压电路和集成稳压电路。

11.1 单相整流电路

整流电路是利用半导体二极管的单向导电特性,将大小和方向都随时间变化的正弦交流电压变换成单方向脉动的直流电压。本节介绍整流电路中常用的单相半波整流电路和桥式整流电路。

11.1.1 单相半波整流电路

1. 电路组成及工作原理

单相半波整流电路如图 11.2(a)所示。图中 u_1 为电网电压,经过电源变压器,其输出电压 u_2 作为整流电路的输入电压。假设电路中的二极管为理想二极管,即正向导通压降为零,正向电阻为零,反相电阻为无穷大。

在 u_2 的正半周,u_2 的瞬时极性与图中参考极性一致,即上正下负,半导体二极管导通,电流由 A 点经过二极管 D、负载 R_L 流到 B 点,在负载上得到上正下负的电压,由于二极管导通时管压降为零,因此负载上的电压 $u_o = u_2$;在 u_2 的负半周,u_2 的瞬时极性为下正上负,半导体二极管截止,电路中的电流为零,负载上的电压也为零,此时二极管承受的是反向电源电压。负载及二极管上电压波形如图 11.2(b)所示,由于负载上电压波形在输入信号的一个周期内只有半个波形,因此称为半波整流。

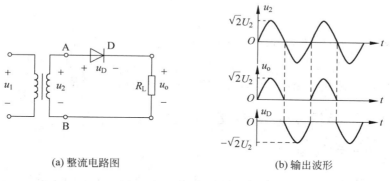

(a) 整流电路图   (b) 输出波形

图 11.2 单相半波整流电路

2. 输出直流电压及直流电流的平均值

(1) 输出直流电压的平均值 U_o

在忽略二极管的正向导通压降和变压器内阻的情况下,半波整流输出的脉动直流电压 u_o 在一个周期内的平均值为

$$U_o = \frac{1}{2\pi}\int_0^{2\pi} u_o \, \mathrm{d}(\omega t) \tag{11-1}$$

半波整流的情况下

$$u_o = \begin{cases} \sqrt{2}U_2 \sin\omega t & (0 \leqslant \omega t \leqslant \pi) \\ 0 & (\pi \leqslant \omega t \leqslant 2\pi) \end{cases}$$

式中 U_2 为变压器次级绕组电压 u_2 的有效值,将上式代入式(11-1),得

$$U_o = \frac{1}{2\pi}\int_0^{\pi} \sqrt{2}U_2 \sin\omega t \, \mathrm{d}(\omega t) = \frac{\sqrt{2}}{\pi}U_2 \approx 0.45U_2 \tag{11-2}$$

(2) 输出直流电流的平均值 I_o 为

$$I_o = \frac{U_o}{R_L} = \frac{0.45U_2}{R_L} \tag{11-3}$$

负载上的电流与二极管的电流相等。

3. 整流二极管的选择

应根据整流电路中流过二极管的电流 I_D 和二极管承受的最大反向工作电压 U_{RM} 来选择二极管。单相半波整流电路中,流过二极管的电流 I_D 等于负载电流 I_o,U_{RM} 就是变压器输出电压 u_2 的最大值,即

$$I_D = I_o = \frac{0.45U_2}{R_L} \qquad (11-4)$$

$$U_{RM} = \sqrt{2}U_2 \qquad (11-5)$$

考虑到电网电压的波动范围为±10%，选择整流二极管时，应使其极限参数留有一定余量，因此二极管的最大整流电流 I_F 和最高反向工作电压 U_R 应满足

$$I_F > 1.1\frac{0.45U_2}{R_L} \qquad (11-6)$$

$$U_R > 1.1\sqrt{2}U_2 \qquad (11-7)$$

单相半波整流电路结构简单，所用元件少，但输出电压波形脉动大，只利用了电源的半个周期，电源利用率低，并且变压器因含有直流成分容易使铁心饱和。因此半波整流电路使用的局限性较大，只适用于输出电流较小、对交流分量要求不高的场合。

11.1.2　单相桥式整流电路

1. 电路组成及工作原理

桥式整流电路如图 11.3(a)所示。图中整流二极管 $D_1 \sim D_4$ 接成一个桥式电路，因此称为桥式整流电路，其简化画法如图 11.3(b)所示。

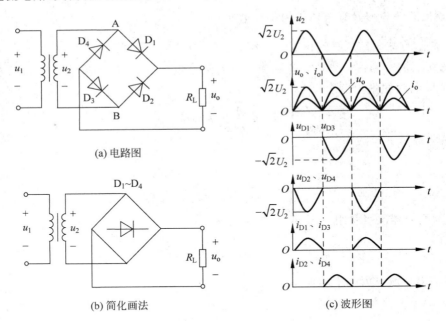

图 11.3　桥式整流电路

在 u_2 的正半周，u_2 的瞬时极性为上正下负，二极管 D_1、D_3 导通，D_2、D_4 截止，电流由 A 点经过 D_1、R_L、D_3 流至 B 点，在负载上得到上正下负的电压，负载上电压 $u_o = u_2$；二极管 D_1、D_3 导通，因此电压为零；D_2、D_4 截止，承受 u_2 的反向电压。

在 u_2 的负半周，u_2 的瞬时极性为下正上负，二极管 D_2、D_4 导通，D_1、D_3 截止，电流由 B 点经过 D_2、R_L、D_4 流至 A 点，在负载上得到的仍是上正下负的电压，$u_o = u_2$；二极管 D_2、D_4

导通,电压为零;D_1、D_3 截止,承受 u_2 的反向电压。

可见,在 u_2 的整个周期内,4 只二极管两两轮流导通,负载上得到的为全波脉动直流电流。负载及二极管上电压、电流波形如图 11.3(c)所示。

2. 输出直流电压及直流电流的平均值

桥式整流电路的输出电压为全波,因此输出直流电压的平均值 U_o 为

$$U_o = 0.9U_2 \tag{11-8}$$

输出直流电流的平均值 I_o 为

$$I_o = \frac{U_o}{R_L} = \frac{0.9U_2}{R_L} \tag{11-9}$$

3. 整流二极管的选择

由图 11.3(c)波形图可见,流过每只二极管的电流 I_D 等于负载电流 I_o 的一半,即

$$I_D = \frac{I_o}{2} = \frac{0.9U_2}{2R_L} = \frac{0.45U_2}{R_L} \tag{11-10}$$

每只二极管承受的最大反向电压 U_{RM} 是变压器输出电压 u_2 的最大值,即

$$U_{RM} = \sqrt{2}U_2 \tag{11-11}$$

如果考虑到电网电压的波动范围为 $\pm10\%$,选择整流二极管时,应使二极管极限参数满足

$$I_F > 1.1\frac{0.45U_2}{R_L} \tag{11-12}$$

$$U_R > 1.1\sqrt{2}U_2 \tag{11-13}$$

可见,在桥式整流电路中,整流二极管极限参数的选择与半波整流电路相同,虽然电路所用二极管的数量较多,但在 u_2 相同的情况下,其输出电压和输出电流的平均值为半波整流电路的 2 倍,交流分量减小。目前桥式整流电路的应用最广泛。

例 11-1 在如图 11.3(a)所示桥式整流电路中,已知变压器次级绕组电压有效值为 $U_2 = 20\text{V}$,负载电阻 $R_L = 100\Omega$,求:(1)输出电压与输出电流的平均值;(2)当电网电压波动范围为 $\pm10\%$ 时,选择整流二极管。

解:

(1) 由式(11-8),输出直流电压平均值为

$$U_o = 0.9U_2 = 0.9 \times 20 = 18(\text{V})$$

由式(11-9),输出直流电流平均值为

$$I_o = \frac{U_o}{R_L} = \frac{18}{100} = 0.18(\text{A})$$

(2) 根据式(11-10),可得流过每只二极管的平均电流

$$I_D = \frac{I_o}{2} = \frac{0.18}{2} = 0.09(\text{A})$$

根据式(11-11),每只二极管承受的最大反向电压

$$U_{RM} = \sqrt{2}U_2 = \sqrt{2} \times 20 \approx 28.28(\text{V})$$

考虑到电网电压的波动范围为 $\pm10\%$,选择整流二极管时,应满足

$$I_F > 1.1I_D = 0.099(\text{A})$$
$$U_R > 1.1U_{RM} = 31.1(\text{V})$$

11.2 滤波电路

整流电路虽然将交变电压变换为单方向的直流电压,但输出电压中仍含有较大的脉动成分,不能直接作为电子电路的电源。滤波电路可以将脉动直流电压中的交流成分滤除,同时尽量保留其中的直流成分。常用的滤波元件为电容和电感,利用它们对直流分量和交流分量呈现出电抗的不同,将整流电路输出电压中的交流成分滤除,并保留其直流成分,使波形变得平滑。

11.2.1 电容滤波电路

电容滤波电路是最常见、最简单的滤波电路,在整流电路的输出端并联一个电容就构成电容滤波电路,如图 11.4(a)所示为桥式整流电容滤波电路。滤波电容通常采用大容量的电解电容,因此接在电路中要注意它的极性。

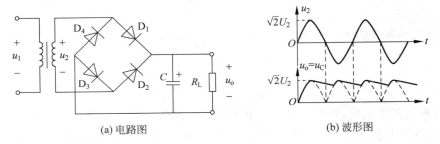

(a) 电路图   (b) 波形图

图 11.4 桥式整流电容滤波电路

由图 11.4(a)可见,当变压器次级绕组电压 u_2 的绝对值大于电容电压(即输出电压 u_o)时,才有一对二极管处于导通状态,给电容充电;当 u_2 小于电容电压时,4 个二极管全部截止,此时电容会经过负载电阻 R_L 放电。

设电容两端的初始电压为零。当 u_2 正半周从 0 开始增加时,由于 $u_2 > u_C$,二极管 D_1、D_3 导通,D_2、D_4 截止,此时 u_2 一方面为负载 R_L 提供电流,一方面为电容 C 充电,忽略二极管的正向电阻时,电容电压(即输出电压 u_o)将按 u_2 的变化规律上升。当 u_2 达到最大值开始下降时,$u_2 < u_C$,4 个二极管全部截止,此时电容经 R_L 放电,放电的快慢取决于时间常数 $\tau = R_L C$,τ 越大,放电时间越长,电容电压下降速度越慢,放电过程一直持续到 u_2 负半周电压绝对值略大于电容电压的,此时二极管 D_2、D_4 导通,D_1、D_3 截止,电容再次被 u_2 充电,如此周而复始,形成了滤波电容周期性的充、放电过程。电容电压波形如图 11.4(b)所示。

由以上分析可以得出以下结论。

(1) 电容滤波后,输出电压的脉动成分减少了,输出直流电压的平均值增大了,并且输出的直流电压与放电时间常数有关。当 $R_L C \to \infty$(负载 R_L 开路)时,电容没有放电回路,因此输出电压最高,$U_o = \sqrt{2}U_2$,此时滤波效果最佳。当负载减小时,$R_L C$ 减小,电容放电速度变快,输出电压脉动成分变大,负载很小时,输出电压的最小值为 $U_\text{o}=0.9U_2$,因此桥式整流电容滤波电路的输出直流电压范围是 $(0.9\sim\sqrt{2})U_2$。

为了获得比较好的滤波效果,滤波电容通常选择大容量的电解电容,而且要求负载电阻 R_L 也要大,因此电容滤波适用于大负载场合。

（2）滤波电容容量的选择应满足

$$R_\text{L}C = (3 \sim 5)T/2 \tag{11-14}$$

式中 T 为电网交流电压的周期。一般选择大容量的电解电容作为滤波电容。如果考虑电网电压波动范围为 $\pm10\%$,则电容的耐压值应大于 $1.1\sqrt{2}U_2$。

在满足式(11-14)的条件下,桥式整流电容滤波电路的输出直流电压平均值可按下式估算

$$U_\text{o} \approx 1.2U_2 \tag{11-15}$$

（3）在未加滤波电容之前,整流电路中的二极管在电源电压的半个周期内均为导通状态,即整流二极管的导通角是 π。采用电容滤波之后,整流二极管的导通角减小了,$R_\text{L}C$ 越大,电容在一个周期内的充电时间越短,二极管的导通角就越小。由于电容滤波后输出直流电流平均值增大,而二极管的导通角却减小,所以整流二极管在短暂的时间内将通过一个很大的冲击电流为电容充电,因此在选择整流二极管时,最大整流电流 I_F 应留有充分的余量,一般按下式选取

$$I_\text{F} > (2 \sim 3)\frac{U_\text{o}}{2R_\text{L}} \tag{11-16}$$

电容滤波电路结构简单,输出电压平均值较高,它适用于负载电流较小且变化范围不大的场合。当要求输出电压脉动成分非常小时,则需要电容的容量很大,这样很不经济,这时应考虑采用其他形式的滤波电路。

11.2.2　其他形式的滤波电路

在负载电阻很小,即大电流负载情况下,如果采用电容滤波电路,则要求电容的容量很大,并且整流二极管的冲击电流也很大,给滤波电容和整流二极管的选择带来很大困难,甚至不太可能实现,此时可以采用电感滤波电路。

1. 电感滤波电路

电感滤波电路如图 11.5 所示。在整流电路与负载电阻之间串联一个电感线圈 L 就构成了电感滤波电路,电感滤波要求电感线圈的电感量足够大,因此通常采用有铁心的线圈。

根据电感元件的基本性质,当流过它的电流发生变化时,电感线圈将产生感应电动势阻止电流的变化,因此经电感滤波后,将使负载电流和电压的脉动减小,波形变得平滑,同时增大了整流二极管的导通角(近似为 π),有利于二极管的选择。

整流电路的输出电压可分解为两部分:一部分为直流分量 U_D,也就是整流电路输出电压的平

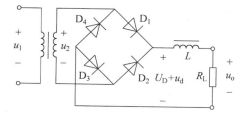

图 11.5　桥式整流电感滤波电路

均值 $U_\circ = 0.9U_2$;另一部分为交流分量 u_d,如图 11.5 所示。电感线圈对直流分量呈现的电抗就是线圈本身的电阻 R,对交流分量呈现的电抗为 ωL,则电感滤波后输出电压直流分量的平均值为

$$U_\circ = \frac{R_L}{R + R_L}U_D \approx \frac{R_L}{R + R_L} \cdot 0.9U_2 \tag{11-17}$$

输出电压的交流分量为

$$u_\circ \approx \frac{R_L}{\sqrt{(\omega L)^2 + R_L^2}}u_d \approx \frac{R_L}{\omega L} \cdot u_d \tag{11-18}$$

由式(11-17)可见,当电感线圈电阻 R 很小,可忽略不计时,电感滤波输出电压的平均值近似等于整流电路的输出电压,即 $U_\circ \approx 0.9U_2$。由(11-18)可知,当 $\omega L \gg R_L$ 时,才能获得较好的滤波效果,而且负载电阻 R_L 越小(即负载电流越大),输出电压的交流成分越小,滤波效果越好,因此电感滤波适用于负载电流较大的场合。

2. 复式滤波电路

如果单独使用电容或电感滤波都不能满足要求,则可以采用复式滤波器。电容和电感是基本的滤波元件,由它们组成的复式滤波器如图 11.6 所示。图 11.6(a)为 LC 滤波电路,图 11.6(b)、(c)所示为两种 π 型滤波电路。利用前面的分析方法可对它们的工作原理进行分析,这里不再赘述。

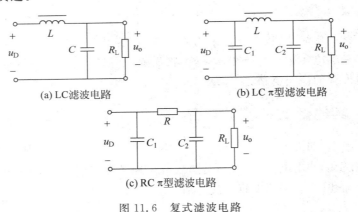

(a) LC滤波电路   (b) LC π型滤波电路

(c) RC π型滤波电路

图 11.6   复式滤波电路

不同的滤波器具有不同的特点和应用场合,表 11.1 列出了各种滤波电路在负载为纯阻性时的性能比较。

表 11.1   各种滤波电路性能比较

滤波器类型	$U_\circ/U_2$	导通角	适用场合
电容滤波	1.2	小	小电流负载
电感滤波	0.9	大	大电流负载
LC 滤波	0.9	大	大、小电流负载
π 型滤波	1.2	小	小电流负载

例 11-2 桥式整流电容滤波电路如图 11.4(a)所示。已知电网电压频率为 $50\,\text{Hz}$,变压器次级绕组输出电压有效值 $U_2 = 25\text{V}$,流过负载的电流 $I_o = 20\text{mA}$。求该整流滤波电路的输出直流电压平均值 U_o,选择整流二极管和滤波电容。

解:

(1) 按式(11-15)计算输出电压

$$U_o \approx 1.2U_2 = 1.2 \times 25 = 30(\text{V})$$

(2) 选择整流二极管

$$I_F > (2 \sim 3)I_D = (2 \sim 3)\frac{I_o}{2} = (20 \sim 30)\text{mA}$$

考虑电网电压波动范围为 $\pm 10\%$ 时,二极管的最高反向工作电压应满足

$$U_R > 1.1\sqrt{2}U_2 = 1.1\sqrt{2} \times 25 = 38.9(\text{V})$$

(3) 选择滤波电容

负载电阻为

$$R_L = \frac{U_o}{I_o} = \frac{30\text{V}}{20\text{mA}} = 1.5(\text{k}\Omega)$$

按式(11-14)选择滤波电容,即

$$R_L C = (3 \sim 5)T/2$$

$$C = \frac{(3 \sim 5)T/2}{R_L} = \frac{(3 \sim 5)0.02/2}{1.5 \times 10^3}\text{F} = (20 \sim 33.33)\mu\text{F}$$

滤波电容的耐压

$$U_C > 1.1\sqrt{2}U_2 = 1.1\sqrt{2} \times 25 = 38.9(\text{V})$$

11.3 稳压电路

整流滤波电路可将正弦交变电压变换为比较平滑的直流电压,但是,由于输出电压的平均值与变压器次级绕组电压 U_2 有关,因此当电网电压波动时,输出电压也会产生相应的波动;另外,当负载发生变化时,也会造成输出电压和输出电流的变化,即整流滤波电路的输出电压会随着电网电压的波动或负载的变化而改变。为了获得更加稳定的直流电压,必须采取稳压措施。本节主要介绍常用的稳压管稳压电路和串联型稳压电路。

11.3.1 稳压电路的性能指标

稳压电路的主要性能指标有稳压系数 S_r 和输出电阻 R_o。

1. 稳压系数 S_r

稳压系数 S_r 是用来描述输入电压变化时输出电压稳定性的参数,它定义为负载一定时稳压电路输出电压 U_o 的相对变化量与输入电压 U_i 的相对变化量之比,即

$$S_r = \frac{\Delta U_o/U_o}{\Delta U_i/U_i}\bigg|_{R_L = 常数} = \frac{U_i}{U_o} \cdot \frac{\Delta U_o}{\Delta U_i}\bigg|_{R_L = 常数} \tag{11-19}$$

式中 U_i 是整流滤波后的直流电压。稳压系数 S_r 越小,表明电网电压波动时输出电压的变

化越小,稳压电路的稳压性能越好。

2. 输出电阻 R_o

输出电阻 R_o 定义为稳压电路的输入电压一定时输出电压变化量与输出电流变化量之比,即

$$R_o = \frac{\Delta U_o}{\Delta I_o}\bigg|_{U_i=常数} \tag{11-20}$$

R_o 表明了负载电阻 R_L 对输出电压 U_o 的影响程度。

11.3.2　硅稳压管稳压电路

1. 电路组成及工作原理

硅稳压管稳压电路如图 11.7(a)所示,稳压管的伏安特性曲线如图 11.7(b)所示。稳压电路由稳压二极管 D_Z 和限流电阻 R 组成,其输入电压就是整流滤波电路的输出电压 U_i,其输出电压就是稳压管的稳定电压,即 $U_o = U_Z$。

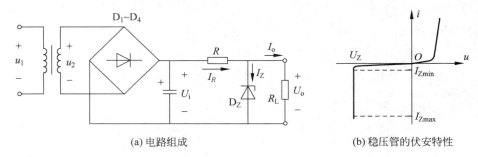

(a) 电路组成　　　　　　　　(b) 稳压管的伏安特性

图 11.7　硅稳压管稳压电路

由图 11.7(a)所示电路可得稳压管稳压电路的两个基本关系式

$$U_i = U_R + U_o \tag{11-21}$$

$$I_R = I_Z + I_o \tag{11-22}$$

由图 11.7(b)所示稳压管的伏安特性曲线可知,稳压管工作时应保证其电流在规定的范围内,即 $I_{Zmin} < I_Z < I_{Zmax}$,这样才能使输出电压保持稳定。

对稳压电路的稳压特性通常从两个方面来考察:一是电网电压波动时,其输出电压是否稳定;二是负载变化时,其输出电压是否稳定。下面分别从这两方面讨论稳压管稳压电路的稳压原理。

在如图 11.7(a)所示电路中,当负载保持不变,电网电压升高时,稳压电路的输入电压 U_i 将随之增大,从而使输出电压($U_o = U_Z$)也增大,由稳压管的伏安特性可知,当 U_Z 增大时,会导致流过稳压管的电流 I_Z 急剧增大,由式(11-22)可知,I_R 也随 I_Z 的增大而急剧增大,从而导致电阻 R 上电压 U_R 也增大,由式(11-21)可以看出,U_R 的增加会使 U_o 减小,如果电路参数选择合适,当 U_R 增大的部分与 U_i 的增量近似相等时,输出电压 U_o 就基本保持不变。上述稳压过程可以表示如下:

$$U_i \uparrow \rightarrow U_o(U_Z) \uparrow \rightarrow I_Z \uparrow \rightarrow I_R \uparrow \rightarrow U_R \uparrow$$
$$U_o \downarrow \leftarrow$$

当电网电压下降时,其稳压过程与上述过程相反。它们都是靠稳压管的电流调节作用,使限流电阻 R 上电压 U_R 发生变化,从而补偿了 U_i 的变化,即 $\Delta U_R \approx \Delta U_i$,保证了输出电压 U_o 的稳定。

当电网电压保持不变,负载 R_L 减小即负载上电流 I_o 增大时,由式(11-22)可知,I_R 也随 I_o 增大,则电阻 R 上的压降 U_R 也增大,根据式(11-21),$U_o(U_Z)$ 将下降,由稳压管的伏安特性可知,U_Z 的下降使 I_Z 急剧减小,I_Z 的减小补偿了负载电流 I_o 的增大,所以 $I_R(=I_Z+I_o)$ 基本不变,电阻 R 上的电压也基本不变,从而使输出电压基本不变。其稳压过程表示如下:

$$R_L \downarrow \rightarrow I_o \uparrow \rightarrow I_R \uparrow \rightarrow U_R \uparrow \rightarrow U_o(U_Z) \downarrow \rightarrow I_Z \downarrow \rightarrow I_R(=I_Z+I_o) \downarrow$$
$$U_o \uparrow \leftarrow$$

如果负载 R_L 增大即负载上电流 I_o 减小时,其稳压过程与上述过程相反。显然负载变化导致输出电流 I_o 变化时,通过稳压管的电流调节作用,只要能使稳压管的电流变化量 $\Delta I_Z \approx \Delta I_o$,就能使 I_R 基本不变,从而保证输出电压 U_o 基本不变。

综上所述,在稳压管稳压电路中,不论哪一种原因造成的输出电压不稳定,都可以利用稳压管的电流调节作用,通过限流电阻上电压或电流的变化进行补偿,以达到稳压的目的。因此限流电阻 R 是必不可少的元件,它不仅起到限制稳压管电流的作用,同时又与稳压管配合达到稳压的目的。

2. 性能指标的计算

如图 11.7(a)所示稳压管稳压电路的交流等效电路如图 11.8 所示,其中 r_Z 为稳压管的动态电阻。

由图 11.8 可得

$$\frac{\Delta U_o}{\Delta U_i} = \frac{r_Z//R_L}{R+r_Z//R_L}$$

通常有 $r_Z \ll R_L$,因而上式可化简为

$$\frac{\Delta U_o}{\Delta U_i} \approx \frac{r_Z}{R+r_Z}$$

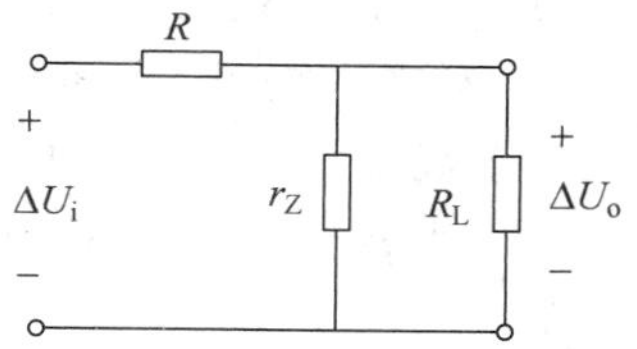

图 11.8 稳压管稳压电路的交流等效电路

于是得稳压系数为

$$S_r = \frac{U_i}{U_o} \cdot \frac{\Delta U_o}{\Delta U_i} \approx \frac{r_Z}{R+r_Z} \cdot \frac{U_i}{U_o} \qquad (11-23)$$

由上式可知,r_Z 越小,R 越大时,S_r 就越小,稳压效果越好;但是在负载及输出电压一定的情况下,R 越大,则 U_i 的取值也越大,将使 S_r 也越大;因此 R 和 U_i 必须合理搭配,才能使 S_r 尽可能的小。

由图 11.8 可得稳压管稳压电路的输出电阻为

$$R_o = \frac{\Delta U_o}{\Delta I_o} = R//r_Z \qquad (11-24)$$

当 $r_Z \ll R$ 时,输出电阻近似为

$$R_o \approx r_Z \qquad (11-25)$$

3. 限流电阻 R 的选择

限流电阻的选择条件就是在电网电压波动或负载变化时,使稳压管的工作状态始终在

稳压工作区内,即 $I_{Zmin} < I_Z < I_{Zmax}$。设电网电压波动时,整流滤波电路输出电压 U_i 的变化范围是 $U_{imin} \sim U_{imax}$;负载变化引起的输出电流变化范围是 $U_Z/R_{Lmax} \sim U_Z/R_{Lmin}$。

由图 11.7(a)可以得出

$$I_R = \frac{U_i - U_Z}{R} \tag{11-26}$$

$$I_Z = I_R - I_o \tag{11-27}$$

将式(11-26)代入(11-27)得

$$I_Z = \frac{U_i - U_Z}{R} - I_o \tag{11-28}$$

当电网电压最低(即 U_i 最低)且负载电流 I_o 最大时,流过稳压管的电流最小,但其值不能低于 I_{Zmin},因此有

$$I_Z = \frac{U_{imin} - U_Z}{R} - \frac{U_Z}{R_{Lmin}} > I_{Zmin} \tag{11-29}$$

当电网电压最高(即 U_i 最高)且负载电流 I_o 最小时,流过稳压管的电流最大,但其值不能高于 I_{Zmax},因此有

$$I_Z = \frac{U_{imax} - U_Z}{R} - \frac{U_Z}{R_{Lmax}} < I_{Zmax} \tag{11-30}$$

由式(11-29)和(11-30)可得限流电阻 R 的选择范围为

$$\frac{U_{imax} - U_Z}{R_{Lmax} I_{Zmax} + U_Z} \cdot R_{Lmax} < R < \frac{U_{imin} - U_Z}{R_{Lmin} I_{Zmin} + U_Z} \cdot R_{Lmin} \tag{11-31}$$

例 11-3   在如图 11.7(a)所示稳压管稳压电路中,设稳压管的稳定电压 $U_Z = 6V$,稳定电流 $I_{Zmax} = 40mA$,$I_{Zmin} = 5mA$,动态电阻 $r_Z = 10\Omega$,设输入电压 $U_i = 12V$,其波动范围为 $\pm 10\%$,负载电阻 R_L 为 $300 \sim 500\Omega$。

(1) 确定限流电阻 R 的取值范围;

(2) 当 $R = 150\Omega$ 时,求该电路的稳压系数和输出电阻。

解:

(1) 先计算电网电压的波动范围

$$U_{imax} = 12 \times (1 + 10\%) = 13.2(V)$$

$$U_{imin} = 12 \times (1 - 10\%) = 10.8(V)$$

将已知数据代入式(11-31)得

$$\frac{13.2 - 6}{500 \times 0.04 + 6} \times 500 < R < \frac{10.8 - 6}{300 \times 0.005 + 6} \times 300$$

解上式,得 R 的取值范围

$$138\Omega < R < 192\Omega$$

(2) 由式(11-23)得稳压系数

$$S_r \approx \frac{r_Z}{R + r_Z} \cdot \frac{U_i}{U_o} = \frac{10}{150 + 10} \times \frac{12}{6} = 0.125$$

由于 $r_Z \ll R$,因此输出电阻近似为

$$R_o \approx r_Z = 10\Omega$$

11.3.3　串联型稳压电路

串联型稳压电路的原理框图如图 11.9 所示,它的基本组成部分包括调整元件、基准电

压、取样电路、比较放大四个环节。另外,为使电路安全工作,通常还在电路中加有保护电路。

取样电路由电阻分压器构成,并联在负载两端,通常取样电路的电阻值要远远大于负载电阻,这样可以认为流过调整元件的电流与负载电流近似相等,可将调整元件与负载电阻看作串联关系,因此称为串联型稳压电路。

比较放大电路可以采用单管放大电路、差动放大电路或集成运算放大电路,通常要求放大电路有足够的放大倍数和较强的抑制零漂能力,因此后两种放大电路组成的稳压电路性能较好。由集成运放作比较放大电路的串联型稳压电路如图 11.10 所示。

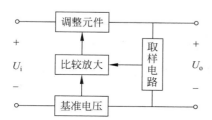

图 11.9　串联型稳压电路的原理框图

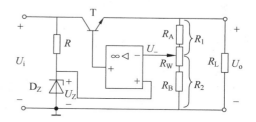

图 11.10　串联型稳压电路

图 11.10 中取样电路由分压电阻 R_1、R_2 组成,取样电压从运放的反相输入端输入,其大小反映了输出电压的变化;基准电压从运放的同相输入端输入,就是稳压二极管的稳定电压 U_Z,其值基本稳定;运放构成比较放大电路,它将取样电压和基准电压比较的结果送到三极管 T 的基极,通过改变三极管 T 的管压降来补偿输出电压的变化来达到稳压的目的。三极管为调整元件,与负载串联构成串联型稳压电路。

该电路的稳压原理:当电网电压波动或负载变化使输出电压 U_o 升高时,取样电压 U_- 也随之升高,并从运放的反相输入端输入,与同相端基准电压 U_Z 比较,使运放输出端电位(调整管基极电位)降低,由于调整管采用射极输出,因此三极管的发射极电位(输出电压 U_o)降低。从而使输出电压基本保持稳定。上述过程可表示为

$$U_o\uparrow \rightarrow U_-\uparrow \rightarrow U_B\downarrow \rightarrow U_E\downarrow \rightarrow U_{CE}\uparrow$$
$$U_o\downarrow \longleftarrow$$

实际上电路是通过引入深度电压负反馈来稳定输出电压的,稳定输出电压是负反馈的自动调节过程。

在图 11.10 电路中,由于理想运放输入端"虚短",即 $U_-=U_+=U_Z$,因此有

$$U_Z=\frac{R_2}{R_1+R_2}U_o \tag{11-32}$$

因而可得串联型稳压电路的输出电压为

$$U_o=\frac{R_1+R_2}{R_2}U_Z \tag{11-33}$$

由上式可以看出,当调节电路中的电位器 R_W 时,可以改变电阻 R_1、R_2 的值,从而改变输出电压。当电位器调到最下端时,输出电压最大;电位器调至最上端时,输出电压最小。

例 11-4　在如图 11.10 所示串联型稳压电路中,设稳压管的稳定电压 $U_Z=6\text{V}$,取样电阻 $R_A=1.5\text{k}\Omega$,$R_W=0.5\text{k}\Omega$,$R_B=1\text{k}\Omega$,估算输出电压的可调节范围。

解： 当 R_W 调到最下端时，$R_1 = R_A + R_W$，$R_2 = R_B$，此时输出电压最大。

$$U_{omax} = \frac{R_1 + R_2}{R_2}U_Z = \frac{R_A + R_W + R_B}{R_B}U_Z = \frac{1.5 + 0.5 + 1}{1} \times 6 = 18(\text{V})$$

电位器调至最上端时，$R_1 = R_A$，$R_2 = R_W + R_B$，此时输出电压最小。

$$U_{omin} = \frac{R_1 + R_2}{R_2}U_Z = \frac{R_A + R_W + R_B}{R_W + R_B}U_Z = \frac{1.5 + 0.5 + 1}{0.5 + 1} \times 6 = 12(\text{V})$$

因此得输出电压的可调范围是 12～18V。

11.4 集成稳压电路

随着集成工艺的发展，集成稳压器应运而生。它具有体积小、可靠性高、使用调节方便、价格低廉等一系列优点，因此得到广泛的应用。集成稳压器按输出电压是否可调分为固定式和可调式两种，本节主要介绍固定式集成稳压器。目前使用的集成稳压器大多只有三个端子，称为三端集成稳压器。

固定式三端集成稳压器有三个引脚：输入端、输出端和公共端。它的产品有输出正电压的 W7800 系列和输出负电压的 W7900 系列，其型号的后两位数字表示输出电压的数值，例如 W7805 表示输出电压为 +5V，W7912 表示输出电压为 −12V，它们的输出电流都是 1.5A。同类产品还有 W78M00、W79M00 系列，输出电流为 0.5A；W78L00 和 W79L00 系列，输出电流为 0.1A。三端集成稳压器的外形和电路符号如图 11.11 所示。

(a) 塑料封装外形 (b) 电路符号

图 11.11 三端集成稳压器的外形和符号

11.4.1 集成稳压器的基本应用电路

三端集成稳压器的基本应用电路如图 11.12 所示。整流滤波后的直流电压 U_i 接在输入端，公共端接地，输出端得到的是稳定的电压 U_o。其中电容 C_1 在输入引线较长时抵消其电感效应；C_2 用来改善负载的瞬态效应，即瞬时增减负载电流时减小输出电压的脉动。

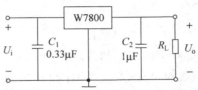

图 11.12 三端稳压器基本应用电路

11.4.2 扩大输出电流的电路

W7800 系列的最大输出电流是 1.5A,如果要输出更大的电流,可以外接大功率晶体管以增加输出电流,其电路如图 11.13 所示。

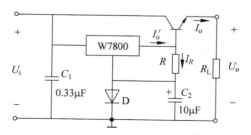

图 11.13 扩大输出电流的电路

设三端稳压器的输出电流为 I_o',则流入晶体管 T 基极的电流为 $I_B = I_o' - I_R$,负载电流为晶体管的发射极电流,其值为

$$I_o = (1+\beta)(I_o' - I_R) \tag{11-34}$$

设三端稳压器的输出电压为 U_o',则稳压电路的输出电压为 $U_o = U_o' + U_D - U_{BE}$,当 $U_D = U_{BE}$ 时,$U_o = U_o'$。二极管 D 的作用是消除 U_{BE} 对输出电压的影响。

11.4.3 输出电压可调的电路

W7800 系列是固定电压输出的集成稳压器,如果外接电阻可使输出电压可调,输出电压可调的电路如图 11.14 所示。

设三端稳压器的公共端电流为 I_w,电阻 R_1 上电压即为三端稳压器的输出电压 U_o',则稳压电路的输出电压为

$$U_o = \left(1 + \frac{R_2}{R_1}\right)U_o' + I_w R_2 \tag{11-35}$$

可见,改变 R_2 的阻值就可以改变输出电压的大小。式中的 I_w 是稳压器的一个参数,其值变化时会影响到输出电压,因此实用电路中常用电压跟随器将稳压器与取样电阻隔离,其电路如图 11.15 所示。

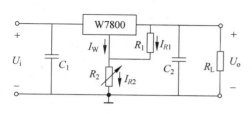

图 11.14 输出电压可调的电路

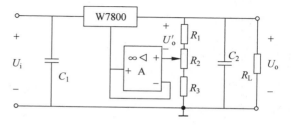

图 11.15 实用的输出电压可调电路

三端稳压器的输出电压 U_o' 为电阻 R_1 和 R_2 滑动端以上部分电压之和,因此输出电压的可调范围为

$$\frac{R_1 + R_2 + R_3}{R_1 + R_2} \cdot U'_\circ \leqslant U_\circ \leqslant \frac{R_1 + R_2 + R_3}{R_1} \cdot U'_\circ \tag{11-36}$$

11.5 Protel 仿真分析

例 11-5 二极管整流、电容滤波及稳压电路如图 11.16 所示。

(1) 对电路进行瞬态分析,观察 v_1、v_2、v_3 波形。

(2) 对电路进行参数扫描分析,观察滤波电容的大小对滤波效果的影响。

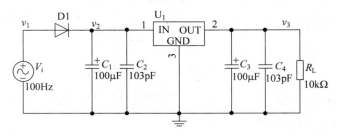

图 11.16   例 11-5 电路

解:

(1) 瞬态分析结果如图 11.17(a)所示。

(2) 对电路进行参数扫描分析,选择 v_2 作为扫描测试点,将滤波电容 C_1 作为主扫描参数,观察 C_1 参数的变化对波形 v_2 的影响。主扫描参数的设置为:扫描起始值$=30\mu\text{F}$,扫描终止值$=130\mu\text{F}$,扫描步长$=50\mu\text{F}$。仿真结果如图 11.17(b)所示。

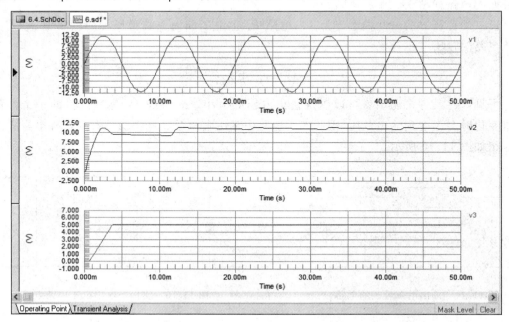

(a)瞬态分析结果

图 11.17   例 11-5 仿真分析结果

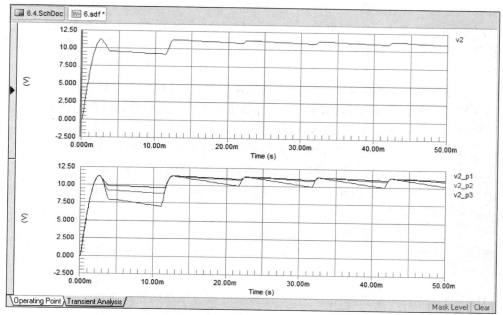

(b) 参数扫描分析结果

图 11.17 （续）

11.6　本章小结

（1）直流稳压电源由整流电路、滤波电路、稳压电路组成。整流电路将正弦交流电压变换为单方向脉动的直流电压；滤波电路将脉动直流电压变换为比较平滑的直流电压；稳压电路使输出电压保持稳定值，在电网电压波动或负载变化时使输出电压基本不变。

（2）整流电路有单相半波整流电路和单相桥式整流电路。半波整流电路中，输出直流电压平均值为 $U_{\circ} \approx 0.45 U_2$，输出直流电流的平均值为 $I_{\circ} = \dfrac{U_{\circ}}{R_{\mathrm{L}}} = \dfrac{0.45 U_2}{R_{\mathrm{L}}}$。选择二极管时应满足 $I_{\mathrm{F}} > 1.1 \dfrac{0.45 U_2}{R_{\mathrm{L}}}$，$U_R > 1.1\sqrt{2} U_2$。桥式整流电路的输出电压为全波，输出直流电压的平均值为 $U_{\circ} = 0.9 U_2$，输出直流电流的平均值为 $I_{\circ} = \dfrac{U_{\circ}}{R_{\mathrm{L}}} = \dfrac{0.9 U_2}{R_{\mathrm{L}}}$。在桥式整流电路中，整流二极管极限参数的选择与半波整流电路相同。

（3）滤波电路有电容滤波、电感滤波和复式滤波。本章主要介绍了电容滤波电路，桥式整流电容滤波电路的输出直流电压范围是 $(0.9 \sim \sqrt{2}) U_2$。当满足 $R_{\mathrm{L}} C = (3 \sim 5) T/2$ 时，输出直流电压平均值为 $U_{\circ} \approx 1.2 U_2$。选择整流二极管时，最大整流电流 I_{F} 应满足 $I_{\mathrm{F}} > (2 \sim 3) U_{\circ}/2 R_{\mathrm{L}}$。电容滤波电路适用于负载电流较小且变化范围不大的场合。在负载电阻很小，即大电流负载情况下，通常采用电感滤波电路。当对滤波效果要求较高时，可以采用复式滤波器。

（4）稳压电路介绍了硅稳压管稳压电路、串联型稳压电路和集成稳压电路。

硅稳压管稳压电路是最简单的稳压电路,它依靠稳压管的电流调节作用和限流电阻的补偿,使输出电压稳定。在稳压电路中必须合理选择限流电阻,以保证稳压管的工作电流在最小稳定电流和最大稳定电流之间。稳压管稳压电路适用于负载电流较小且其变化范围也较小的场合。

串联型稳压电路由调整元件、基准电压、取样电路、比较放大四个环节组成。该电路是通过引入深度电压负反馈来稳定输出电压的,稳定输出电压是负反馈的自动调节过程。

集成稳压器具有体积小、可靠性高、使用调节方便、价格低廉等一系列优点,得到广泛的应用。集成稳压器按输出电压是否可调分为固定式和可调式两种,本章介绍了固定式集成稳压器及其应用电路。固定式三端集成稳压器有三个引脚:输入端、输出端和公共端。它有输出正电压的 W7800 系列和输出负电压的 W7900 系列。外接电路后可以构成扩展输出电压和电流的稳压电路。

习题

11-1　直流稳压电源由哪几部分电路组成? 各部分电路的作用是什么?

11-2　电容和电感作滤波元件时如何与负载连接? 它们为什么能起滤波作用?

11-3　在如图 11.18 所示整流电路中,已知变压器次级绕组电压有效值 $U_2 = 20\text{V}$,负载 $R_L = 50\Omega$。求:(1)负载上的直流电压平均值为多少?(2)若电网电压波动范围是 ±10%,如何选择整流二极管的 I_F 和 U_R?

11-4　在如图 11.19 所示桥式整流电路中,已知负载 $R_L = 200\Omega$,要在负载上得到直流电压平均值为 $U_\circ = 24\text{V}$,问:(1)变压器副边电压有效值 U_2 为多少?(2)若电网电压波动范围是 ±10%,如何选择整流二极管的 I_F 和 U_R?(3)若 4 只整流二极管中有一只开路,则输出电压变为多少?(4)若有一只二极管极性接反,会发生什么现象?

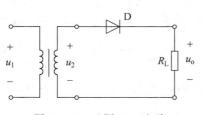

图 11.18　习题 11-3 电路

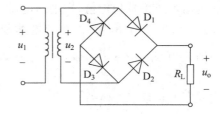

图 11.19　习题 11-4 电路

11-5　在如图 11.20 所示桥式整流电容滤波电路中,已知变压器次级绕组输出电压有效值 $U_2 = 20\text{V}$,负载 $R_L = 100\Omega$,问:(1)整流滤波电路的输出电压为多少?(2)若电网电压波动范围是 ±10%,如何选择整流二极管的 I_F 和 U_R?(3)应如何选择滤波电容的容量和耐压值?

11-6　在习题 11-5 电路中,问:(1)如果有一只二极管开路,输出电压是否变为正常值的一半? 为什么?(2)如果滤波电容开路,输出电压变为何值?

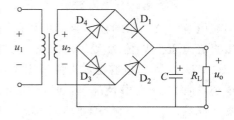

图 11.20　习题 11-5 电路

（3）如果负载开路，输出电压为何值？

11-7 稳压管稳压电路如图11.21所示，设稳压管的稳定电压$U_Z=6V$，稳定电流$I_{Zmax}=30mA$，$I_{Zmin}=10mA$，动态电阻$r_Z=10\Omega$，设输入电压$U_i=12V$，其波动范围为$\pm10\%$，若选定限流电阻为R＝200Ω。

（1）在保证稳压电路正常工作的情况下，求负载电阻的变化范围；

（2）求稳压系数S_r。

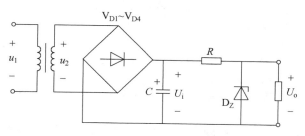

图11.21 习题11-7电路

11-8 串联型稳压电路如图11.22所示，设稳压管的稳定电压$U_Z=6V$，取样电阻$R_A=R_B=2k\Omega$，$R_W=4k\Omega$。（1）哪些元件构成取样电路？哪些元件构成比较放大？基准电压是多少？（2）估算输出电压的可调节范围。

11-9 稳压电路如图11.23所示，已知W7805的输出电压为5V，$I_W=0.5mA$，电阻$R_1=200\Omega$，$R_2=100\Omega$。求输出电压U_o的可调节范围。

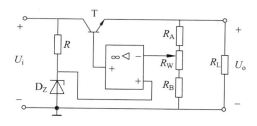

图11.22 习题11-8电路

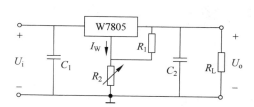

图11.23 习题11-9电路

参 考 文 献

［1］ 刘永增.电工基础［M］.天津：天津大学出版社,2001.

［2］ 李瀚荪.简明电路分析基础［M］.北京：高等教育出版社,2002.

［3］ 邱关源.电路［M］.北京：高等教育出版社,2006.

［4］ 秦曾煌.电工［M］.北京：高等教育出版社,2000.

［5］ 傅恩锡.电路分析简明教程［M］.北京：高等教育出版社,2004.

［6］ 史健芳.电路基础［M］.北京：人民邮电出版社,2006.

［7］ 陈晓平,等.电路原理学习指导与习题全解［M］.北京：机械工业出版社,2008.

［8］ 沈元隆,等.电路分析基础［M］.北京：人民邮电出版社,2008.

［9］ 《电路原理考试参考书》编写组.电路原理考试参考书［M］.北京：中央广播电视大学出版社,1994.

［10］ 华成英.模拟电子技术基本教程［M］.北京：清华大学出版社,2006.

［11］ 张纪成.电路与电子技术［M］.北京：电子工业出版社,2007.

［12］ 康华光.电子技术基础　模拟部分［M］.北京：高等教育出版社,1999.

［13］ 童诗白,等.模拟电子技术基础［M］.北京：高等教育出版社,2001.

［14］ 江晓安.计算机电子电路技术——电路与模拟电子部分［M］.西安：西安电子科技大学出版社,1999.

［15］ 王成华.电路与模拟电子学［M］.北京：科学出版社,2007.

［16］ 赵辉.电路基础［M］.北京：机械工业出版社,2008.

［17］ 赵辉.Protel DXP 电路设计与应用教材［M］.北京：清华大学出版社,2011.